国家管网集团北京管道有限公司技术创新成果集：2019—2023 年

国家管网集团北京管道有限公司　编

石油工业出版社

内 容 提 要

本书分为完整性技术、工艺安全技术、机械设备技术、自动化技术、维抢修技术等 5 个篇章，重点阐述国家管网集团北京管道有限公司 2019—2023 年基于专业开展的各项技术研究、攻关，新技术的应用及探索储备等，侧重公司核心专业技术及创新成果输出，强调公司技术成果经验的可推广性。

本书可供油气储运领域管理、科研、技术人员及高等院校相关专业师生参考使用。

图书在版编目（CIP）数据

国家管网集团北京管道有限公司技术创新成果集：2019—2023 年 / 国家管网集团北京管道有限公司编 .— 北京：石油工业出版社，2024.9
ISBN 978-7-5183-6427-5

Ⅰ. ①国… Ⅱ. ①国… Ⅲ. ①石油管道 – 技术成果 – 汇编 – 中国 –2019-2023 Ⅳ. ① TE973

中国国家版本馆 CIP 数据核字（2023）第 204387 号

出版发行：石油工业出版社
（北京安定门外安华里 2 区 1 号　100011）
网　　址：www.petropub.com
编辑部：（010）64523736
图书营销中心：（010）64523633
经　　销：全国新华书店
印　　刷：北京九州迅驰传媒文化有限公司

2024 年 9 月第 1 版　2024 年 9 月第 1 次印刷
787×1092 毫米　开本：1/16　印张：20.75
字数：538 千字

定价：100.00 元
（如出现印装质量问题，我社图书营销中心负责调换）
版权所有，翻印必究

《国家管网集团北京管道有限公司技术创新成果集：2019—2023 年》编委会

总顾问：李文东

主　任：唐善华

副主任：朱汪友　邬　瑛　侯成钢　王子威　陶卫方　牟海泉
　　　　　肖华平　郭存杰

委　员：（按姓氏笔画排序）
　　　　　王占楚　王永发　王达宗　王志伟　尹文柱　石康兵
　　　　　叶可庄　先姗姗　刘劲红　刘洪军　孙金明　李　鹏
　　　　　李原欣　何学良　张　健　张明星　张钦安　张保军
　　　　　陈　俊　金　朵　孟祥岩　陶志刚　崔京辉　葛艾天
　　　　　程　飞　傅建湘　瞿　华

《国家管网集团北京管道有限公司技术创新成果集：2019—2023 年》编写组

（按姓氏笔画排序）

丁　媛	马秀云	王　冲	王　勇	王　玺	王　健
王东营	王全乐	王明东	王金培	王秋麟	王彦军
王艳明	邓克飞	成建民	毕先志	毕清军	刘　权
刘　刚	刘乃刚	刘开鸿	齐迎峰	孙　斌	孙　健
孙国强	杜朝晖	李　安	李攀峰	杨万里	杨得湖
沈　珂	张　星	张文旭	张海军	张楠楠	陈小平
陈永理	周　顺	单劲智	赵　娜	赵天浩	赵伯涛
赵桓瑜	费　凡	贺中强	聂新永	郭依宝	郭俊明
梅　安	康瀚文	董秀娟	蒋方美	雷宏峰	颜　刚
潘　彪	薛继旭				

PREFACE 前言

知往鉴今谋发展，励行致远启征程。过去的五年，是国家管网集团从筹备成立到成功迈上高质量发展步伐的五年，也是北京管道公司应对重大挑战、经受重大考验、极不平凡的五年。北京管道公司坚持以习近平新时代中国特色社会主义思想为指导，全面落实习近平总书记关于国有企业改革发展和党的建设的重要论述，深入践行"四个革命、一个合作"能源安全新战略，坚持把公司改革发展融入国家油气体制改革之中，坚决落实集团公司党组决策部署，以"1123"发展战略为引领，团结带领广大干部员工沉着应对各种复杂形势，以"空杯心态"和"二次创业"姿态开启了国家管网事业新征程，为稳定宏观经济大盘、保障国家能源安全、服务社会民生做出了积极贡献。

为展示北京管道公司五载发展历程和躬耕硕果，形成可复制、可推广的经验，激发员工责任感和使命感，增强公司凝聚力和向心力，激励广大干部员工踔厉奋发、勇毅前行，北京管道公司从"管理"和"技术"两个方面编制了创新成果集，充分体现五年来公司在管理创新和技术实践上取得的成就。

创新成果集分为《国家管网集团北京管道有限公司管理创新成果集：2019—2023年》和《国家管网集团北京管道有限公司技术创新成果集：2019—2023年》两个分册。其中，管理创新成果集分设目标成果、安全运营、核心竞争力、保障措施等4个篇章，技术创新成果集分为完整性技术、工艺安全技术、机械设备技术、自动化技术、维抢修技术等5个篇章。北京管道公司市场部、生产运营部、管道部、工程管理部、科技数字部、质量健康安全环保部、物资管理部、办公室、人力资源部、党群宣传部、规划计划部、财务资产部、综合监督部、纪委办公室、陕西输油气分公司、山西输油气分公司、北京输油气分公司、石家庄输油气分公司、河北输油气分公司、内蒙古输油气分公司、天津输油气分公司、维抢修分公司、管道工程建设项目部、技术研究中心、汇园公司等参与了本书的编写工作。

由于本书涉及领域广泛，编者的水平有限，因此书中内容难免有错误和疏漏之处，恳请专家和读者批评指正。

CONTENTS

管道完整性技术

1.1 管道补口结构完整性检测与评价技术 /1
1.2 管道完整性管理多要素数据对齐与整合分析技术 /14
1.3 开发缺陷智能评估技术 /26
1.4 管道屈曲成因分析及服役安全技术 /50
1.5 陕京三线良西段全长度在线应力监测技术 /82
1.6 站场阀室压力管道在线不打磨复合涡流阵列检测技术 /90

工艺安全技术

2.1 陕京天然气管道运行状态分析及应急状态下输气能力评估 /98
2.2 陕京管道系统优化运行研究 /103
2.3 干线截断阀压降速率设定值研究 /106
2.4 陕京输气管网优化运行研究 /110
2.5 在役天然气掺氢输送关键技术 /119

机械设备技术

- 3.1 索拉机组 BOOSTER 泵驱动端国产化 /125
- 3.2 压缩机出口管道环焊缝振动疲劳寿命预测技术 /133
- 3.3 基于润滑油在线监测的滑油寿命评估及预警技术 /147
- 3.4 压气站电机和高压电缆局部放电检测综合分析技术 /154
- 3.5 基于视觉的管道和设备结构振动检测技术 /168

自动化技术

- 4.1 天然气分输站一体化智能控制器研究 /179
- 4.2 计量设备研制与性能提升（国产通用性流量计算机研发） /208
- 4.3 站场工控数据应用及网络安全隔离装置研制 /222
- 4.4 站场 PLC 控制系统性能评价技术研究与应用 /245
- 4.5 便携式应急通信系统 /258
- 4.6 光缆网智能运维平台 /273
- 4.7 智能站场综合安防平台研究 /278
- 4.8 基础管理体系文件信息平台 /286
- 4.9 业务数据跨系统自动填报技术 /289

CONTENTS

5 维抢修技术

5.1	长输管道动火作业焊接平压器	/295
5.2	短管坡口器	/297
5.3	法兰错口调正器	/298
5.4	管道补伤片链式液压紧固器	/301
5.5	大直径弯管液压调整测量平台	/303
5.6	强磁地线接触器及钢丝绳紧固装置	/306
5.7	半自动火焰切割机斜口切割微调装置	/308
5.8	管线连头划线器	/311
5.9	动火作业全自动焊接技术应用	/312
5.10	管道维抢修动火作业办公软件开发应用	/314

附录 软件中部分典型缺陷评价算法流程图

1 管道完整性技术

1.1 管道补口结构完整性检测与评价技术

1.1.1 技术背景

对于油气管道的安全运营，管道补口防腐层的质量是管道长期安全稳定运行的关键因素。管道补口处防腐层的质量如果不合格，可能会造成管体外壁的腐蚀，直接影响管道的安全可靠性，《油气输送管道完整性管理规范》（GB 32167—2015）对油气输送管道的运行管理提出了相关要求。

当今无损检测技术在金属材料领域已经趋于完善，通过传统声、光、电及其组合技术实现各类金属材料的检测与评价，但是这些传统无损检测方法至今无法有效检测非金属以及非金属复合结构的内部缺陷。近年来，在役管道的开挖检测中发现了诸多防腐层结构失效引起的管体腐蚀。外防腐层经常出现与管体黏结不良的失效状态，尤其位于管道焊缝处的外防腐层结构，是整条管道防腐最薄弱的环节，制约着管道防腐的完整性。

1.1.2 技术简介

近年来，针对在役管道的开挖检测中发现了诸多因热收缩带补口失效引起的管体腐蚀，如图 1.1.1 所示。当管体外部环境处于干湿交替且土壤腐蚀性较强的状态时，失效补口处的管体腐蚀深度在 3~4 年就能达到 4.5mm，平均腐蚀速率高达 1mm/a（张自力等，2010）。

微波无损检测技术是一种可以在空气和介电材料中传播的电磁波，应用微波与物质相互作用的机理可以检测非金属材料内部的分层、褶皱、裂纹等微小界面缺陷。微波无损检测技术，是将微波入射到非金属材料内，当被检测材料内存在气孔、分层、裂纹、夹杂等缺陷时，由于介电常数的区别与差异，会引起微波的反射，通过记录检测器处的微波反射信号，并与相关的坐标信息一起储存，经过复杂运算处理，即可得到被检材料内部结构信息（技术原理如图 1.1.2 所示）。

该技术是使用微波无损检测技术对管道补口结构进行无损检测与评价。针对国内在役管道补口多采用烘烤作业方式，存在较多如气泡、空鼓、脱黏等质量问题，研究基于微波无损检测技术的管道补口结构非破坏性检测评价方法，通过大量试验、现场检测实现微波技术检测管道补口内部缺陷的方法研究与验证，并建立管道补口微波无损检测图谱库。该技术适用于大部分非金属材料的检测，如防腐层、保温层、泡沫、聚乙烯、橡胶、陶瓷等材料。目前，该技术的应用领域主要为非金属材料的无损检测，可检测非金属材料内的空隙、分层、气泡、裂纹、厚度变化等缺陷类型。

图 1.1.1　在役管道补口防腐层失效状况

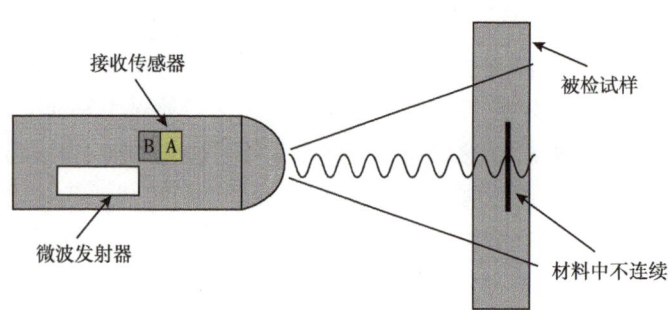

图 1.1.2　微波无损检测技术原理示意图

1.1.3　主要创新点

微波无损检测技术是基于微波在介电材料中的传播特性建立的，被检介电材料中的气孔、分层、裂纹、夹杂等缺陷都会引起该位置的介电常数变化，这类异常会导致微波在传播过程中发生反射，检测器通过接收反射信号以及有关位置信息，再经过复杂的运算处理可得到被检材料内部的结构情况。该技术在创新点体现如下：

（1）依据微波在管道补口结构中的传播特性，能有效检测出补口结构中存在的脱黏、异物等缺陷，实现补口结构的非破坏性检测与评价；

（2）建立微波无损检测黏结力缺陷图谱与防腐层黏结力之间的联系，实现补口黏结力"可视化"。

1.1.4 技术方法及现场验证

1.1.4.1 实验室研究工作

管道补口结构失效的主要缺陷类型有：脱黏、异物、空鼓、气泡、底漆脱落、翘边、折皱等，如图1.1.3所示。其突出的问题表现为：(1)补口外防腐层破损；(2)补口外防腐层黏结失效，固定片与防腐层之间黏结失效并产生缝隙；(3)保温瓦块破损及进水、变色；(4)管道端部的防水帽破损和黏结失效等。

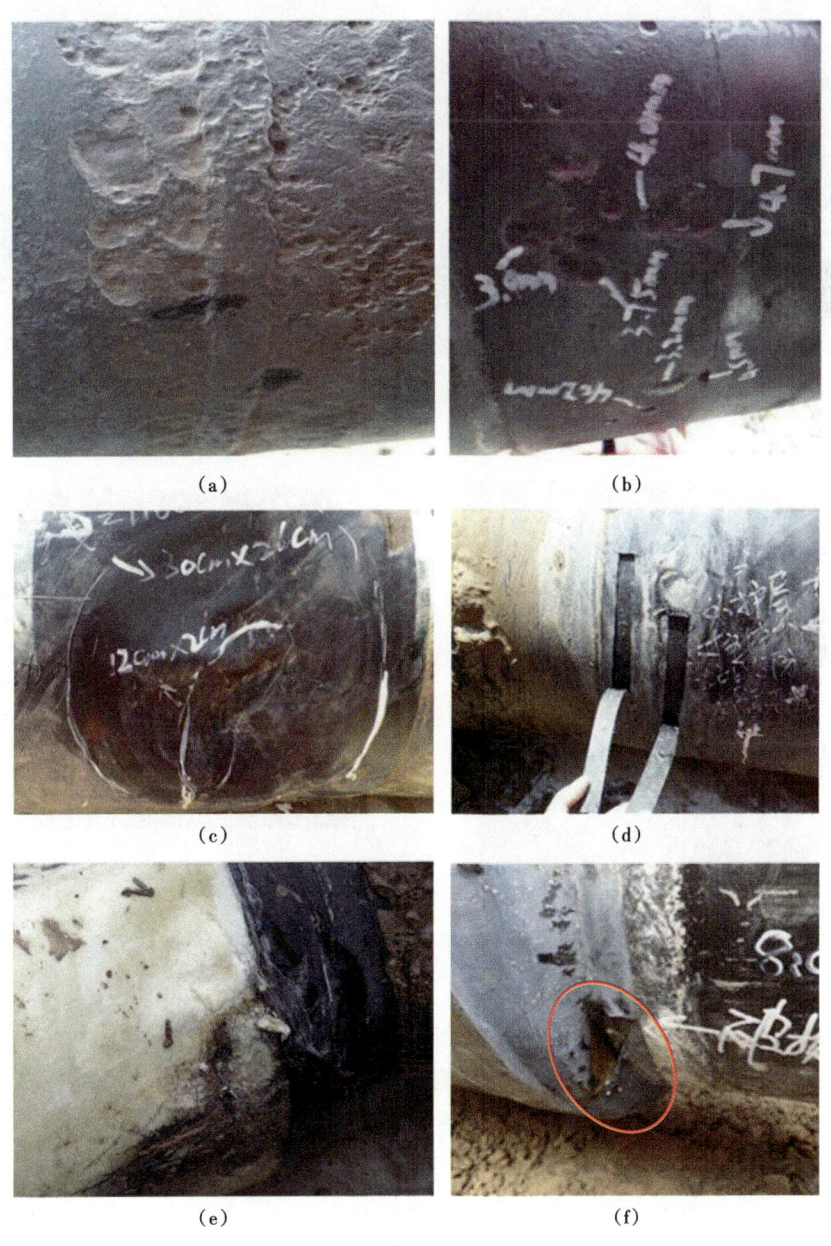

图1.1.3 补口防腐层失效情况

该技术针对前两类缺陷进行了试样的制作及研究。首先制作补口结构中常见的"脱黏""异物"缺陷试样（图1.1.4），并对缺陷试样进行了实验室微波无损检测，通过对补口结构的实验室微波无损检测数据进行初步分析（图1.1.5），确定了微波技术在补口结构的检测适用性情况，并建立缺陷与检测图谱之间的对应关系，进而得出微波可识别的各类缺陷最小尺寸。

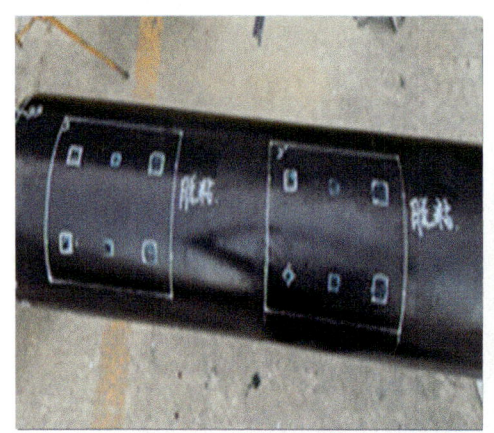

图1.1.4 "脱黏""异物"缺陷制作

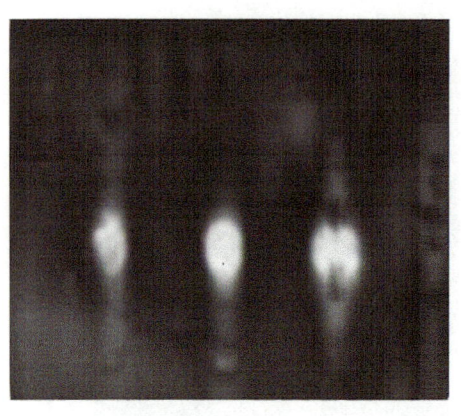
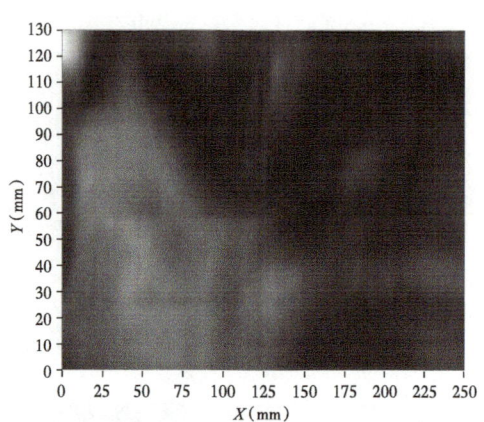

图1.1.5 "异物""脱黏"缺陷微波检测结果图

1.1.4.2 检测数据分析及量化表征

1.1.4.2.1 微波黏结力检测结果数据分析

通过前期的工作，微波无损检测技术能够获取补口材料与结构中的缺陷图像，这些图像是材料与结构中微观参量（如原子和分子等的极化率）的体现。微观参量可以体现宏观缺陷，即根据微波图像可以判断材料与结构中存在缺陷，但是仅仅知道材料与结构的微观参量，无法对材料与结构进行评判，即对材料与结构是否能继续使用还是需要修复或者报废。综上所述，我们的重点工作是建立补口结构微波图谱中微观参量与宏观的材料与结构性能评价之间的联系。

微波无损检测技术是利用不同材料介电性能不同的特点来成像的，对于非金属材料的扫描与成像有着很好的效果，扫描得到的图片为黑白照片，以灰度差异来表现介电常数的差异，从而展现出材料与结构的内部缺陷，达到"透视"效果。通过图像的黑白差异，可以通过肉眼观察直接看出缺陷的形状，材料的全面老化、层间脱黏等情况，但是缺陷的严重程度，在图像上的体现仅通过灰度的差异，无法给出材料是否可以继续使用或是修复的直接评判。这时候就要建立一套灰度图像与宏观评判相关的转换，使得灰度图像变成数字化图像，即材料的评判依据（图1.1.6）。

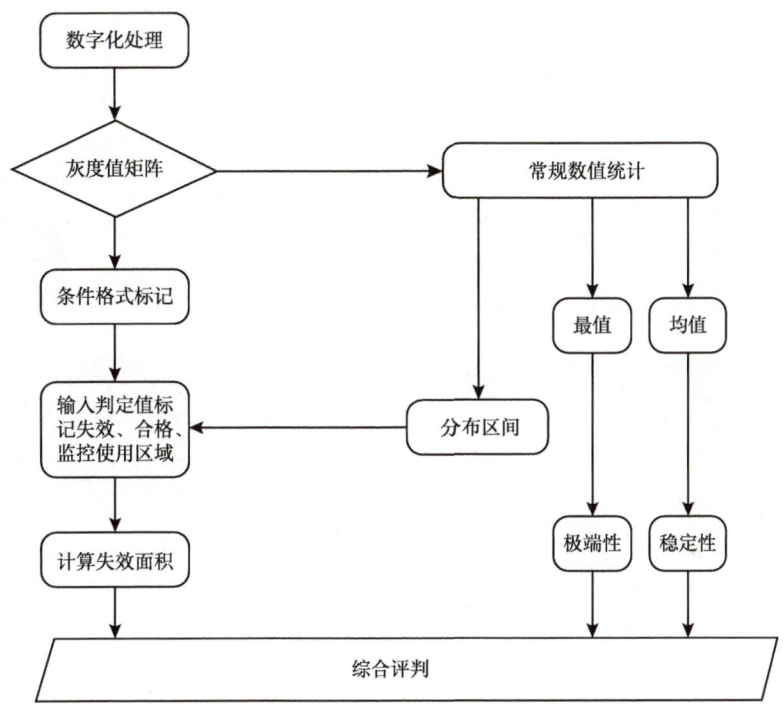

图1.1.6 数据转换流程图

1.1.4.2.2 介电性能与灰度值转换

对于黑白色而言，是将黑色分为了256个灰度，从0（纯黑）到255（纯白）。因此，可以根据黑白图片的这一性质，来读取每个像素的灰度值，即数字化处理后得到灰度值矩阵，从而得到从"微观介电信息—灰度值"的转换。借助数据统计软件功能，对灰度值矩阵进行统计分析，同时识别出各灰度区间的占比。表1.1.1为灰度矩阵统计分析表。

1.1.4.2.3 建立灰度值与宏观参量联系

通过上述过程，已经完成将微波图谱的介电性能以灰度数据读取。下一步需要建立灰度值与宏观参量的关系。首先对试样进行典型的灰度区间选取，选取典型灰度区间进行宏观试验，获取灰度值与宏观参量的一一对应关系。同时进行数据分析与筛选。图1.1.7中的6个长方形区域为选取的6个典型灰度区间，这些区间包含灰度值0~255。对这6个区间进行拉力试验（参照标准GB/T 23257—2017《埋地钢质管道聚乙烯防腐层》），获取"拉力—位移"曲线，如图1.1.8所示。在合格的"拉力—位移"曲线中，位移X轴的位移值与黑色长方形区域的 X 轴（选取的灰度区间）进行对应，即可得出"拉力—灰度"的对应关系，如图 1.1.9 所示。

表 1.1.1　灰度矩阵统计分析表

像素总数		176576	: 宽×高，代表面积	
平均值		78.4138	: 平均粘结破坏程度，越低越好	
最大值		219	: 最差粘结处，越高越差	
最小值		0	: 最优粘结处，越低越好	
各区间统计值				
区间		个数	占比	直观灰度
240	256	0	0.00%	
220	240	0	0.00%	
196	220	31	0.02%	
168	196	2550	1.44%	
136	168	11736	6.65%	
100	136	30322	17.17%	
0	100	131937	74.72%	

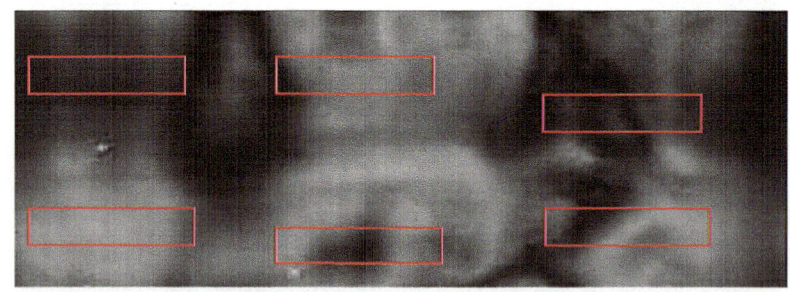

图 1.1.7　选取的灰度值典型区间

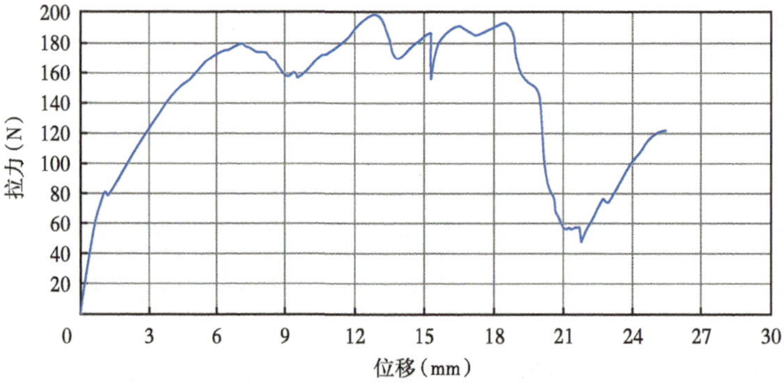

图 1.1.8　试验获取的"拉力—位移"曲线

1.1.4.2.4　建立"灰度—评判指标"之间联系

建立"灰度"到"评判指标"的过程是使用多种数据分析软件对大量数据进行分析、筛选、拟合的过程。

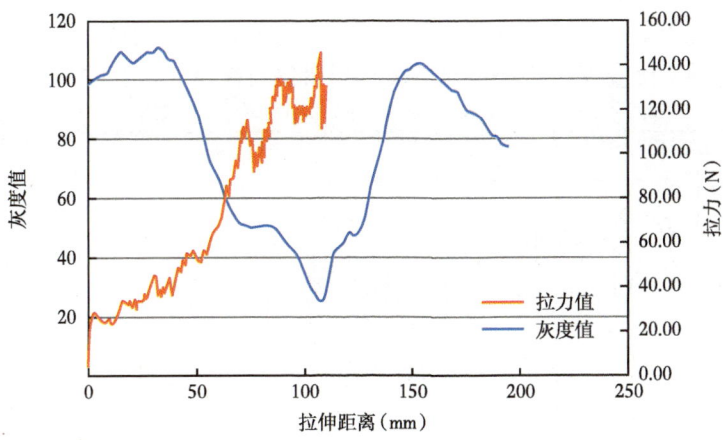

图 1.1.9 经过数据转换的"拉力—灰度"曲线

首先对宏观试验数据进行数据分析,使用拟合方法剔除部分无效数据,无效数据是指大量的宏观实验中由于试验设备的不确定性与试验误差而产生的严重高于或者低于平均数据的个别数据。通过数据剔除可以确保整个灰度范围(0~255)内均有有效的宏观参量值与之一一对应。通过数据筛选与拟合,能够建立科学正确的灰度值与评判指标之间的联系。

有效数据是指在上述步骤中选取的灰度值区间,在宏观拉力的试验过程中,获得了连续的"拉力—位移"曲线,或者其中的一段曲线满足"拉力—位移"连续,那么将这段曲线的"拉力—位移"值作为有效数据,与该段的"灰度—位移"进行对应。当拉力试验开始和停止的位置,或是某些拉力试验进行到中间的时候机器突然停顿。这些位置的数据不符合"力值—位移"的连续性,将这些数据剔除(表 1.1.2)。

表 1.1.2 部分剥离实验管件信息

序号	实验编号	整体灰度值区间	整体灰度均值	剥离面灰度值区间
1	PE-90-01-①	5~74	19.17	6.61~70.39
2	PE-90-01-②	5~105	53.64	6~101.72
3	PE-110-01-①	31~137	66.07	34.62~132.41
4	PE-110-01-②	0~138	65.77	8.76~122.66
5	PE-110-01-③	36~157	96.25	44.17~141.66
6	PE-200-01-②	96~173	151.46	97.45~167.27
7	PE-200-01-③	58~146	120.72	77.09~141.18
8	PE-200-01-④	21~168	103.02	33.82~147.18
9	PE-200-01-⑤	17~99	48.89	21.91~85.45
10	PE-200-01-⑥	18~168	119.16	24.64~158.64
11	PE-200-02-①	1~97	49.52	2.20~85.07
12	PE-200-02-②	0~195	77.08	3.40~185.73
13	PE-200-02-③	0~73	27.95	0~66.20

实验获取了灰度—拉力—剥离距离对应曲线，由于拉力在极高和极低情况下均会迫使机器停止实验，加上静摩擦的积压与释放，导致部分管件拉力曲线呈现出剧烈波动，这里节选了三个拉力适中、负相关趋势明显的剥离条带进行展示（图1.1.10~图1.1.12）。

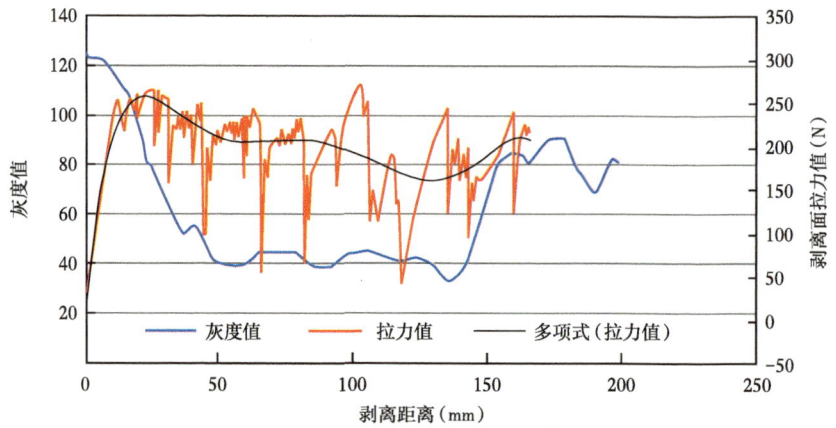

图1.1.10　PE-110-01-①灰度—拉力—剥离距离曲线

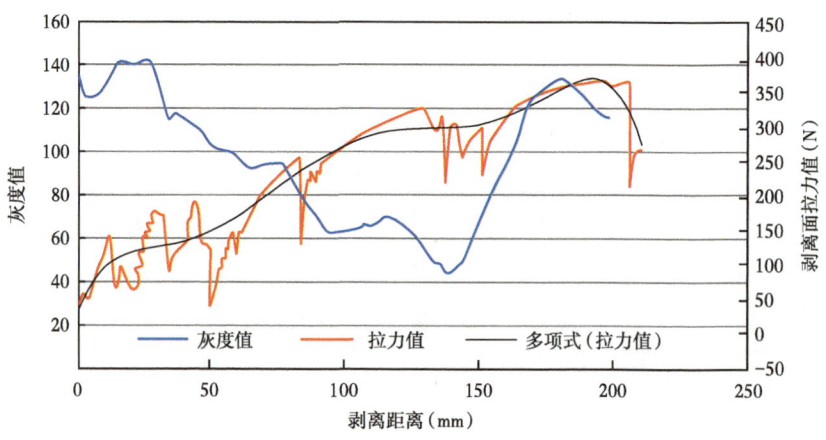

图1.1.11　PE-110-01-③灰度—拉力—剥离距离曲线

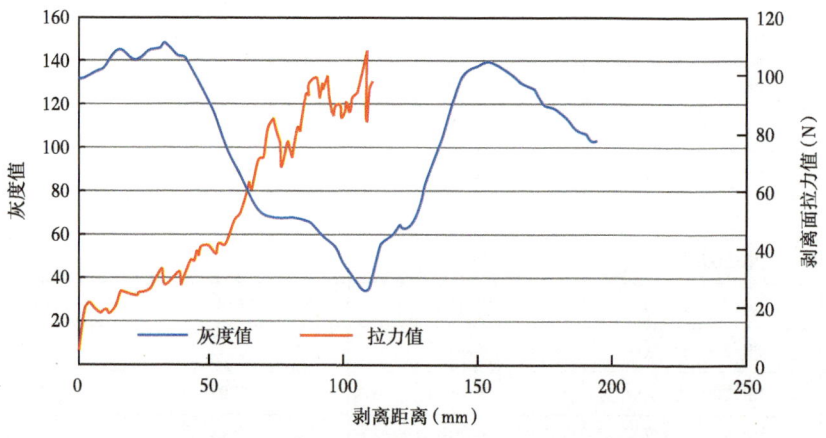

图1.1.12　PE-200-01-④灰度—拉力—剥离距离曲线

图 1.1.10 至图 1.1.12 展示了明显的灰度—拉力负相关趋势，即灰度越高（图像越白）拉力越小，灰度越低（图像越黑）拉力越大。

统计剥离条带整体灰度均值、剥离面灰度最小值、最大值与拉力均值、最小值、最大值的对应关系（相应数据省略），做出灰度—拉力散点对应图如图 1.1.13 所示。

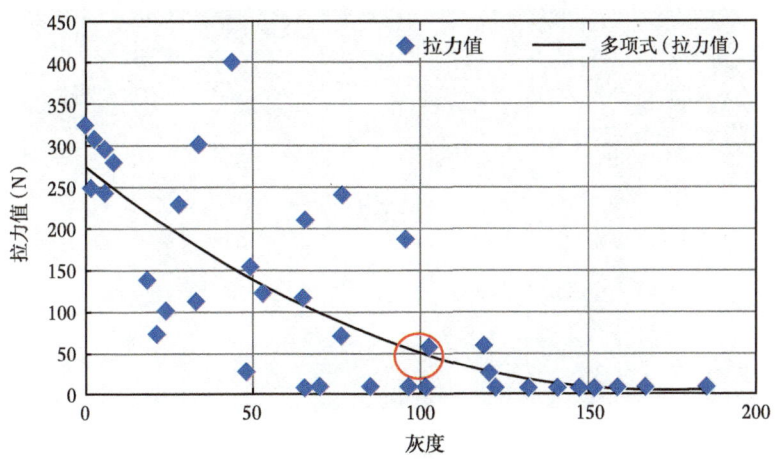

图 1.1.13　灰度—拉力对应关系统计图

完成数据拟合后，确定特定材料结构的现行评判标准中相应的评判指标对应的灰度值，最终实现从"微观介电参数—灰度值—宏观参量—评判指标"的转换。

1.1.4.2.5　缺陷评判

通过对微波图像的数字化分析，可以直接实现对缺陷的评判。实现了从微观结构到宏观参量的转变，从理论到实际应用的转变，使得微波图像直接变成与评判依据相符合的数字化评判图，在实际的检测现场，对材料进行微波无损检测后可实时获取材料与结构内部缺陷的评判图，为材料结构的更换和修复提供最直接最有效的指导。

图 1.1.14 为某管道补口结构经过微波检测得出的缺陷图像，黑色区域表示为黏结质量较好区域，白色区域为黏结质量较差区域。经过微波检测得到的数字化图像，红色区域为不合格区域（需要修复），白色区域为监控区域，绿色区域为合格区域。

1.1.4.3　现场验证

1.1.4.3.1　环球影城地下管廊检测效果

相对于实验室标准的环境条件，施工现场的环境条件更为复杂，干扰因素较多，为了验证微波检测技术在环境条件复杂的施工现场应用情况，我们在北京某输气管道新建工程现场选取了 2 处管道焊缝位置外防腐层，即补口区域进行了检测与验证。受检管道外径 300mm，微波现场检测照片如图 1.1.15 所示，图 1.1.15（a）为受检管道补口及微波检测设备照片，图 1.1.15（b）为检测过程照片。

对受检管道两个焊缝位置外防腐层进行了全周向检测，微波检测结果如图 1.1.16 所示。图 1.1.16（a）中 1# 焊缝的微波检测结果中 X 轴表示该受检区域管道的周向检测长度，约 820mm，Y 轴表示该受检区域管道的轴向检测长度，约 140mm，整个检测面积约 $0.115m^2$。从微波检测结果图 1.1.16（a）中可以清晰地看到位于图像中央的管道焊缝，焊缝两侧图像呈现均匀的黑色,表明黏结力整体良好,但是该条焊缝上侧边缘坐标位于$X=300mm$,$Y=80mm$的位置图像呈现明显的亮白色,表示该处焊缝边缘黏结力较弱。焊缝下侧坐标位于$X=560mm$,$Y=10mm$的位置可以清晰地看到一处圆形异物,为金属表面残留的焊渣。

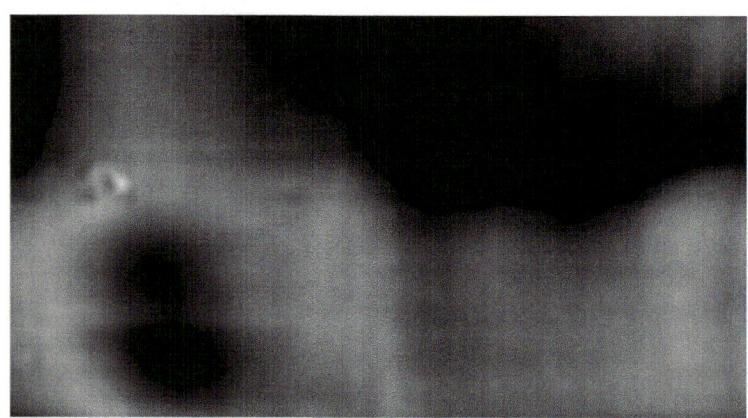

图 1.1.14 微波检测图像和数字化分析图像

(a)受检管道补口及检测设备照片

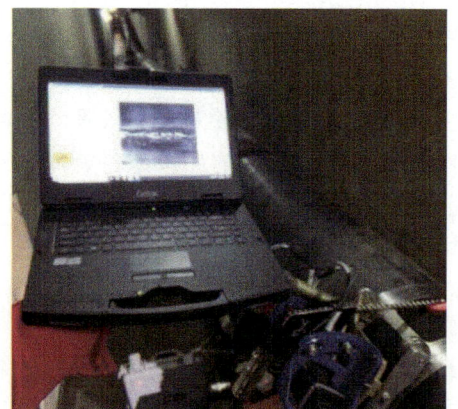
(b)检测过程照片

图 1.1.15 环球影城地下管廊补口微波现场检测照片

图 1.1.16（b）中 2# 焊缝的微波检测结果中 X 轴表示该受检区域管道的周向检测长度，约 780mm，Y 轴表示该受检区域管道的轴向检测长度，约 140mm，整个检测面积约 $0.11m^2$。从微波检测结果图 1.1.16（b）中可以清晰地看到位于图像中央的管道焊缝，焊缝两侧图像呈现均匀的黑色，表明黏结力整体良好，但是该条焊缝下侧边缘坐标位于 X=400mm，Y=70mm 至 X=650mm，Y=70mm 的位置图像呈现明显的亮白色，表示该处焊缝边缘黏结力较弱。焊缝下侧坐标位于 X=350mm，Y=110mm 的位置可以清晰地看到一处圆形异物，为金属表面残留的焊渣。

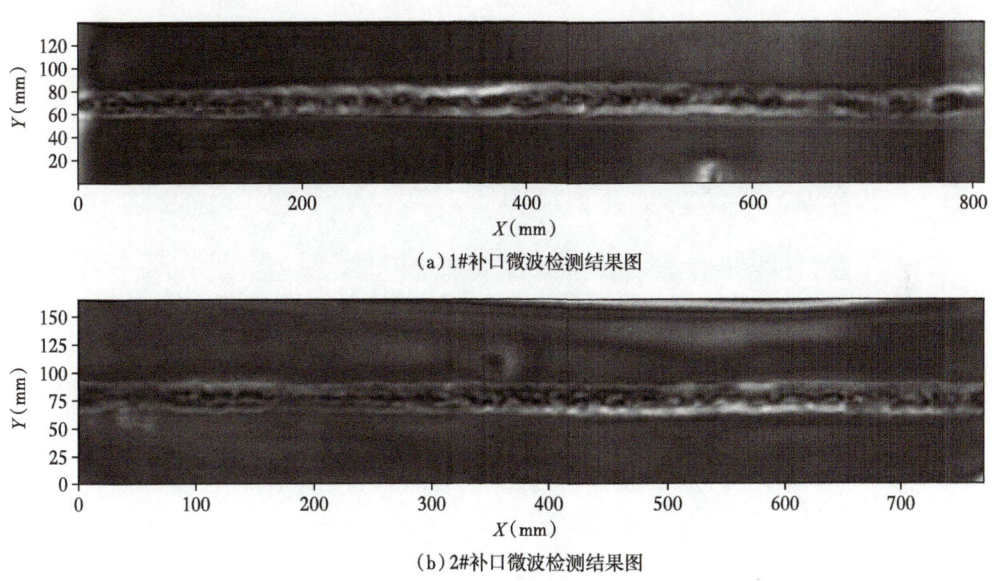

(a) 1# 补口微波检测结果图

(b) 2# 补口微波检测结果图

图 1.1.16 环球影城地下管廊补口微波检测结果图

1.1.4.3.2 张家口补口现场检测效果

此现场检测项目地点位于河北省张家口市，受检管道补口规格为 DN273mm，补口结构为聚乙烯热收缩带类型，检测补口数量为 5 道，微波现场检测的情况如图 1.1.17 所示。

图 1.1.17 张家口新建管道补口微波检测现场

对应5道补口的微波检测数据如图1.1.18所示。

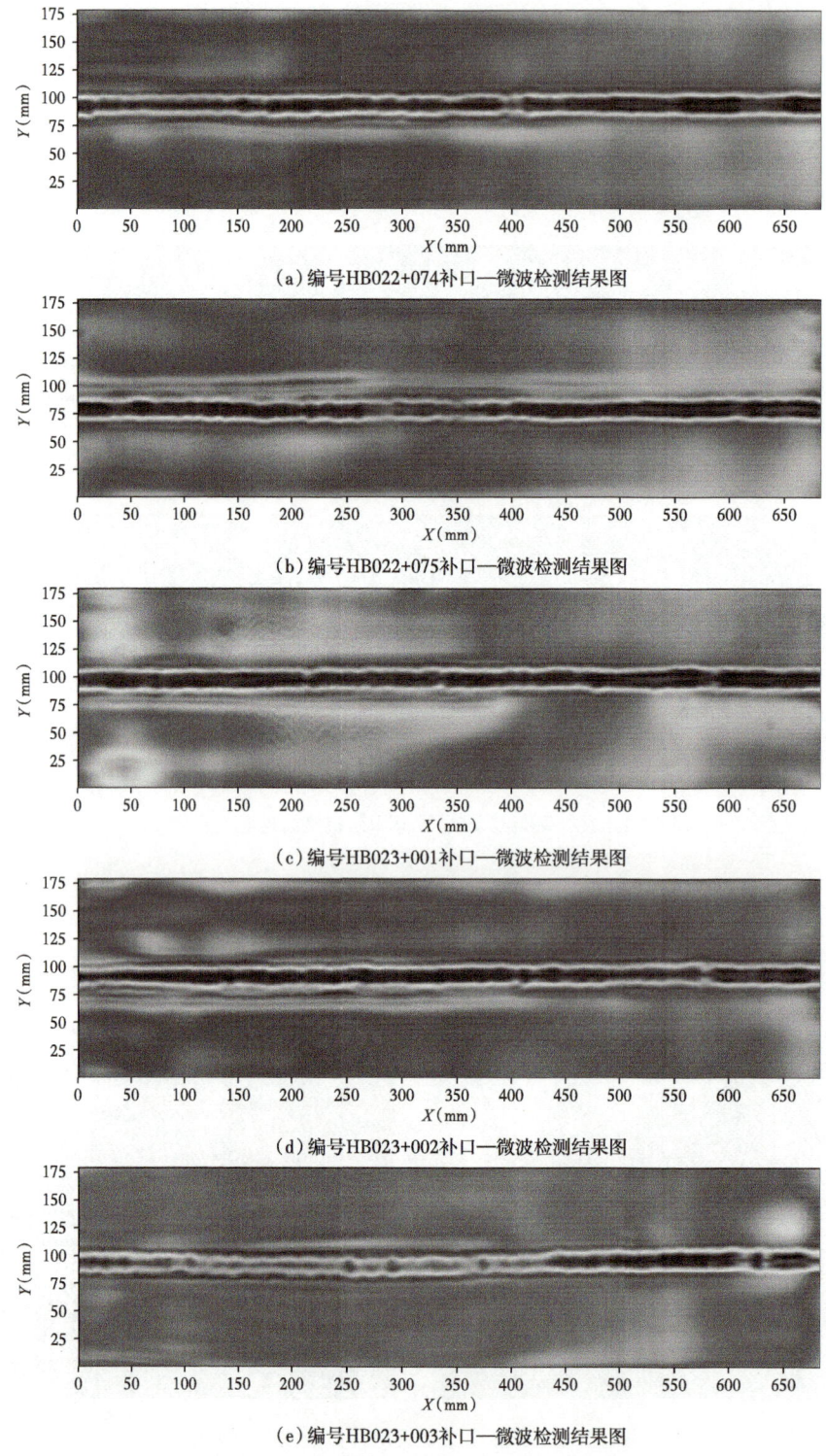

(a) 编号HB022+074补口—微波检测结果图

(b) 编号HB022+075补口—微波检测结果图

(c) 编号HB023+001补口—微波检测结果图

(d) 编号HB023+002补口—微波检测结果图

(e) 编号HB023+003补口—微波检测结果图

图1.1.18 张家口新建管道补口微波检测结果图

基于以上 5 道补口微波检测结果的整体评估，最终选取 2 道补口进行剥离试验，对应的补口编号分别为 HB022+075、HB023+001，每道补口选取 1 处灰度值偏大位置和 1 处临界灰度位置，将两者的剥离数据进行统计，与实验室的统计数据进行分析比对，以便对实验室的数据模型进行修正。两道补口的具体剥离位置如图 1.1.19 所示。

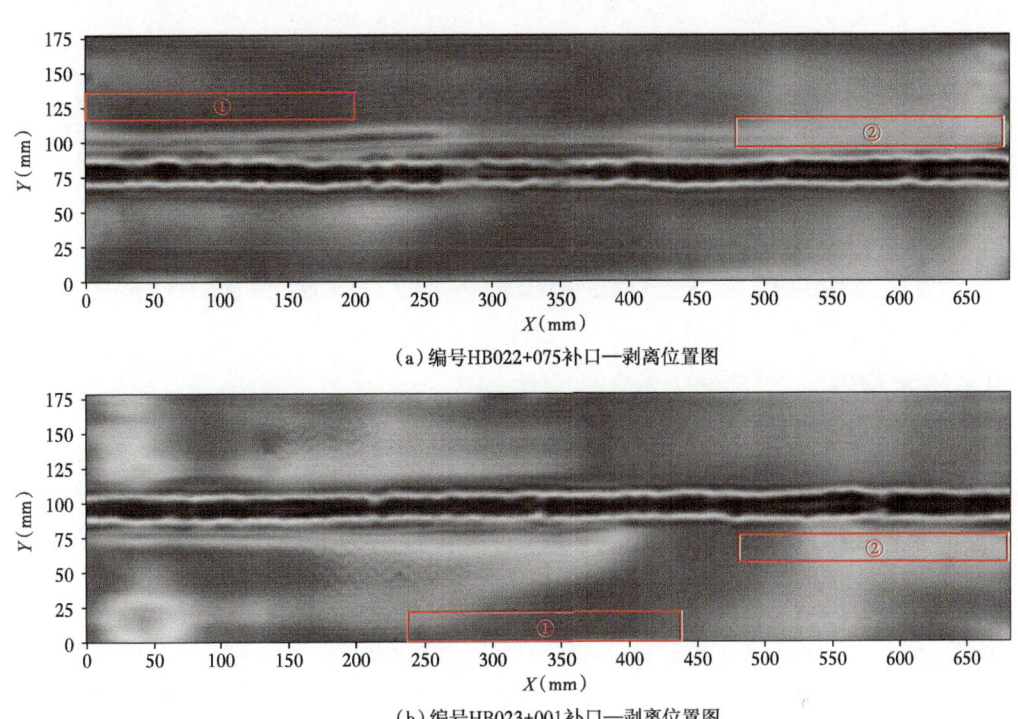

(a) 编号 HB022+075 补口—剥离位置图

(b) 编号 HB023+001 补口—剥离位置图

图 1.1.19　张家口新建管道补口剥离位置图

在以上 4 个区域按照 GB/T 23257—2017《埋地钢质管道聚乙烯防腐层》标准采用便携式剥离强度测定装置进行剥离试验，各个区域的灰度及拉力值数据见表 1.1.3。

表 1.1.3　张家口新建管道补口剥离区域灰度—剥离强度数据表

区域位置编号	平均灰度	平均拉力（N）	剥离强度（N/cm）
HB022+075-①	101	130.71	65.355
HB022+075-②	162	86.34	43.17
HB023+001-①	115	118.52	59.26
HB023+001-②	150	100.56	50.28

从表中的有关数据可以得出：区域位置 HB022+075-①和 HB023+001-①处的灰度值分别为 101 和 115，对应的剥离强度为 65.355N/cm、59.26N/cm，符合标准中有关黏结力的强度要求；区域位置 HB023+001-②处的灰度值为 150，对应的剥离强度为 50.28N/cm，处于标准要求的临界状态；区域位置 HB022+075-②处的灰度值为 162，对应的剥离强度

为 43.17N/cm，低于标准要求的 50N/cm，可能存在脱黏风险。基于以上微波现场检测的灰度—剥离强度的数据，可得出现场的数据对应关系与实验室前期的数据模型高度吻合，故微波无损检测技术在补口结构的黏结质量检验方面具有现场应用的可行及可靠性。

1.1.5 应用效果

该技术使用微波检测法对模拟制作的管道补口内部"脱黏""异物"缺陷以及进实际现场管道补口行了检测与验证，微波检测结果很好地表征了防腐层内部的实际缺陷，实现补口结构的非破坏性检测与评价，并建立微波无损检测黏结力缺陷图谱与防腐层黏结力之间的联系，实现补口黏结力"可视化"。

1.2 管道完整性管理多要素数据对齐与整合分析技术

1.2.1 技术背景

随着管道完整性管理的深入应用，长输管道运行期间积累了大量的宝贵数据，但目前这些数据存在存储分散、数据不完整、数据里程维度不统一等问题，导致数据填报工作量大且数据不能给管道决策者带来应有的价值。为了充分利用长输管道完整性相关数据，有必要开展管道完整性管理多要素数据对齐与整合分析工作。

人工对齐工作量通常较大、效率低且准确率较低。开发长输管道数据对齐软件能够较准确且高效地完成管道数据对齐工作，将对齐后的数据应用于管道后续的完整性评价、风险评价、效能管理等环节，能够更真实地反应管道当前的状况，进而保障管道的安全运行。

1.2.2 技术简介

GB/T 42033—2022《油气管道完整性评价技术规范》将数据对齐（data aligning）定义为"通过阀门、短节、弯头、环焊缝、管道桩等易于识别的特征，将多来源或多批次管道数据按照线性参考系统同基准进行对应的过程。"

数据对齐是管道完整性管理的重要内容，将多来源、多批次数据对齐在同一个参考系统上，是开展多源数据综合分析的前提，目的是充分利用数据，发挥数据价值，开展综合分析，提高管理水平。

管道完整性管理数据通常包括设计数据、施工建设数据、管道附属设施数据、第三方设施数据、周边环境数据、运行数据、内检测数据、外检测数据、监测数据、专项调查数据、风险评价数据等。

管道完整性管理数据通常在不同时期、由不同单位实施。由于数据类型差异、数据记录方式不同、检测里程误差、记录起点终点差别、检测器技术差异、特征报告方式差异、换管改线等因素影响，管道完整性管理数据的综合应用存在困难。需要将不同类型的数据进行对齐，进而进行管道本体安全评估及综合风险评价等，综合分析管道的本体缺陷、内外腐蚀环境、建设施工期质量、高后果区、穿跨越、占压等情况，更准确地评价出管道当前的安全状况。

数据对齐之后，可以对多要素数据进行综合分析，将不同时期的管道本体状态与运行参数、阴极保护情况、干扰情况、外界环境等因素相关联，对管道缺陷进行致因分析，根据发生的原因选择有针对性的风险消减措施，保证管道的运行安全。同时，通过进行多轮内检测数据对齐，将检测出的缺陷进行精确匹配，在此基础上准确计算腐蚀增长速率、预测剩余寿命、建议再检测周期等，使风险评价结论更具精确性和科学性。

1.2.3 主要创新点

建立了管道完整性管理数据库，制定了60余项数据模板及数据填写规范，将管道基础数据、附属设施数据、监检测数据、运行数据等与管道完整性管理相关的多要素数据整合入同一系统，解决以往数据模版不统一、数据存储位置分散、数据利用率低等问题。

设置了数据清洗及预警模块，解决了部分因人工填报失误导致的数据异常问题。同时对于超出标准的数值，给出预警提示，由数据填报人员进行校核后确定是否修正数据。该模块能大大提高数据的准确及可靠性。

在数据对齐方面，通过将建设期数据与内检测数据对齐建立管道初始管节基线，再通过新的内检测数据对初始管节基线进行更新，不断提高管道管节基线的准确度。有了准确的管节基线后，将管道本体缺陷、防腐层破损点、阴保有效性、杂散电流干扰、穿跨越、占压、水工保护、高后果区数据等对齐至每个管节，进而实现管道完整性管理多要素数据对齐。

针对对齐后的数据，开发了整合分析功能，能够实现智能数据整合及数据分析，大大减少人工数据整合分析的工作量，对管道的完整性管理更具有指导和支撑意义。

1.2.4 技术方法及现场验证

1.2.4.1 数据库搭建

近年来，随着管道完整性管理理念的深入应用，管道积累了大量的数据，数据种类丰富，但各类数据均独立存储于各个自建系统中，未能实现数据有效融合、综合分析和深度应用，表现为一个个"数据孤岛"，数据利用率低。为了充分利用管道数据，有必要建立统一的管道数据库，将管道各类数据进行有效集合。

根据管道数据类型及更新频率，将管道数据分为两大类：管道基础数据和管道采集数据。管道基础数据包含管道基本信息、管道建设期钢管/焊缝数据、管道改线信息、站场阀室信息、桩牌信息、组织架构管理、管道管理划分等。管道采集数据包括：管道附属设施、穿跨越设施、第三方设施、周边环境、高后果区、内检测数据、外检测数据、开挖修复信息、运行参数、介质检测、腐蚀速率监测等。针对每一类数据制定特定的模板及填写规则，数据填报人员按照规定的模板及填写规则整理数据后上传，系统通过提前配置好的数据清洗及预警规则对录入的数据进行清洗及预警，提高数据的准确性及规范性。

1.2.4.2 对齐软件开发

对上述数据库中的各类数据进行对齐，首先通过将建设期管节数据与内检测数据对齐建立管道初始管节基线。当管道发生改线、换管、增加分输、完成开挖验证或有新增内检测数据后需进行管节基线的更新。完成管节基线更新后，可将外检测数据、开挖修复数据、附属设施数据、第三方设施数据、周边环境数据、穿跨越数据、高后果区数据等与基线进行对齐。通过数据对齐，可将不同来源的数据统一至同一里程维度，可实现从多角度对管道的安全状况进行评估。数据对齐整体流程如图 1.2.1 所示。

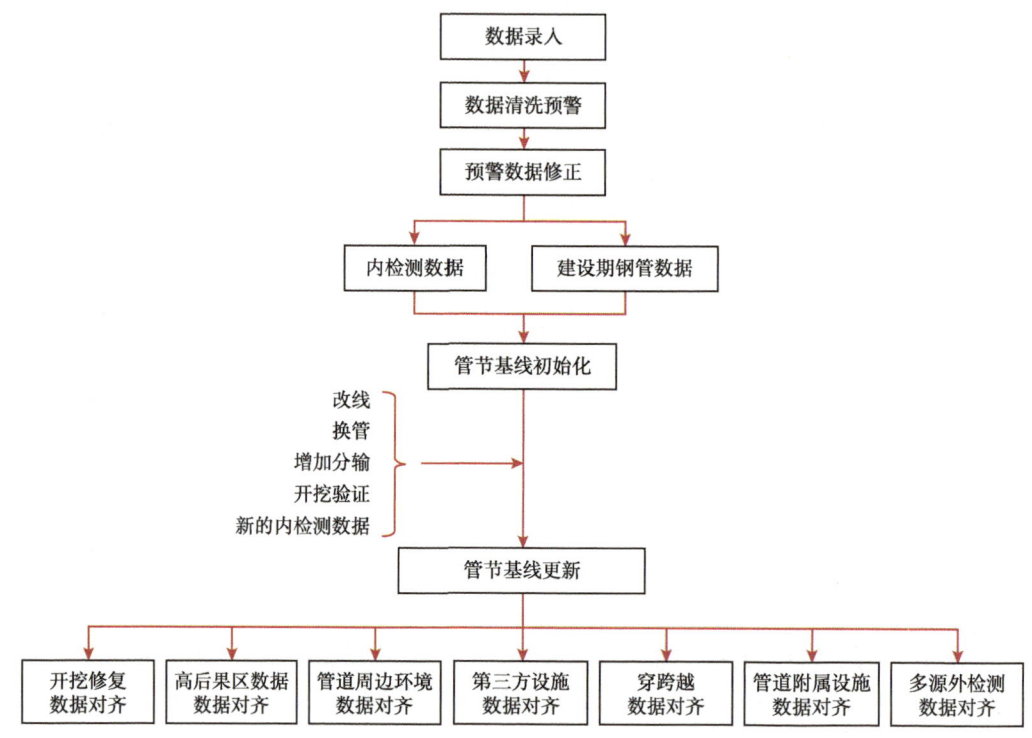

图 1.2.1　管道完整性管理多要素数据对齐思路

1.2.4.3　对齐数据自动整合分析

管道完整性管理多要素数据通常数据量较大，人工进行整合分析的工作量较大，且出错率较高，因此，有必要开发数据自动整合分析功能。根据数据分析需求，开发了管节基线示意图、管道缺陷库示意图、单轮次内检测数据分析图（含金属损失、制造缺陷、凹陷、焊缝异常等缺陷沿里程及时钟分布图，缺陷不同维度数量统计图、缺陷距上游环焊缝距离统计图等）、多轮次内检测数据对比分析图（含对齐缺陷增长趋势分析、新增缺陷统计分析、漏检缺陷统计分析、腐蚀速率计算分析等）、单轮次外检测数据分析（含土壤腐蚀性沿里程分布、阴保有效性沿里程分布、防腐层破损点分布、杂散电流干扰程度分析等）、高后果区沿里程分布分析、穿跨越沿里程分布分析、占压情况沿里程分布分析、水工保护沿里程分布分析、开挖修复数据分析等。通过数据的自动整合分析，使数据能够更直观地展示给管道运维管理人员，提高管道完整性管理的效率及可靠性。

1.2.4.4　陕京一线完整性管理多要素数据对齐与整合分析实例

1.2.4.4.1　陕京一线数据库建设

陕京一线基础数据库分为基础信息管理和管道数据采集两大部分。

基础信息是完整性管理多要素数据的基础及标准，如站场阀室管理和桩牌管理中有管线的标准站场阀室名称及桩牌名称，后续数据中涉及站场/阀室/桩牌时，名称需与站场阀室管理和桩牌管理中的名称保持一致，可起到校核数据的作用。基础信息管理中除标准数据外，还有一部分是管道固有的信息，如建设期钢管数据、建设期焊缝数据等，该类数据仅有一组，不会随着运行时间的延长而产生新的数据；

数据采集部分录入更新频次较高的数据，如内外检测数据、管道附属设施、穿跨越设施、第三方设施、周边环境、高后果区、开挖修复信息、运行参数、介质检测、腐蚀速率监测等。

目前已完成陕京一线及硫永支线共计60余类425万余条完整性管理多要素数据的入库、清洗及预警修正。数据库具有数据录入、数据编辑、数据删除、数据类似新增及数据查询等功能。

（1）数据录入支持两种录入方式：批量录入和单条新增。用户可根据数据量的大小灵活选择合适的录入方式。为提高单条新增数据的效率，系统设置了类似新增功能，可一定程度上减少用户编辑的工作量（图1.2.2~图1.2.4）。

图1.2.2　数据新增界面

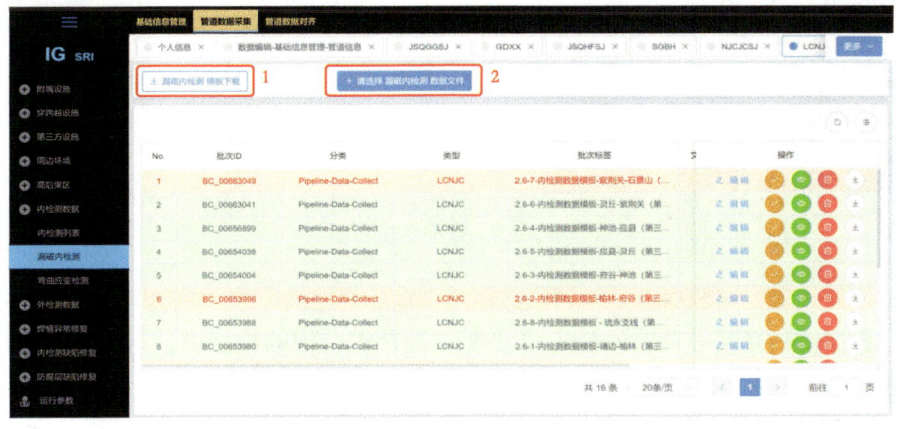

图1.2.3　数据批量录入界面

图 1.2.4　类似新增功能

（2）数据编辑：当单条数据需要更新或修改时，可在数据库界面直接进行编辑。同时，为尽可能避免错误填报，系统针对每一类数据均设置了不可修改项（灰色显示），以防出现误修改的情况（图 1.2.5）。

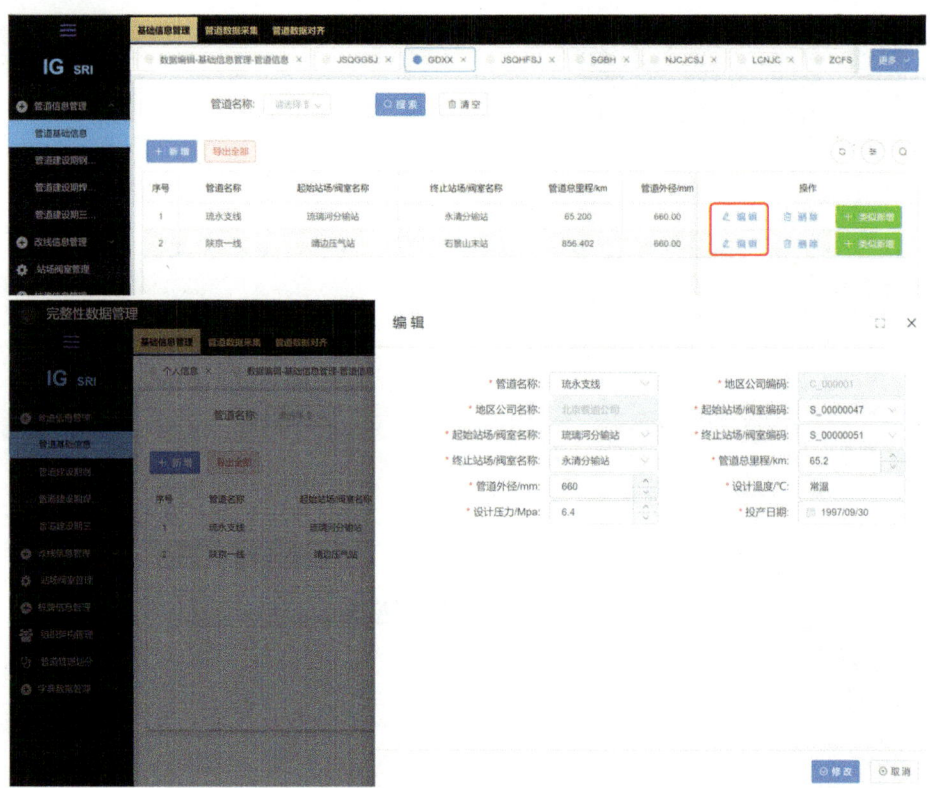

图 1.2.5　数据编辑界面

（3）数据删除：当数据重复填报或数据有误时，可选择对其进行删除（图 1.2.6）。

（4）数据清洗预警：针对有标准格式要求和数据范围的数据可进行系统清洗和预警。数据清洗是由系统根据规则直接将不规范的数据标准化；预警则是由系统筛选出有问题的数据，提示用户进行数据检查和修正。经过数据清洗和预警环节，可大大提高数据的规范性和准确性，为后续数据的应用提供更有效地支撑（图 1.2.7）。

图 1.2.6　数据删除界面

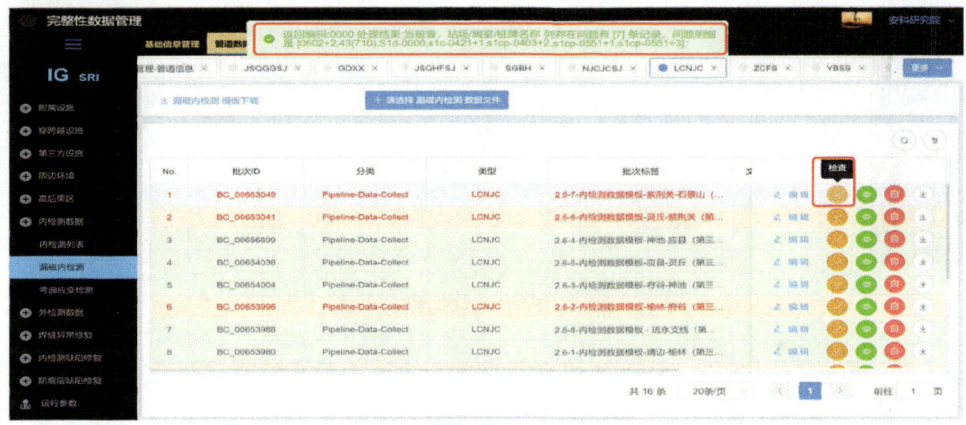

图 1.2.7　数据清洗预警界面

（5）原始数据查询：数据库支持对录入的原始数据进行查询，可按照管道名称、分公司名称、作业区名称等查询相关数据（图 1.2.8）。

图 1.2.8　原始数据查询界面

1.2.4.4.2 陕京一线完整性管理多要素数据对齐

（1）内检测数据标准化：按照管道完整性管理的要求，管道应定期进行内检测，因此管道运维过程中会积累多轮内检测数据。长输管道通常里程较长，内检测需要分段实施。为便于内检测数据的管理和多轮对齐，有必要将同一检测批次的报告进行整合（图1.2.9）。以陕京一线干线为例，内检测分7段实施，通过内检测数据标准化可将7段数据按照先后顺序整合为一段，检测里程按照顺序累加。

图1.2.9　内检测数据整合界面

（2）外检测数据标准化：外检测数据标准化与上述内检测数据标准化一致，也是将同一条管线零散的检测段合并为一个，便于后续的数据管理及对齐应用。

①管节基线数据管理：管节基线数据管理包含基线初始化和基线维护管理两大模块。

在基线初始化部分，根据目标管线的数据情况系统可自动匹配管节基线初始化原则：（a）当管道同时有建设期数据和内检测数据时，基于二者对齐结果生成管节基线；（b）当管道无建设期数据时，以最早一轮内检测数据作为管节基线。

开展建设期钢管数据与内检测数据对齐时，根据数据质量可选择系统自动对齐、关键位置人工对齐和管节人工对齐（图1.2.10和图1.2.11）。

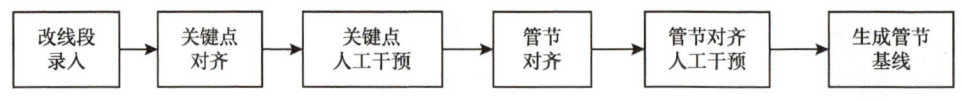

图1.2.10　建设期与内检测数据对齐流程

基线维护管理，当管道发生改线、换管、增加分输或进行了开挖验证后，需要对管节基线中特定管节的信息进行更新，以保证管节基线是管道当前的最新状态。

②内检测数据与基线数据对齐：当管道开展了新一轮次内检测后，需要将新的内检测管节数据与管节基线进行对齐，一方面可进一步验证/修正初始管节基线，另一方面可完

管道完整性技术

图 1.2.11 建设期与内检测管节对齐界面

成多轮内检测数据的管节对齐。根据对齐的结果判断是否需要更新基线。对齐方法同建设期数据与内检测管节数据对齐。当需要批量更新基线数据时，可根据实际情况自行选择需要更新的具体字段信息（图 1.2.12）。

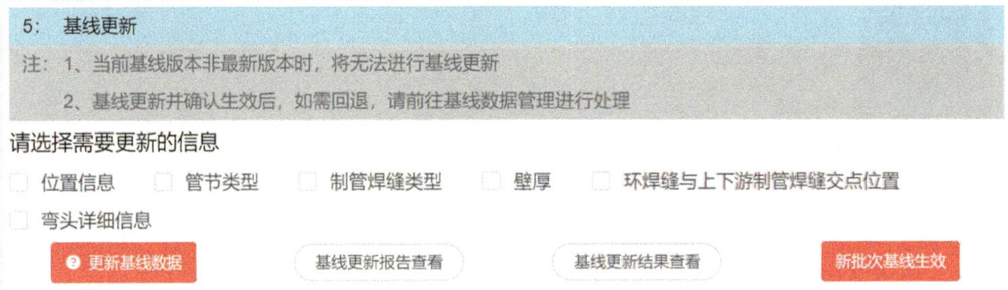

图 1.2.12 管节更新界面

③多轮内检测数据对齐：在内检测数据与基线数据对齐的基础上可进一步开展多轮内检测数据特征对齐，如金属损失、制造缺陷、凹陷、焊缝异常、支管、外接金属物等特征的对齐。特征对齐三要素为特征类型、特征距上游环焊缝距离及特征时钟位置，三个因素全部匹配则认为是同一特征。因不同检测器检出能力略有不同，可根据数据质量情况设置合适的误差时进行特征对齐（图1.2.13）。

图1.2.13　多轮内检测数据对齐界面

④其他数据对齐：其他数据指除管道本体数据外的外检测数据、开挖修复数据、附属设施数据、第三方设施数据、周边环境数据、穿跨越数据、高后果区数据对齐等。该部分数据通常以桩牌为参考点，以距桩牌的距离为地理位置表征。通过桩牌与管道基线关联，进而实现数据的对齐（图1.2.14）。

图1.2.14　其他数据对齐界面

1.2.4.4.3　陕京一线对齐数据整合分析

将对齐后的完整性管理多要素数据进行系统自动整合分析并绘制统计分析图，如下图所示。从图中可以更直观地了解管道各项数据情况，并可进行纵向比对分析，为管道缺陷致因分析提供有效的数据支撑（图 1.2.15）。

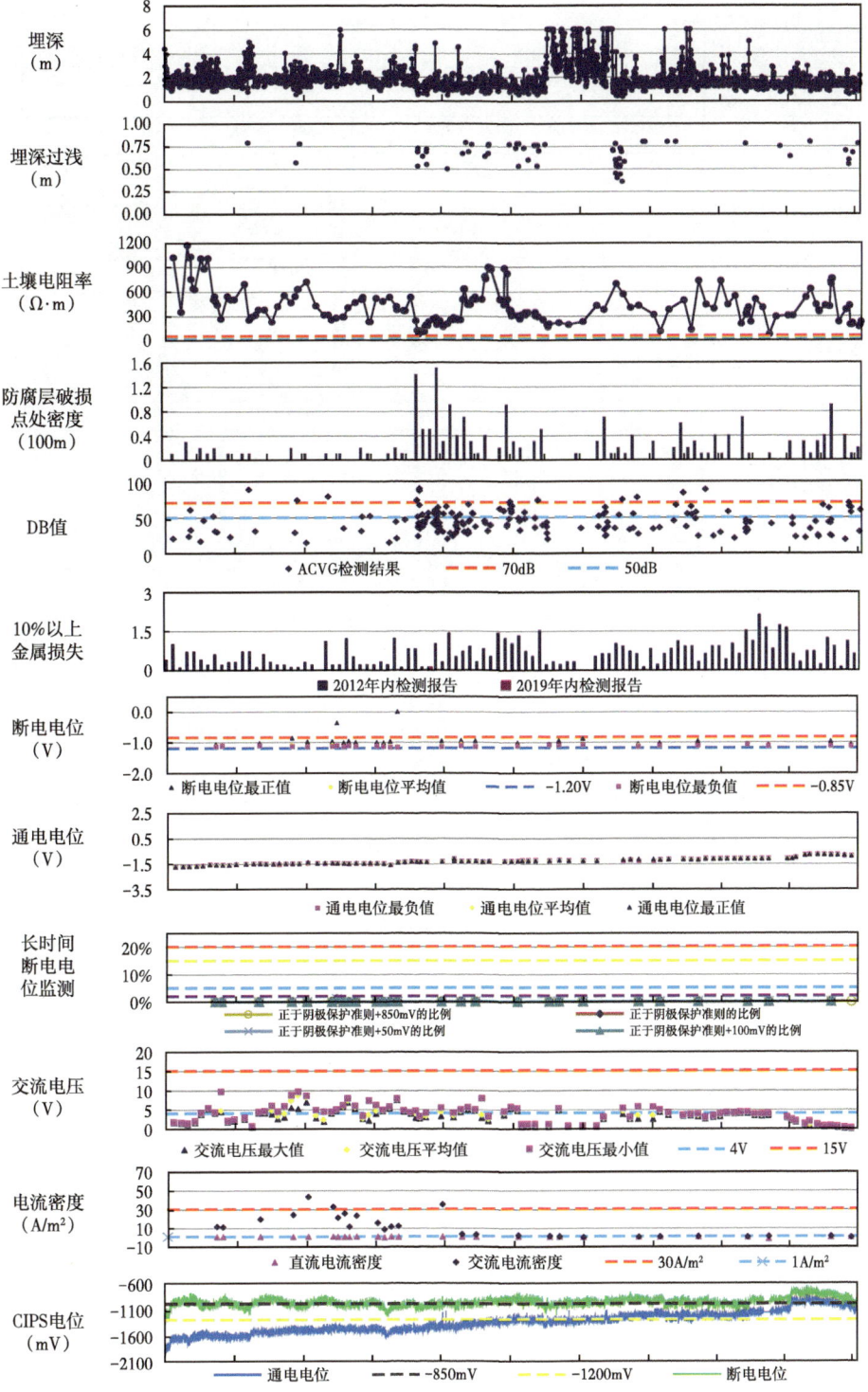

图 1.2.15　对齐数据整合分析示例

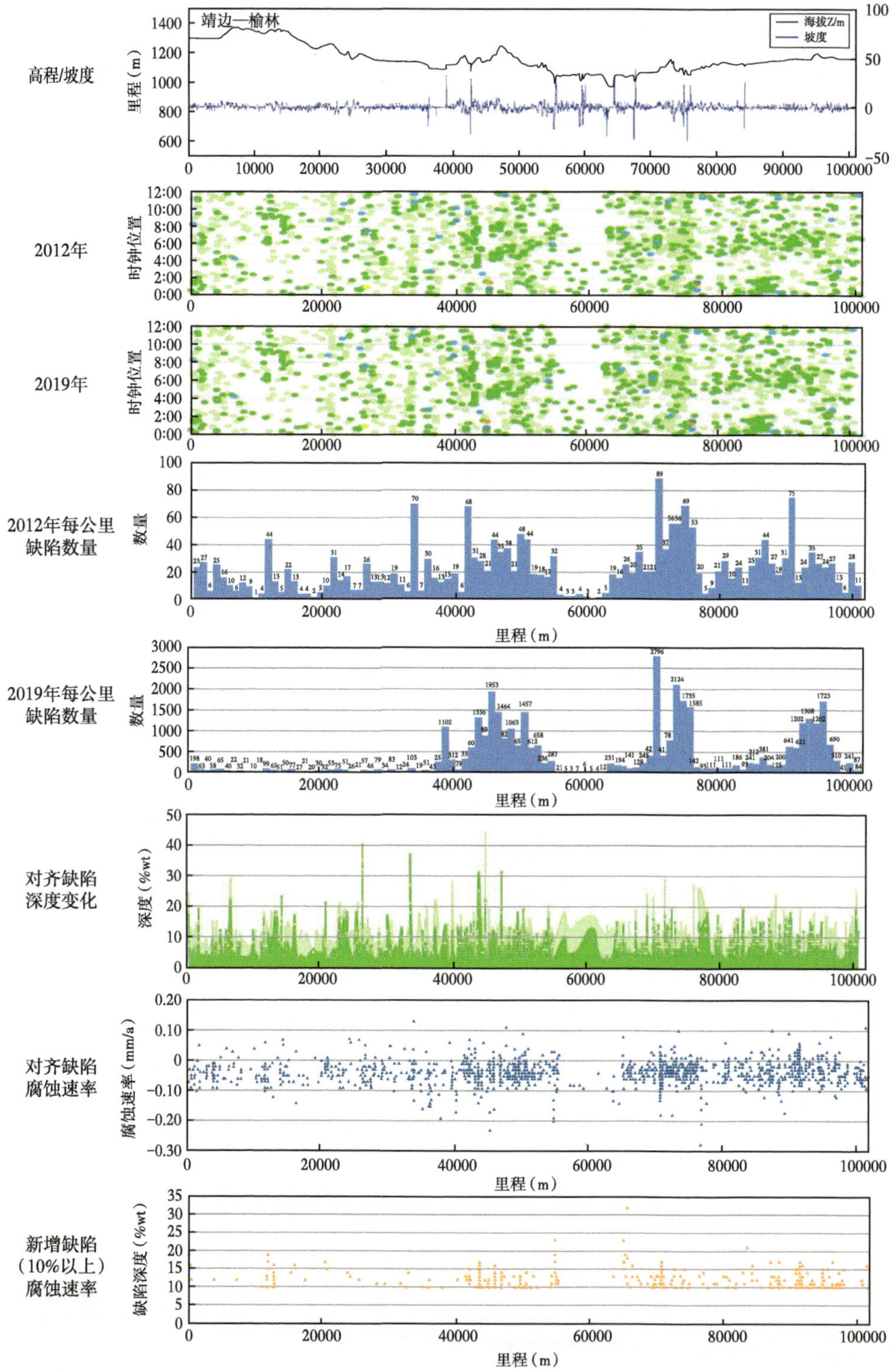

图 1.2.15 对齐数据整合分析示例（续）

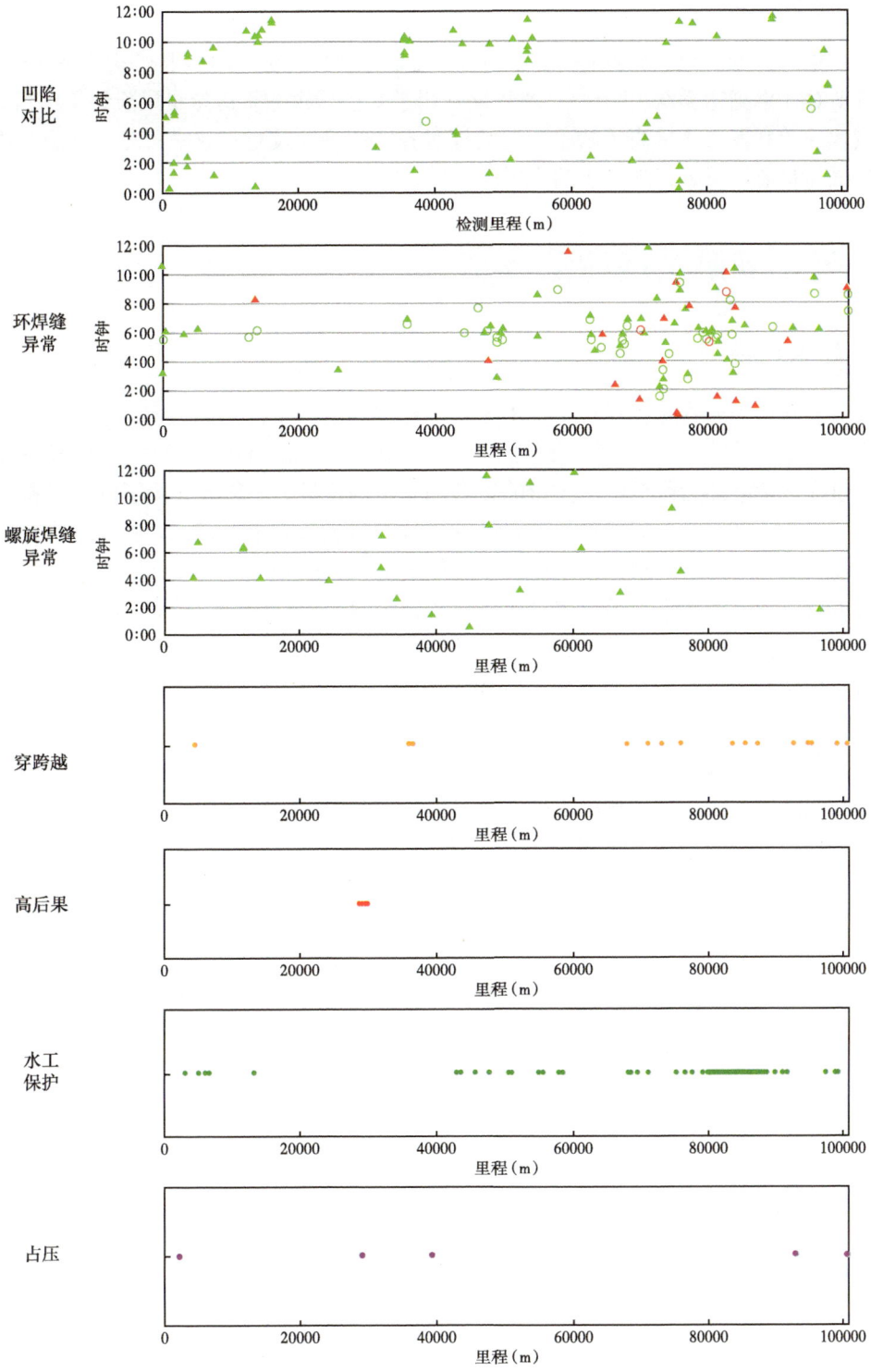

图 1.2.15 对齐数据整合分析示例(续)

1.2.5　应用效果

该数据对齐软件已在陕京一线干线及硫永支线上的成功应用并取得软件著作权证书，数据自动对齐率高达 90% 以上，对齐数据可用于支撑后续的管道定量风险评价项目。

该软件的开发大大提高了陕京一线数据对齐的准确性及对齐效率，对齐方法及效果已通过测试和验证，可进行进一步的推广应用。

1.3　开发缺陷智能评估技术

1.3.1　技术背景

管道与储运设备在服役过程中，由于外部环境和制造工艺的影响，会在管体和设备产生缺陷，这些缺陷会破坏管体和设备的几何连续性，造成局部应力集中和承载面积减小，导致管道设备承载能力降低，严重影响设备的安全服役能力。因此，为了降低设备失效风险，提升安全管理水平，需要对出现腐蚀缺陷的设备进行安全评定，判断缺陷是否会对设备造成危险，然后依据评定结果给出合理的维护意见，确保设备安全服役。

管道设备缺陷安全评定的主要思想是对含缺陷设备或结构的载荷和缺陷进行分析，确定设备在此状况下的剩余服役性能，并与其最小要求性能比较，判定缺陷是否威胁到管道设备的安全运行，然后依据判定结果，给出处理意见：（1）若缺陷没有危害，则允许管道设备继续使用；（2）若管道设备降级后，缺陷可以接受，则可降级使用；（3）若缺陷不可接受，则需立即维修、停用或更换管道。

现有的管道和储运设备缺陷安全评价方法都涉及大量的数据和非常复杂的计算，评价过程耗时耗力。以管道管体裂纹缺陷安全评价为例（见图 1.3.1），首先需要对管道缺陷进行现场检测，并收集管道材质性能数据。再通过应力分析获得缺陷处的应力分布情况。然后经过查表和复杂的计算获得管道的评估参数。最后与失效评定曲线（FAD）比较，确定管道是否安全。

如果能够利用先进的计算机网络和数据库技术，设计开发一种集成管道与储运设备缺陷安全评价的软件系统，将能够大大提高管道设备安全评价的效率，为企业的安全管理工作提供有力的支持。

目前石油天然气管道适用性评价结果并不能被管道公司人员第一时间掌握，开挖现场不能及时被填埋，危险焊口信息不能及时掌握。公司 GIS 系统平台或完整性管理平台数据不能被充分利用与充分挖掘。

本项目以北京管道所辖管道干线和支线及储运设施为研究对象，全面梳理设备类型、数量及规格，并对比分析各类评价标准的适用性，结合监检测数据和关键参数提取，建立管道及储运设施本体和环焊缝缺陷智能评估模型，开发软件系统并与公司 GIS 系统平台或完整性管理平台对接上线，在陕京二线和三线上进行示范性应用，全面提高公司完整性管理水平和管道运行安全。

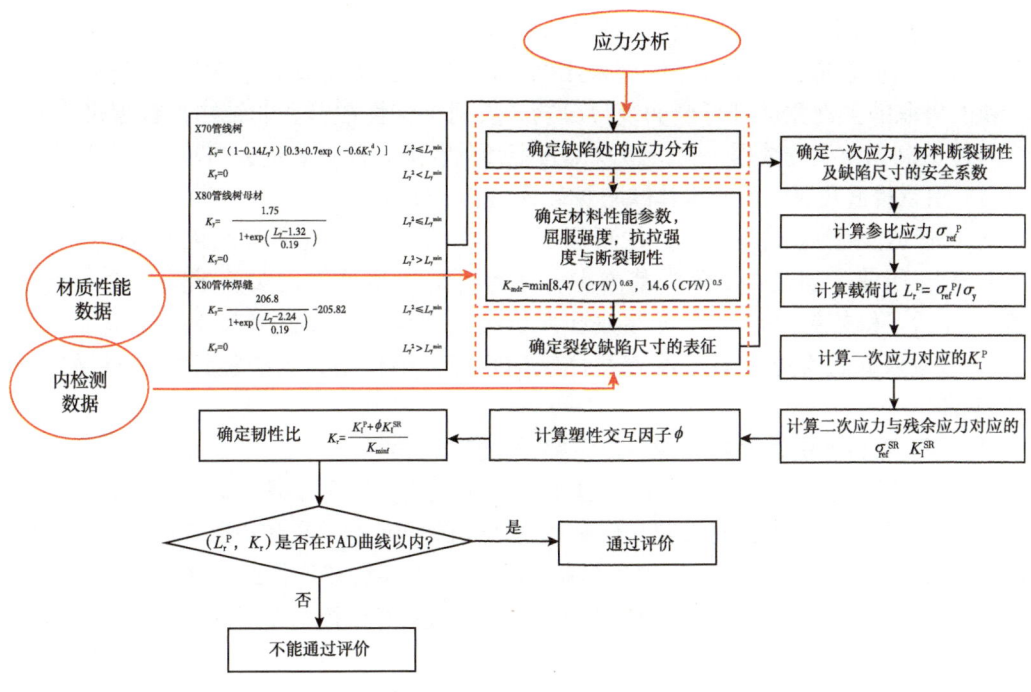

图 1.3.1 管道管体裂纹缺陷安全评价流程（举例）

1.3.2 技术简介

（1）对陕京管道所辖管线和场站内管道、管件和设备设施材料、规格等安全评价用信息进行调研统计分析，梳理出安全评价对象的类型、数量及规格。

（2）针对管道及储运设施本体，在典型缺陷（内腐蚀、外腐蚀、凹陷、屈曲、划伤等）分析基础上，重点开展管道及储运设施缺陷安全评价技术研究，包括评价依据标准、评价参数。在此基础上，建立系统的基于大量检测数据的管道及储运设施本体缺陷智能评估模型。

（3）针对管道及储运设施焊缝，在焊缝类型（直焊缝、螺旋焊缝和环焊缝）和焊缝缺陷（未熔合、未焊透、气孔、夹渣和几何缺陷）分析基础上，重点开展管道及储运设施焊缝缺陷安全评价技术分析、判别和选择，包括评价依据标准、评价参数。建立系统的基于大量检测数据的管道及储运设施焊缝缺陷智能评估模型。

（4）在对公司管道及储运设施材质调研、监检测数据分析、本体和焊缝缺陷评估模型建立的基础上，编制评价手册，开发缺陷智能评估单机版程序。

1.3.3 主要创新点

1.3.3.1 陕京管道管线及场站内管道、管件、设备设施材质规格等调研分析

对陕京管道所辖管线和场站内管道、管件和设备设施材料、规格等安全评价用信息进行调研统计分析，梳理出安全评价对象的类型、数量及规格，同时，梳理出管道、管件和

设备设施所适用和对应的不同评价国内外国家或行业标准，为缺陷评价奠定基础。

1.3.3.2 陕京管道管线及场站监检测数据识别和分类

对公司目前管道和场站设备设施采用的监检测手段（智能测径、漏磁内检测、外检测等）和能提取的关键数据进行全面统计分析，并对结构性数据和非结构性数据进行分类，最大程度的利用监检测数据，为管道缺陷智能评估和威胁预测奠定数据基础。

1.3.3.3 陕京管道及储运设施本体缺陷智能评估技术研究

针对管道及储运设施本体，在断裂、变形和表面损伤等典型缺陷（内腐蚀、外腐蚀、凹陷、屈曲、划伤等）分析基础上，重点开展管道及储运设施缺陷安全评价技术研究，包括评价依据标准、评价参数和评价结果评判等。在此基础上，建立系统的基于大量检测数据的管道及储运设施本体缺陷智能评估模型，为智能评估软件系统开发奠定基础。

1.3.3.4 陕京管道及储运设施焊缝缺陷智能评估技术研究

针对管道及储运设施焊缝，在焊缝类型（直焊缝、螺旋焊缝和环焊缝）和焊缝缺陷（未熔合、未焊透、气孔、夹渣和几何缺陷等）分析基础上，重点开展管道及储运设施焊缝缺陷安全评价技术研究，包括评价依据标准、评价参数和评价结果评判等。在此基础上，建立系统的基于大量检测数据的管道及储运设施焊缝缺陷智能评估模型，为智能评估软件系统开发奠定基础。

1.3.3.5 管道及储运设施缺陷智能评估系统研发及平台对接研究

在对公司管道及储运设施材质调研、监检测数据分析、本体和焊缝缺陷评估模型建立的基础上，研发缺陷智能评估软件系统，同时解决智能评估系统与公司 GIS 系统平台或完整性管理平台对接上线问题，确保系统与平台之间的衔接和融合，并在陕京二线和三线上进行示范性应用。

1.3.4 技术方法及现场验证

1.3.4.1 管道与储运设施调研统计分析

1.3.4.1.1 北京管道所辖管线调研统计

为了方便安全评价中相对固定的管道基础数据、压力容器基础数据和材质数据建立数据库，用于在安全评价时，直接调用，对中石油北京管道所辖管线中的基础数据（管径、壁厚、压力与材质）等信息调研情况见表 1.3.1。表中所示的 16 条管线为数据库中的基础管线，并不影响后续新增管线的扩充。从表中可知，北京管道所辖管线管径、壁厚、设计压力与材质各不相同，因此，在后续数据库建设过程中留有新增管线、壁厚、设计压力与材质的接口，可以随时在数据库中添加，使得数据库越来越丰富，使用越来越完善。

1.3.4.1.2 北京管道所辖储运设备调研统计

陕京一线共设 10 座输气站场（靖边首站、榆林压气站、神木清管站、府谷压气站、神池清管站、应县压气站、灵丘压气站、琉璃河分输站、永清分输站、通州末站），3 座计量站（靖边站、琉璃河站、永清站）和 7 座中间清管站。陕京二线沿线设工艺站场 11 座（榆林首站、兴县清管站、岚县分输站、阳曲压气站、盂县分输站、鹿泉分输站、石家庄分输清管站、安平分输站、任丘分输站、永清分输站、北京末站），其中 2 坐压缩机站，5

座分输站、2座清管分输站、1座末站、1座独立清管站、43座线路截断阀室，如图1.3.2所示。陕京三线与四线站场数据暂未获取，但可不断在软件使用过程中完善。

表1.3.1 中石油北京管道所辖管线调研情况

序号	管道名称	管径（mm）	壁厚（mm）	设计压力（MPa）	材质
1	陕京一线	660	7.14/4.3.74/10.3/12.7	6.4	L415（X60）
2	陕京一线琉璃河支线	660	7.14/4.3.74/10.3	6.4	L415（X60）
3	陕京二线（靖边—采育）	1016	7.14/14.6/17.5/21/26.2/30.4/34.7	10	L485（X70）
4	陕京二线（采育—通州东）	1016	17.5/21	10	L485（X70）
5	陕京三线（榆林至良乡）	1016	14.6/17.5/21/26.2/30.4	10	L485（X70）
6	陕京三线良西段	1016	14.6/17.5/21/26.2/30.4	10	L485（X70）
7	永京线	711	9.5/11.9/17.5/21/26.2	10	L415（X60）
8	港清线	711	7.5/7.9/9.5/10.3	10	L415（X60）
9	港清复线	711	12.7/14.3/18	10	L415（X60）
10	港清三线	1016	17.5/21/26.2	10	L485M
11	唐山LNG管线	1016	14.6/17.5	10	L485（X70）
12	永唐秦管道	1016	14.6/17.5/21/26.2/30.4	10	L485（X70）
13	小卞庄至汪庄子支线	660	7.1/4.3.7	/	L415（X60）
14	汪庄子至华庄子	159	5	/	/
15	丰南支线	610	7.1/8/9.5/10	/	/
16	大唐煤制气管道	914/1016	/	7.8/10	L485（X70）

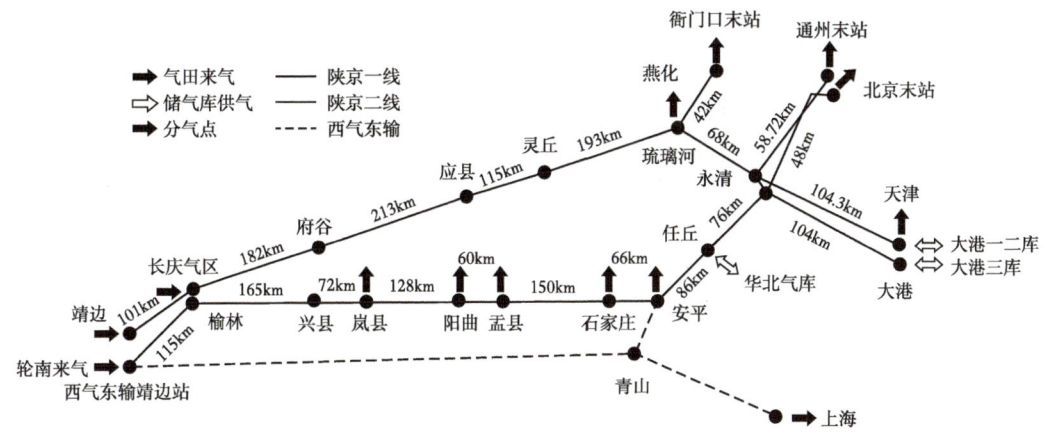

图1.3.2 陕京一线、二线管网结构示意图

通过对陕京一线、二线天然气场站压力设备主体工程、增压工程和应急工程设计图纸的调研分析，我们统计出了主要压力设备相关设计数据，见表1.3.2。

表 1.3.2 陕京一线、二线天然气管道场站主要压力设备设计数据

设备	设计压力 (MPa)	最高工作压力 (MPa)	壁厚 (mm)	关键部位及材料	腐蚀裕度 (mm)	设计标准及规范	材料要求	服役场站及台数
通用过滤分离器	10.5	10	下筒体厚度 14，封头不小于 35，上筒体厚度等于 38	筒体：16Mn（D325）/15MnNbR（D1066），弯头：16Mn，封头：15MnNbR，法兰：16Mn Ⅲ 为三级压力容器锻件 /16Mn Ⅳ	2	GB 150-1998《钢制压力容器》，《压力容器安全技术监察规程》，HG 20580-20584《钢制化工容器设计基础规范》等，J-CS-JX-SPE-0002《过滤分离器技术规格书》	按 GB 6654-1996 和 JB 4726-2000 的规定	榆林首站 7 台；安平分输站 4 台；阳曲压气站 4 台
PN10，DN1000 过滤分离器	10.5	10	下筒体厚度 16，封头不小于 34.2，上筒体厚度等于 38	筒体：16Mn（D325）/15MnNbR（D1000），弯头：16Mn，封头：15MnNbR，法兰：16Mn Ⅲ	2，设计系数 0.4	GB 150-1998《钢制压力容器》，JB/T4731-2005《钢制卧式容器》，G20580-20584《钢制化工容器设计基础规范》等，SPC-0000 制 01-01《过滤分离器技术规格书》	按 GB 6654-1996 和 JB 4726-2000 的规定	通州末站
PN10.5，DN750 过滤器	10.5	10	封头不小于 25，筒体组焊厚度等于 26	筒体：15MnNbR（D750），弯头：16Mn，封头：15MnNbR，法兰：16Mn Ⅲ	2	GB 150-1998《钢制压力容器》，《压力容器安全技术监察规程》，HG 20580-20584《钢制化工容器设计基础规范》等，SJ-CS-JX-SPE-0002《过滤分离器技术规格书》	按 GB 6654-1996 和 JB 4726-2000 的规定	石家庄分输站
PN10.5，DN400 过滤器	10.5	10	封头不小于 14.5，筒体组焊厚度等于 16	筒体：15MnNbR（D400），弯头：16Mn，封头：15MnNbR，法兰：16Mn Ⅲ	2	GB 150-1998《钢制压力容器》，《压力容器安全技术监察规程》，HG 20580-20584《钢制化工容器设计基础规范》等，SJ-CS-JX-SPE-0002《过滤分离器技术规格书》	按 GB 6654-1996 和 JB 4726-2000 的规定	鹿泉分输站，岚县站
旋风多管除尘器	10.5	10	封头不小于 39，筒体组焊厚度等于 40	筒体：15MnNbR（D1200），弯头：16Mn，封头：15MnNbR，法兰：16Mn Ⅲ /16Mn Ⅳ	2	GB 150-1998《钢制压力容器》，《压力容器安全技术监察规程》，HG 20580-20584《钢制化工容器设计基础规范》等，SJ-CS-JX-SPE-0001《旋风多管除尘器技术规格书》	按 GB 6654-1996 和 JB 4726-2000 的规定	阳曲压气站 4 台，榆林首站 2 台，兴县清管站 3 台，石家庄分输站 3 台

续表

	设计压力(MPa)	最高工作压力(MPa)	壁厚(mm)	关键部位及材料	腐蚀裕度(mm)	设计标准及规范	材料要求	服役场站及台数
PN10，DN1000清管器发送筒	10	10	小筒体厚度26.2，锥筒厚度42，筒体厚度等于42	筒体：正火15MnNbR，锥筒：正火15MnNbR，小筒体：X70（D1016），法兰：16Mn Ⅲ/16Mn Ⅳ	0	GB 150-1998《钢制压力容器》，《压力容器安全技术监察规程》，GB 50251-2003《输气管道工程设计规范》，HG 20584-1998《钢制化工容器制造技术要求》，SJ-CS-IX-SPE-0003《清管器收发筒技术规格书》	按GB 6654-1996和JB 4726-2000的规定	靖边首站1台，阳曲压气站1台，榆林首站1台，兴县清管站1台，石家庄分输站1台
PN10，DN1000清管器接收筒	10	10	小筒体厚度26.2，锥筒厚度42，筒体厚度等于42	筒体：正火15MnNbR，锥筒：正火15MnNbR，小筒体：X70（D1016），法兰：16Mn Ⅲ	0	GB150-1998《钢制压力容器》，《压力容器安全技术监察规程》，GB 50251-2003《输气管道工程设计规范》，HG 20584-1998《钢制化工容器制造技术要求》，SJ-CS-IX-SPE-0003《清管器收发筒技术规格书》	按GB 6654-1996和JB 4726-2000的规定	榆林首站1台，阳曲压气站1台，兴县清管站1台，石家庄管分输站1台
PN10，DN1000清管器收发筒	10	10	小筒体厚度26.2，锥筒厚度38，筒体厚度等于42	筒体：正火15MnNbR，锥筒：正火15MnNbR，小筒体：X70（D1016），法兰：16Mn Ⅲ	0	GB 150-1998《钢制压力容器》，JB/T4731-2005《钢制卧式容器》，《压力容器安全技术监察规程》，GB 50251-2003《输气管道工程设计规范》，HG 20584-1998《钢制化工容器制造技术要求》，SPC-0000制01-03《清管器收发筒技术规格书》	按GB 6654-1996和JB 4726-2000的规定	榆林首站1台，阳曲压气站1台，兴县清管站1台，石家庄管分输站1台

对调研的场站中的压力容器的材质进行统计，统计结果见表 1.3.3。根据提供的调研资料，陕京一线、二线场站绝大多数露天场站压力容器材质多为：16Mn、20#、16MnR（新牌号为 Q345R）、SA516-70N（相当于国内牌号 20#）、20R（新牌号为 Q245R）、15MnNbR（新牌号为 Q370R）。其中，压力容器材质绝大多数为 16MnR、20R 和 15MnNbR。

表 1.3.3　压力容器材质统计

地区及站点	主要材质
河北处	Q345R、16Mn、16Mn Ⅲ
陕西处	20R、Q345R、16MnR、SA516-70N、Q235A
山西处	16MnR、20R、20#、Q345R、15MnNbR、SA516-70N、Q370、X70、Q235A、SUS304
京 58 储气库	Q345R、Q245R、16Mn
大港储气库	16MnR、16MnDR、16MnR、20R、Q235-B、20#

对调研的范围中该三种材质压力容器的壁厚进行统计，在陕京一线、二线中，共调研压力容器 144 台，壁厚统计见表 1.3.4。

表 1.3.4　压力容器主要材质壁厚统计

材质	壁厚分布（mm）
20R（Q245R）	24、26
16MnR（Q345R）	6、8、10、12、14、16、18、20、23、24、28、32、40、42、46、50、52、54、74、76
15MnNbR（Q370R）	32、36、38、40、42、48

对于中石油北京管道所辖站场内的储运设施类型、材质、设计压力、壁厚分布特别复杂，规格种类也特别复杂，因此，软件系统在设计时留有数据库增添新数据接口，对于站场压力容器的调研分析为基础依据，对软件使用会越来越完善。

1.3.4.2　软件系统解决方案

1.3.4.2.1　操作系统平台

操作系统平台分为客户端和服务器端。客户端的操作系统选择目前市面上广泛使用的微软公司的 Windows 系列操作系统。由于本软件是基于网络的结构，因此，服务器端选择了性能稳定、安全可靠的 Centos、Debian 等 Linux 系统。

1.3.4.2.2　数据存储平台

数据存储平台选择稳定可靠的大型开源关系数据库 PostgreSQL 12。该数据库是目前世界上可以获得的最先进的开放源码的数据库系统，具有非常高的稳定性和兼容性，能够很好地满足软件的设计要求。

1.3.4.2.3　系统网络架构

软件系统的网络结构主要分为两类：C/S（客户机 / 服务器）和 B/S（浏览器 / 服务器）两种。采用 C/S 架构的系统通常构建在局域网中，尽管其客户端的性能非常强大，但安装维护费力，数据不能广泛共享。而采用 B/S 架构的系统构建在广域网中，用户可以随时随地通过互联网登录系统，进行业务处理，而且系统需要升级和维护时，只需在服务器端进行，非常简单方便。因此，本软件系统采用基于 B/S 架构的体系进行开发，架构形式如图 1.3.3 所示。

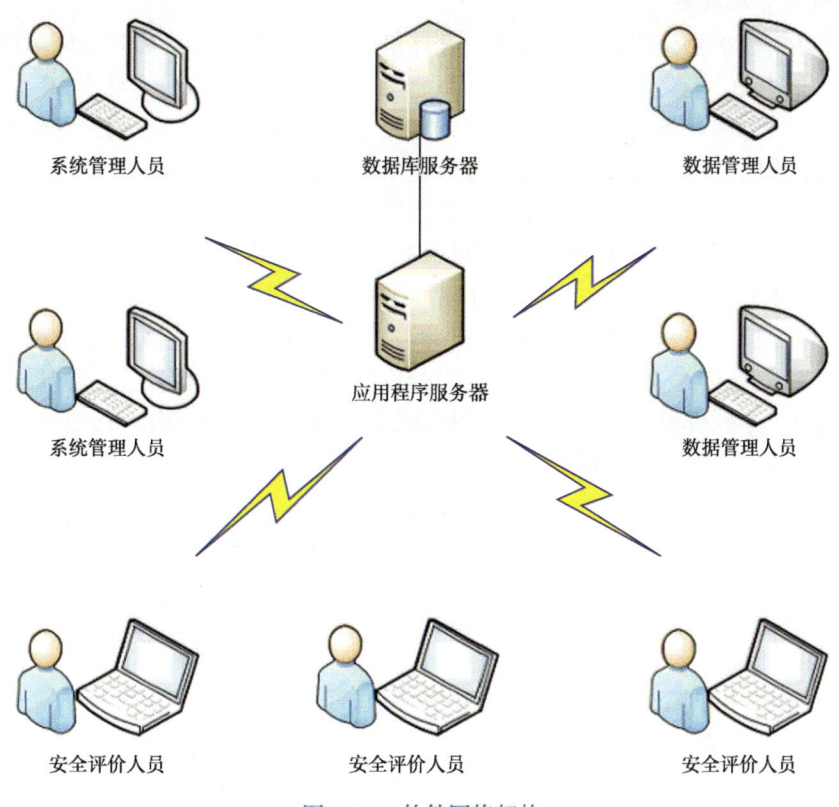

图 1.3.3　软件网络架构

1.3.4.2.4　软件开发工具

Java 语言是 Sun Microsystems 公司推出的开发语言，以快速高效的开发方式和强大的功能，成为当前最为流行的开发语言之一。本软件后台采用 Java 语言，基于 JFinal 技术栈构建。前端采用 Webix 框架，纯 JavaScript 语言构建，采用了 Shiro 作为安全框架保障系统安全。

1.3.4.3　软件系统功能模块开发

1.3.4.3.1　系统管理模块

系统管理包括系统模块管理、用户角色管理、系统用户管理和用户权限管理四个子功能模块，其中系统模块管理的主要功能是组织和管理整个数据库的栏目结构，可以添加、删除和修改系统栏目；用户角色管理的功能是设置不同的用户角色，并赋予每个角色相应的权限；系统用户管理主要是添加、删除和修改用户信息；用户权限管理则是对用户角色授权的一种补充，可以针对某个具体的用户调整其使用权限。

用户管理模块针对不同的业务处理和功能模块，将用户设置为三种：系统管理员、数据管理员和安全评价人员。系统管理员主要负责系统的日常维护和升级工作；数据管理员负责对管道和设备基础数据、材质数据的添加、修改、删除等工作；安评人员用户是系统的主要使用者，具有数据检索和使用安全评价模块对管道和设备进行缺陷评估的权限，不能向数据库插入数据，也不会引发数据错误。这样的用户设置能够保证系统安全高效的运行。

1.3.4.3.2 数据管理模块

数据管理模块主要为用户开展缺陷安全评价提供基础数据，为用户减轻数据输入的负担，节约评价时间、提高评价效率。通过调研发现，公司管辖的油气管线和压力容器相对固定，对应的管道和设备信息也相对固定，方便形成数据库资源，在安全评价人员利用软件开展评价工作时，可以直接调用这部分数据而不需要进行手动输入，因此，本软件系统设计了数据管理模块，对安全评价中相对固定的管道基础数据、压力容器基础数据和材质数据建立数据库，用于在安全评价时，直接调用。根据对本软件系统涉及的所有评价方法进行分析后，建立了如表 1.3.5 至表 1.3.7 所示的数据库形式。这些表中的内容涵盖了所有评价方法中需要调用的基础数据。除了与管道、压力容器、材质相关的数据外，在进行管道裂纹评价时，会涉及大量的用于计算应力强度因子的基础数据查询，为减轻工作人员人工查表的工作，本软件已将需要的大量数据表放入数据库中，在评估时，算法程序将直接调用相关数据并采用插值算法获得需要的数据。

表 1.3.5 管线数据表形式

管线名称	管道材质	管道外径（mm）	管道公称壁厚（mm）	管道设计压力（MPa）	管道运行压力（MPa）	焊缝系数	地区等级	未来腐蚀余量（mm）
永京线	L415（X60）	711	9.5	10	10	1	2	0
永京线	L415（X60）	711	11.9	10	10	1	2	0
永京线	L415（X60）	711	17.5	10	10	1	2	0
…	……	…	…	…	..	…	…	…

表 1.3.6 压力容器基础数据表形式

场站名称	设备种类	设备类型	容器材质	设备外径（mm）	公称壁厚（mm）	设计压力（MPa）	工作压力（MPa）
…	储罐	压缩空气缓冲罐	Q235	1000	12	0.2	0.2
…	…	…	…	…	…	…	…

表 1.3.7 材质数据表形式

材质名称	屈服强度（MPa）	抗拉强度（MPa）	弹性模量（MPa）	泊松比	夏比冲击功（J）
L415（X60）	415	520	200000	0.3	27
…	…	…	..	…	…

本数据模块可以实现对管线和压力容器基础数据、材质数据的录入、修改和删除等。为了保证数据的完整性和安全性，本系统模块设定为仅有数据管理人员有权限进行操作，其他用户仅能进行查询和在安全评价中导入数据的操作。本模块的界面如图 1.3.4 至图 1.3.6 所示。

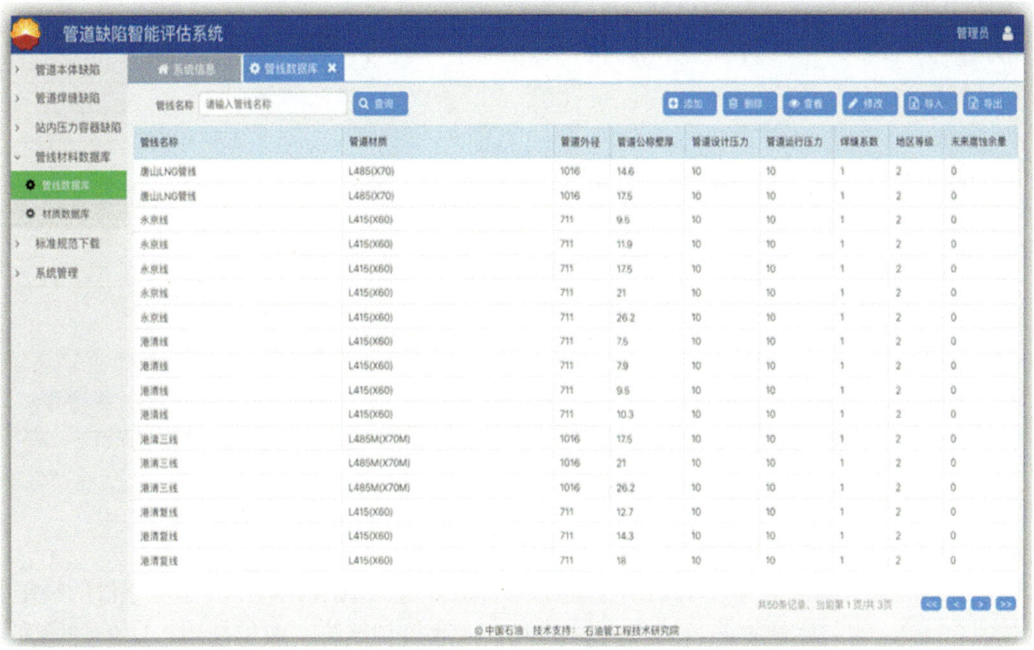

图 1.3.4　管线数据库页面

图 1.3.5　压力容器数据库页面

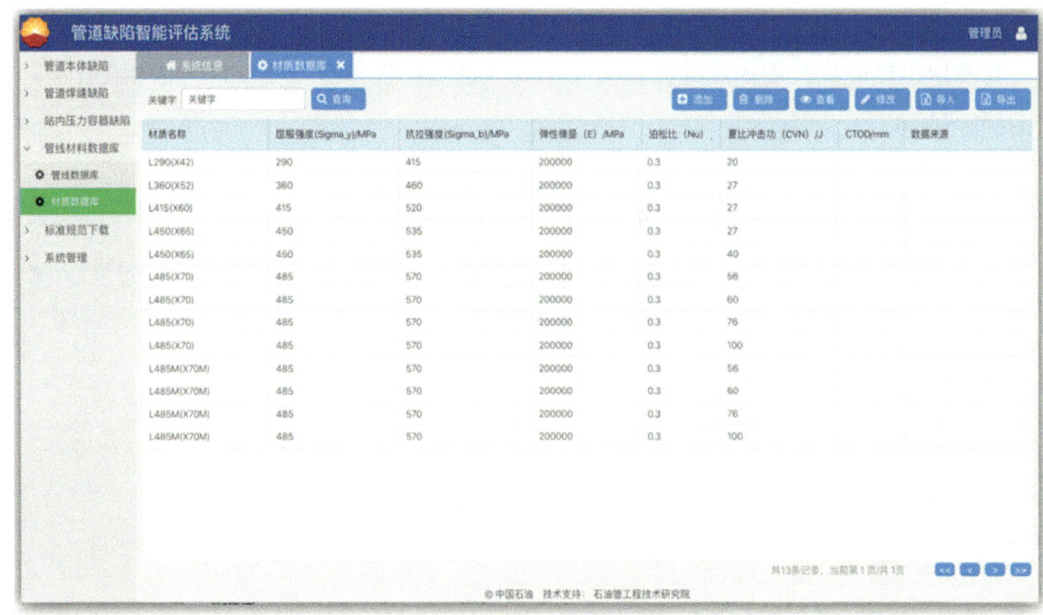

图 1.3.6　材质数据库页面

1.3.4.3.3　管道本体缺陷评价模块

管道本体缺陷评价模块的评价对象是远离管道焊缝区域的缺陷。具体可评价的缺陷包括（图 1.3.7）：均匀腐蚀缺陷、局部金属损失、弥散损伤缺陷、裂纹缺陷、凹陷缺陷和分层缺陷。鉴于裂纹缺陷的复杂性，将其分为环向裂纹和纵向裂纹，每种裂纹形式又分内表面裂纹、外表面裂纹和埋藏型裂纹，对其分别设计不同的算法进行评价。

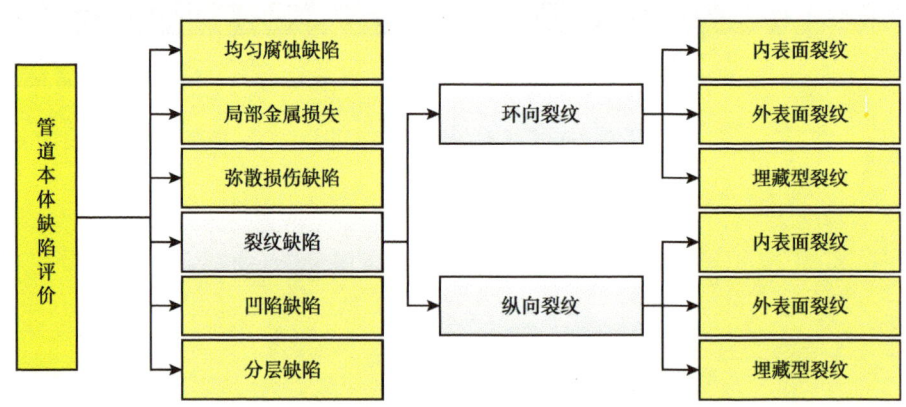

图 1.3.7　管道本体缺陷评价模块结构

下面以管道本体凹陷缺陷评价为例，说明本评价模块的评价流程与软件界面形式，管道本体缺陷评价的具体流程参见附录。

附图 4 为本软件采用的管道本体凹陷缺陷评价流程。本流程以 SY/T 6996-2014《钢质油气管道凹陷评价方法》和 SY/T 6151-2009《钢质管道管体腐蚀损伤评价方法》为依据编制而成。

图 1.3.8 至图 1.3.11 为管道本体凹陷缺陷评价模块的软件界面，其他评价模块与其类似，具体的操作流程为：

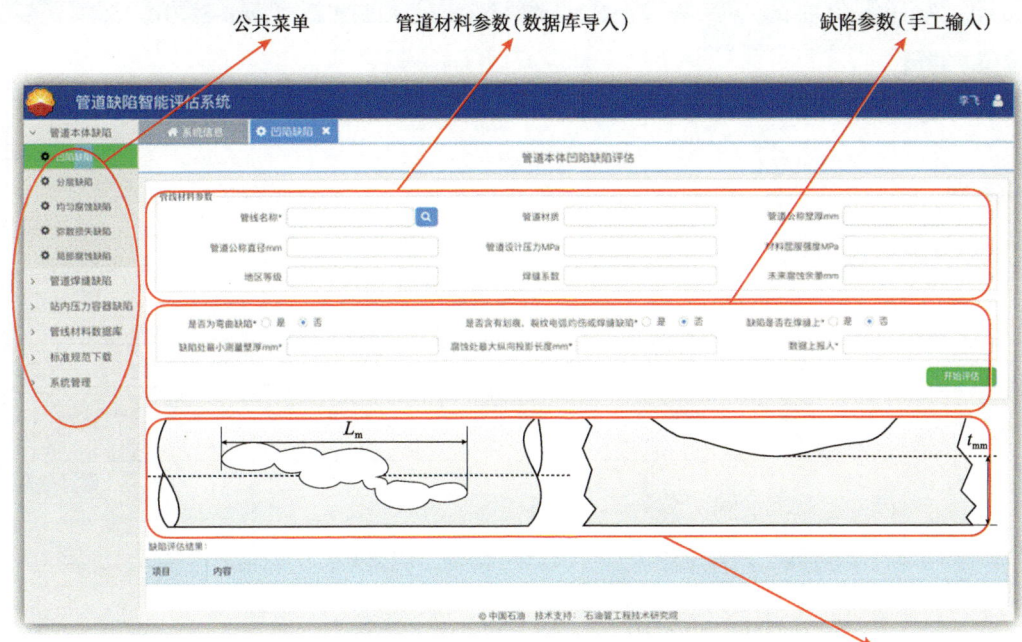

图 1.3.8　管道本体凹陷缺陷评估模块初始页面

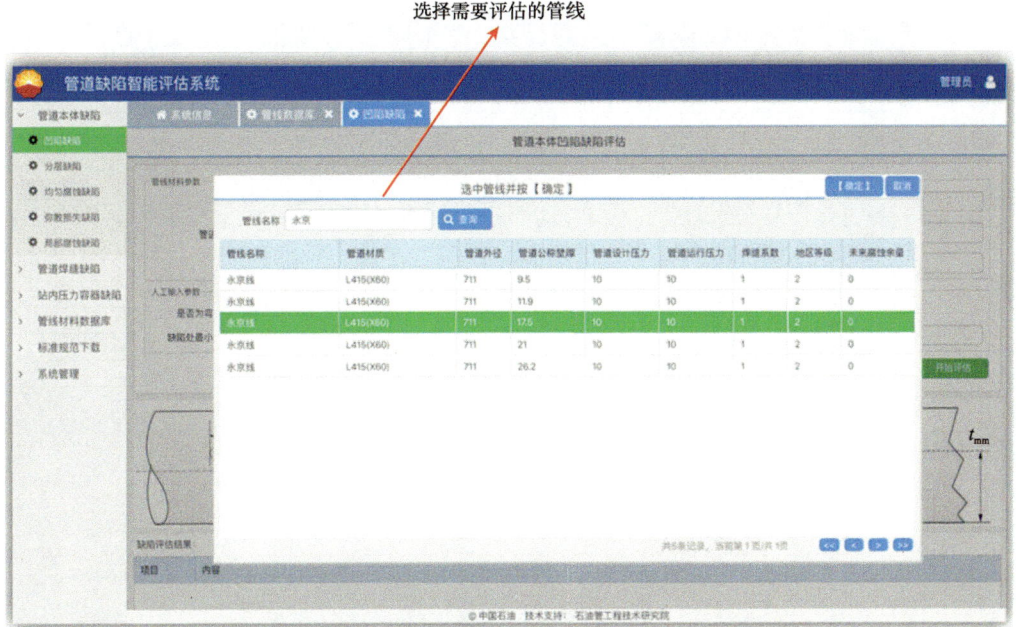

图 1.3.9　管道本体凹陷缺陷评估模块管线数据导入页面

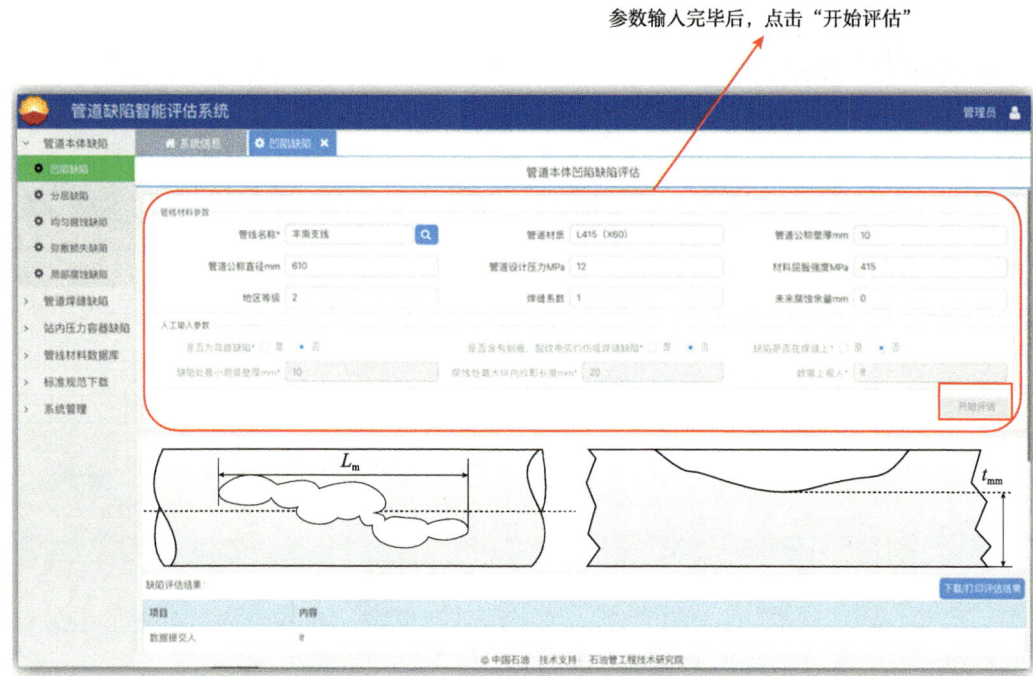

图 1.3.10　管道本体凹陷缺陷评估缺陷数据录入页面

图 1.3.11　管道本体凹陷缺陷评估结果显示页面

（1）根据管道的缺陷形式，点击界面左边的公共菜单选择相应的评价程序，进入对应的评价界面。

（2）根据评价所需的基础数据，进行数据导入和录入。其中管道基本参数和材质数据可直接通过点击查询按钮从数据库导入，无需用户手工输入。

（3）输入缺陷的具体检测数据，点击"开始评估"按钮，调用对应的评估算法进行缺陷安全评价。

（4）评价完成后显示评价结果，根据需要可以对评估结果进行下载和打印。

1.3.4.3.4　管道焊缝缺陷评价模块

管道焊缝是管道最薄弱的部位，也是缺陷多发的位置，对于其应给与更多的关注。本评价模块就是针对管道焊缝缺陷进行安全评价的。根据管道焊缝的形式，该模块被设计为直焊缝缺陷、环焊缝缺陷和螺旋焊缝缺陷等三个大类，每种焊缝缺陷又包括：内表面裂纹、外表面裂纹和埋藏型裂纹，其中环焊缝缺陷还包括：错边和斜接。本模块的结构如图1.3.12所示。管道焊缝缺陷评价的具体流程参见附录。

图1.3.12为本软件采用的管道环向焊缝内表面缺陷评价流程。本流程以 SY/T 6477-2017 为依据编制而成。

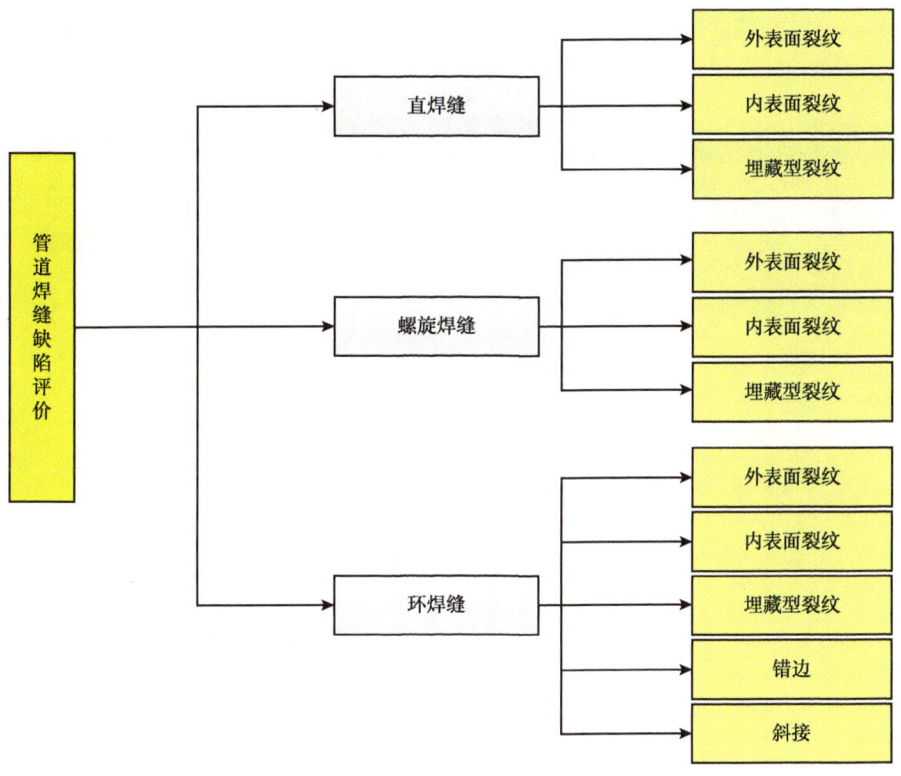

图1.3.12　管道焊缝缺陷评价模块结构

图1.3.13至图1.3.18为管道环向焊缝内表面缺陷评价模块的软件界面，其他评价模块与其类似，具体的操作流程为：

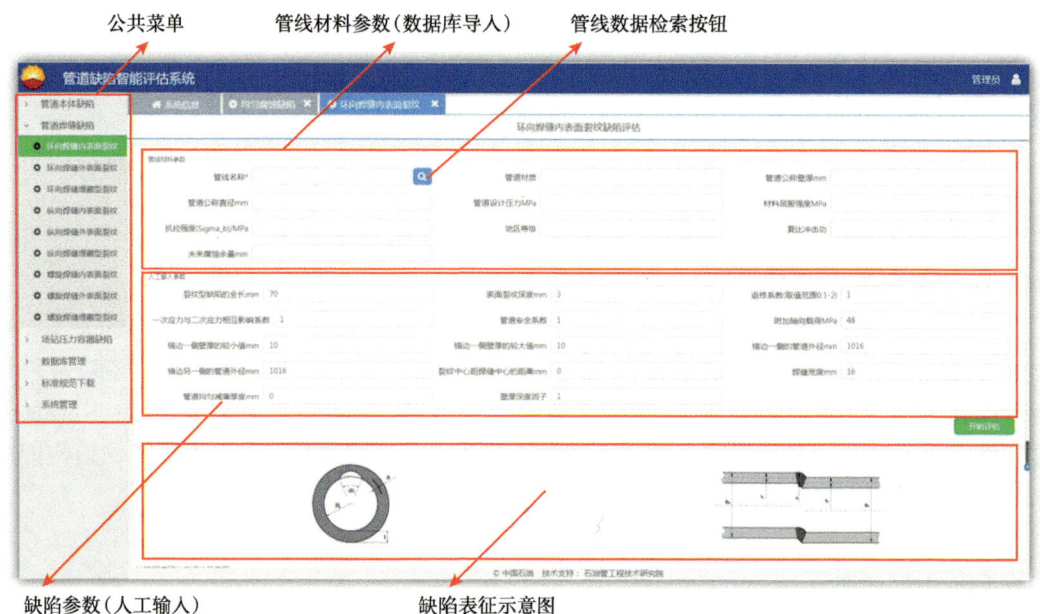

图 1.3.13　管道环向焊缝内表面裂纹缺陷评价模块初始页面

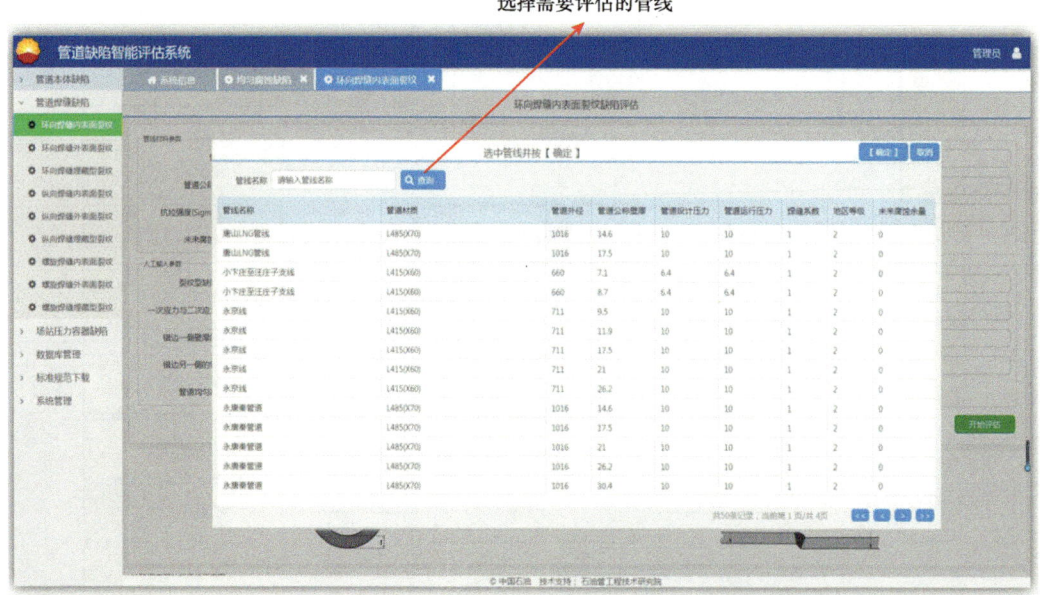

图 1.3.14　管道环向焊缝内表面裂纹缺陷评价模块管线数据查询页面

（1）根据管道焊缝形式与缺陷类型，点击界面左边的公共菜单选择相应的评价程序，进入对应的评价界面。

（2）根据评价所需的基础数据，进行数据导入和录入。其中管道基本参数和材质数据可直接通过点击查询按钮进入管线数据库，从数据库中查询相应的管线信息，并导入缺陷评价页面，无需用户手工输入。

（3）根据页面提示，输入裂纹缺陷的具体检测数据，然后点击"开始评估"按钮，软件系统将会调用对应的评估算法进行缺陷安全评价。

（4）系统完成评价后，会给出（L_r，K_r）的值，并在页面中显示失效评估图和该点在评估图中的位置（图1.3.18），此外，也会以列表形式显示评估数据和评估结果，用户根据需要可以对评估结果进行下载和打印。

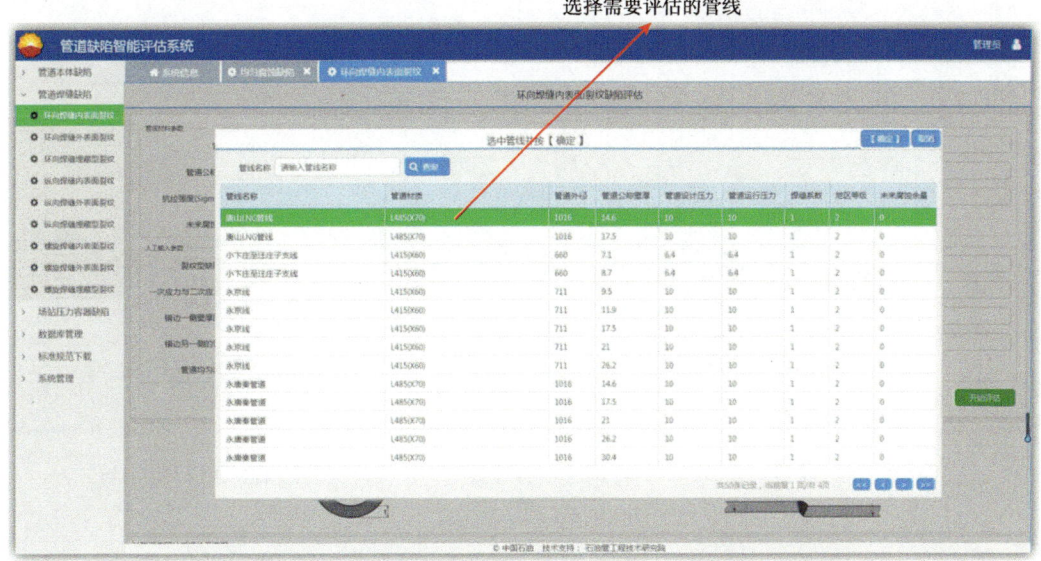

图1.3.15　管道环向焊缝内表面裂纹缺陷评价模块管线数据选择页面

图1.3.16　管道环向焊缝内表面裂纹缺陷评价模块裂纹缺陷录入页面

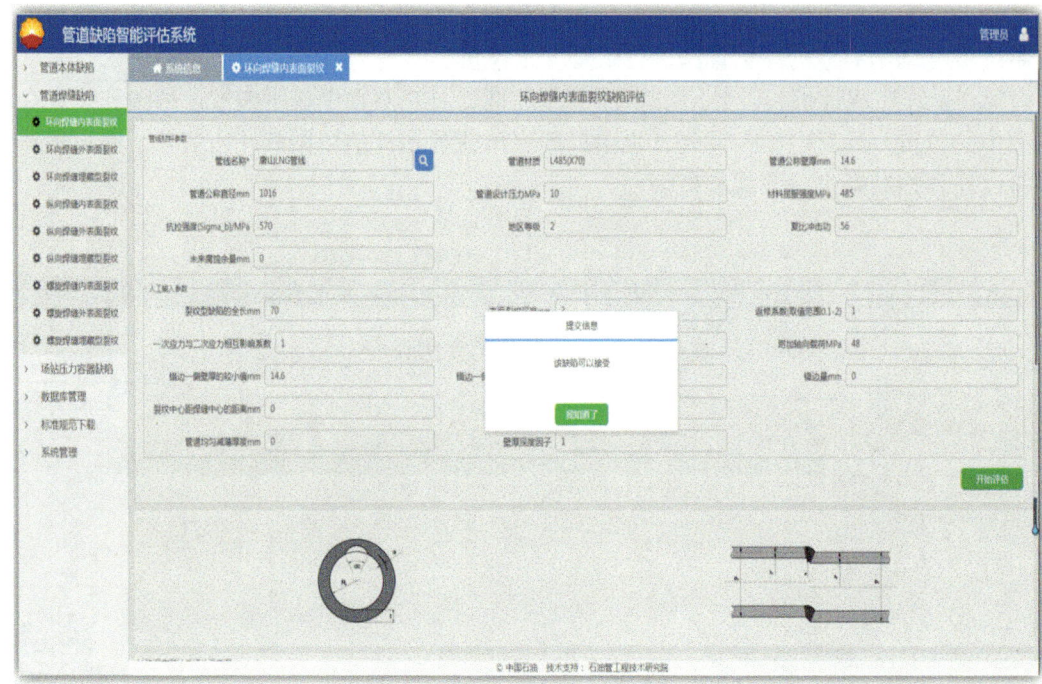

图 1.3.17　管道环向焊缝内表面裂纹缺陷评价模块评价结果对话框

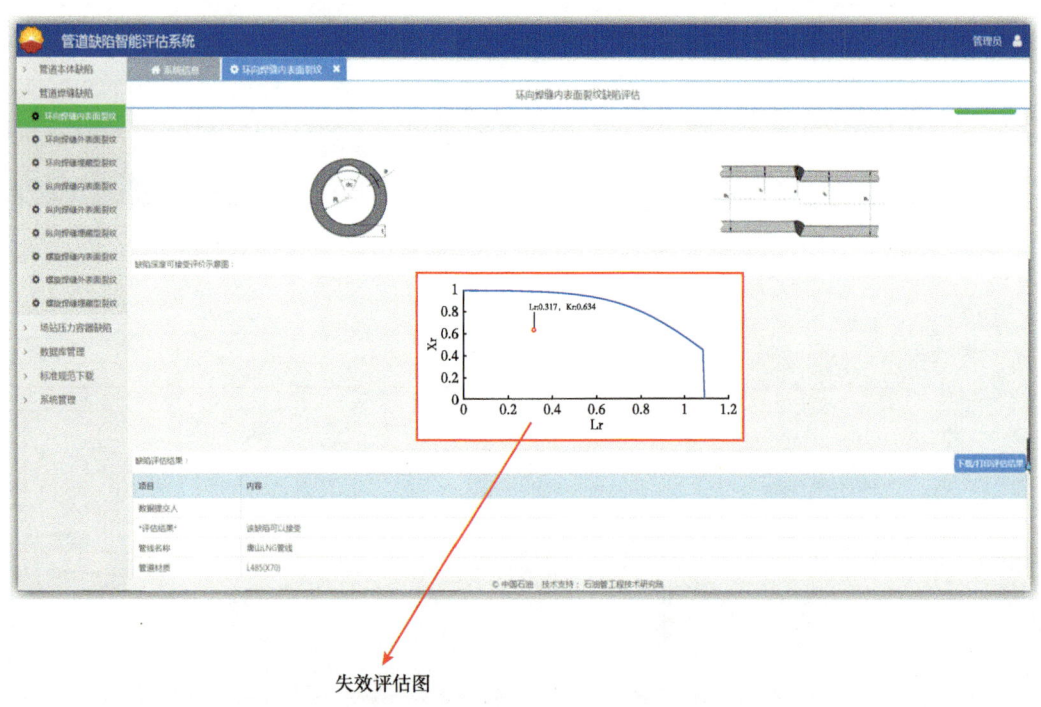

失效评估图

图 1.3.18　管道环向焊缝内表面裂纹缺陷评价模块失效评估图绘制页面

1.3.4.3.5 场站压力容器缺陷评价模块

场站内压力容器缺陷评价模块主要针对场站内含缺陷的压力容器。本模块分为筒体本体缺陷、封头本体缺陷、筒体纵焊缝缺陷和筒体环焊缝缺陷，其中筒体本体和封头本体的缺陷形式为凹坑缺陷、裂纹缺陷和气孔缺陷，而焊缝处缺陷为气孔缺陷、裂纹缺陷和夹渣缺陷。裂纹缺陷又分为穿透型、埋藏型和表面型（图 1.3.19）。场站压力容器缺陷评价的具体流程参见附录。

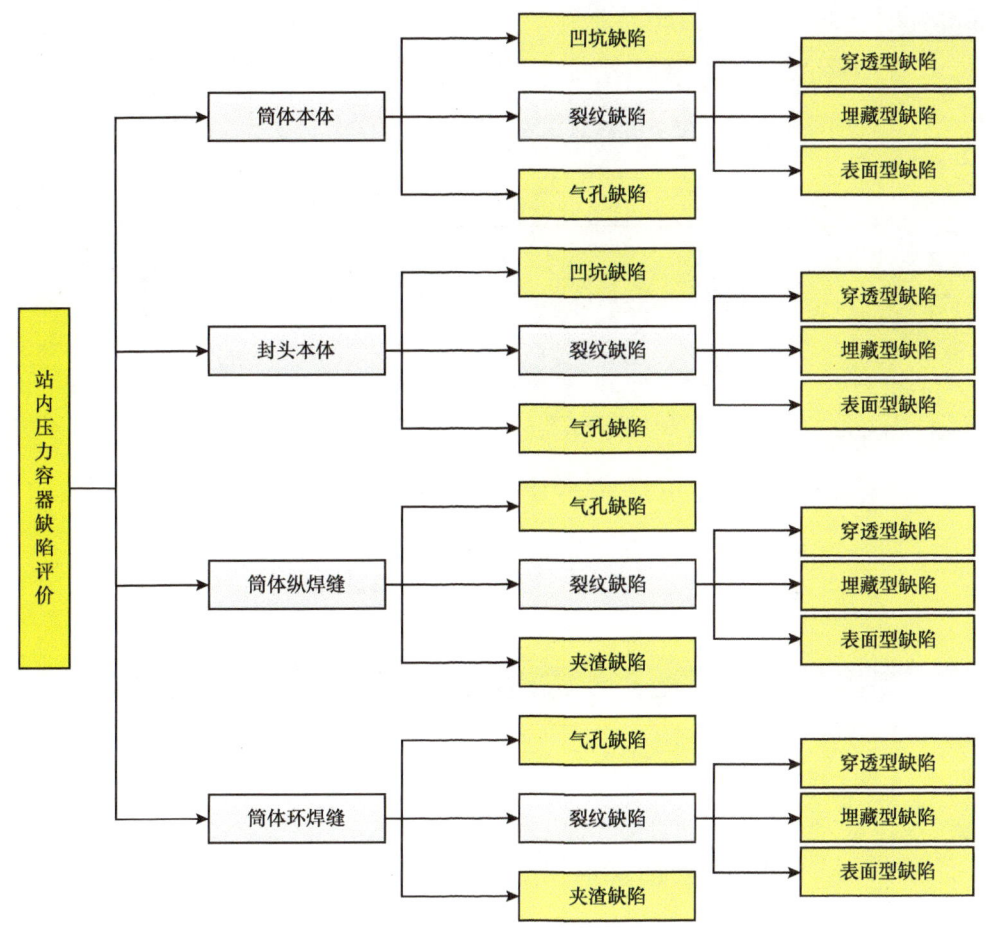

图 1.3.19　场站压力容器缺陷评价模块结构

图 1.3.20 至图 1.3.23 为压力容器筒体纵焊缝表面裂纹评价子模块的软件界面，其他评价模块与其类似，具体的操作流程为：

（1）根据压力容器上的缺陷形式，点击界面左边的公共菜单选择相应的评价程序，进入对应的评价界面。

（2）根据评价所需的基础数据，进行数据导入和录入。其中压力容器基本参数和材质数据可直接通过点击查询按钮从数据库导入，无需用户手工输入。

（3）输入缺陷的具体检测数据，点击"开始评估"按钮，调用对应的评估算法进行缺陷安全评价。

（4）评价完成后显示评价结果，根据需要可以对评估结果进行下载和打印。

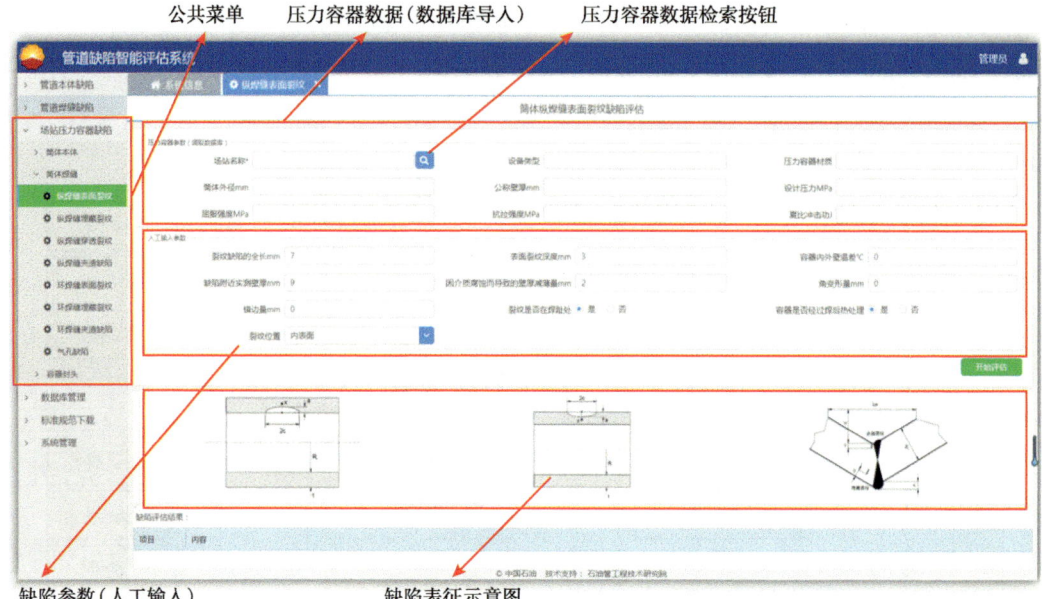

图 1.3.20　场站压力容器筒体纵焊缝表面裂纹评估模块初始页面

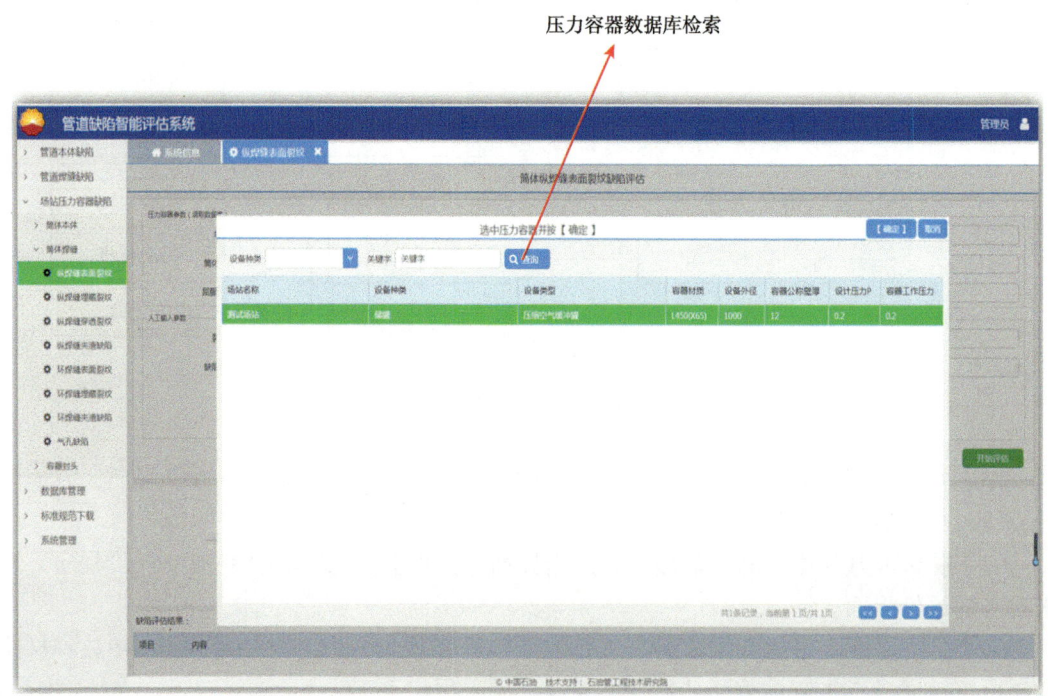

图 1.3.21　场站压力容器筒体纵焊缝表面裂纹评估模块压力容器数据检索页面

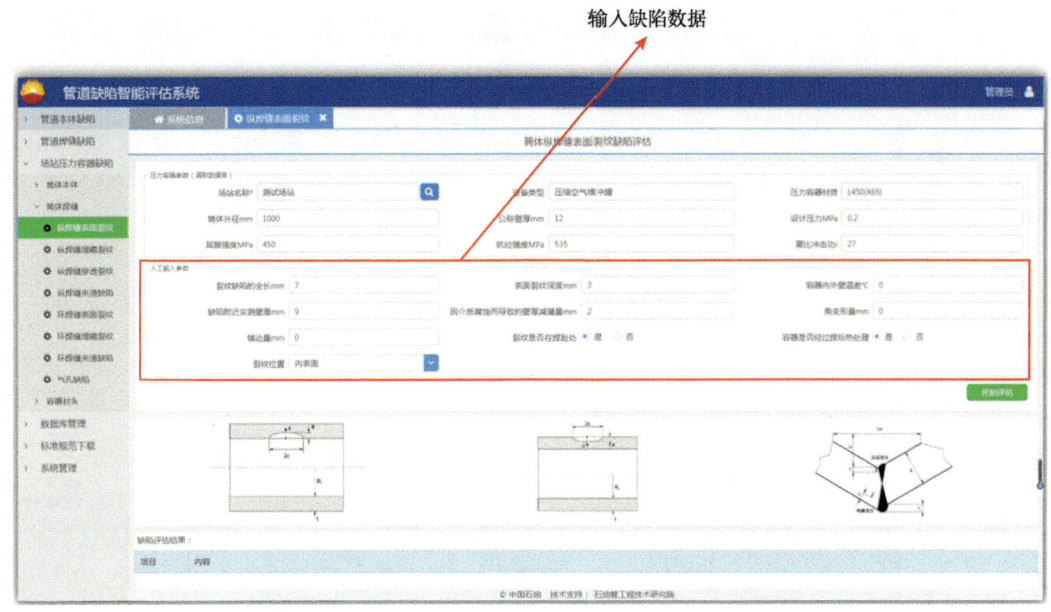

图 1.3.22　场站压力容器筒体纵焊缝表面裂纹评估模块缺陷数据录入页面

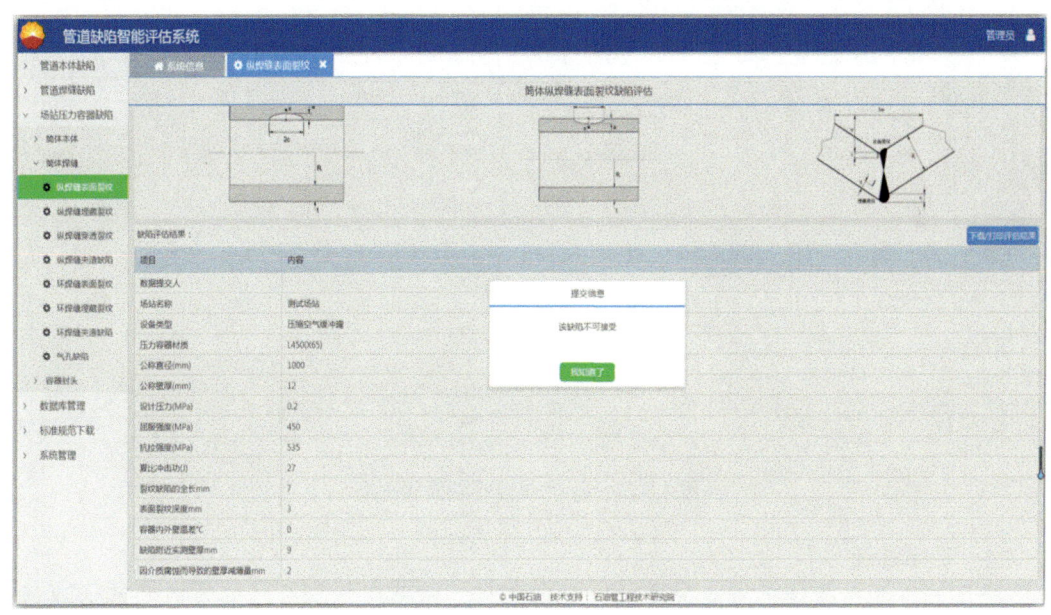

图 1.3.23　场站压力容器筒体纵焊缝表面裂纹评估模块评估结果显示页面

1.3.4.3.6　标准规范下载模块

标准规范下载模块的主要功能是为用户提供缺陷安全评定的相关标准规范。使用人员可通过点选下载页面中所列的相关标准规范进行查询和学习。本模块包括标准规范下载和标准规范管理两个子模块（图 1.3.24 和 1.3.25）。

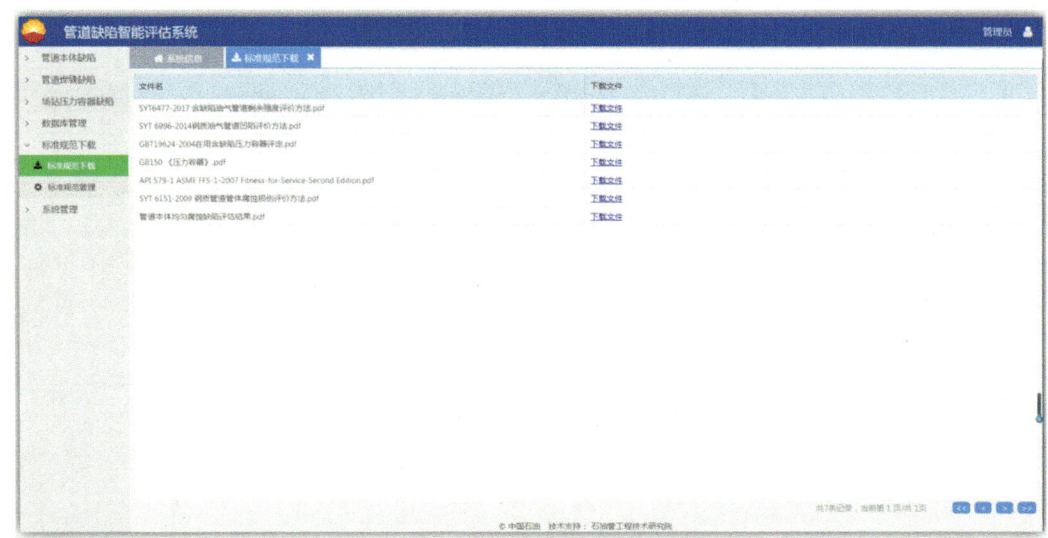

图 1.3.24　标准规范下载模块页面

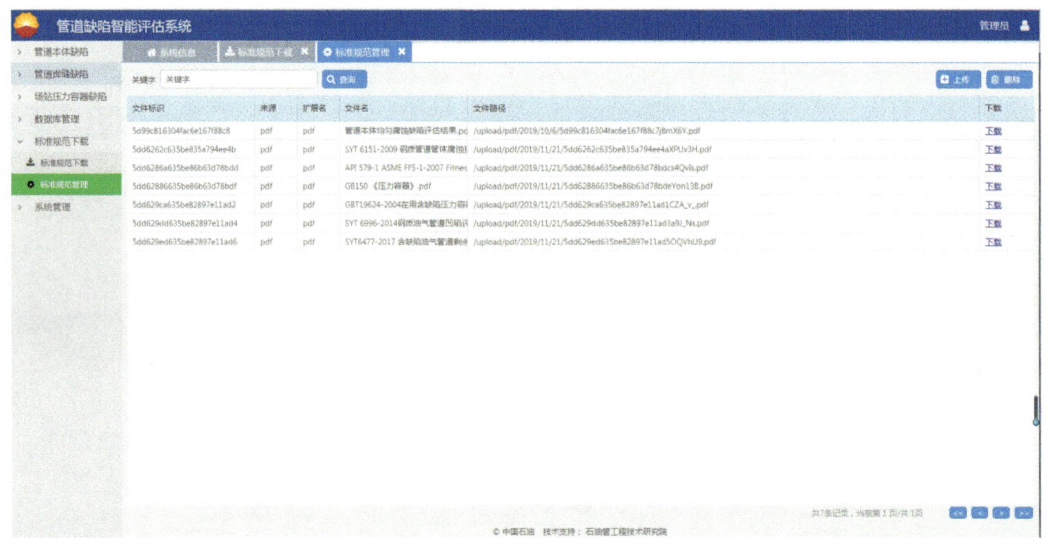

图 1.3.25　标准规范管理模块页面

1.3.4.4　现场验证

为了验证本软件评估算法的准确性和可靠性，本节以实际含缺陷管道的评估问题为例，采用本软件进行评估，并与专业检测评价机构的评估结果进行比较，以确定软件算法正确无误。用于验证的管线参数见表 1.3.8，缺陷尺寸见表 1.3.9。

表 1.3.8　用于验证的管线数据

管线材料	管外径（mm）	管壁厚（mm）	服役压力（MPa）	地区等级
L415（X60）	660	8.7	6.4	2

表1.3.9　用于验证的缺陷数据

裂纹位置	裂纹长度（mm）	裂纹深度（mm）	错边量（mm）	错边一侧壁厚较小值（mm）	错边一侧壁厚较大值（mm）
环焊缝内表面	26	2	0	8.7	8.7

本软件对该含缺陷管道的具体评估流程如下：首先登录系统进入"管道焊缝缺陷"→"环向焊缝内表面裂纹"评估模块（图1.3.26）；然后点击管线查询按钮，调出管线数据库并查询符合该案例的管线数据（图1.3.27）；下一步，在评估页面输入表1.3.9所示的缺陷数据，点击"开始评估"按钮（图1.3.28）；软件调用服务器中的算法，获得评估结果（图1.3.29），并显示评估结果的失效评估图（图1.3.30）。

表1.3.10给出了软件的评估结果和专业评价机构的评估结果。由该表可以看出，软件计算结果显示，该管道"缺陷可接受"，计算的L_r和K_r值分别为0.293和0.554。专业评价机构给出的结果也是"缺陷可接受"，计算的L_r和K_r值分别为0.293和0.551。软件计算结果与评价机构基本一致，表明本软件评价算法准确可靠，可用于实际缺陷的评估，且操作简单快捷，能够有效提升管道与储运设施缺陷评价效率和安全管理水平。

表1.3.10　评估结果比较

评价实施	L_r	K_r	评估结果
本软件系统	0.293	0.554	缺陷可接受
专业评价机构	0.293	0.551	缺陷可接受

图1.3.26　进入管道环向焊缝内表面裂纹模块页面

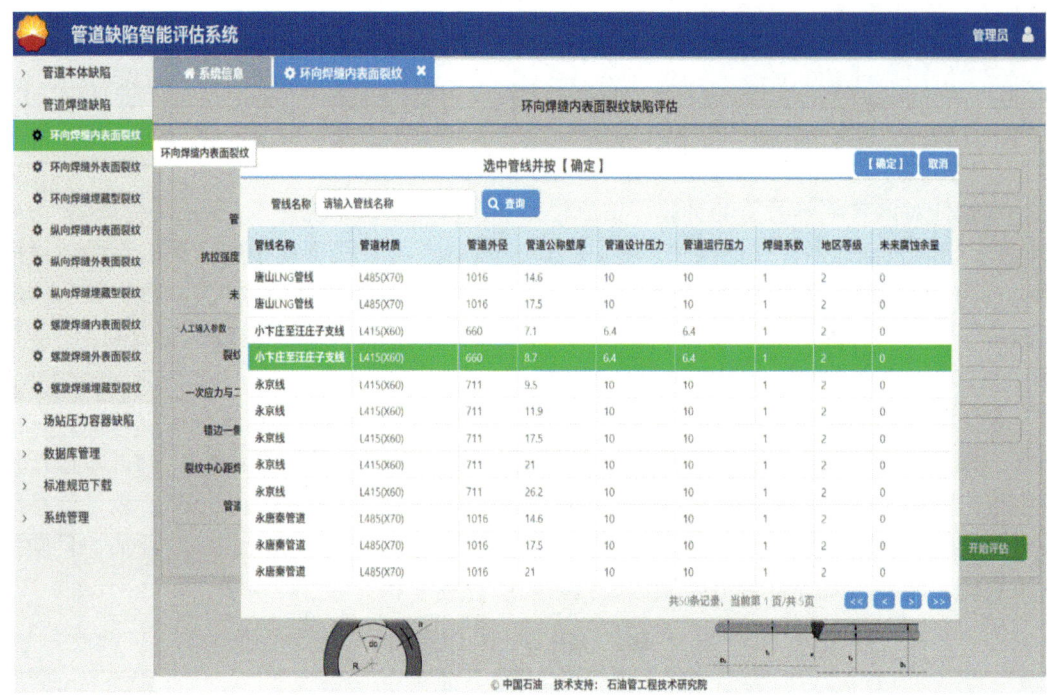

图 1.3.27　选择合适的管线数据

图 1.3.28　输入裂纹缺陷数据

图 1.3.29　评估结果页面

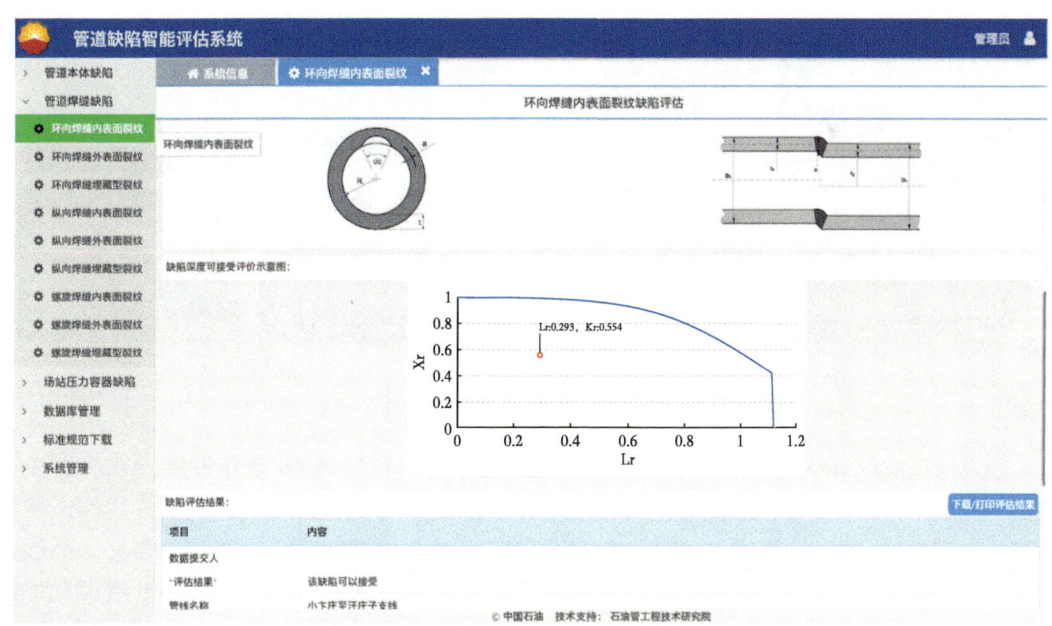

图 1.3.30　评估结果的失效评估图显示

1.3.5　应用效果

管道与设备的缺陷评估通过大量的基础数据和复杂的计算流程。软件具备的以下几大功能：一是提供管道和设备的设计、运行、材质等数据资源，为管道缺陷评估提供关键数据，减轻工作人员手动录入工作量，节约时间；二是针对管道缺陷安全评估计算机化的需要，利用系统资源和现行评估标准流程对管道设备的不同缺陷形式进行安全评价；三是提供用于管道和设备缺陷安全评价的相关标准规范供安评人员进行查询和学习；四是软件能够与公司 GIS 系统平台或完整性管理平台对接上线，实现平台之间的衔接与融合。

1.4 管道屈曲成因分析及服役安全技术

1.4.1 技术背景

陕京输气管道管道由西向东跨越三省一市 22 县，沿线经过平原、丘陵、河谷、山地和穿跨越等复杂地形，并伴有断裂、采空、沉降、滑坡和崩塌等潜在地质危害。复杂的地质环境经常导致管道的失效事故，例如，2011 年 4 月陕京一线山西输气处一根 8°的冷弯管发生屈曲变形；2020 年 10 月，陕京管道琉永线（琉璃河—永清）54878.65m 处管道内检测发现变形缺陷，开挖验证后确认为管道屈曲变形（图 1.4.1）。目前针对管道屈曲失效存在以下问题：（1）管道屈曲失效原因有哪些，屈曲演化有什么规律？（2）屈曲变形的安全极限是多少，如何对屈曲变形进行安全评价？（3）如何识别屈曲变形易发的高风险管段？因此，急需开展陕京管道屈曲成因分析及服役安全技术研究。

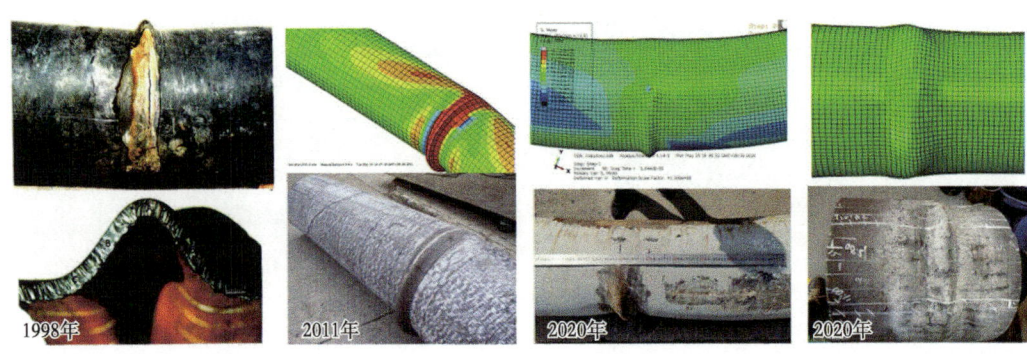

图 1.4.1 屈曲失效分析案例

我国 20 世纪 60 年代建设第一条输气管道巴渝线后，经过 60 余年发展，初步形成了以西气东输一线、西气东输二线、川气东送、陕京线一线、陕京二线、陕京三线等天然气管道为主干线的国家基干管网。陕京输气管道管道由西向东跨越三省一市 22 县，沿线经过平原、丘陵、河谷、山地和穿跨越等复杂地形，并伴有断裂、采空、沉降、滑坡和崩塌等潜在地质危害。

地质灾害作用引起地层运动和围土变形，管土相互作用及复杂力学行为使得管道发生变形、弯曲、压缩、扭曲、局部屈曲等失效形式，特别是近年来大口径管道的大范围应用，使围土作用下管道的失效现象更加突出。例如，2011 年 4 月陕京一线山西输气处一根 8°的冷弯管发生屈曲变形；2020 年 10 月，陕京管道琉永线（琉璃河－永清）54878.65m 处管道内检测发现变形缺陷，开挖验证后确认为管道屈曲变形。

图 1.4.2　陕京管道地形地貌特点

频繁的屈曲失效事故对管道服役安全造成威胁，严重的导致油气泄漏，造成管线停输、污染环境，不仅带来了巨大经济损失，甚至导致火灾、爆炸等事故，给国家和人民的财产和生命安全带来威胁。因而，研究地质灾害下埋地管道发生屈曲变形的机理、安全评价、风险评估等具有重要理论意义和工程应用价值。

目前，针对管道屈曲变形的系统研究主要集中在变形后的失效分析，尚未形成包含失效机理、安全评价以及风险评估的完整体系，因此无法针对屈曲失效现象进行有效的完整性管理。因此有必要针对陕京管道服役特点建立一套完善的屈曲失效分析及风险评估技术，支持类似事故的事故分析及快速安全整改。

1.4.2　技术简介

本项目归纳总结了管道屈曲失效的模式及其载荷形式，掌握了管道屈曲演化规律，在此基础上建立管道屈曲变形安全评价模型，并通过室内小口径管道水压爆破试验验证了模型可靠性，给出了陕京一线管道屈曲变形极限分布（图1.4.3）；提出了陕京一线半定量屈曲变形风险评估办法，最终形成管道屈曲风险评估及安全评价软件，指导现场实际操作。

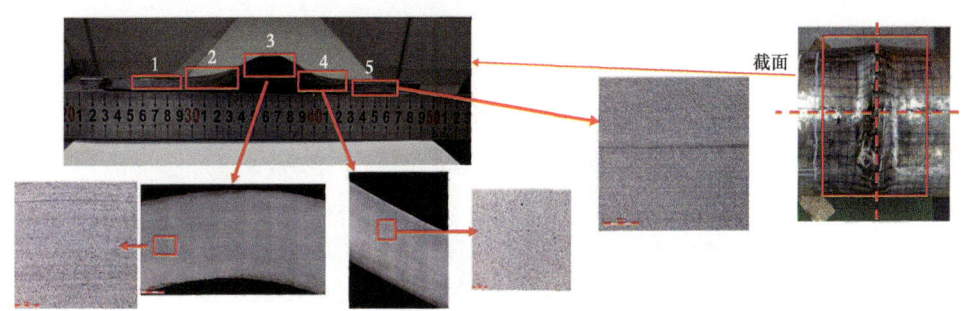

图 1.4.3　实验研究

主要从以下几个方面开展了研究工作：

（1）陕京一线管道屈曲成因分析及演化规律研究。

通过案例调研，研究了陕京一线管道沿线地质特征及分布情况，通过有限元模拟研究分析管道屈曲失效模式及载荷形式，掌握管道屈曲演化规律。

（2）管道屈曲变形程度安全评价模型研究。

考虑陕京一线管道材质、规格等因素，确定了不同材质、不同规格管道的屈曲变形极限值，建立了陕京一线管道屈曲变形安全评价方法，并通过室内小口径管道水压爆破试验验证了模型可靠性（图1.4.4）。

陕京管线屈曲极限高度

管线	极限屈曲高度dmax（mm）			
	一级地区	二级地区	三级地区	四级地区
陕京1线	6.6	13.2	13.2	13.2
陕京2线	10.16	15.2	20.32	20.32
陕京3线	10.16	15.2	20.32	20.32
陕京4线	12.19	12.19	20.7	24.38

图1.4.4 屈曲安全评价技术

（3）陕京一线管道屈曲缺陷半定量风险评估技术研究。

识别确定了陕京一线管道本体及服役环境的屈曲风险因素及影响权重。基于打分法，建立陕京一线管道屈曲风险的半定量评估方法及评价指标，为实际工程中屈曲高风险点的识别和排查提供指导。

（4）管道屈曲风险评估及屈曲安全评价软件系统开发。

开发管道屈曲风险评估及屈曲缺陷安全评价软件，指导屈曲缺陷高风险点排查及现场处置。在陕京一线选取管段进行了屈曲半定量风险评估示范性应用，效果良好（图1.4.5）。

图1.4.5 屈曲安全评价与风险评估软件

管道完整性技术

研究成果可用于管道屈曲失效分析项目，通过失效分析研究总结屈曲变形原因，并应用对屈曲程度进行安全评价，评估变形是否满足管道安全运行条件，对于评价不合格的屈曲变形，采取临时快速修复技术将失效风险降至最低，再进行换管作业。本项目研究成果的应用可以实现对屈曲变形管段从风险段识别—安全评价—应急维抢修—失效分析一条龙技术，为管道的安全运行提供保障。

1.4.3 主要创新点

项目创新点主要有如下三个方面：

（1）管道屈曲失效模式和对应的载荷形式。

在国内首次系统研究了麦迪管道屈曲失效模式分类，并总结了没中屈曲失效模式对应的载荷形式及场景，为屈曲失效原因的初步判断奠定了基础。

（2）屈曲安全评价准则。

首次建立了基于试验结果和有限元模拟的管道屈曲安全评价准则，将屈曲几何特征归一化处理后进行适用性判断，评价模型简单，可操作性强，填补了国内钢制管道屈曲适用性评价准则方面的空白。

（3）陕京管道半定量屈曲风险评估方法。

首次建立了基于历史失效情景的陕京管道半定量屈曲风险评估方法，考虑管道服役工况等条件，提出了屈曲风险半定量打分方法及风险分级原则，解决了国内屈曲风险评估无据可依的现状。

1.4.4 技术方法及现场验证

1.4.4.1 实验室研究工作

1.4.4.1.1 屈曲成因分析

屈曲也称为失稳，是指结构丧失了保持其原有平衡形状的能力由于管道的薄壁、细长的结构特性，在其受力和变形条件稍有恶化时，容易产生屈曲破坏。管道产生屈曲的原因，通常有外压作用下的弹性失稳、机械作用或管道本身缺陷造成的局部屈曲、弯曲屈曲和像"压杆"一样的纵向屈曲等。

管道屈曲失效案例时有发生，陆上管道因其穿越环境复杂多变，且管道材质设计的局限性，较易发生屈曲。与陆上管道相比，海底管道可能更容易发生屈曲破坏，特别是在管线敷设过程中，但是海底管道在设计过程中会考虑到管道因大变形引起的失效，因此其抗大变形性能更强。

通过案例分析，总结出目前管道屈曲的4种模式：非对称屈曲、对称屈曲、凹凸屈曲和整圈屈曲。非对称屈曲表现为屈曲形貌轴向不对称分布，如图6（a）所示；对称屈曲表现为屈曲形貌轴向对称分布，如图6（b）所示；凹凸屈曲表现为屈曲形貌存在凸起鼓包和凹陷，如图6（c）所示；整圈屈曲表现为屈曲分布于管子整个周向，如图6（d）所示。

有限元模拟，根据钢管产生屈曲的条件，确定了有限元模拟分析的4种载荷形式：

载荷1：弯矩载荷；

载荷2：轴向载荷；

载荷3：弯矩载荷+轴向载荷；

载荷4：外载＋径向约束。

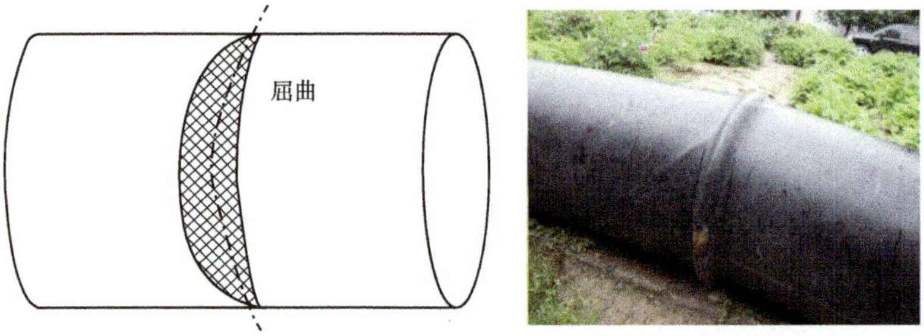

(a) 非对称屈曲

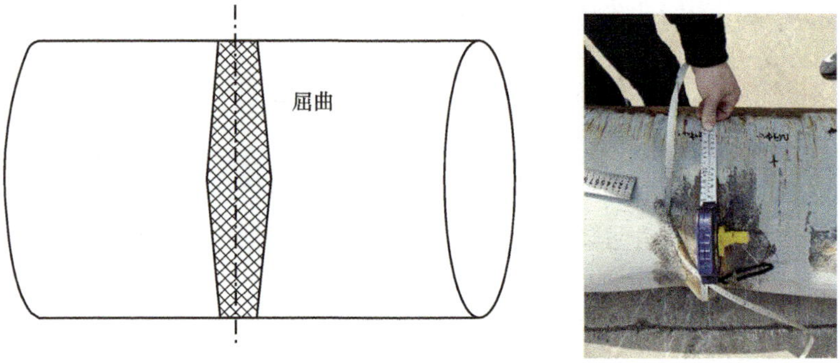

(b) 对称屈曲

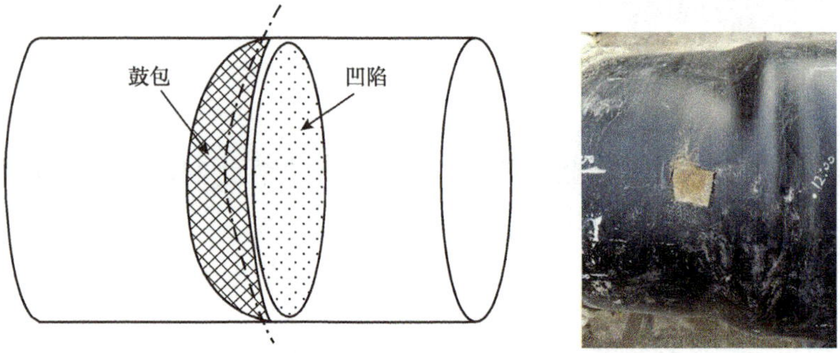

(c) 凹凸屈曲

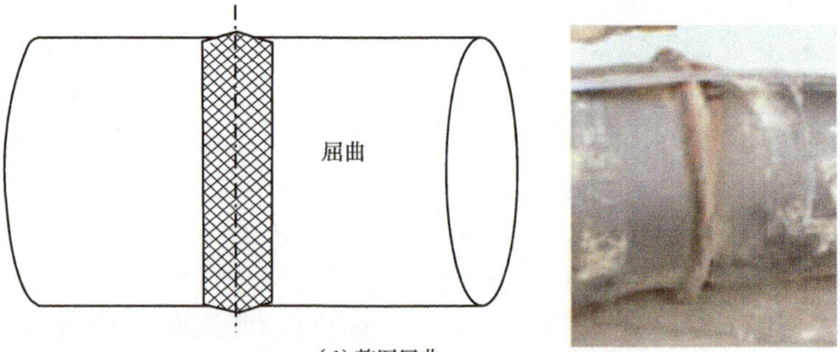

(d) 整图屈曲

图1.4.6　四种屈曲模式示意图及实际案例

（1）屈曲管段局部有限元模型：采用商业软件 ABAQUS 建立钢管有限元模型，有限元模型尺寸为 $\phi 660 \times 7.14\text{mm}$，长度 2m。材料属性为密度 7800kg/m^3；力学参数为弹性模量 210GPa，泊松比 0.3；屈服极限 490MPa，强度极限 595MPa。

网格划分为 4 节点壳单元，单元尺寸 0.01m，单元格数量为 18732 个；边界条件为一端固支条件，一端加外载。分别对直管和弯管进行了有限元模拟分析，模型网格划分如图 1.4.7 所示。

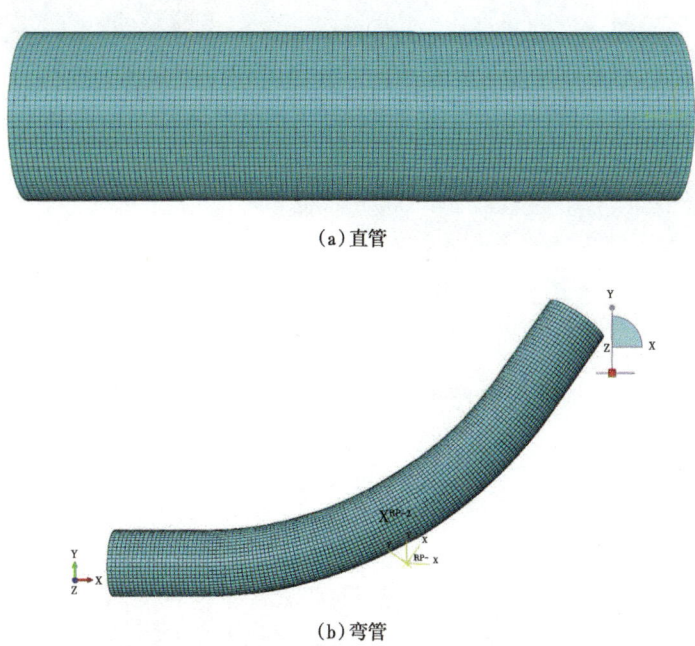

图 1.4.7 钢管单元划分示意图（a）直管，（b）弯管

（2）直管局部变形分析。

① 弯矩载荷。

钢管端面施加弯矩载荷，模拟结果如图 1.4.8 所示，钢管产生非对称屈曲。

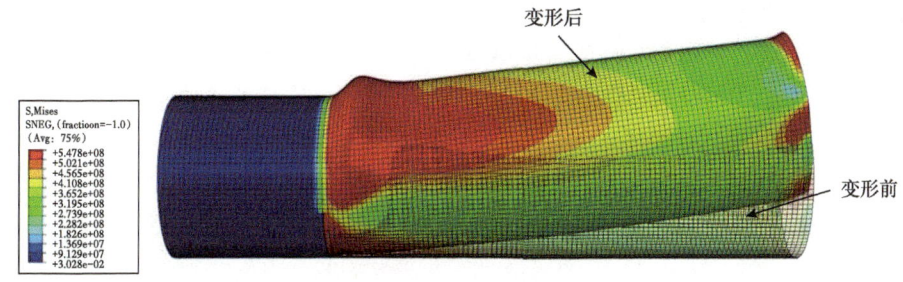

图 1.4.8 弯矩载荷下钢管变形及应力情况

② 轴向载荷。

钢管端面施加轴向载荷，模拟结果如图 1.4.9 所示，钢管整圈屈曲。

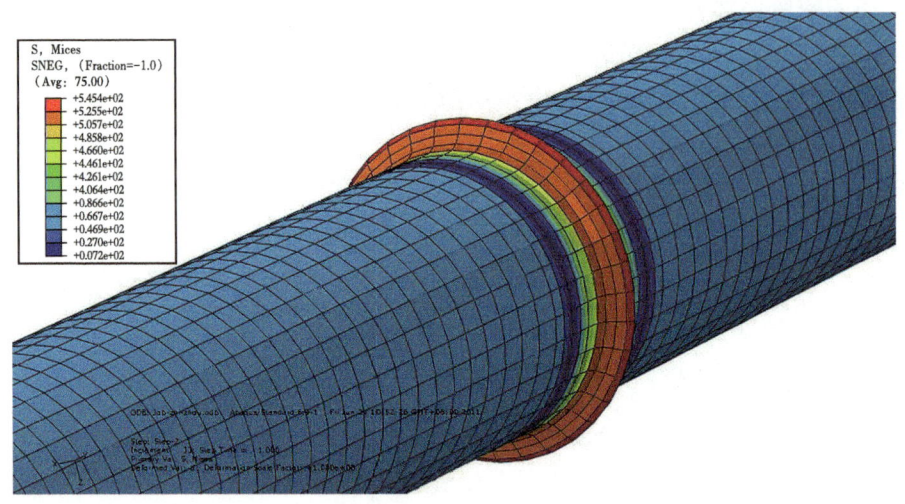

图1.4.9 轴向载荷下钢管变形及应力情况

③轴向+弯矩载荷。

钢管端面施加轴向压缩载荷及弯矩载荷,模拟结果如图1.4.10所示,管体出现对称屈曲现象。

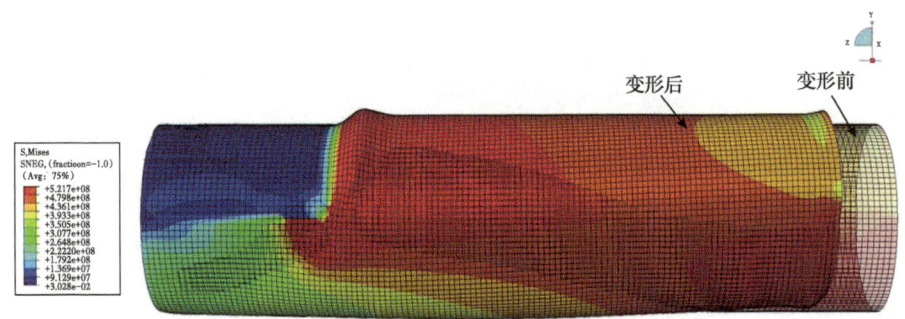

图1.4.10 轴向压缩及弯矩载荷下钢管变形及应力情况示意图

④外载+径向约束。

钢管端面施加轴向压缩载荷及弯矩载荷,并且增加套管的径向约束,模拟结果如图1.4.11所示,管体出现凹凸屈曲现象。

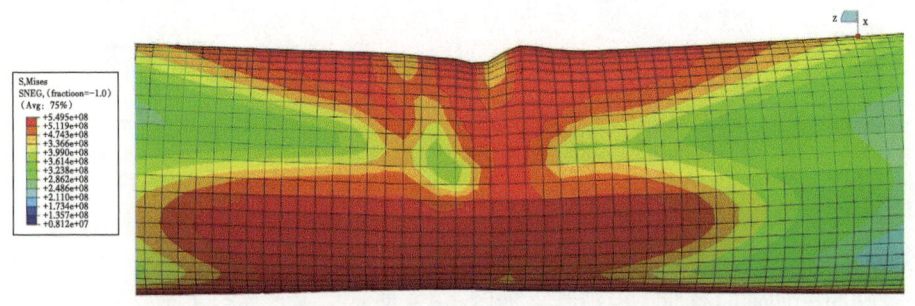

图1.4.11 外载及径向约束载荷下钢管变形及应力情况示意图

(3）弯管变形形态分析。

① 下游直管受轴向载荷情况下的变形分析。

固定弯管上游直管端面，在弯管下游端面施加沿弯管轴向的位移载荷，弯管的变形情况如图 1.4.12 所示。弯管在沿轴向的拉伸及压缩位移载荷作用下，未发生屈曲变形（图 1.4.13）。

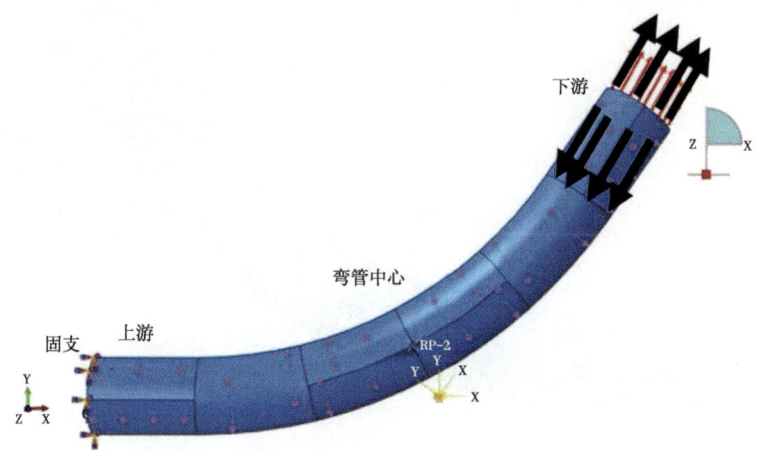

图 1.4.12　弯管受轴向位移载荷示意图

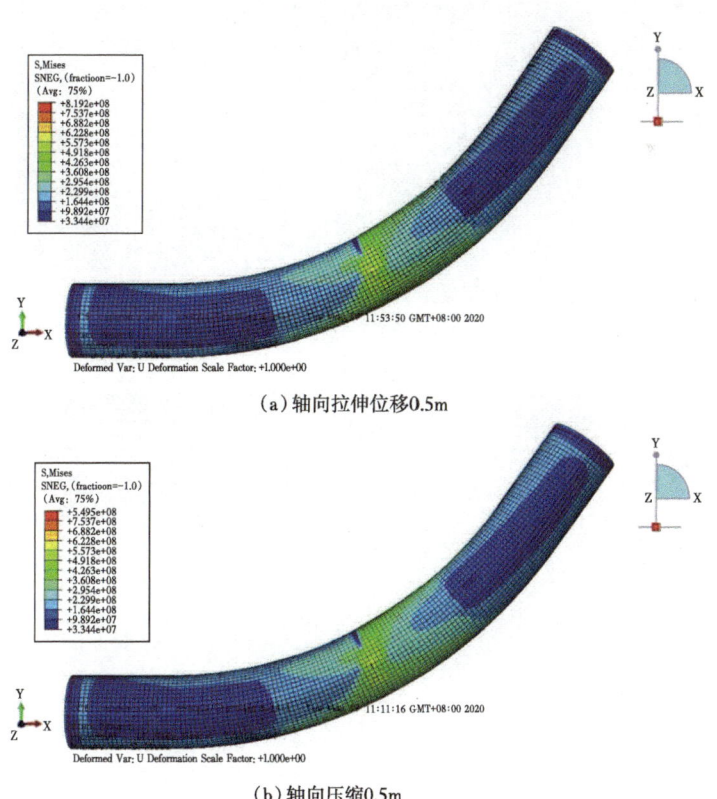

(a）轴向拉伸位移 0.5m

(b）轴向压缩 0.5m

图 1.4.13　不同轴向位移载荷时弯管变形及应力情况示意图

②下游直管受弯矩载荷情况下的变形分析。

固定上游直管端面,在弯管下游直管端面施加弯矩载荷,弯管的变形情况如图1.4.14所示。在弯矩载荷作用下,弯管发生非对称屈曲(图1.4.15)。

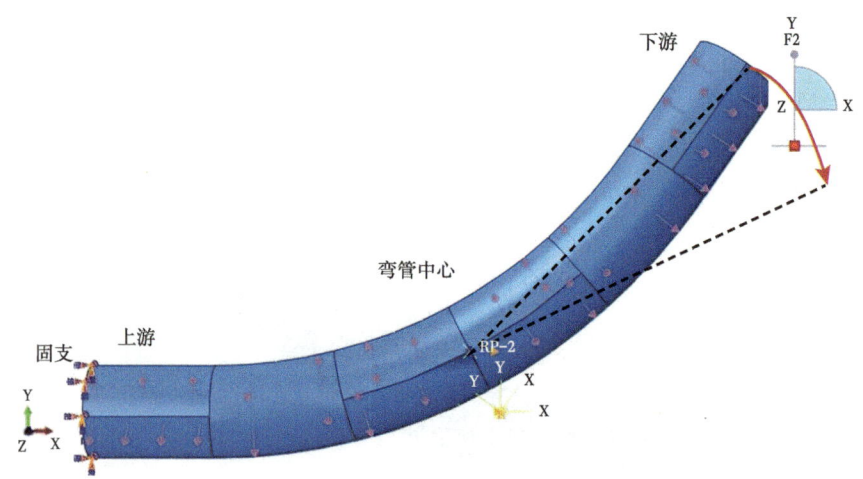

图1.4.14　下游直管受弯矩载荷示意图

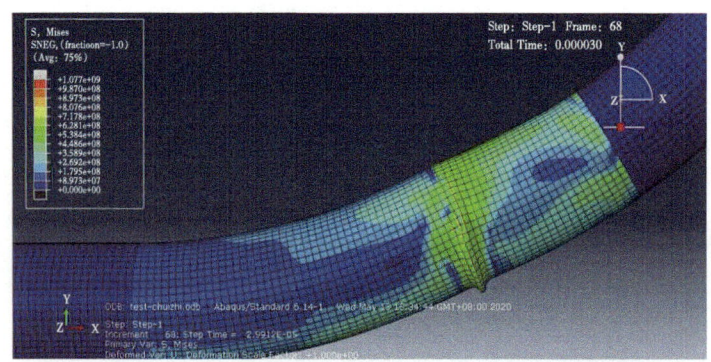

(a)偏移0.2弧度

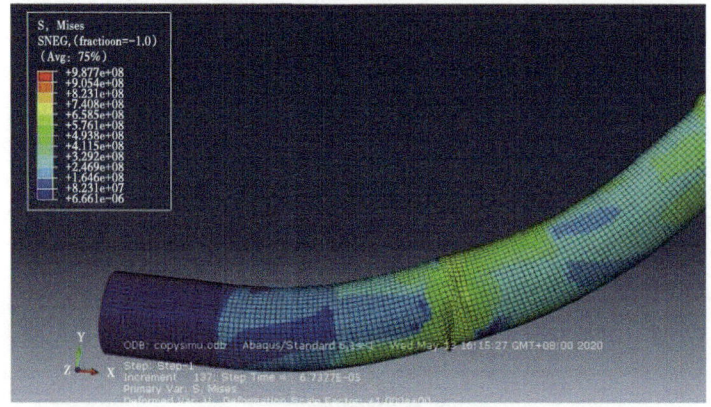

(b)偏移0.5弧度

图1.4.15　不同弯矩载荷时弯管变形及应力情况示意图

③下游直管受弯矩和轴向位移复合载荷情况下的变形分析。

固定上游直管端面,在弯管下游直管端面施加弯矩+轴向位移载荷,弯矩载荷方向由内弧侧向外弧侧,弯管的变形情况如图 1.4.16 所示。在弯矩+轴向载荷作用下,弯管发生对称屈曲。

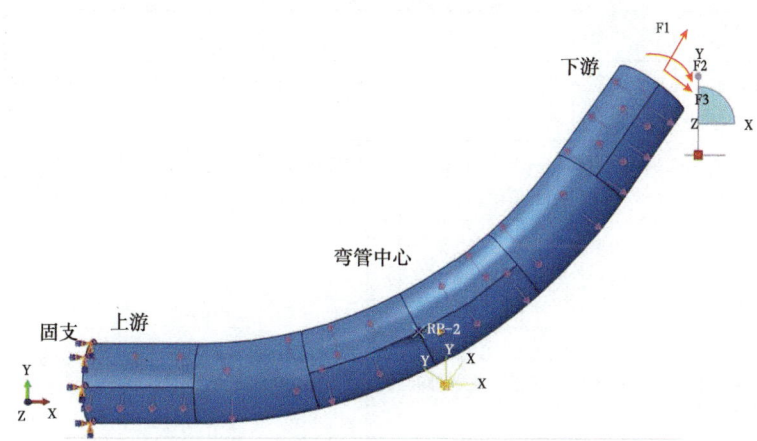

图 1.4.16　下游直管受弯矩+轴向位移载荷示意图

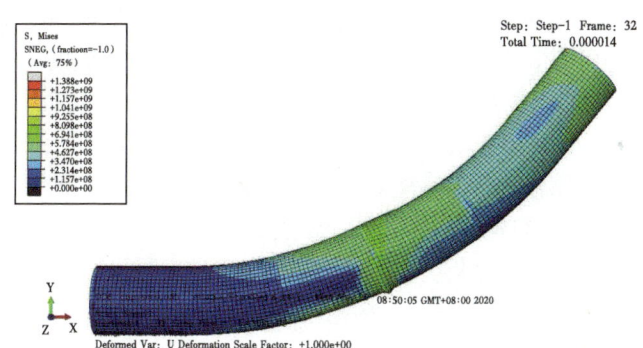

(a)转角0.2弧度,轴向拉伸位移0.1m

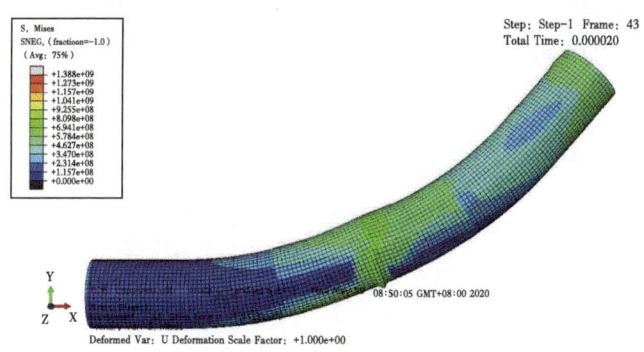

(b)转角0.5弧度,轴向拉伸0.1m

图 1.4.17　不同轴向位移载荷时弯管变形及应力情况示意图

（4）屈曲载荷分析。

根据以上研究，总结出钢管在不同载荷作用下的屈曲变形模式，见表1.4.1。

表1.4.1 钢管在不同载荷作用下的屈曲变形模式

屈曲模式	载荷形式		载荷情景
	直管	弯管	
不对称屈曲	钢管在弯矩作用下变形产生，或者弯矩远大于轴向载荷	钢管在弯矩作用下变形产生，或者弯矩远大于轴向载荷	车辆、地震等
对称屈曲	钢管在弯矩和轴向载荷耦合作用下变形产生，轴向载荷和弯矩载荷处于同一量级	钢管在弯矩和轴向载荷耦合作用下变形产生，轴向载荷和弯矩载荷处于同一量级	斜坡钢管自重等
凹凸屈曲	钢管在外载和径向约束作用下变形产生，一般出现在套管穿越管段，外载作用使管道发生屈曲鼓包，当屈曲鼓包达到一定程度，由于套管对屈曲鼓包的限制，产生了相应的凹陷屈曲	/	套筒穿越+外载等
整圈屈曲	钢管在轴向载荷作用下变形产生，或者轴向载荷远大于弯矩载荷	/	地面沉降、道路穿越等

1.4.4.1.2 屈曲演化规律

琉永线（琉璃河—永清）管道隶属陕京一线，由中石油北京天然气管道有限公司（北京管道）管辖，管道为螺旋埋弧焊钢管，管径660 mm，壁厚7.14mm，材质X60，设计压力5 MPa。2020年8月31日该管线内检测发现54878.65m处管道发生变形，开挖验证后确认为管道屈曲变形，现场对变形程度等缺陷特征信息进行了确定和测量，初步确定屈曲变形缺陷轴向长度280mm，环向长度1820mm，距上游环焊缝2.9m，屈曲管段。11月20日，该变形钢管被顺利切割并替换。本项目对含屈曲变形管段进行理化性能检验，分析屈曲变形对钢管理化性能的影响规律。

对屈曲变形部位进行取样分析，取样位置如图1.4.18所示。在屈区鼓包最高点取金相、化学、硬度、夏比冲击、拉伸试样，在屈曲附近的未屈曲部位取拉伸、冲击试样。

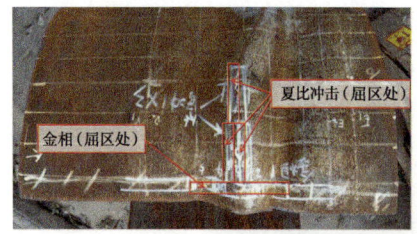
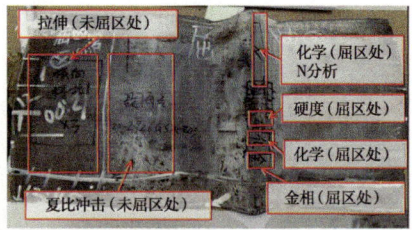
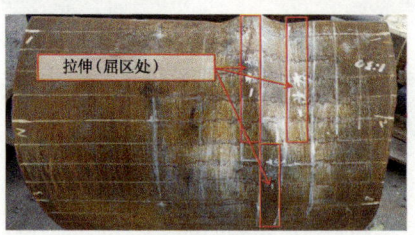

图1.4.18 屈曲部位取样示意图

（1）化学成分分析。

依据标准 GB/T 4336—2016，采用 ARL 4460 直读光谱仪进行化学成分分析；依据标准 ASTM A751-14a，采用 TC600 氧氮分析仪进行氮（N）元素分析，结果见表 1.4.2，屈曲部位与钢管直段化学成分一致，且符合 QB/T 002—1995 标准要求。

表 1.4.2 化学成分分析结果 [%(质量分数)]

元素	屈曲部位	管体	GB/T 9711.2—1999
碳（C）	0.069	0.071	≤ 0.11
硅（Si）	0.20	0.21	≤ 0.35
锰（Mn）	1.30	1.32	≤ 1.55
磷（P）	0.017	0.018	≤ 0.025
硫（S）	0.0053	0.0057	≤ 0.01
铬（Cr）	0.036	0.036	≤ 0.50
镍（Ni）	0.023	0.023	
铜（Cu）	0.0099	0.010	
铌（Nb）	0.038	0.040	≤ 0.12
钒（V）	0.040	0.041	
钛（Ti）	0.015	0.016	
钼（Mo）	0.0017	0.0017	/
硼（B）	0.0002	0.0001	/
铝（Al）	0.025	0.024	/
氮（N）	0.0040	0.0042	≤ 0.009
$C_{eq}^{1)}$	0.303	0.309	≤ 0.40
$P_{cm}^{2)}$	0.148	0.155	≤ 0.20

（2）拉伸性能检测。

依据标准 GB/T 228.1—2010，采用 UTM5305 材料试验机对屈曲处、屈曲附近未屈曲处进行拉伸性能试验，结果见表 1.4.3，未屈区处的拉伸性能符合标准要求，屈曲处的屈服强度增大、抗拉强度增大、伸长率减小、屈强比增大，已不满足标准要求。

表1.4.3 拉伸性能检测结果

检测项目		屈服强度 $R_{t0.5}$（MPa）		抗拉强度 R_m（MPa）		伸长率（%）		屈强比 $R_{t0.5}/R_m$	
屈区	1	512↑	558.7↑	580↑	592.7↑	28.5	22.3↓	0.883	0.942↑
	2	585↑		601↑		19.0↓		0.973	
	3	579↑		597↑		19.5↓		0.970	
未屈区	1	478	460	565	560	25.5	31.2	0.846	0.821
	2	451		555		33.5		0.813	
	3	451		560		34.5		0.805	
QB/T 002—1995 标准		415~565MPa		≥515MPa		≥22.5		≤0.88	

（3）夏比冲击性能检测。

依据 GB/T 229—2007 标准，采用 PIT752D—2 冲击试验机。结果见表1.4.4，相比未屈曲处，屈曲处的冲击功减小，仍满足 QB/T 002—1995 标准要求。

表1.4.4 夏比冲击性能检测结果（试验温度 -30℃，试样规格 5×10×55mm）

项目	KV_2（J）				FA（%）			
	1	2	3	平均	1	2	3	平均
屈曲处	62	53	56	57	100	100	100	100
未屈曲处	68	76	86	76.7	100	100	100	100
QB/T 002—1995 标准要求	≥19			≥25		≥80		≥90

（4）硬度。

依据 GB/T 4340.1—2009 标准，采用 KB 30BVZ-FA 硬度计进行硬度测试，对钢管母材、焊缝、热影响区进行了维氏硬度测试，结果见表1.4.5，硬度符合 QB/T 002—1995 标准要求。

表1.4.5 硬度检测结果

试验位置	1	2	3	4	5	6	7	8	9	QB/T 002—1995 标准要求
硬度值（HV10）	211	208	211	208	215	206	216	220	200	≤240

（5）力学性能对比分析。

将屈曲处与未屈曲部位的力学性能进行对比，见表1.4.6，屈曲部位的屈服强度增大，伸长率下降、屈强比升高，已不满足标准要求，抗拉强度没有明显升高，夏比冲击韧性明显下降。

表 1.4.6 屈曲处与未屈曲部位的力学性能对比

项目	未变形区域/管体母材	屈曲部位	对比
屈服强度（MPa）	460	558.7	+21.5%
抗拉强度（MPa）	560	592.7	+5.8%
屈强比 $R_{t0.5}/R_m$	0.821	22.3	-28.5%
伸长率（%）	31.2	0.942	+14.7%
夏比冲击（J）	76.7	57	-25.7%
硬度	184.6	210.6	+14.1%

（6）金相组织分析。

依据 GB/T 13298—2015、GB/T 4335—2013 和 ASTM E45-18a 标准，采用 OLS 4100 激光共聚焦显微镜对屈曲处宏观形貌观察，取样位置如图 1.4.19 所示，结果如图 1.4.20 所示，屈曲部位的金相组织发生变形。对组织、晶粒度进行分析，结果见表 1.4.7、图 1.4.21，与管体母材进行对比，金相组织特征一致。

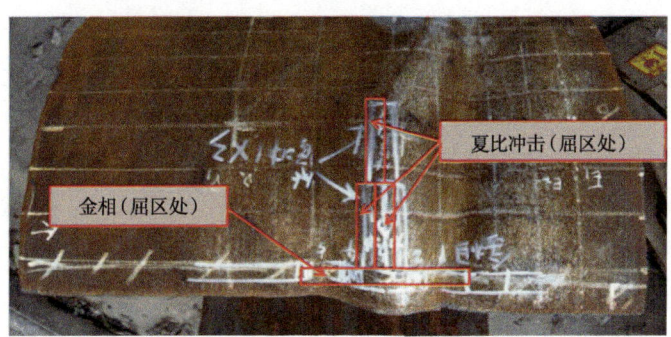

图 1.4.19 金相分析取样位置

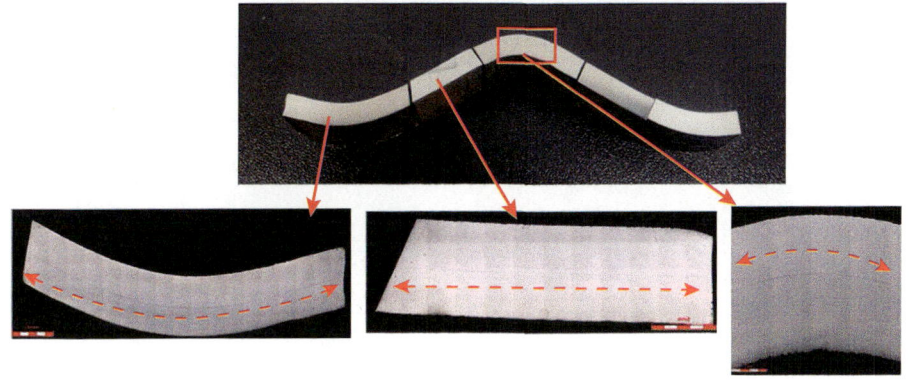

图 1.4.20 屈曲处低倍金相照片

表 1.4.7　金相组织分析结果

试样	组织	晶粒度（级）
管体母材	$B_粒$+少量 P	11

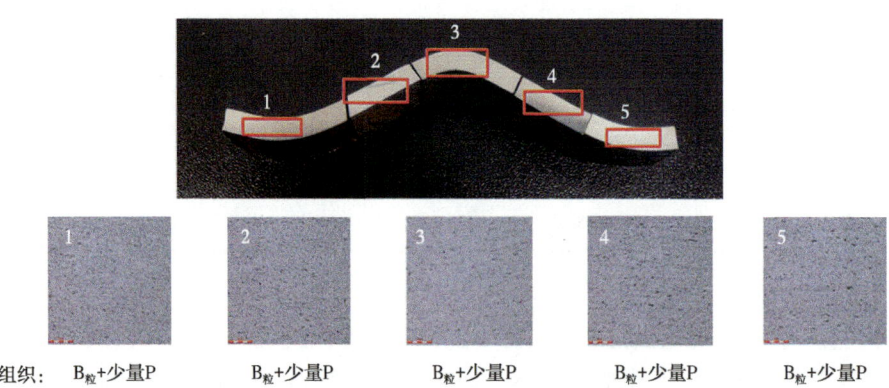

图 1.4.21　屈曲处金相组织照片

1.4.4.1.3　屈曲安全评价方法

（1）钢管屈曲变形与材料强度规律。

根据现有失效分析试验结果，拟合出屈曲变形程度与材料屈服强度之间的规律。

数据归一化原则：

[σ]—变形后屈服强度/变形前屈服强度。

[K]—变形后冲击功/变形前冲击功，L—屈曲高度/壁厚。

拟合出屈服强度变化规律（图 1.4.22）：

$$[\sigma]=10^{0.0147L}$$

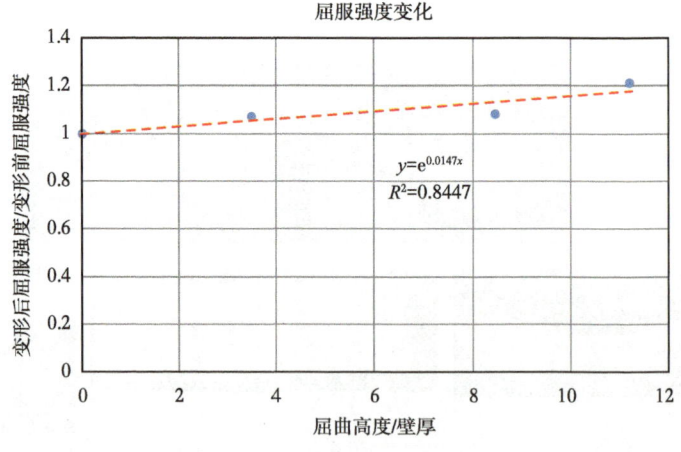

图 1.4.22　屈服强度变化规律

拟合出冲击韧性变化规律（图1.4.23）：

$$[K]=10^{-0.015L}$$

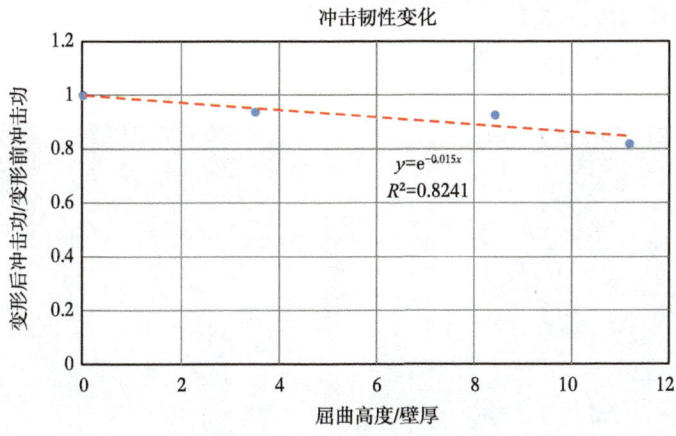

图1.4.23　冲击韧性变化规律

（2）屈曲安全评价方案。

根据失效分析试验结果归纳屈曲变形程度与材料屈服强度之间的规律曲线，可以根据屈曲变形量预测局部材料力学性能，建立屈曲安全评定准则，以及需要采取的措施。目前已初步得到材料性能变化规律，正在结合有限元模拟结果拟合规律曲线，并结合室内屈曲试验结果进行校准。

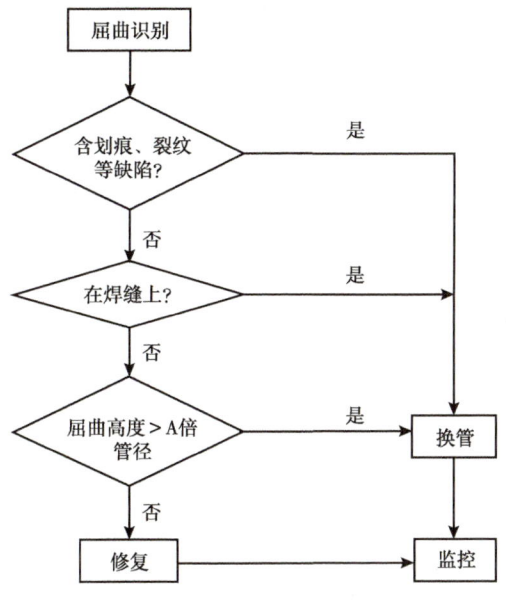

图1.4.24　屈曲安全评价流程

（3）屈曲几何尺寸特征。

调研了大量国内外试验结果，研究了屈曲缺陷的几何尺寸特征变化规律：屈曲高度随着屈曲面积的增大而增大（图 1.4.25）。

几何尺寸包括屈曲高度和屈曲面积的无量纲化参数（图 1.4.26）：

d/D：屈曲峰谷高度/管径

a/C：屈曲环向长度/管子周长。

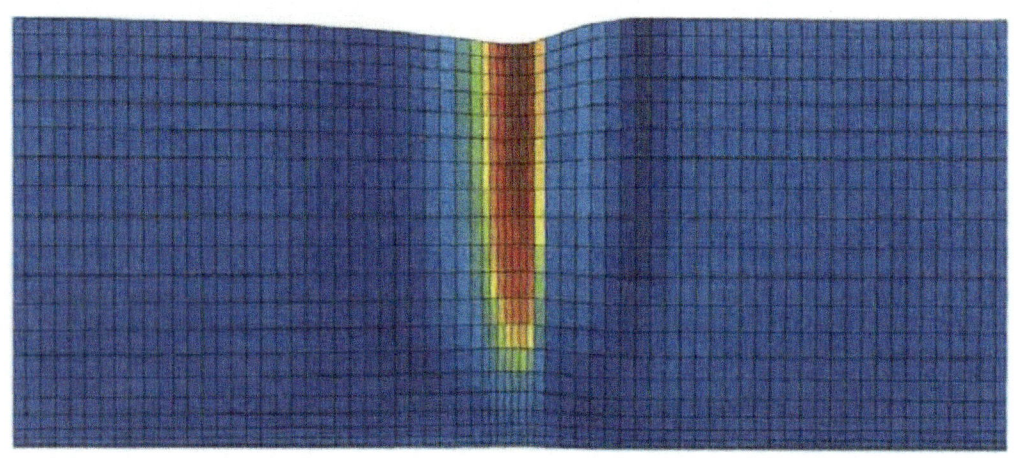

图 1.4.25　屈曲变形有限元模型

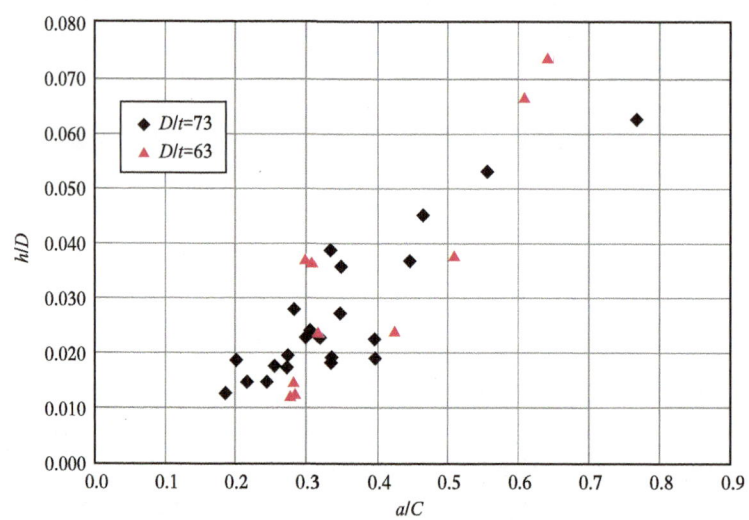

图 1.4.26　屈曲参数变化规律

（4）应力集中预测公式。

应力集中系数（SCF）：管道应力集中处最大主应力与管道材料名义应力的比值，反应力应力集中的严重程度。

不同 d/D 下的 SCF 如图 1.4.27 所示，不同 d/t 下的 SCF 变化趋势如图 1.4.28 所示。

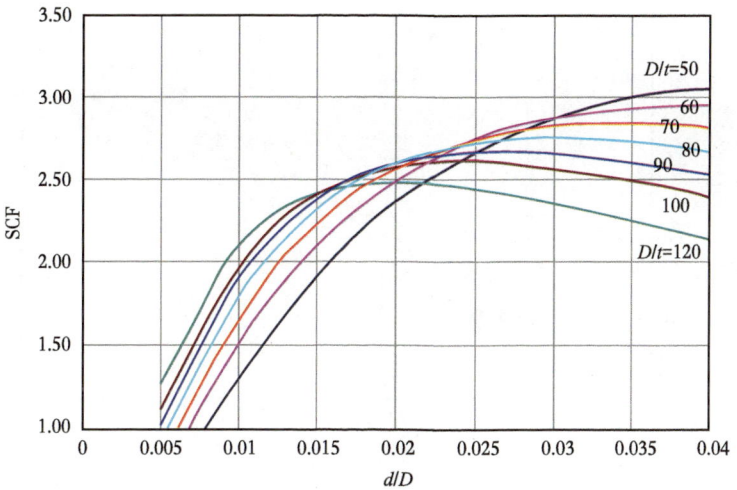

图 1.4.27 不同 d/D 下的 SCF 变化规律

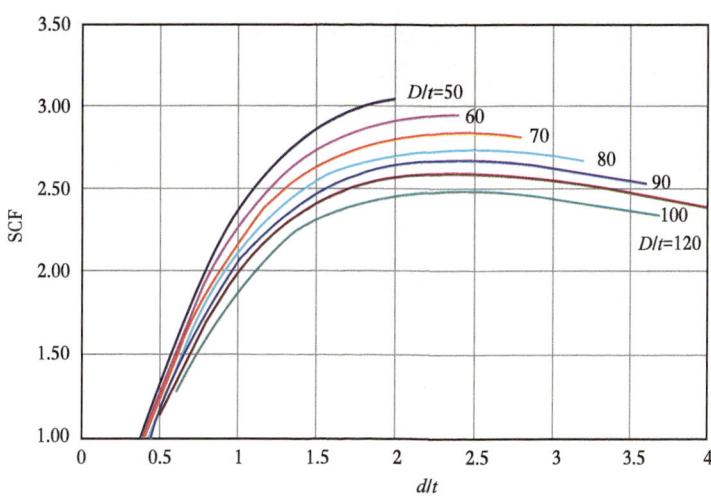

图 1.4.28 不同 d/t 下的 SCF 变化规律

通过待定系数法，内压下屈曲处应力集中系数（图 1.4.29）计算公式为：

$$\text{SCF} = 0.123 \left(\frac{D}{t}\right)^{1.639} \left(\frac{d}{D}\right)^{1.910} \left(\frac{L}{d}\right)^{-0.0141} \left(\frac{a}{C}\right)^{-2.971}$$

式中　D——管径；
　　　t——壁厚；
　　　a——屈曲环向长度；
　　　C——管子周长；
　　　L——屈曲宽度；
　　　d——屈曲峰谷高度。

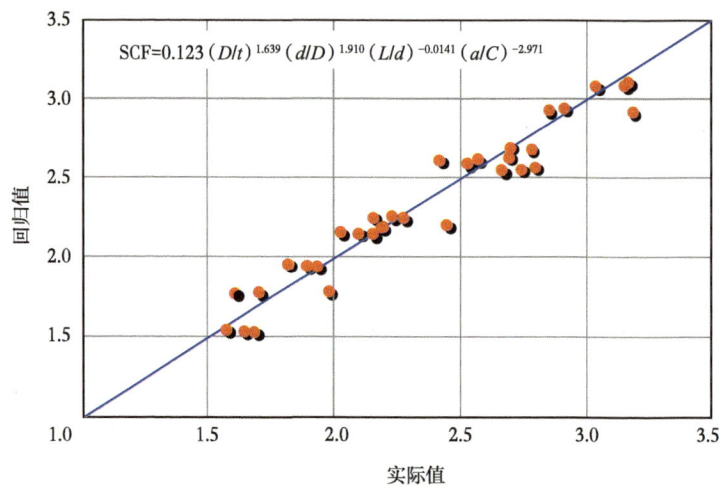

图1.4.29　屈曲处应力集中系数计算公示拟合结果

（5）屈曲安全评价准则。

在国内外调研基础上，结合有限元模拟和国内实际情况，考虑到缺陷、应力集中和疲劳等因素，归纳总结出输气管道的屈曲安全临界值预测公式，在以下情况下屈曲不可接受。

①屈曲峰谷高度（d/D）比大于0.02；

②对于最大操作应力（S）在255.1~324.05MPa的输气管道，屈曲峰谷高度/管道外径（d/D）比值大于

$$0.01 \times \left(\frac{324.05 - S}{68.95} + 1 \right)$$

③对于最大操作应力（S）大于324.05MPa的输气管道，屈曲峰谷高度/管道外径（d/D）比值大于0.01。

最大操作应力 $S = PD/2t$。其中，P为设计压力，D为管径，t为壁厚。

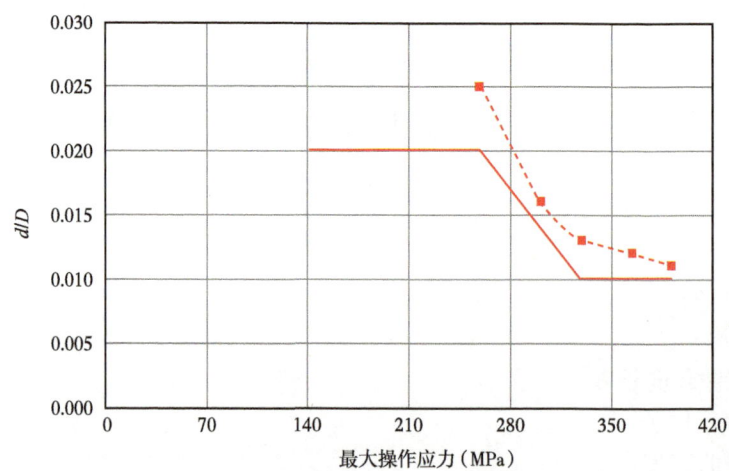

图1.4.30　屈曲安全评价临界曲线

具体到陕京管道干线，屈曲达到以下条件不可接受：
①对于陕京管道干线，屈曲极限高度按照下表和图进行确定。
②屈曲中含有应力集中物（腐蚀、制造特征、刻痕、沟槽、电弧烧蚀、焊接或裂纹）。

表 1.4.8　陕京管线屈曲极限高度

管线	极限屈曲高度 d_{max}（mm）			
	一级地区	二级地区	三级地区	四级地区
陕京 1 线	6.6	13.2	13.2	13.2
陕京 2 线	10.16	15.2	20.32	20.32
陕京 3 线	10.16	15.2	20.32	20.32
陕京 4 线	12.19	12.19	20.7	24.38

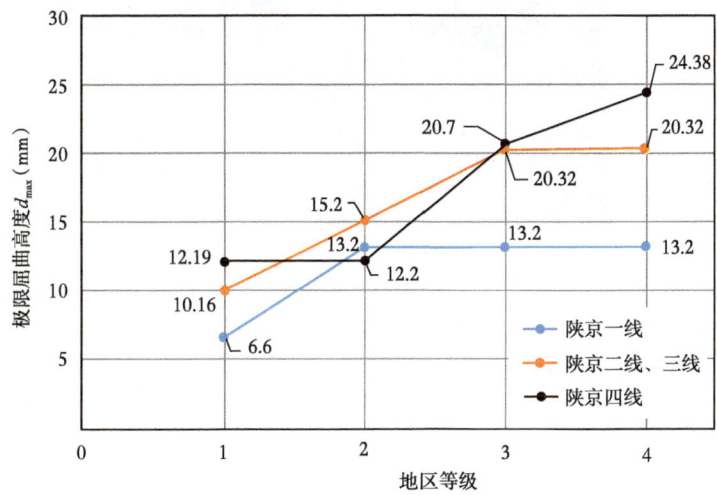

图 1.4.31　陕京管道不同地区等级的屈曲评价临界值分布情况

1.4.4.1.4　全尺寸弯曲试验

（1）钢管全尺寸弯曲试验系统。

复合加载试验系统主要用于模拟油田复杂井况条件下，油、套管连接性能及接头气密封性能。考察螺纹接头在瞬时（长时间）轴向拉伸、压缩作用和弯曲载荷循环作用或几种复合载荷作用下油、套管的连接性能或接头的气密封性能，对油井管的适用性进行评价，对石油管柱和管线设计进行验证，同时能够进行管线管全尺寸宽板拉伸试验测试环焊接头的延性撕裂行为，并验证其拉伸应变容量和 ECA 准则。

试验系统的基本示意图如图 1.4.32 所示。试验系统由如下部分构成：两副力臂、油缸、加载框架、试验管及连接法兰，此外还有电气设备和测量仪器。两副力臂分别为主动臂和从动臂。其中主动臂的末端通过销轴连接在油缸推杆上，并可以和油缸推杆共同在加载框架上滑动，而从动臂的末端直接通过销轴连接在加载框架上。同时，两副力臂与试验钢管通过焊接连接。通过对两副力臂末端的约束，可以使从动臂具有转动自由度，主动臂同时获得转动自由度和平动自由度。这样就具备了给试验管施加弯矩的结构条件。

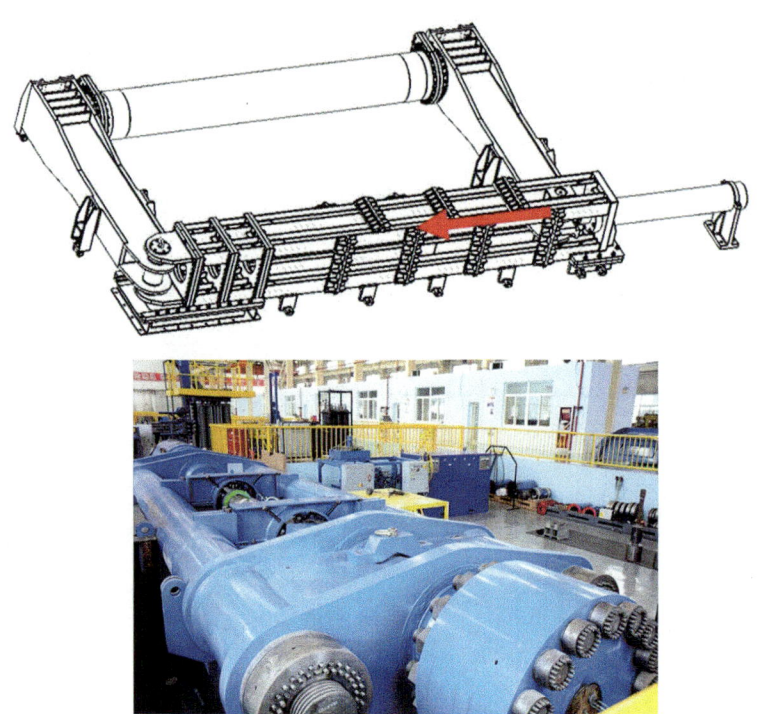

图 1.4.32 钢管全尺寸屈曲变形试验示意图

图 1.4.33 显示整个试验系统现场。试验管长度大约为 1.8m。试验时，试验管充满水，并通过水泵加压。然后由油缸推动主动力臂，通过从动力臂的配合，对钢管施加压缩和弯曲载荷。加载过程是位移控制的，每完成一次步进，试验系统进行一次油缸载荷、钢管内压、力臂弯曲角、应变的测试并记录，同时对内压进行调整，保证维持内压。试验系统的基本参数范围见表 1.4.9。

表 1.4.9 试验系统的基本参数范围

项目	参数
钢管外径（in）	$5\frac{1}{2}$~$13\frac{3}{8}$
钢管壁厚（mm）	最大壁厚 26.4
试验管长度（m）	6~12
最大载荷（MPa）	207
最大弯矩（kN·m）	700
油缸行程（m）	1.8

（2）试验设计。

完成了屈曲全尺寸室内试验方案及准备，实验目的主要是验证非对称屈曲加载模式、屈曲临界准则、安全评价方法，完善屈曲对管材性能影响规律。

试验设备采用 2500t 复合加载试验系统,带压进行整管屈曲加载,加载完成后进行水压爆破试验(图 1.4.33)。

试验管段采用 $\phi219mm×6mm$ 的无缝钢管(图 1.4.34),材质为 L245。

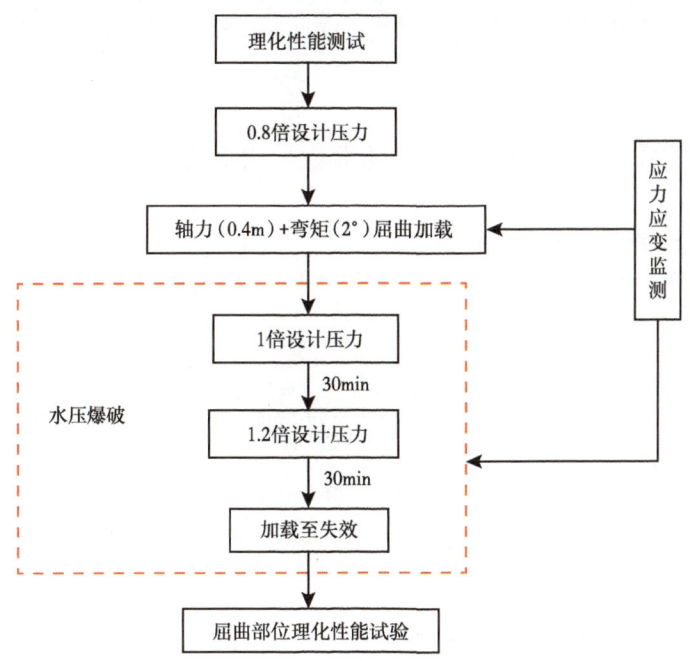

图 1.4.33 屈曲加载实验方案

图 1.4.34 钢管照片

试验步骤包括:①余料环套的理化性能测试;②内部加压 0.8 倍设计压力;③屈曲加载;④屈曲钢管水压爆破(0.8 倍设计压力 30min-1 倍设计压力 30min-1.2 倍设计压力 30min-加压打爆);⑤水压爆破后在屈曲处取样进行理化性能对比分析。

1.4.4.1.5 管段余料的理化性能测试

在 2.4m 长的原管段上切割 0.6m 的管段作为理化性能测试用料,剩余的 1.8m 管段作

71

为全尺寸弯曲试验用管。(拉伸、冲击、硬度)按照 GB/T 9711—2017 取样(已完成)。

将 1.8m 的管段进行全尺寸弯曲备样,内部加载 0.8 倍设计压力,进行屈曲加载。根据计算,屈曲加载的轴向载荷约为 1500t,弯曲角度约为 2°,轴向加载最大位移为 400mm。加载过程中进行屈曲部位应变、轴向载荷和弯曲载荷监测记录。

应变监测方法采用应变片贴片法,在轴向布置 5 个应变片(其中 3 个在预测的屈曲部位,2 个在屈曲远端)。

轴向加载力采用传感器进行测量。

加载过程中处采用摄像头实时监控加载情况,用手机 APP 远程监控和录像,为甲方录制试验视频。

1.4.4.1.6 屈曲钢管的水压爆破

水压爆破按照表 1.4.10 的方案进行,水压爆破过程中对屈曲部位进行应变监测。

表 1.4.10 试验压力

步骤	内容		稳压时间	备注
1	0.8 倍设计压力(8)		保压 30min	模拟现场管道压力
2	0.8 倍设计压力(8)		加载至屈曲	模拟现场管道带压屈曲过程
3	水压爆破	0.8 倍设计压力(8)	30min	验证屈曲后的管道是否合于使用,并观察失效位置是否在屈曲部位,与评价结果进行对比验证
		1 倍设计压力(10)	30min	
		1.2 倍设计压力(12)	30min	
		加压至失效		

完成封头焊接(图 1.4.35)后,在中间 700mm 管段中,轴向间隔 50mm,环向间隔 1 个点钟位置进项网格划分。两侧各 500mm 轴向划分两个网格,环向划分四个点钟位置(图 1.4.36)。

图 1.4.35 封头焊接

图 1.4.36　网格划分

1.4.4.1.7　风险因素识别

（1）失效风险情景识别。

根据案例调研及现场调研统计，确定了 13 个管道屈曲风险指标，见表 1.4.11。根据陕京一线管道实际情况，梳理出 8 个针对陕京一线的屈曲风险指标，如表 1.4.12 所示，初步建立了权重分配，如图 1.4.37 所示。

表 1.4.11　钢管屈曲风险指标

序号	二级事件	序号	二级事件
1	车辆负载	8	地势差斜坡
2	建筑施工	9	采空区
3	走向变化（弯管）	10	地面沉降
4	河流穿越	11	上方 15m 范围内负重增加
5	道路穿越	12	地震带
6	埋深	13	滑坡
7	软基		

表 1.4.12　陕京一线钢管屈曲风险指标

序号	二级事件
1	车辆负载
2	走向变化（弯管）
3	河流穿越

续表

序号	二级事件
4	地势差斜坡
5	采空区
6	地面沉降
7	上方15m范围内负重增加
8	地震带

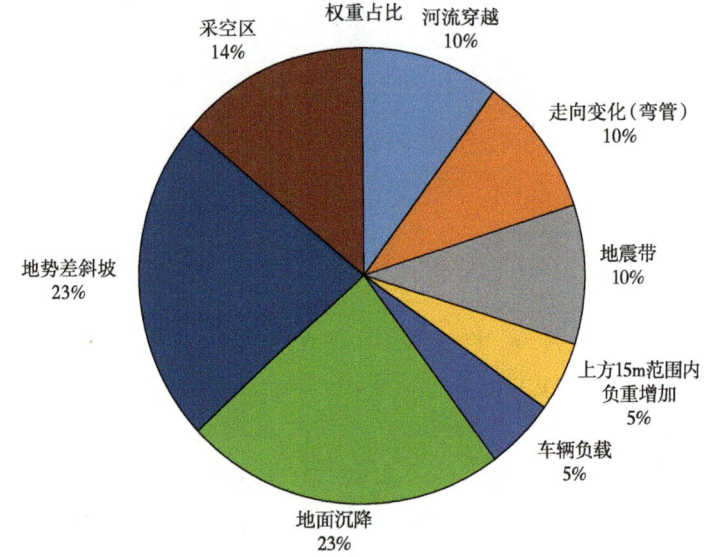

图1.4.37　各因素权重比例

分析发现以上屈曲评价指标过于简单，无法准确反映屈曲风险水平，因此决定采用基于历史失效情景的风险评估方法，确定了8种失效场景，见表1.4.13。

表1.4.13　屈曲风险情景表

序号	失效情景	失效风险指标
1	斜坡+土体移动（坡底弯管易失效）	(1)斜坡角度；(2)距土体移动区距离
2	埋深增加+弯头	(2)埋深增加程度；(2)弯头角度
3	埋深增加+斜坡（坡底易失效）	(1)埋深增加程度；(2)斜坡角度
4	采空区+道路穿越	(1)采空区是否存在；(2)道路性质
5	采空区+弯管	(1)采空区范围；(2)弯管角度
6	地震带穿越+弯管	(1)是否在地震带；(2)弯管角度
7	地震带穿越+斜坡	(1)是否在地震带；(2)斜坡坡度
8	道路穿越+地震带（路沿侧管道易失效）	(1)道路性质；(2)是否在地震带

（2）权重分配。

根据失效情景，确定了一级指标3项，二级指标7项，总分共100分，根据案例统计中的指标出现频次比例确定了一级和二级指标的权重分配（表1.4.14）。依据有限元模拟、失效案例分析等素材，确定了打分原则。

表1.4.14 权重分值分配

一级指标	二级指标	总分（100）	三级指标	分值
管道目前状态（自身和周边环境）（0.15）	路由变化段（不同角度弯/弯头管附近）	10	0度（直管）	0
			0~30°	5
			大于30°	10
	爬坡段底部（山坡地形坡度变化处）	5	无爬坡	0
			坡角0~20°	3
			坡角大于20°	5
自然因素（0.3）	地震带内弯头处（弯头/弯管）	20	无地震带	0
			地震带内直管	5
			地震带内0~30°弯管/弯头	10
			地震带内大于30°弯管/弯头	20
	土体移动（易滑坡、坍塌等地质灾害）	10	无土体移动	0
			距土体移动区大于50m	5
			距土体移动区25~50m	8
			距土体移动区小于25m	10
人为因素（0.55）	采空区内弯头/弯管/穿越段	20	无采空区	0
			采空区无穿越段/弯管/弯头	5
			采空区0~10°弯头	15
			采空区大于10°弯管/弯头、或道路穿越	20
	道路穿越段（重型车辆、高速铁路等）	20	无道路穿越	0
			村道、田道。仅小型车辆，5分；有大型重型车辆经过，根据频率5~20分	5-20
			乡道、县道：根据大型重型车辆频次10~15分	10-15
			国道、高速公路：18分	18
			铁路：20分	20
	埋深变化段（建设活动埋深增加）	15	埋深无变化	0
			埋深增加2倍以内	10
			埋深增加2倍以上	15

（3）风险分级。

以失效可能性分值的大小对管道的各区段风险等级进行评价，管道风险水平按各区段中的最高风险等级确定，见表1.4.15。通过调整打分细则和风险分值划分，保证了8种失效情景均包含在中高风险等级中。

表1.4.15　管段屈曲风险值和风险等级

失效可能性分值	风险等级
0~15	低
15~24	中
24~100	高

1.4.4.2　检测数据分析及量化表征

1.4.4.2.1　屈曲加载实验

试验布置：内部加载0.8倍设计压力，进行弯矩+轴向加载。弯曲角度约为2°，轴向加载最大位移为400mm（图1.4.38和图1.4.39）。

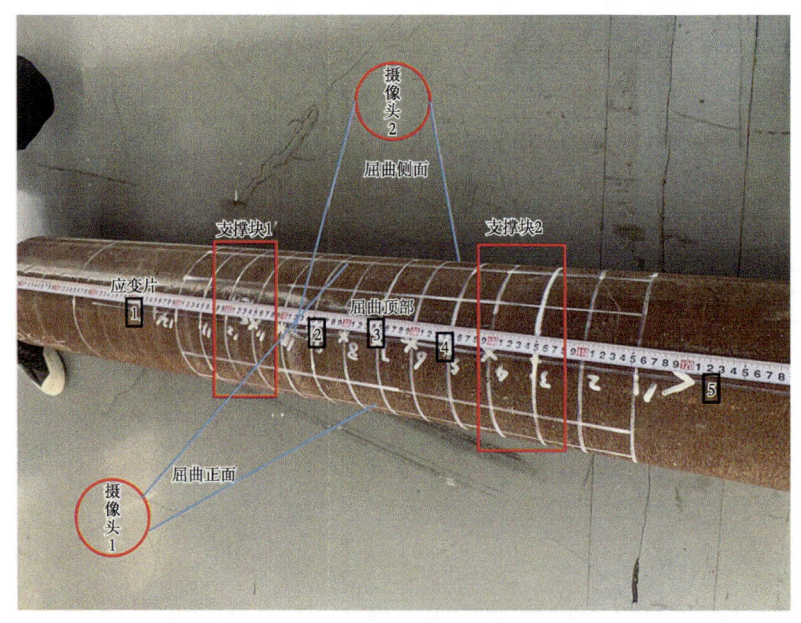

图1.14.38　试验布置

加载过程中进行屈曲部位应变、轴向载荷和弯曲载荷监测记录。

应变监测方法采用应变片贴片法，在轴向布置5个应变片（其中3个在预测的屈曲部位，2个在屈曲远端）。轴向加载力采用传感器进行测量。加载过程中采用摄像头实时监控加载情况，用手机APP远程监控和录像。

屈曲加载实验：采用加载力控制方式进行加载，首先对管子施加2°的弯矩，再采用力控制方式施加轴向载荷，加载步长为20kN/s。

图 1.4.39 试样装入

屈曲临界轴向载荷估算：

$$F = \sigma_s \times S = \sigma_s \times \pi \times (R_o^2 - R_i^2) \approx 827\text{kN}$$

其中，下标 o 和 i 分别表示钢管外表面和内表面。

通过监控观察钢管表面变形情况，当轴向力加载到 860kN 时，钢管产生屈曲，与估算的临界载荷接近（图 1.4.40 至图 1.4.42）。

图 1.4.40 现场操作

图 1.4.41　侧面拍摄

图 1.4.42　仰视拍摄

屈曲加载试验结果：在带压四点弯曲作用下，测试管段共产生三处屈曲，验证了前面总结的屈曲形式对应的载荷模式：

（1）2处对称屈曲：分别产生于两个固支端，高度分别为11.27mm和9.2mm，这两处管段受到轴向载荷＋弯矩作用；

（2）1处凹凸屈曲：位于两个卡箍之间的管段，高度为22.36mm，该管段受到弯矩＋轴向载荷＋卡箍径向约束。

根据安全评价准则，三处屈曲均不适用于继续服役（图1.4.43和图1.4.44）。

对整管加载过程进行了有限元模拟（图1.4.45），模拟结果表明，在试验载荷和边界条件作用下，试验管段的应力集中部位与实际产生屈曲的部位一致。

应力分析表明，三个屈曲部位的均超过了材料的屈服强度，大于286MPa，从应力的角度也说明该管段的屈曲程度不适合继续服役。

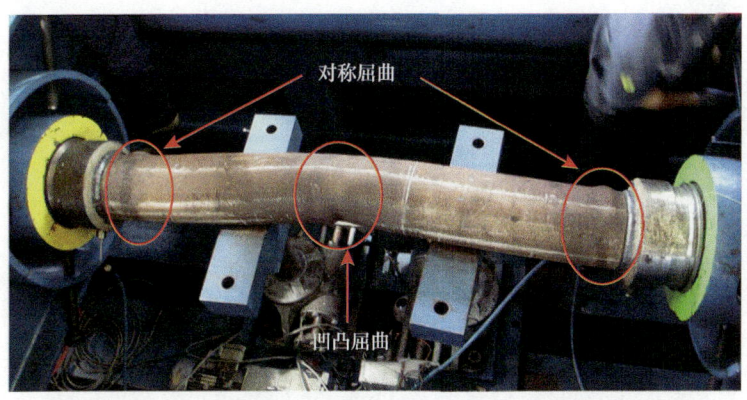

图 1.4.43　屈曲管段形貌

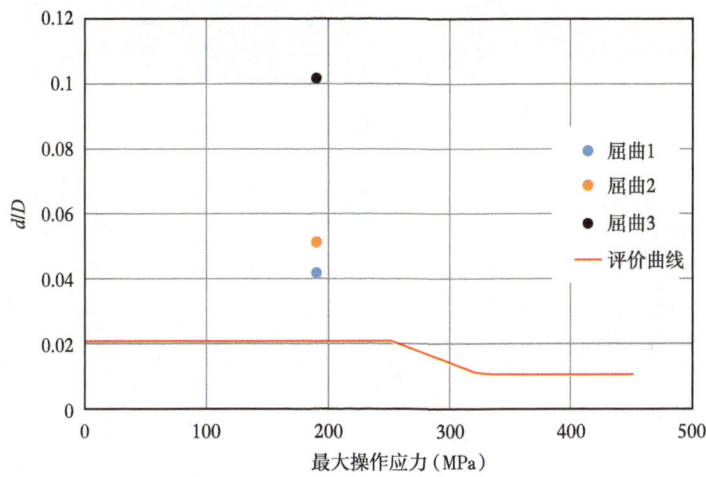

图 1.4.44　屈曲安全评价图

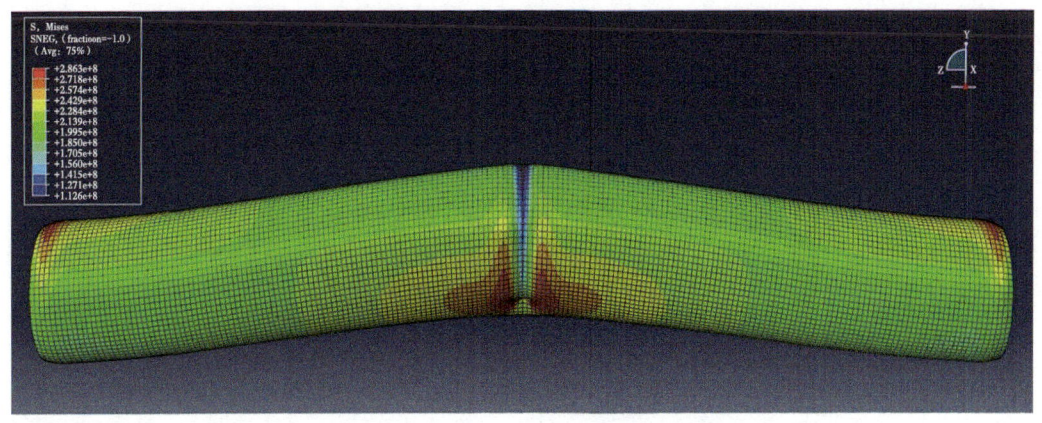

图 1.4.45　有限元模拟结果

1.4.4.2.2 水压爆破实验

水压爆破：爆破压力为 29MPa，爆破位置为对称屈曲与凹凸屈曲之间的未屈曲管段（图 1.4.46 和图 1.4.47）。

屈曲部位存在变形强化，比其他未变形部位的抗变形能力更强，但实际上其韧性已不满足服役要求。

图 1.4.46　水压爆破试验

图 1.4.47　爆破后钢管照片

1.4.4.3　现场验证

2022 年 9 月，项目组沿陕京一线进行了屈曲风险信息采集（图 1.4.48），共收集了靖边作业区、榆林作业区、神木作业区、府谷作业区、山西作业区及河北作业区等 6 个作业区的管线信息，包含管线全长约 706km。

图 1.4.48　现场数据采集

现场共识别出典型屈曲风险情景 109 处，对每一处典型风险情景，现场数据采集人员填写了《钢制管道屈曲风险评价数据表》，并录入《陕京一线管道屈曲风险信息采集表》中，为软件评价和屈曲风险排序奠定基础（图 1.4.49 和图 1.4.50）。

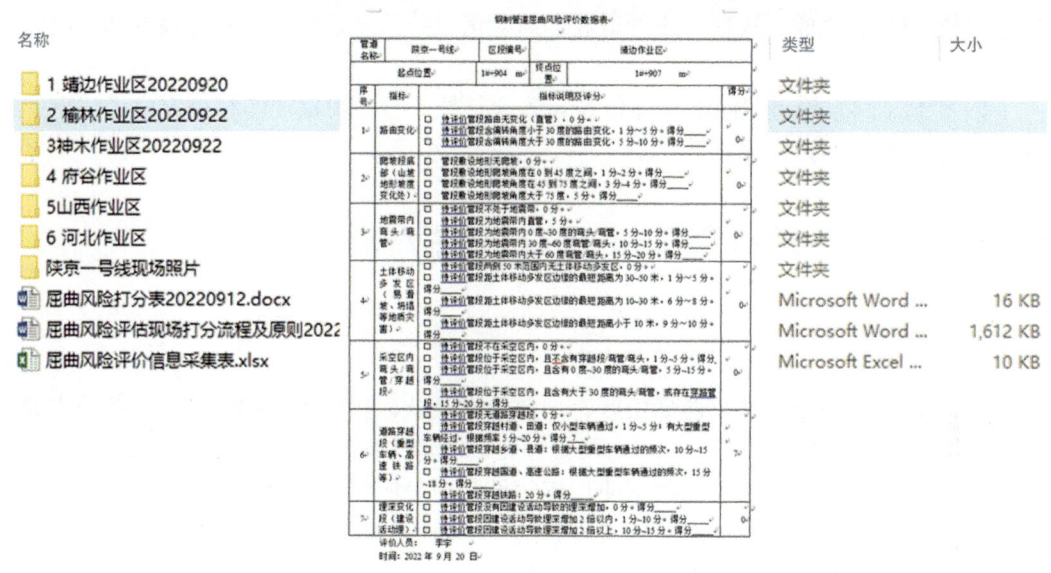

图 1.4.49　屈曲数据采集情况

序号	起始里程	终点里程	风险因素识别情况										
			路由角度（填角度值）	爬坡角度（填角度值）	地震带（是为1，否为0）	土体移动多发区（是为1，否为0）	采空区（是为1，否为0）	道路穿越					埋深变化（填埋深增加倍数）
								村道、田道（仅小车通行）（是为1，否为0）	村道、田道（大车）（填大车日通行辆）	乡道、县道（填大车日通行辆）	国道、高速路（填大车日通行辆）	铁路（是为1，否为0）	
1	135#+569	135#+719	0	0	0	0	0	0	200	0	0	0	0
2	136#+738	136#+768	0	0	0	0	0	0	300	0	0	0	0
3	140#+306	140#+506	0	0	0	0	0	0	150	0	0	0	0
4	140#+983	140#+998	0	0	0	0	0	0	200	0	0	0	0
5	141#	142#	0	0	0	0	0	0	0	0	0	0	0
6	144#+814	144#+831	0	0	0	0	0	0	300	0	0	0	0
7	145#+802	145#+813	0	0	0	0	0	1	0	0	0	0	0
8	148#+218	148#+281	0	0	0	0	0	0	0	250	0	0	1
9	150#+50	150#+60	0	0	0	0	0	0	50	0	0	0	1
10	150#+193	150#+213	0	0	0	0	0	0	0	0	600	0	1
11	150#+265	150#+285	0	0	0	0	0	0	100	0	0	0	0
12	153#+63	153#+113	0	0	0	0	0	0	0	0	600	0	0
13	157#+576	157#+606	0	0	0	0	0	0	0	0	600	0	0
14	158#+634	158#+662	0	0	0	0	0	0	100	0	0	0	1
15	162#+578	162#+598	0	0	0	0	0	0	200	0	0	0	0
16	166#+16	166#+47	0	0	0	0	0	0	0	100	0	0	0
17	170#+142	170#+162	0	40°	0	0	0	0	100	0	0	0	0
18	171#+561	171#+586	0	50°	0	0	0	0	0	0	0	0	1
19	171#+908	172#+8	0	0	0	0	0	0	0	0	0	0	1
20	176#+208	176#+278	0	0	0	0	0	0	0	0	300	0	0
21	187#+780	187#+860	0	0	0	0	0	0	200	0	0	0	0
22	189#+600	189#+750	0	0	0	0	0	0	0	0	0	0	1
23	189#+545	190#+45	0	0	0	0	0	0	200	0	0	0	0
24	190#+100	191#+100	0	20°/30°	0	0	0	0	0	0	0	0	0
25	193#+73	193#+123	0	0	0	0	0	0	100	0	0	0	0
26	193#+160	193#+180	0	0	0	0	0	0	0	0	0	0	0
27	207#+441	207#+501	0	0	0	0	0	0	0	200	0	0	0
28			45°	70°	0	0	0	0	0	0	0	0	0

图 1.4.50　屈曲数据采集表

1.4.5　应用效果

（1）完成了钢管屈曲成因分析，总结了屈曲失效模式及对应的外载形式，并通过实际案例进行了验证。分析了钢管屈曲演化规律，包括化学、拉伸性能、断裂韧性、硬度及金相的变化规律。

（2）调研了管道大变形及屈曲相关标准及文献，总结了屈曲理论发展历程。分析了屈曲对材料的强化规律，研究了屈曲几何尺寸及应力集中程度的变化规律。建立了钢管屈曲安全评价模型，并通过全尺寸屈曲室内试验、水压爆破及有限元模拟进行了试验验证。

（3）总结分析了油气管道风险评估方法，并确定采用半定量评估方法进行管道屈曲风险评价研究。完成了现场情景调研，建立了钢管屈曲风险情景及评价指标，形成了钢管屈曲风险评价模型。完成了陕京一线管道屈曲风险情景的信息采集，为软件评价和屈曲风险排序奠定了基础。

（4）编制了陕京管道屈曲安全评价及风险评估软件，并根据现场打分完成了陕京一线管道进行了风险评估及排序。

1.5 陕京三线良西段全长度在线应力监测技术

1.5.1 技术背景

陕京三线良西段地处北京西部山区，地质条件复杂，在公司 2018-2020 年的环焊缝排查中共排查出 16 道不合格焊口，其中两处存在严重应力问题进行了换管。现有管道应变监测点较少，且已有的应变监测数据使用率较低。地表地形监测得到的数据需要换算得到管道承受额外载荷。应变监测点只能实现管道某一截面的应变监测，无法根据两个监测点数据评价一段管道全部长度上的安全状态。基于上述内容可知管道运行维护工作者需要整段管道全生命周期的运行状态，目前亟须全长度在线应力监测技术。

1.5.2 技术简介

研究了一种基于监测数据快速计算整段管道应力状态的技术：
（1）叠加地表监测（变形）数据，实现管道综合应力数值的计算方法；
（2）结合生产动态，建立管道在线仿真系统，实现三维可视化显示管道应力状态；
（3）在陕京三线良西段定点试用在线仿真系统，实现对地质灾害高风险段管道的实时监控；
（4）完成良西段全管段验算，开发可视化数据展示平台。

1.5.3 主要创新点

该技术的创新点体现如下：
（1）以站场流量、压力和温度为边界条件，创建了"一段管道"的管流计算模型，可计算沿线对齐节点上的温度及压力；
（2）建立了管道应力状态实时计算方法，开发了管道应力状态的实时计算源代码；
（3）基于计算机图形学，编写了管道应力和变形的三维可视化交互展示模块。

1.5.4 监测方案

1.5.4.1 监测点设置方案

根据 SY/T 6828—2011《油气管道地质灾害风险管理技术规范》以及参考中国石油企

业标准 QS/Y 1487—2012《采空区油气管道安全设计与防护技术规范》的规定及与管道公司的沟通，并结合现场勘查情况、管道的基本参数以及现场埋设条件环境等信息，本方案的监测点共 6 处，每个监测点配置 4 支带温度的振弦式应变计，各个监测点的配置信息见表 1.5.1。

本项目涉及的陕京三线管道的管径为 1016mm，壁厚为 17.5mm，设计压力为 10MPa，管材为 X70 管线钢。

表 1.5.1 监测点的配置信息

序号	测点名称	桩号	地址	安装位置	传感器设置
1	BJ-LLH-3-001	0382+40	北京市门头沟区王平镇	南坡山脚	4 应变
2	BJ-LLH-3-002	0382+165		山顶南坡	4 应变
3	BJ-LLH-3-003	0382+230		山顶北坡	4 应变
4	BJ-LLH-3-004	0385-35		北坡山腰	4 应变
5	BJ-LLH-3-005	0385+30		北坡山底	4 应变
6	BJ-LLH-3-006	0387+170		韭园隧道	4 应变

1.5.4.2 传感器布局

每个管道应力应变监测点配置为 4 支应变计，传感器安装位置如图 1.5.1 所示，其中应变 1#、2#、3# 应变计是主用应变计，4# 应变计是备用应变计，当主用应变计出现故障时，启用备用应变计，通过管道截面上的 3 支应变计可以计算管道截面上任意一个位置的轴向应力，方便管道数据分析。应变计两两之间间隔角度为 90°。增加 1 支备用应变计，一方面可以确保每个应力应变监测截面保持 3 支正常的应变计；另一方面在必要的时候启用备用应变计进行应力应变监测截面的应力计算结果的校验。

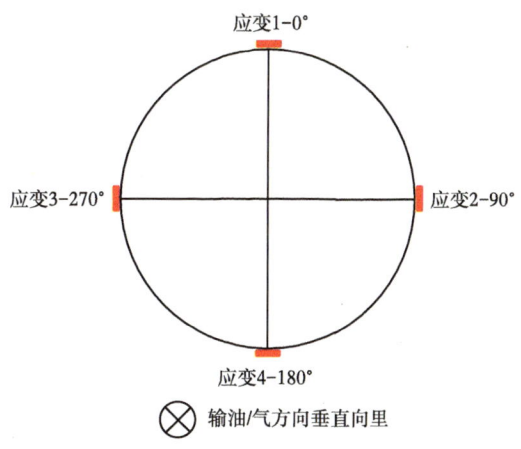

图 1.5.1 传感器布局图

1.5.5 监测系统介绍

油气长输管道担负着油气资源的主要输送任务，由于分布范围非常广阔，沿途区域自然地理和地质环境复杂多样，不可避免地会受到各种地质灾害的威胁和侵害。同时，随着沿线地区经济的高速发展，各种施工作业也对管线的安全运行带来潜在的危害。管道事故的发生不仅导致油气泄漏、管线停输，带来巨大经济损失，还有可能引发火灾、爆炸等事故，对生命财产、自然环境和社会安定带来严重后果和恶劣影响。

1.5.5.1 监测系统架构

管道应力应变监测系统利用振弦式传感器的检测原理，通过嵌入式系统和云服务技术集成创新，采用先进的包含过程层、间隔层和站控层的设计结构，结合材料和力学学科的专业数据分析经验，解决长输管线变形的远程监测问题，实现安装简便、无人值守、防盗防爆、实时监控、及时预警等功能。

根据监测地点的实际情况，考虑到监测的实时性和便捷性，采用分布式监控系统，在监测现场就将模拟信号转换为数字信号，通过网络方式将数字信号传输到计算机。由于数字信号抗干扰能力强，并且监测地点多数地处偏远区域，布线成本较高，难度较大，因此，选择用无线传输的方式将监测数据传送到监控中心，系统拓扑图如图1.5.2所示。

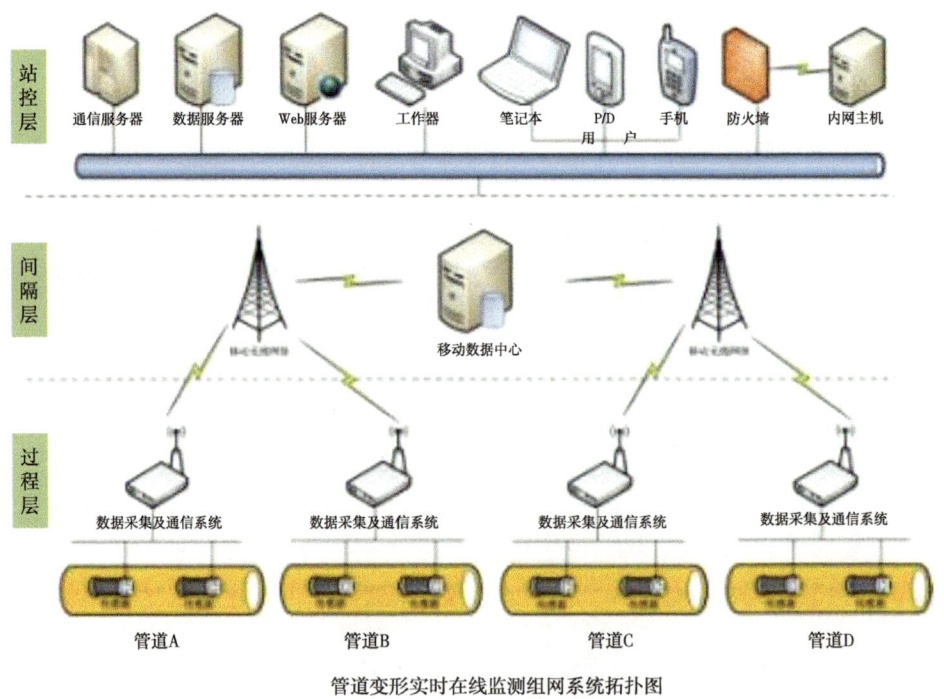

管道变形实时在线监测组网系统拓扑图

图1.5.2 系统结构拓扑图

数据采集和传输是实现长期可靠监测的关键，本项目中采用Skyris200P多通道信号采集仪，该采集仪如图1.5.3所示，由多通道频率和电压采集仪及数据传输模块两部分组成。数据传输模块通过移动2G、4G或NB-IOT网络将采集数据发送到上位机监测系统。除此之外，在移动信号不良的区域，可以采用北斗卫星短报文系统进行数据传输。该采集仪共有 8 个采集通道，可以进行应变、土压、测斜、电压、温度、电源电压的采集。

本项目所使用的太阳能充电系统采用不锈钢制立杆把太阳能采集系统设计成油气管道常用的电位测试桩形式，如图 1.5.4 所示，使太阳能供电系统有强烈的伪装性，能有效地解决野外供电及供电系统防盗防损坏问题，立杆顶部放置太阳能板能有效避免因植物或其他物体遮挡导致的充电故障，并且阳光直射的方式提高了充电系统效率，同时，不锈钢制立杆强度高、耐酸碱盐、抗紫外线、耐老化、防水抗冻、不易变形，安装简便。

图 1.5.3　Skyris 200P 采集仪外形图

图 1.5.4　太阳能充电系统标志桩实景图

监控端软件设计为 B/S 体系结构，主要由可视化管理、系统管理、用户管理、查询统计、策略管理、报警管理及预警预报等模块组成，实现用户权限与数据权限的灵活安全控制、监测测点和管线分布的可视化管理、应变和应力数据的直观显示、查询条件定制化管理、报警和采集策略灵活自由、预警预告直观多样。

传感器、数据采集、数据传输和监控系统软件是监测系统的重要组成部分。整套监测系统符合下列基本特点：

（1）体积小、安装方便，地表面除立杆外无其他裸露物；
（2）功耗低；
（3）无需有线电源，采用太阳能充电或免充电系统；
（4）数据传输可靠；
（5）高度智能化、自纠错能力强；
（6）防水防潮、抗雷击，可在恶劣工况下长期工作。数据采集与传输系统。

本项目采用的多通道无线数据采集仪具有数据采集和数据传输的功能。采集通道数量灵活，共有 8 个采集通道可以进行应变、土压、测斜、温度、电压等的采集，最多可进行 18 个通道采集。可按照监控端软件的采集策略自动采集数据，同时将结果通过无线模块发送到监控端，实现对被监测对象的远程监测，如图 1.5.5 所示。仪器配有可充电锂电池，功耗低。数据采集设备可以支持太阳能充电。

图 1.5.5　采集仪外形图

采集系统可以对振弦式传感器、温度传感器、其他数字信号传感器进行数据采集和信号处理，并通过通信模块将数据传输到远程服务器。数据采集设备采用一体化设计，将 4G 或 2G 通信模块集成在数据采集电路中，通过移动通信网络将监控端软件与采集仪连通，实现数据的双向传输（表 1.5.2）。

表 1.5.2　数据采集和传输设备性能参数

型号	Skyris200P
通道数量	8
工作环境	温度：-45~60℃，湿度：＜95%RH
测量精度	频率：0.1Hz；温度：0.1℃
量程	频率：500~6000Hz；温度：-40~80℃
工作电压	3.6~5V
供电方式	锂电池 3.7V/4.4A·h，可搭配太阳能充电
待机功耗	＜20μA
测量功耗	＜250mA
通讯方式	2G/3G/4G/NB-IoT
外形尺寸	174mm×100mm×45mm
数据存储	2MB
防爆标志	Ex ib IIBT4 Gb

1.5.5.2　太阳能充电系统

本项目所使用的太阳能充电系统采用不锈钢制立杆把太阳能采集系统设计成油气管道常用的电位测试桩形式，使太阳能供电系统有强烈的伪装性，能有效地解决野外供电及供电系统防盗防损坏问题，立杆顶部放置太阳能板能有效避免因植物或其他物体遮挡导致的充电故障,并且阳光直射的方式提高了充电系统效率,同时,不锈钢制立杆强度高、耐酸碱盐、抗紫外线、耐老化、防水抗冻、不易变形,安装简便。图1.5.6为太阳能充电系统,参数见表1.5.3。

图1.5.6　太阳能充电系统立杆示意图

表1.5.3　太阳能充电系统参数

材质	不锈钢
颜色	交通黄色
太阳能板规格	4V1W
机箱尺寸	140mm×140mm×250mm
立杆尺寸	ϕ60mm×H1.5m

1.5.5.3　振弦式应变计

本项目中振弦应变计采用美国进口的GK4100带温度振弦式应变计,应变计由应变针和可拆卸线圈构成,外形如图1.5.7所示,内部结构如图1.5.8所示。该传感器可以同时测量应变和温度。

应变测量采用振弦原理：把一根钢弦张拉在两块安装块之间，安装块焊接或者黏结在待测钢件表面。钢件表面的变形（如应变变化）导致两个安装块相对运动，从而引起钢弦张力改变。用紧靠钢弦的电磁线圈激励钢弦并测出其共振频率，然后计算反映出应变的大小，从而监测管道本体的变形情况。

振弦式应变计特点如下：

（1）体积小、易于隔绝外部载荷的挤压、易于防腐处理，能够避免由于土体位移剪切而造成的传感器失效，长期稳定且耐久性好。

（2）安装使用方便，寿命长，广泛应用于管道应力应变监测。

（3）具有长期的稳定性，在传感器安装后其零点及量程应不受安装位置的影响，不易发生零点漂移；

（4）传感器自带温度传感器，可以进行温度监测，具备对环境温度影响的补偿功能，

（5）传感器采用不锈钢材质，结构温度，静压力对传感器的测量准确度无影响；

（6）传感器支持通过点焊或黏结方式直接连接到管道上。

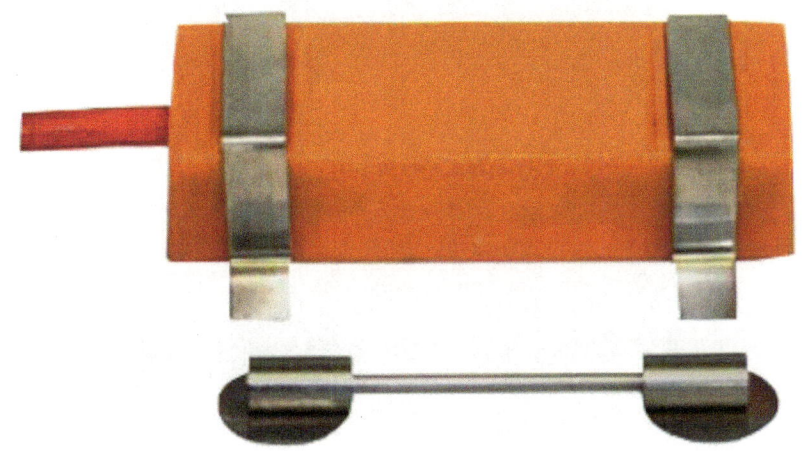

图 1.5.7　带温度的振弦应变计

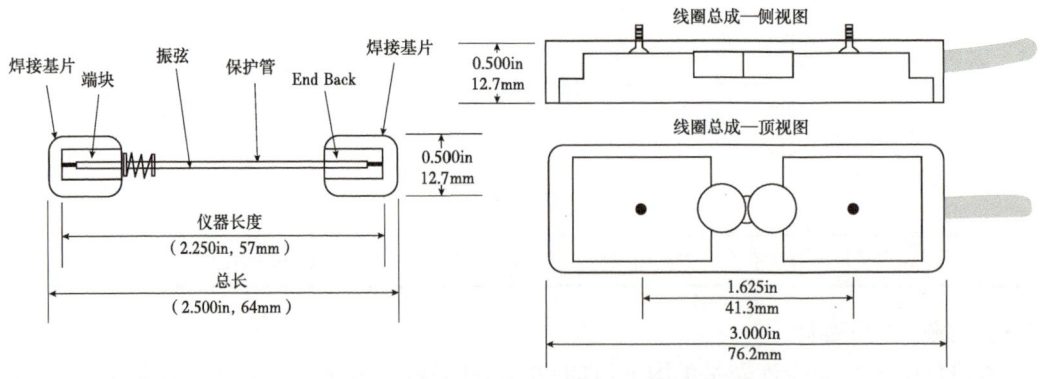

图 1.5.8　应变计内部结构示意图

带温度振弦式应变计的具体技术性能见表 1.5.4。

表 1.5.4 振弦式应变计技术参数

型号	GK4100
制造商	美国 Geokon
应变量程	3000με（±1500με）
应变精度	≤ 0.1% FSR
分辨率	< 1με
稳定性	±0.1%FS
非线性度	≤ 0.5%FS
温度量程	-40~+80℃
温度精度	0.5℃
工作温度范围	-40~+80℃
尺寸	51mm×23mm×13mm
安装方式	点焊或黏结

1.5.5.4 监控端软件

本项目利用业主单位已经建成的陕京管道应力应变监测系统进行数据采集和管理，如图 1.5.9 所示。该软件结构先进，采用了 Primefaces+SpringE 的技术框架，利用 PrimeFaces 丰富的 UI 库基本满足所有的 web 组件式的显示，支持市场主流浏览器。页面设计简洁时尚，开发效率高，扩展性强，有效地提高软件开发进度和更新进度。

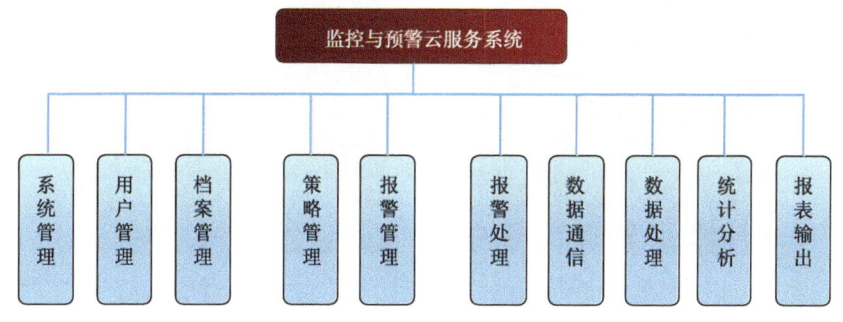

图 1.5.9 监控与预警云服务系统基本功能模块

管道变形监测系统软件主要由可视化管理、系统管理、用户管理、档案管理、策略管理、报警管理、数据分析、统计分析及预警预报等模块组成，实现用户权限与数据权限的灵活安全控制、监测测点和管线分布的可视化管理、应变和应力数据的直观显示、查询条件定制化管理、报警和采集策略灵活自由、预警预告直观多样。

1.5.6 应用效果

本项目实现了管道综合应力数值的计算方法；结合生产动态，建立了管道仿真系统，实现了三维可视化显示管道应力状态开发可视化数据展示软件平台，并完成了良西段全管段试用。该项目弥补了原有算法中评价管道应力与变形情况的缺失与不足，同时实现了对管道强度、管道安全完整性评价的智能化处理。

1.6 站场阀室压力管道在线不打磨复合涡流阵列检测技术

1.6.1 技术背景

天然气压气站和分输站作为天然气管道输送的重要组成部分，用于天然气的调压、分输和输送，直接关系着下游用户。截断阀室就是长输管道上，在一定距离设置的，为管道发生故障、检修等停止供气的阀门。压力管道是场站、阀室内最重要的特种设备，用于输送易燃易爆的天然气，需要定期检验。常规的停产检验不但会造成巨大的经济损失，还会直接影响着下游用户的需求。因此，场站、阀室的压力管道定期检验通常要求在不停产的状态下进行。

对接接头是压力管道容易产生表面裂纹的部位，因此，对接接头也是定期检验的重点部位。场站的压力管道材质为碳钢，为了防止腐蚀，表面涂有防锈漆，在对接接头部位漆层厚度不是很均匀。常规的磁粉检测方法和渗透检测方法的检测结果直观；但是，它们的表面条件要求高，需要除去漆层，并打磨至露出金属光泽。但打磨作业会产生火花，属于动火作业，会给易燃易爆的场站造成安全隐患；另外，大量的漆层去除和修复也会延长检测周期，增加检测成本（图1.6.1）。

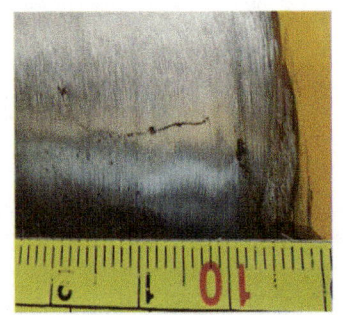

(a) 压力管道焊缝　　　　　　　　(b) 裂纹类缺陷

图 1.6.1　天然气场站和阀室的压力管道及缺陷

涡流检测方法能够在带涂层的情况下实施。涡流检测方法利用电磁感应原理，通过检测被检测工件内感生涡流的变化来无损地评定导电材料及其工件的某些性能，或发现缺陷的无损检测方法，如图1.6.2所示。然而，常规涡流检测技术的覆盖范围小，检测效率低，检测结果不直观，不能满足现场的检测需求。

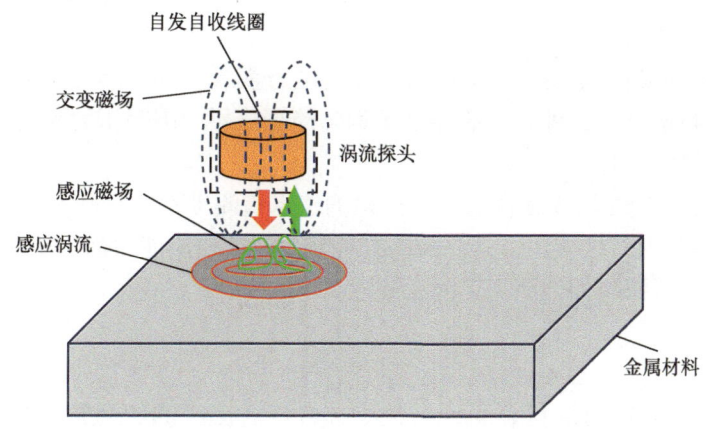

图 1.6.2 涡流检测工作原理示意图

涡流阵列（Eddy Current Array，以下简称"ECA"）检测技术电子驱动探头内多个按一定规律肩并肩排布的涡流线圈，能够一次完成大面积扫查且能形成直观性 C 扫图的涡流检测技术。多个涡流线圈按照一定的物理构造方式排布组成阵列，按照特定的工作模式、信号响应方式组成若干个阵列元；阵列元是代表涡流检测工作模式、信号响应方式且能独立工作的最小单元（可视为"放置式涡流探头"），每个阵列元都含有发射线圈和接收线圈（包括自发自收线圈）；为避免阵列元之间的相互串扰，通常会采用多路切换技术分时、分批激活阵列元；编码器触发仪器将阵列元的涡流检测数据及其位置数据保存；这些数据经过软件处理，形成直观的 C 扫图。ECA 继承了常规涡流检测技术的表面要求低、无需耦合剂、检测速度快、绿色环保无污染等优点，还克服常规涡流检测技术的覆盖范围小、检测结果不直观的缺点。它具有若干个检测通道，能将检测覆盖范围增大若干倍；将涡流检测数据转化直观的 C 扫图，提高了缺陷判别能力，如图 1.6.3 所示。

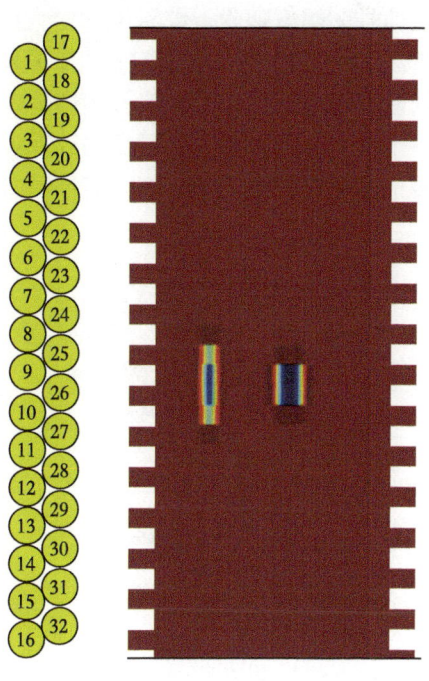

图 1.6.3 涡流阵列检测工作原理示意图

对于场站和阀室的碳钢压力管道对接接头的 ECA 检测，干扰因素较多。在焊缝结构中，焊缝金属、热影响区和母材的磁导率和电导率可能存在差异；焊缝中的几何特征如凸起和凹坑，可引起非相关局部信号，有助于增加每个传感器感知的噪声电平，几个大几何特征的存在，可能会降低探头的整体灵敏度；管道曲率会影响个体传感器与表面的接触效果（是否垂直于表面），可能影响缺陷信号的强度；表面粗糙度会引起局部提离差异；探头的按压力，也可能影响检测数据的大小。因此，如果采用普通的涡流阵列检测技术，这些干扰因素会形成噪声信号,影响涡流阵列C扫图。据报道,Eddyfi公司的复合涡流阵列检测技术具有动态提离补偿功能和磁导率补偿功能,应该可以抑制这些干扰因素。然而,中国和北美的碳钢材料的电磁特性有差异,这种复合涡流阵列检测技术对于中国碳钢材料的适用性需要进行研究。另外,带有厚度不均匀绝缘漆层的碳钢压力管道对接接头的检测工艺也需要进行研究。

本项目的难点在于:(1)复合涡流阵列检测技术检测碳钢对接接头的影响因素尚不明确;(2)碳钢压力管道对接接头复合涡流阵列检测的裂纹检测能力尚不明确;(3)碳钢压力管道对接接头复合涡流阵列检测工艺尚未建立。

1.6.2 技术简介

对于一定深度的碳钢材料表面开口裂纹,常规涡流检测的阻抗信号具有如下特点:(1)对于相同深度、不同提离的裂纹,则阻抗信号的相位保持不变,阻抗信号的幅值随着提离的增大而减小;(2)对于相同提离、不同深度的裂纹,则阻抗信号的相位保持不变,阻抗信号的幅值随着裂纹深度的增大而增大;(3)裂纹的阻抗信号与提离信号几乎呈90°。由于裂纹的阻抗信号与提离信号几乎垂直,则容易分离裂纹信号和提离信号。由于裂纹信号的幅值不变性,可根据信号相位确定是否为表面开口裂纹缺陷。根据这些特点,可以建立一个幅值—提离—裂纹深度的计算模型。通过这个模型,可以在测量提离数值和裂纹深度的情况下对表面开口裂纹的信号幅值进行补偿。

复合涡流阵列检测技术正是基于碳钢表面开口裂纹的涡流信号特征组合而成的涡流阵列探头。复合涡流阵列检测的探头由若干个阵列元组成,每个阵列元可视为一个独立工作的常规表面放置式探头(图1.6.4)。每个阵列元由3个电感线圈组合而成:2个切向线圈和1个法向线圈;切向线圈对提离不敏感,对裂纹走向敏感,用于检测纵向表面开口裂纹并测量裂纹深度;法向线圈(或称扁平线圈)对提离敏感,对裂纹走向不敏感,用于测量阵列元提离高度并检测横向表面开口裂纹。对于其他走向的裂纹,两种线圈

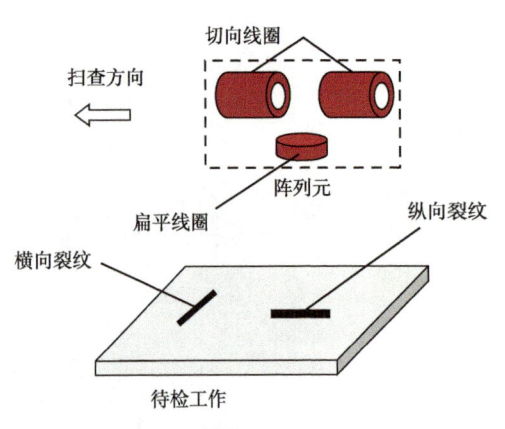

图1.6.4 复合涡流阵列检测技术的阵列元

都有响应。可以根据测量的提离高度和裂纹深度,结合幅值—提离—裂纹深度的计算模型,便可对裂纹信号幅值进行补偿,使其保持在提离为0时的裂纹阻抗信号幅值,提高了缺陷的信噪比和可识别性。

1.6.3 主要创新点

通过实验室实验,开展了提离、直径、热处理等因素对于复合涡流阵列检测的影响研究和裂纹检测能力研究。通过场站和阀室的现场试检测,开展了检出裂纹缺陷的统计分析。该技术的创新点体现如下:

(1)首次开展了站场、阀室内带漆层碳钢压力管道对接接头的复合涡流阵列检出技术

应用；

（2）首次建立了基于中国碳钢压力管道对接接头的复合涡流阵列检测工艺；

（3）首次对站场、阀室压力管道对接接头的裂纹缺陷进行分类、统计和分析。

1.6.4 技术方法及现场验证

1.6.4.1 实验室研究工作

1.6.4.1.1 提离的影响

借助对比试块和绝缘薄片，开展复合涡流阵列检测技术的最大提离对缺陷测量的影响。研究结果表明，复合涡流阵列检测技术的最大提离高度可达 4mm，如图 1.6.5 所示。

由图 1.6.6 可知，随着提离的增大，刻槽的长度和深度出现波动。裂纹越深，长度测量读数越准确；但当深度太深（等于 7mm）时，深度测量读数误差很大。

图 1.6.5　绝缘片总厚度 VS 提离读数

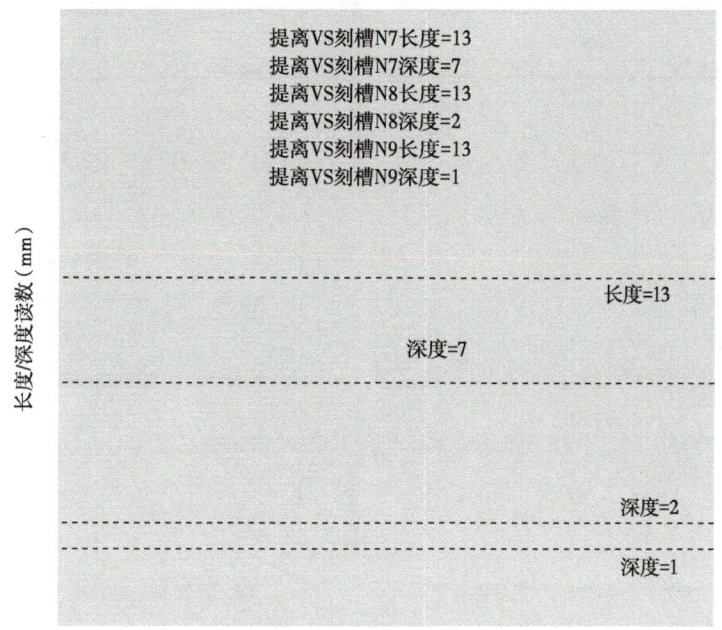

图 1.6.6　提离 VS 刻槽的长度和深度读数

1.6.4.1.2 管径的影响

管道直径越大，C 扫图的信号强度越大，越有利于检测（图 1.6.7）。

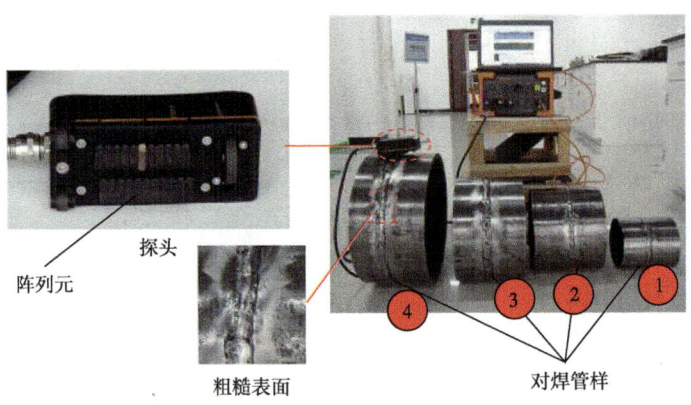

图 1.6.7　不同直径的管样与检测仪器

1.6.4.1.3　热处理的影响

图 1.6.8 是炉内整体退火热处理前后的管样 1 和管样 2 的 C 扫图（图 1.6.8）。

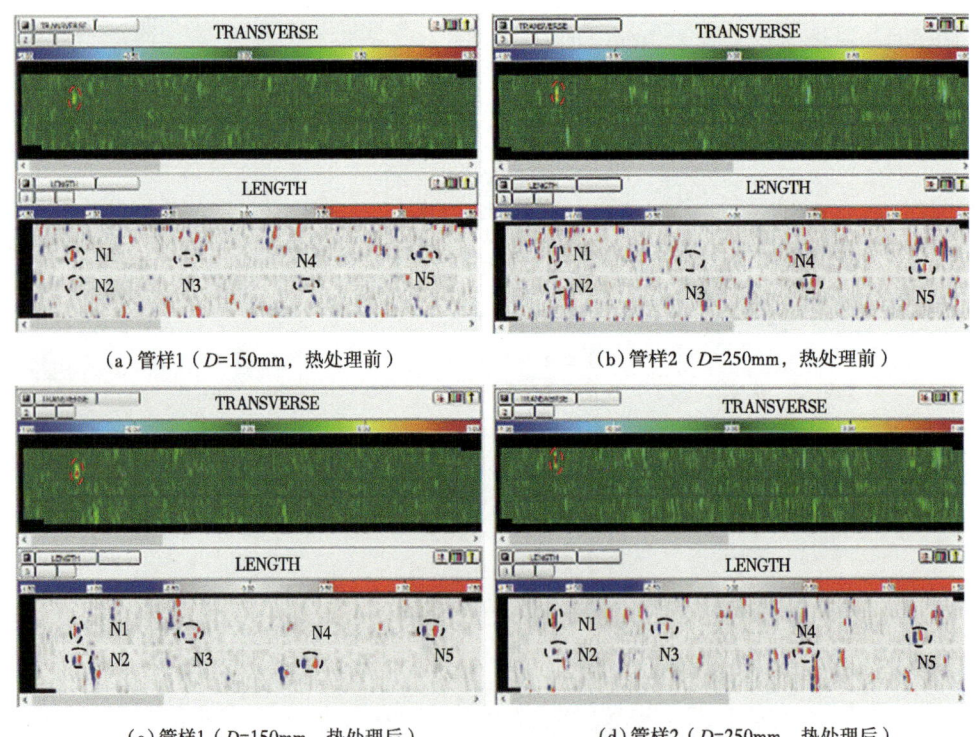

图 1.6.8　热处理前后的 C 扫图对比

由图 1.6.8 可知，退火热处理更有利于复合涡流阵列检测。

1.6.4.2　试检测结果

2020 年，采用复合涡流阵列检测技术对 15 个场站 1326 个对接接头进行表面检测，共检出 60 条裂纹类缺陷。

1.6.4.2.1 裂纹缺陷的统计分析

通过对60条裂纹类缺陷进行分类和统计，发现：横向裂纹（TC）占大多数，主要位于熔合区（FZ）和热影响区（HAZ）；纵向裂纹（LC）较少，主要位于熔合区（FZ）；弯曲裂纹（BC）数量最少，通常发生在热影响区和母材处，如图1.6.9和图1.6.10所示。

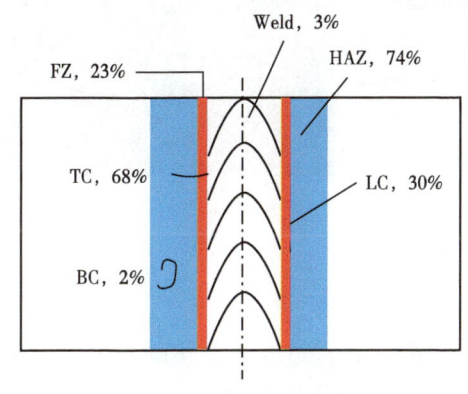
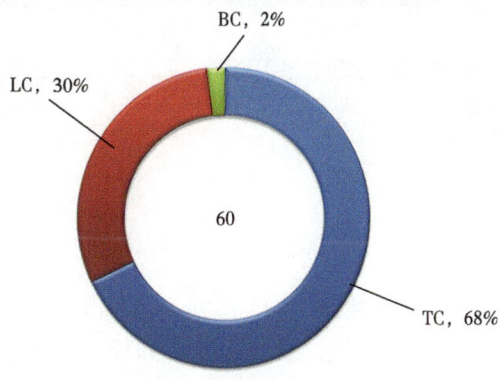

图1.6.9 裂纹的位置分布统计　　　　　　图1.6.10 裂纹类型的统计

1.6.4.2.2 典型裂纹的C扫显示特征研究

选取了横向裂纹、纵向裂纹和弯曲裂纹的C扫特征进行研究，如图1.6.11至图1.6.13所示。

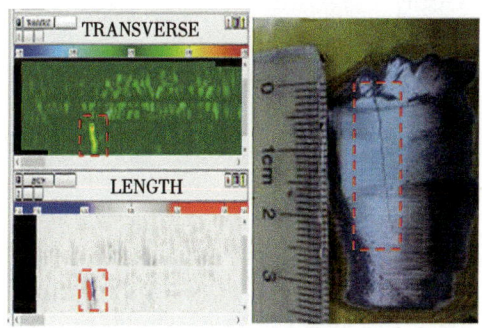

图1.6.11 横向裂纹及其相关显示

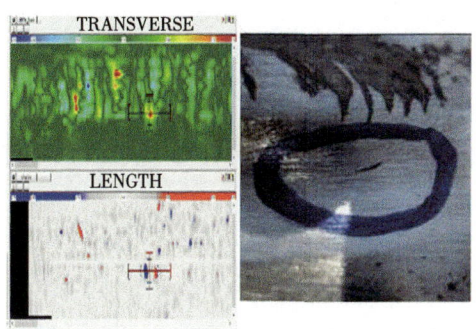

图1.6.12 纵向裂纹及其相关显示

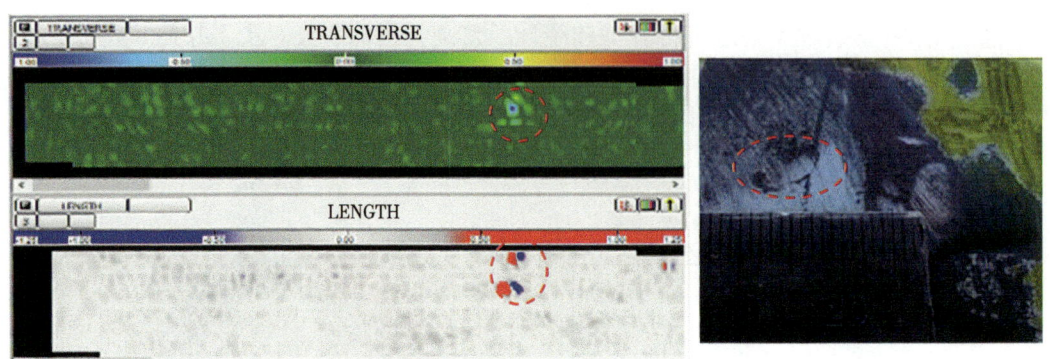

图 1.6.13　弯曲裂纹及其相关显示

1.6.4.3　现场验证

2018 年 9 月，复合涡流阵列检出技术在国家管网北京管道有限公司的小卞庄分输站和宝坻分输站进行现场验证，在两个分输站成功检出了漆层下的几处裂纹缺陷。之后，该技术的应用推广力度逐步增大。2020 年，国家管网集团西南管道有限责任公司天水输油气分公司也开始将该技术应用于石油天然气站场的压力管道在线不打磨检测中。2022 年，该技术在天然气阀室内压力管道得到应用。截至 2022 年底，复合涡流阵列检测技术的全国应用场站 68 个、阀室 256 个（图 1.6.14）。

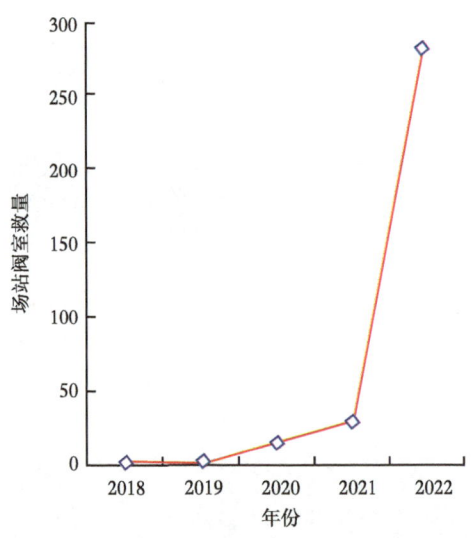

图 1.6.14　2018—2022 年复合涡流阵列检测技术应用场站阀室数量曲线

1.6.5　应用效果

复合涡流阵列检测技术，可以在带漆层的情况下检出压力管道对接接头的表面裂纹类缺陷，检测速度快，检测效率高，缺陷检出率高，检测结果可电子存储，安全可靠零污染。该技术发现了多处危险性缺陷，保证了压力管道的安全运行。

 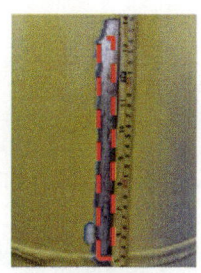 

(a)纵向裂纹　　　　　　　(b)纵向裂纹　　　　　　(c)疲劳裂纹

图1.6.15　复合涡流阵列检测技术检出的裂纹类缺陷

通过近6年的现场应用，该技术的检测工艺已经成熟。目前，该成果将被中国特种设备检验协会团体标准《碳钢对接接头的涡流阵列检测》所引用。

2 工艺安全技术

2.1 陕京天然气管道运行状态分析及应急状态下输气能力评估

2.1.1 技术背景

20世纪80年代起我国先后在东北、华北和西北建设了较大规模的输气管道，尤其是从陕北至北京的陕京线、西气东输等管线的建成极大地推动了我国天然气管道网的发展。但经过长期运行，早期建成的管道出现了输送效率下降、输送能耗增加等问题，这些问题直接反映出管道系统的运行状态。因此，必须先要找出输送效率及能耗的影响因素，并计算分析因素的影响程度，进而给出各参数最优变化范围，为管道生产运行决策提供帮助。所谓管道系统，即管线和站场组成的复杂统一体。输送效率和能耗是反应管道系统运行状态的重要参数。首先选择合理的输送效率及能耗评价指标，然后需要探究输送效率及能耗的影响因素，例如输送气质干燥度较低导致水合物的生成，管道长期运行，内涂层剥落，管材腐蚀带来管壁粗糙度增大，摩阻损失增大，管道允许承压降低，工作压力进一步降低等；最后对各个影响因素进行计算分析，为管道生产运行决策提供帮助。另一个方面，供气需求的增长促进了陕京四线的建成，由于四线与其他线有联通部分，因此需要计算正常运行状态下，四线的投产对全线输气能力大小产生的影响；同时，为了在事故发生后采取紧急措施、合理调配气源和联通管道，需要分析管道系统在各段发生第三方破坏、阀门异常关断、冰堵等情况时对输量的影响，并评估采取相应应急措施后输气能力大小。

2.1.2 技术简介

本项目以陕京一、二、三、四线及配套的大港、华北储气库为研究对象，实现三个核心目标：分析管道运行状态，基于管道设计运行参数，计算输送效率及相关能耗指标，进而对相应管道系统的运行状态进行分析，为日后管道生产运行决策提供帮助；对管网现有输气能力的影响因素进行分析，通过计算现有管网的输气能力找出影响输气能力大小的因素，并计算其影响程度；对管道输气能力进行评估，一方面需要评估事故工况下的最大输气能力,并提出相应的优化运行方案;另一方面评估非事故状态下不同时期管网的最大应急输气能力。

2.1.2.1　天然气管道输送模型的建立

基于调研的数据,利用 SPS 等软件建立天然气输送模型,确定沿线压气站、分输站、末端储气等参数;通过比对正常工况运行数据,修正仿真模型,保证模型的准确性。

2.1.2.2　管网运行状态分析

根据 SY/T 5922—2012《天然气管道运行规范》的规定,输送效率是管道的实际输气量与设计输气量的比值。能耗指标体系划分为实物(Object)、强度(Intensity)、效率(Efficiency)、指数(Target)4 个层级。具体评价指标有耗电量、耗气量、单位周转量、有用功耗能、压气站能源利用率。根据现场采集的数据,计算选定的效率及能耗指标,作为管道系统运行状态分析的重要依据。找出输送效率和能耗的主要影响因素并计算其影响程度,主要研究的 4 个影响因素分别为:来气气质组成的改变、管道内壁腐蚀、水合物生成、清管周期长短。通过已建立好的管道模型逐个分析各影响因素对全线输送效率和能耗的影响程度。

2.1.2.3　管网现有输气能力影响因素分析

计算管网现有输气能力,指出影响管网现有输气能力的影响因素,并针对输气能力的影响程度对影响因素的敏感性进行分析。

2.1.2.4　事故工况下输气能力评估及应急措施

陕京一线、二线、三线、四线在相应位置有连通管线,为满足紧急工况下的供气问题,利用不同工况下的管道模型,模拟分析当管道系统发生第三方破坏、阀门异常关断、冰堵等情况后,采取不同应急措施达到最大的输气能力;根据相应工况下输气能力的分析结果,提出事故发生后应如何制定运行方案,包括如何合理调配气源和联通管道。

2.1.2.5　非事故工况不同时期管网最大应急输气能力评估

通过现场数据调研,获得不同时期储气库的进采气量,建立相应时期的管网模型;根据不同的管网模型计算管网的最大输气能力。

2.1.3　主要创新点

(1)利用 SPS 软件建立天然气输送模型;
(2)综合考虑陕京一线、二线、三线、四线及华北气库、大港气库的实际情况,建立了庞大、细致、有效的联合运行模型;
(3)在建模过程中考虑了管线之间的复杂连接,通过大量调试确定了模型边界条件,确保模型准确可靠;
(4)在建立模型过程中,将多进多出复杂站场的高低压输气问题通过高低压点的分离解决,保证模型与现场实际情况相符。

2.1.4　技术方法及现场验证

2.1.4.1　天然气管道输送模型的建立

陕京天然气管道的模型包括首站、压气站、分输站与储气库。
陕京天然气管道一线、二线、四线的首站为靖边,陕京三线首站为榆林。首站的控制参数有气源的进站压力、流量、温度、出站的压力、温度，控制方式采取压力控制，根据进气的压力建立了首站模型。建立压气站模型时采用最高出站压力控制的方式。

建立了陕京天然气管道一线、二线、三线、四线全线共 12 个压气站的模型。对于分输站，采用流量控制，并辅以最低接收压力控制的方式建立了分输站与末站模型。在建立储气库模型时，将储气库当作一个接口（External），当从储气库采气时，按照与气源相同的控制方式建立模型，当储气库注气时，按与分输站相同的控制方式建立模型。

2.1.4.2 筛选管道能效能耗评价指标

根据 SY/T 5922—2012《天然气管道运行规范》、SY/T 6638—2012《天然气输送管道系统能耗测试和计算方法》等标准的规定，选取了周转量、生产能源消耗量、生产单耗、单位输量能耗比、管道系统能源利用率、输气效率作为陕京管道系统能耗评价指标。并根据筛选出的指标计算了陕京天然气管道目前的能效能耗水平。在日销气量为 $16649.3×10^4 m^3/d$，约为 $582×10^8 m^3/a$ 的输量下，陕京天然气管道的单位输量能耗比为 0.38%，能源利用率为 76.17%，四条管线的输气效率分别为：87.60%、93.21%、92.07%、87.78%。

2.1.4.3 探究来气组成对能效能耗的影响

根据来气组成的实际变化情况，探究了来气中重组分，如二氧化碳、乙烷含量变化对管道能效能耗的影响规律。结果显示，来气中重组分含量的增加，一方面会造成沿程摩阻损失的增加，造成进站压力的略微下降，但另一方面重组分的可压缩性好，能够增加压缩机效率，从而提高管道能源利用率。

当乙烷含量由 0.8% 增加到 5% 时，日周转量由 $12184.04×10^7 m^3·km$ 减小到 $12163.37×10^7 m^3·km$，减小 0.1696%；当乙烷含量由 0.8% 增加到 5.0% 时，生产能耗由 969.631t 标煤降低到 933.23t 标煤，降低 3.75%；当乙烷含量由 0.8% 增加到 5% 时，生产单耗由 86.72kg 标煤 /（$10^7 m^3·km$）降低到 83.61kg 标煤 /（$10^7 m^3·km$），降低 3.59；当乙烷含量由 0.8% 增加到 5.0% 时，单位输量能耗比由 0.3156% 减小到 0.2965%，降低幅度非常小；当乙烷含量的由 0.8% 增加到 5.0% 时，能源利用率由 75.14% 增加到 78.97%，增长 5.3；当乙烷含量的由 0.8% 增加到 5.0% 时，陕京一线的输气效率由 87.60% 增加到 89.03%，陕京二线的输气效率由 93.21% 增加到 94.45%，陕京三线的输气效率由 92.07% 增加到 93.80%，陕京四线的输气效率由 87.78% 增加到 88.98%。

随着二氧化碳含量的增加，日周转量变化幅度非常小，最大变化幅度为 0.12%；当二氧化碳含量由 0.6% 增加到 3% 时，生产能耗由 1026.66t 标煤降低到 901.48t 标煤，降低 12.19%；当二氧化碳含量由 0.6% 增加到 3% 时，生产单耗由 91.86kg 标煤 /（$10^7 m^3·km$）降低到 80.65kg 标煤 /（$10^7 m^3·km$），降低 12.21%；当二氧化碳含量由 0.6% 增加到 3% 时，单位输量能耗比由 0.3342% 减小到 0.2934%，降低幅度小；当二氧化碳含量由 0.6% 增加到 3% 时，能源利用率由 71.15% 增加到 83.10%，增长 16.9%。当二氧化碳含量的由 0.6% 增加到 3.0% 时，能源利用率由 75.14% 增加到 78.97%，增长 5.3；当二氧化碳含量的由 0.6% 增加到 3.0% 时，陕京一线的输气效率由 87.79% 增加到 89.54%，陕京二线的输气效率由 93.30% 增加到 94.67%，陕京三线的输气效率由 92.17% 增加到 93.96%，陕京四线的输气效率由 87.79% 增加到 89.27%。

2.1.4.4 探究腐蚀对能效能耗的影响

通过改变管道粗糙度模拟腐蚀过程，探究了腐蚀导致的内壁粗糙度变化对管道能效能耗的影响。结果显示当粗糙度由 $10\mu m$ 增加到 $20\mu m$ 时，生产能耗的增幅为 4.9%，生产单耗的增幅为 4.7%，增长幅度较为明显。而能源利用率随管道的内壁粗糙度变化很小，当粗糙度由 $10\mu m$ 增加到 $20\mu m$ 时，能源利用率降低 0.18%；陕京一线的输气效率由 89.37% 降低到 86.98%，陕京二线的输气效率由 95.21% 降低到 91.18%，陕京三线的输气效率由 93.37% 降低到 90.71%，陕京四线的输气效率由 88.98% 降低到 86.32%。

2.1.4.5 探究水合物生成对能效能耗的影响

通过改变管段的流通面积模拟水合物生成造成管道局部流通面积的减少，探究水合物生成对全线能耗及输送效率的影响程度。结果显示，随着水合物的堵塞范围不断增大（5%~25%），日周转量由 $11994.1\times10^7m^3\cdot km$ 下降到 $11353\times10^7m^3\cdot km$。摩阻系数不断增大，表明管道消耗的功率增大，生产能耗由 1057.02t 标煤增加到 1191.6t 标煤，压缩机供给功率增大，生产单耗由 $93.82kg$ 标煤$/(10^7m^3\cdot km)$ 增加到 $105.76kg$ 标煤$/(10^7m^3\cdot km)$。虽然管道消耗的功率增加，压缩机提供的功率也增加，但是单位输量能耗比和能源利用率都有所下降，单位输量能耗比由 76.67% 下降到 76.28%，能源利用率由 61.58% 下降到 54.63%。陕京一线的输气效率由 89.40% 降低到 86.68%，陕京二线的输气效率由 94.21% 降低到 90.18%，陕京三线的输气效率由 93.67% 降低到 90.21%，陕京四线的输气效率由 88.78% 降低到 86.78%。

2.1.4.6 清管周期对能效能耗的影响

根据规范，天然气管道不设固定清管周期，行业标准 SY/T 5922—2012《天然气管道运行规范》规定天然气管道应根据气质组成、管道输送效率和输送压差确定是否清管。管道清管周期长对管道的直接影响主要体现在管道内杂质的沉积，即内壁粗糙度在较大范围内的改变。通过拟合清管后 1 年至 5 年的管道运行数据，确定 1 至 5 年的内壁粗糙度，并据此拟合出 5 至 10 年后的管道内壁情况，计算长时间运行下的能效能耗变化趋势。结果显示，能源利用率随着运行时间的增加逐渐下降，刚完成清管操作后能源利用率约为 76.60%，运行 5 年后减小为 75.57%。运行 5 年后，单位周转量的生产单耗由 $104.29kg$ 标煤$/(10^7m^3\cdot km)$ 上升至 $128.71kg$ 标煤$/(10^7m^3\cdot km)$，增加约 11.2%。陕京一线的输气效率由 89.32% 降低到 85.56%，陕京二线的输气效率由 93.56% 降低到 90.81%，陕京三线的输气效率由 93.72% 降低到 91.02%，陕京四线的输气效率由 88.89% 降低到 85.02%。

2.1.4.7 非事故工况下的管网最大输气能力

在保证各管道沿线各站分输量的前提下，逐步增大北京地区末站销气量使总输气量增大，利用 SPS 软件计算各输量下的沿线压力分布与压缩机功率，直到压缩机功率增大到装机功率或末站压力降低至最低压力限，此时的输气总量即为管道最大输气能力。

根据上述运行要求与管网实际情况，得出了陕京一线、二线、三线、四线组成的管道系统，最大输气能力为 $650.1\times10^8m^3/a$。其中二线与三线干线压气站的最大处理量为 $342.3\times10^8m^3/a$，四线的最大处理量为 $277.8\times10^8m^3/a$，一线处理最大处理量为 $33.28\times10^8m^3/a$，共计 $652.47\times10^8m^3/a$。

2.1.4.8 管网最大输气能力影响因素分析

通过分析管道输气量计算方法，判断影响非事故工况下输气能力的影响因素为压气站出站压力与地温，并针对这两个因素进行了敏感性分析。

当压缩机出口压力每降低 0.1MPa 时，管道的最大输气能力约减少 0.8%。压缩机出口压力减小量为 0.4MPa 时，管道最大输气能力可由 $652.47×10^8m^3/a$ 降至 $631.30×10^8m^3/a$。

当沿线地温由年平均地温 12.10℃ 降至年最冷月平均地温 4.40℃ 后，温度降低 7.70℃，最大输气能力增加 $20.36×10^8m^3/a$，增幅 3.12%；当沿线地温由年平均地温 12.10℃ 变为年最热月平均地温 19.46℃ 时，温度升高 7.36℃，最大输气能力减少 $1.87×10^8m^3/a$，减幅 0.29%。

2.1.4.9　泄漏工况下输气能力评估及应急措施分析

为研究管道泄漏事故工况下的输气能力并制定相应的应急措施，拟定在陕京干线管道各站间管段及跨接处设置泄漏点，模拟其对通州、西沙屯供气压力产生的影响，并采取对压气站运行做出调整、利用陕京二线的输送能力以及采取降量输送（减少冀宁线供气）等措施来首先确保北京的用气需要。

2.1.4.10　压气站失效工况下输气能力评估及应急措施分析

通过模拟压气站失效的事故工况，分别得到在不同压气站失效工况下末站的保供时间，并提出开启二线、三线的所有连通阀室、减少冀宁线方向供气以及从储气库采气等多种解决方案，来减小或消除压气站失效对末站供气的影响。

当失效的压气站越靠近末站时，失效事故对末站的影响越小，通州末站能维持正常供气的时间越长。以二线、三线为例，在不采取措施的情况下，榆林、兴县、临县、阳曲、石家庄压气站失效时，末站的保供时间分别为 6.2h、10.3h、12.5h、13h、20h。因为压气站越靠近末站，其对整条管线的能量做出的贡献越小，因此当其失效时对末站的影响要小于更靠近首站的压气站，从而末站维持供气的时间越长。

2.1.4.11　截断阀室意外关闭工况下输气能力评估及应急措施分析

通过模拟压气站站间截断阀室意外关闭的事故工况，分别得到在不同压气站站间的截断阀室意外关闭的事故工况下末站的保供时间，并提出开启二线、三线的所有连通阀室、减少冀宁线方向供气以及从储气库采气等多种解决方案来减小或消除压气站站间截断阀室意外关闭对末站供气的影响。

当截断阀室越靠近末站时，其意外关闭对末站的影响越大，末站通州能维持正常供气的时间越短。以二线为例，在不采取措施的情况下，榆林—兴县、兴县—阳曲、阳曲—石家庄站间的截断阀室意外关闭末站的保供时间分别为 6.9h、5.8h、3.5h。这是因为，意外关闭的截断阀越靠近末站，相当于末站前的管存越少，压降越快，因此维持供气的时间越短。

2.1.4.12　气源气量骤减工况下输气能力评估及应急措施分析

为研究气源气量骤减事故工况下的输气能力并制定相应的应急措施，拟定于在陕京二线、三线、四线的气源处设定气源气量骤减的工况，模拟其对通州、西沙屯、高丽营、良乡供气压力和流量的影响，并采取对压气站运行做出调整、利用陕京二线的输送能力以及采取降量输送（减少冀宁线供气）等措施来首先确保北京的用气需要。

2.1.5　应用效果

（1）项目建立起一套完整的 SPS 陕京管道模型，形成了一套陕京管道运行工况、事故工况，并结合模型建立、工况模拟形成了详细的软件模拟说明书。该成果应用于公司生产调度中心，为公司管道建模、仿真提供了教材。

（2）管道运行状态分析，为管道优化运行，节能降耗提供理论支持。2020年陕京管道在进气量同比减少4.8%的情况下，自耗气减少4.3%，耗电量减少8.8%，节能量3130.3t标煤，节能价值量681.77万元。

（3）对管道输气能力进行评估，输气能力计算结果与实际运行数据的误差控制在5%以下，为运行部门提供了应急措施，应急措施有可操作性，可为管道应急提供决策依据，指导陕京管道应急生产运行。

2.2 陕京管道系统优化运行研究

2.2.1 技术背景

大口径、高压力、高钢级、超大输量是天然气管道发展趋势。大口径高压力是当前世界天然气管道发展的趋势之一。进入21世纪以来，我国天然气业务进入快速增长的阶段，天然气管道的技术发展也日新月异。目前，我国已初步形成"西气东输、海气登陆"的供气格局，构建了天然气进口四大战略通道，国内天然气管网建设取得了显著成绩。陕京管道系统是全国管网的重要组成部分，是联通西部进口和国产天然气资源与华北市场的重要通道，其安全高效运行对于保障四大战略通道天然气顺利疏散意义重大，对于满足华北地区巨大用气需求和峰谷差，支撑华北地区社会、经济、环境协调发展意义重大。

近年，随着北京管道公司陆续投产多条天然气管道，在这些项目的实施过程中，陕京管道系统不断遇到输量分配和流向、支线和调峰设施建设等诸多不协调问题。2016年，国家实施了新的天然气管道运输价格管理办法；2017年，国家核定了天然气跨省管道运输价格。随着管道取费方式的调整，公司效益大幅降低。因此，有必要针对未来五年陕京管道系统如何实现优化运行开展研究，以指导公司实现管道高效运行，提高公司收益水平。

2.2.2 技术简介

在国内天然气产、运、储、销优化研究的基础上，开展陕京管道运行优化研究，重点包括管输资源构成、目标用户及销量、管道输量配置、压缩机运行方案、末段管道运行压力、增量用户管输路径等，以节能、降耗、增效为目标，提出管道最优化运行方案，指导陕京管道未来5年实际生产运行，实现公司效益最大化。

2.2.2.1 陕京管道运行现状分析

通过调研，总结分析陕京管道运行现状，包括管道和站场（主要设备）基本情况、气源构成及物性参数、销售用户情况、近四年运行情况（年均日、高月均日、高月高日、低月均日工况下管道输量、运行参数、各站场分输用户及分输量、压气站及压缩机运行情况）。

2.2.2.2 供销平衡分析

根据全国天然气产、运、储、销优化分析，结合陕京管道近几年实际运行情况，分析未来五年不同工况下（年均日、高月均日、高月高日、低月均日）的资源构成及供应量、目标用户及销售量。

2.2.2.3 管道输量配置优化研究

根据资源和销售情况，综合考虑管道能力、运行能耗、管输费率等因素，分别按照运行费用最低的原则和管输收益最大的原则，利用 TGNET 管网模型和天然气管网运销优化模型研究各管道输量优化配置方案。

2.2.2.4 压缩机运行方案优化研究

根据管道输量优化配置研究结果，综合考虑动力费用、维修成本、电网容量费等因素，按照运行成本最低原则研究燃驱和电驱压缩机运行方案。

2.2.2.5 管道末段运行压力分析

根据管道末段不同时间用气量，在满足用户以及关联管网系统输气压气要求的前提下，通过 TGNET 管网模型动态计算分析末段管道压力优化运行区间，分析管存变化情况，得出合理管存范围。

2.2.2.6 增量用户管输途径分析

结合管网体制改革，按照公司管输效益最大化原则，分别分析当前管输机制和新的管输机制下，增量用户管输途径。

2.2.3 主要创新点

2.2.3.1 关键技术

提出陕京管道未来五年不同工况下资源供应和销售方案；提出陕京管道未来五年各管道输量配置方案；提出陕京管道未来五年压缩机运行方案；提出末段管道运行压力合理运行区间及管存范围；对比优化后陕京管道运行增效情况。

2.2.3.2 创新点

建立了系统模型，提出了优化方法，降低了运行能耗，节约了运行费用，增加了管输收益；分析末段管道压力优化运行区间，分析管存变化情况，得出合理管存范围；通过流向分析，得出京津冀环网近五年的清管周期和改造方案。

2.2.4 技术方法及现场验证

2.2.4.1 技术方法

通过对陕京管道运行现状分析，结合陕京管道近几年实际运行情况，利用 TGNET 管网模型和天然气管网运销优化模型，作为未来 5 年优化分析的基础。综合考虑管道能力、运行能耗、管输费率等因素，研究运行费用和管输收益，优化各管道输量配置方案。根据管道输量优化配置研究结果，综合考虑动力费用、维修成本、电网容量费等因素，按照运行成本最低原则研究燃驱和电驱压缩机运行方案。根据管道末段不同时间用气量，在满足用户以及关联管网系统输气压气要求的前提下，通过 TGNET 管网模型动态计算分析末段管道压力优化运行区间，分析管存变化情况，得出合理管存范围。结合管网体制改革，按照公司管输效益最大化原则，分别分析当前管输机制和新的管输机制下，增量用户管途径。

2.2.4.2 现场验证

2.2.4.2.1 管道输量配置优化

中卫来气尽量进陕四，系统能耗低，周转量大，有利于提升公司效益。受中卫来气量有限的影响，陕四输气能力得不到充分利用，系统整体负荷率较低，公司总体效益较差，建议协调国家管网公司及调控中心充分利用陕京系统输送能力，提高负荷率。

虽然陕一线在高月时光管满负荷运行可以降低系统总能耗，但是考虑到陕京一线服役年限较长，管道沿线社会环境变化大，形成较多高后果区，未来5年安全隐患会越来越多，出于公司安全升级、压力管控等原因，推荐陕一线光管运行的输量不高于 $300×10^4m^3/d$，输送长庆低压气，不加压，石景山压力为3MPa。

按照现行管输定价机制，管道运价率随周转量及准许成本的变化而调整，从长期来看，管输企业的收益率恒定。

2.2.4.2.2 压缩机运行优化

电驱机组比燃驱机组动力费低，而且电驱维护成本更低，故优先开启电驱压缩机组。

2.2.4.2.3 管存优化

在北京环网正常运行时，尽量保证北京环网运行管存维持在应急低管存和应急高管存之间；在每日销售高峰到来之前提前对管存量进行调节，将对应站场压力控制在接近应急高管存对应压力附近，保证销售高峰期的用气压力；2024年开始高月高日目标管存与应急低管存之间范围变窄，从唐山至永清段压降变大，管存调节效用降低，如果可能，在唐山和永清之间增加压缩机组进行增压，从而增大管存调节范围保证销售；建议一线琉璃河来气仅保供一线琉璃河—永清段用户，琉璃河-石景山段用气由二线琉璃河调压后提供，可以适当增加琉璃河—石景山段压力；根据陕京四线和唐山站来气情况合理提高张家口和唐山站机组出口压力，保证北京环网用气平稳。

2.2.4.2.4 增量用户管输途径

新增用户周边可选气源单一，选择运距最长的管输途径；若新增用户在京津冀环网附近，可选气源较多，优先选择运距长、能耗低的陕京四线。

2.2.5 应用效果

以陕京一线、二线、三线、四线及永唐秦、中俄东线永清—秦皇岛段为整体，进行统一水力计算，提出系统最优运行方案。计算和分析了京津冀环网在2020—2025年高月、低月、年均各种工况下的流向，据此提出环网上各站场收发球筒改造方案，增强环网运行灵活性、可靠性。对京津冀环网在2020—2025年各种运行压力工况下的管存进行计算分析，提出优化建议，确保环网安全平稳运行。提出了新增用户管输途径方案，实现公司效益最大化。

根据优化运行研究合理指导陕京管道实际生产运行。

（1）降压输送。2019年11月陕京管道永京线降压运行，将管线压力降至2.5MPa，保证供气安全。

（2）优化管输流向：优化管网运行，降低能耗，全年的节能量为3130.3t标煤。2020年11-12月期间，与国调协调，将西二线7亿方进气由陕京二线调整至陕京四线，全线减少两台压缩机组启机，节约电费成本约 3000 万元。

（3）增加代输量：新增中海油、新疆庆华两家托运商，新增托运下载口 25 个，新增代输商品气量 7.66 亿方，增加管输费 1.33 亿元。

2.3 干线截断阀压降速率设定值研究

2.3.1 技术背景

2012 年 12 月 30 日，山西国化科思公司投资建设的盂县西分输站发生了爆炸着火，在事故发生过程中，陕京三线 19# 阀室分输出口截断阀爆管检测关断功能没有发生动作。没动作的原因：陕京三线 19# 阀室分输截断阀电子控制单元检测到了压降速率报警（压降速率设定值 0.15MPa/min），持续 15s，未达到 120s 的延时设定值，阀门未关断。

长期以来，干线截断阀压降速率设定值的确定，通常借鉴国内或国外的经验值。实际上，由于输气管道在事故状态下管内气体的流动为非稳态流动，流动规律复杂，因而对于不同口径以及在不同工况下运行的输气管道而言，管道全线采用一个统一的经验值往往具有很大的不确定性，可能会发生干线截断阀的误动作或事故状态下不能及时动作的情况。为评估目前干线截断阀压降速率设定值是否合理，以及合适的设定值究竟如何确定，公司决定组织开展干线截断阀压降速率设定值研究项目。

2.3.2 技术简介

项目研究思路是通过模拟软件建立管道模型，系统全面模拟分析影响干线截断阀压降速率的因素，根据分析结果提出合理的设定值。影响因素主要包括管径、输量、运行压力、泄漏或爆管口径、泄漏或爆管位置，压气站启/停对相邻阀室压降速率的影响，干线截断阀门误关断对下游阀室压降速率的影响，大压力差开启截断阀对上游阀室压降速率的影响。

项目的主要研究内容包括：

（1）不同管径、输量、运行压力及不同泄漏或爆管口径、不同泄漏位置等各种工况下干线截断阀的压降速率分析。

（2）压气站启/停机对相邻阀室压降速率的影响分析。

（3）干线截断阀门误关断对下游阀室压降速率的影响分析。

（4）不同压力差开启截断阀对上游阀室压降速率的影响。

（5）根据分析结果提出 12 类典型输气到干线截断阀室压降速率的设定值，并对目前陕京输气干线截断阀室压降速率的设定值进行评估分析。

2.3.3 主要创新点

干线截断阀压降速率设定值研究成果在同类技术应用中处于先进水平，本项目首次对影响干线截断阀压降速率的各种因素包括管径、输量、运行压力、爆管口径、爆管位置，压气站启/停，干线截断阀门误关断，大压力差开启截断阀等进行系统分析研究，首次提出了12类典型输气管道干线截断阀压降速率的推荐设定值。首次根据压降速率的变化规律，拟合得到阀门误关断相邻下游阀室压降速率与运行压力及天然气流速的关系式。

2.3.4 技术方法及现场验证

2.3.4.1 技术方法

模拟阀门误关断工况，得到上游阀室关断后下游阀室处的最大压降速率（持续时间120s），再加上0.03MPa/min富余量，得到各管道推荐的压降速率设定值。

对不同泄漏口径、不同压力区间、不同间距的泄漏工况进行模拟，得到120s持续时间下最大压降速率，计算压降速率设定值下的泄漏辨识率，评估设定值对管道泄漏的感测情况（图2.3.1和图2.3.2）。

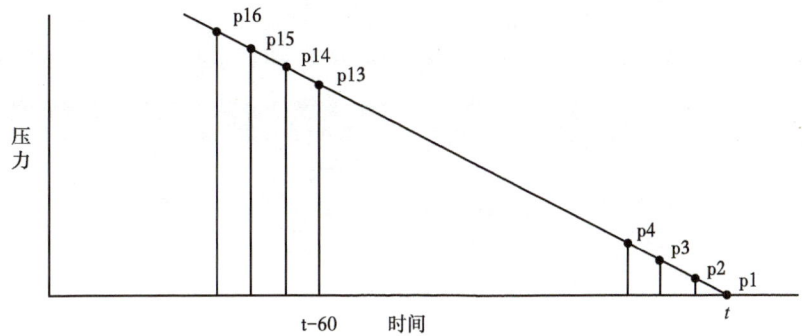

图2.3.1　Line Guard 2010自控系统压力数据取样示意图

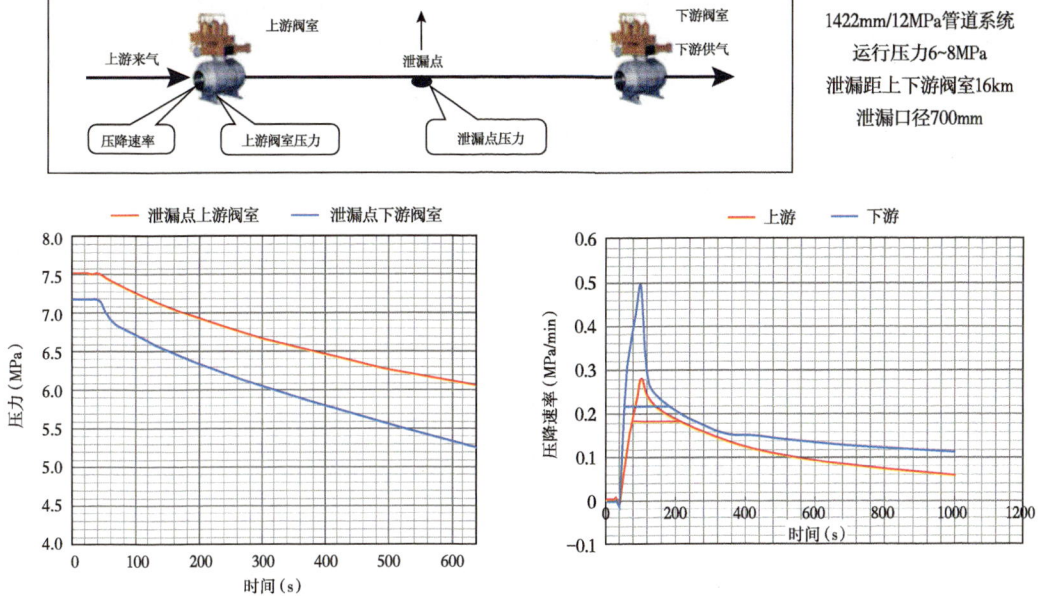

图2.3.2　压降速率变化情况

2.3.4.2 现场验证

（1）鉴于西气东输来气压力波动较大，靖边站西气东输来气方向压降速率实际检测值大于设定值 0.15MPa/min，导致频繁触发爆管检测报警，未造成进站 GOV 关断。但是收到报警信息后，需立即启动相关应急处置程序，为减少频繁西气东输来气压力波动对正常生产造成干扰，将靖边站西气东输来气方向压降速率设定值调整为 0.20MPa/min，延时时间维持 300s 不变（图 2.3.3）。

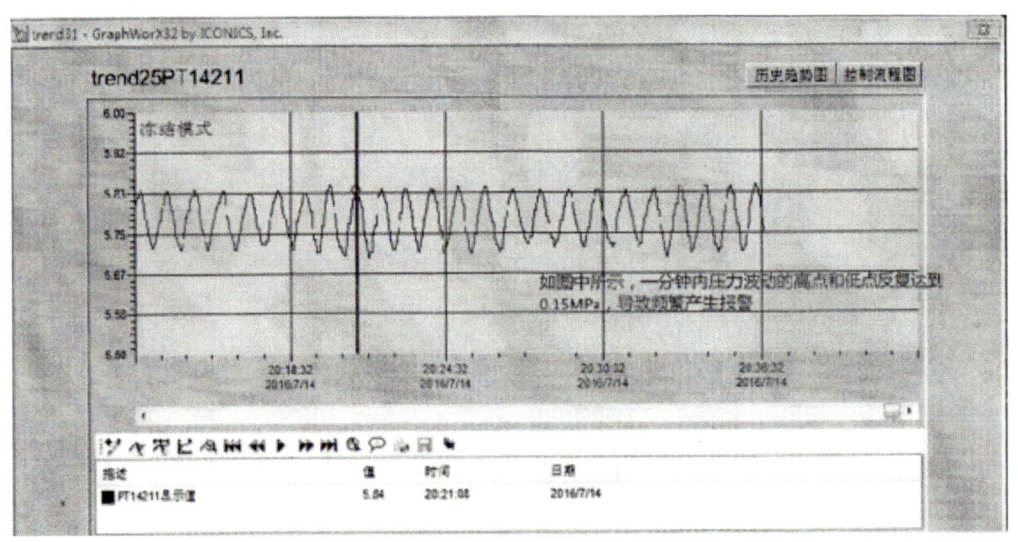

图 2.3.3　西气东输来气方向的进站压力曲线图

（2）临县压气站机组故障停机后，压气站出站压力在 1min 之内从 9.01MPa 降至 8.65MPa，最大压降为 0.36MPa/min，大于压降速率设定的 0.2MPa/min，持续检测压降速率时间为十几秒，小于阀室设定的 120s、小于站场设定的 300s，未造成阀室干线 GOV 关断及压气站关站逻辑执行。临县压气站故障停机后，只是触发了压气站出站两个压力变送器压降速率高报警及下游三线 9# 阀室上下游压力变送器压降速率超高报警。

兴县压气站站内两台在运行机组故障停机后，兴县压气站出站及下游二线 10# 阀室两台压力变送器压降速率超高报警。由于持续时间较短，未造成干线 GOV 关断及压气站关站逻辑执行。

临县、兴县压缩机停机频繁造成压气站出站、阀室上下游两台压力变送器压降速率超高报警。未造成干线 GOV 关断及压气站关站逻辑执行。

现场使用情况表明，干线截断压降速率设定合理的，压气站停机对压降速率超过了压降速率设定值，但是延时时间没有达到设定值，未造成干线 GOV 关断及压气站关站逻辑执行。但是收到报警信息后，需立即启动相关应急处置程序，为减少频繁启停机组对正常生产造成干扰，为此对陕京二线、三线、四线干线压气站及唐山压气站进出站阀及越站阀的自动截断压降速率设定值进行调整，设定值调整为 0.25MPa/min，延时时间调整为 120s（图 2.3.4）。

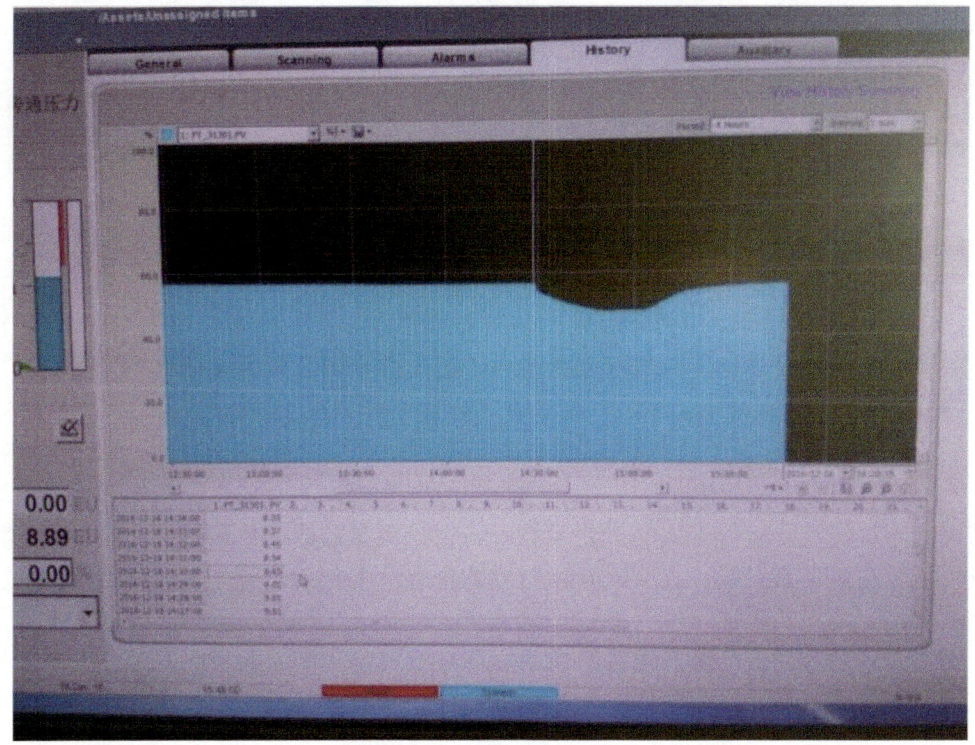

图 2.3.4　压力变化界面

2.3.5　应用效果

2014 年 3 月根据研究成果对陕京输气干线截断阀压降速率的设定值进行了如下调整：

（1）陕京二线干线截断阀室的压降速率设定值维持 0.15MPa/min 不变，延时时间 120s 不变。陕京三线、永唐秦管线唐山 LNG 管道干线截断阀压降速率设定值与陕京二线一致。

（2）陕京一线干线截断阀室的压降速率设定值降为 0.10MPa/min，其中压气站上游相邻阀室的压降速率设定值调整为 0.15MPa/min，延时时间 120s 不变。大唐煤制气管道在陕京四线投产前与陕京一线一致。

（3）港清复线压降速率设定值维持 0.15MPa/min 不变，延时时间 120s 不变，能检测出半口径及半口径以上的爆管事故，不会导致干线截断阀室连锁关断。

（4）港清线压降速率设定值可降至 0.10MPa/min。

（5）陕京一线普通分输阀室分输阀自动截断压降速率设定为 0.06 MPa/min，延时时间调整为 60 秒；陕京一线干线压气站和压气站上游第一个阀室为分输阀室的，分输阀自动截断压降速率设定为 0.10MPa/min，延时时间调整为 120s。

（6）陕京二线、陕京三线、永唐秦管线及唐山 LNG 外输管道普通分输阀室分输阀自动截断压降速率设定值设为 0.10MPa/min，延时时间调整为 60s；陕京二线、陕京三线、永唐秦管线及唐山 LNG 外输管道干线压气站和压气站上游第一个阀室为分输阀室的，分输阀自动截断压降速率设定为 0.15MPa/min，延时时间调整为 120s。

该项目的研究成果已经应用9年，陕京输气干线截断阀压降速率设定值调整后，没有出现干线截断阀误关断的情况，说明压降速率的设定值是合理的，大大提高了干线截断阀门爆管检测的准确性。

2.4 陕京输气管网优化运行研究

2.4.1 技术背景

陕京输气管道自1997年投运以来，随着天然气需求的快速增长，陕京输气管道已经从单一气源、单一管线发展成具有四条输气干线、多个气源、多座压气站的复杂输气管网。随着输气管网复杂性不断增加，陕京输气管网的优化运行难度增加。

陕京输气管道系统干线压气站压缩机组电力、天然气消耗能耗占管道总能耗的98%，因此干线压气站的优化运行是节能降耗的主要措施。干线压气站的优化运行研究从管网的系统优化、运行方式的优化运行和机组控制参数的优化运行三个方面。管网的系统优化旨在对陕京二线、三线联合运行方式进行优化分析研究，干线运行方式的优化旨在根据西二线与长庆油田进气量的不同安排，优化出干线压气站运行方式。干线压气站机组入口压力对能耗的敏感性分析就是在固定输气量和固定运行方式下，分析机组入口压力对能耗的影响，找出最低能耗下的运行控制参数，从而实现机组控制参数的优化运行。

2.4.2 技术简介

干线压气站的优化运行包括管网的运行优化、运行方式的优化运行和机组控制参数的优化运行三个方面。利用模拟软件TGNET从管网的系统优化、干线压气站运行方式的优化、机组运行参数的优化等三个层面对陕京管线的优化运行进行模拟分析研究。主要研究内容：

（1）在运行工况（进出口压力、排量）相同的条件下，燃机驱动和电机驱动对能耗费用的影响分析研究。

（2）陕京二线、三线分列运行、联合运行的模拟分析研究。

（3）西二线与长庆油田的不同进气量下陕京一线、二线、三线干线机组优化运行分析研究。

（4）管道干线压气站入口压力对动力能耗影响的敏感性分析研究。

2.4.3 主要创新点

陕京输气管网优化运行研究成果在同类技术应用中处于先进水平，本报告从管网的系统优化、干线压气站运行方式的优化、机组运行参数的优化等三个层面对陕京管线的优化运行进行了系统的研究。研究结论为陕京输气管线系统的优化运行提供了有力的技术指导。研究结论如下：

（1）在运行工况（进出口压力、排量）相同的条件下，燃机驱动和电机驱动需要的计算输出功率是相同的。受电费和自耗气单价的影响，燃机驱动较电驱驱动消耗的费用小，宜采用燃机驱动机组运行。

（2）在确保管线安全运行的前提下，陕京二线、三线榆林压气站出站管线应联合运行，实现陕京二线、三线系统优化运行。

（3）在确保管线安全运行的前提下，陕京二线、三线在安平站应联合运行，实现陕京二线、三线系统优化运行。

（4）陕京一线、二线、三线干线机组的运行方式应根据西二线与长庆油田的气量合理安排，实现干线压气站运行方式的优化运行。

（5）通过对压气站入口压力对动力能耗影响的敏感性分析，管道干线压气站压力控制参数是影响能耗的重要参数。因此，在确保机组在正常运行工况范围之内的条件下，应保持机组较高的入口压力，实现陕京二线优化运行。

2.4.4 技术方法及现场验证

2.4.4.1 管网整体运行方案优化分析

2.4.4.1.1 榆林压气站燃机驱动和电机驱动能耗费用分析

在运行工况（进出口压力、排量）相同的条件下，燃机驱动和电机驱动需要的计算输出功率是相同的。受电费和自耗气单价的影响，燃机驱动较电驱驱动消耗的费用小，宜采用燃机驱动机组运行（表2.4.1）。

表2.4.1 榆林压气站燃机驱动和电机驱动能耗分析表

驱动方式	入口压力（MPa）	出口压力（MPa）	排量（$10^4 m^3/d$）	计算功率（MW）	耗电/气（$10^4 kW \cdot h/d$, $10^4 m^3/d$）	费用（万元/d）
燃机驱动	3.90	9.50	1500	18.88	13.5	21.68
电机驱动	3.90	9.50	1500	18.88	45.3	23.46

注：自耗气单价为1.606元/m^3，耗电单价为0.518元/（kW·h）。

2.4.4.1.2 陕京二线、三线榆林压气站出站管线联合运行分析

输气工况：干线日输气量$6900 \times 10^4 m^3$，其中长庆日进气$5500 \times 10^4 m^3$，西气东输二线来气$1300 \times 10^4 m^3$。

榆林压气站站分列独立运行：陕京一线采用310的运行方式，日输气$650 \times 10^4 m^3$；陕京二线采用"4222"的运行方式，日输气$4850 \times 10^4 m^3$；陕京三线不加压运行，日输气$1300 \times 10^4 m^3$。干线压气站计算总功率139.73MW。

榆林压气站出站管线联合运行：陕京一线在入口与二线低压入口联通，陕京三线入口调压后与陕京一线出口连通，采用不加压运行方式，日输气$300 \times 10^4 m^3$；陕京二线与三线在压缩机出口联通，陕京二线采用"4220"的运行方式，日输气$3900 \times 10^4 m^3$，陕京三线采用"1000"的运行方式，日输气$2600 \times 10^4 m^3$，陕京二线、三线系统输气$6500 \times 10^4 m^3$。干线压气站计算总功率107.68MW。

分析结果：在榆林压气站出口联合运行比独立运行工况下节省功率32 MW，节省耗电量$76.8 \times 10^4 kW \cdot h/d$（表2.4.2和表2.4.3）

表 2.4.2　榆林压气站出站管线独立运行工况下的能耗分析表（工况 1：独立运行）

站场	进口压力（MPa）	出口压力（MPa）	计算功率（MW）	排量（10⁴m³/d）
榆林压气站 -3	6.45	6.45	0.00	1300.00
榆林压气站 -2	3.90	9.62	64.13	4850.00
兴县压气站	6.30	9.50	28.96	
阳曲压气站	6.00	8.49	21.17	
石家庄压气站	5.50	7.94	19.66	
安平 -2	7.00			
永清 -2	5.29			
安平 -3	5.73			
小计			133.92	
榆林 -1	3.9	5.6	3.36	650
府谷 -1	4.3	5.73	2.45	
应县 -1				
小计			5.81	
合计			139.73	6800.00

表 2.4.3　榆林压气站出站管线联合运行工况下的能耗分析表（工况 2：联合运行）

站场	进口压力（MPa）	出口压力（MPa）	计算功率（MW）	排量（10⁴m³/d）
榆林压气站 -3	5.12	9.12	10.00	1300.00
榆林压气站 -2	3.90	9.12	64.22	5200.00
兴县压气站	6.80	9.78	20.85	4077.00
阳曲压气站	7.44	7.44	0.00	
石家庄压气站	5.60	7.63	12.61	
安平 -2	7.00			
永清 -2	6.18			
安平 -3				
永清 -3				
合计			107.68	

通过以上分析表明，在确保管线安全运行的前提下，陕京二线、三线榆林压气站出站管线应联合运行，实现陕京二线、三线系统优化运行。

2.4.4.1.3 陕京二线、三线安平站联合运行分析

陕京二线、三线在榆林出站管线联合运行工况下，对安平站是否联合运行进行了分析。分析表明在陕京二线、三线系统日输气 $7250×10^4m^3$ 的工况下，安平站联合运行节省能耗 0.81 MW，节省耗电量 $1.9×10^4 kW·h/d$（表 2.4.4 和表 2.4.5）。

表 2.4.4 安平独立运行工况下的能耗分析表（工况 1：安平独立运行）

站场	进口压力（MPa）	出口压力（MPa）	计算功率（MW）	排量（$10^4 m^3/d$）
榆林压气站 -3	6.20	9.51	12.39	2250.00
榆林压气站 -2	3.90	9.51	65.16	5000.00
兴县压气站	6.50	9.46	24.99	4636.00
阳曲压气站	6.30	8.22	15.08	4226.00
石家庄压气站	5.60	7.67	15.59	3837.00
安平 -2	6.81			2136.00
永清 -2	6.18			
安平 -3	7.19			2614.00
永清 -3	6.18			
合计			133.21	

表 2.4.5 安平联合运行工况下的能耗分析表（工况 2：安平联合运行）

站场	进口压力（MPa）	出口压力（MPa）	计算功率（MW）	排量（$10^4 m^3/d$）
榆林压气站 -3	6.20	9.47	12.24	2250.00
榆林压气站 -2	3.90	9.47	64.77	5000.00
兴县压气站	6.50	9.42	24.41	4597.00
阳曲压气站	6.30	8.17	14.54	4187.00
石家庄压气站	5.60	7.83	16.44	3787.00
安平 -2	7.00			2476.00
永清 -2	6.18			
安平 -3	7.00			2273.00
永清 -3	6.18			
合计			132.40	

2.4.4.2 不同输气量下的运行方式优化分析

2.4.4.2.1 西气东输二线来气低于 $800 \times 10^4 m^3/d$

西气东输来气全部进入陕京一线，长庆来气增压后进入陕京二线、三线系统（表2.4.6）。

表 2.4.6 不同输量下的运行安排（单位：$10^4 m^3/d$）

长庆进气	陕京一线		陕京二线		陕京三线	
	运行方式	输量	运行方式	输量	运行方式	输量
4000	000	西二线进气量	3000	1930	0000	2070
4500			1000	2200	2000	2300
5000			3000	2450	1000	2550
5500			2000	2700	2000	2800
6000			2010	3360	2000	2640
6300			4020	3530	1000	2770

2.4.4.2.2 西气东输二线来气 $1200 \sim 1700 \times 10^4 m^3/d$

西气东输二线来气经陕京二线1台机组增压后进入陕京二线、三线系统（表2.4.7）。

表 2.4.7 不同输量下的运行安排表（单位：$10^4 m^3/d$）

长庆进气	陕京一线		陕京二线		陕京三线	
	运行方式	输量	运行方式	输量	运行方式	输量
4000	000	300	3000 （1台增中压， 2台增低压）	2400~2650	1000 （增低压）	2500~2750
4500	000	300	3000 或 3010 （1台增中压， 2台增低压）	2650~3300	1000 （增低压）	2600~2750
5000	000	300	2000 或 2010 （1台增中压， 1台增低压）	3300~3560	2000 （增低压）	2600~2840
5500	000	300	4010 或 4220 （1台增中压， 3台增低压）	3570~4246	1000 （增低压）	2654~2830
6000	000	300	4220 （1台增中压， 3台增低压）	4246~4563	1000 （增低压）	2654~2836
6300	2000	500	4220 （1台增中压， 3台增低压）	4446~4623	1000 （增低压）	2753~2873

2.4.4.2.3　西气东输二线来气（1700~2400）×10⁴m³/d

西气东输二线来气1700万方经陕京二线1台机组增压后进行陕京二线、陕京三线系统，剩余的西二线来气进入陕京一线。陕京一线采用不加压运行或"010"的运行方式。长庆来气增压后全部进入陕京二线、三线系统（表2.4.8）。

表2.4.8　不同输量下的运行安排表（单位：$10^4 m^3/d$）

长庆进气	陕京二线		陕京三线	
	运行方式	输量	运行方式	输量
4000	3000 （1台增中压，2台增低压）	2800	1000 （增低压）	2900
4500	2020 （1台增中压，1台增低压）	3450	2000 （增低压）	2750
5000	4202 （1台增中压，3台增低压）	4050	1000 （增低压）	2650
5500	3220 （1台增中压，2台增低压）	4400	2000 （增低压）	2800
6000	3222 （1台增中压，2台增低压）	4850	2000 （增低压）	2850
6300	4220 （1台增中压，3台增低压）	4600	2010 （增低压）	3400

2.4.4.2.4　西气东输二线来气（2400~3100）×10⁴m³/d

西气东输二线来气2400万方经陕京三线1台机组增压后进行陕京二线、陕京三线系统，剩余的西二线来气进入陕京一线。陕京一线采用不加压运行或"010"的运行方式。长庆来气增压后全部进入陕京二线、三线系统（表2.4.9）。

表2.4.9　不同输量下的运行安排表（单位：$10^4 m^3/d$）

长庆进气	陕京二线		陕京三线	
	运行方式	输量	运行方式	输量
4000	3202 （3台增低压）	3800	1000 （增中压）	2600
4500	3220 （2台增低压）	4200	2000 （1台增低压，1台增中压）	2700
5000	3222 （3台增低压）	4600	2000 （1台增低压，1台增中压）	2800
5500	3222 （3台增低压）	4600	2010 （1台增低压，1台增中压）	3300
6000	4222 （4台增低压）	4700	2220 （1台增低压，1台增中压）	3700
6500	4222 （4台增低压）	4850	2220 （1台增低压，1台增中压）	4050

2.4.4.2.5 建议

在西气东输二线日进气量（800~1200）×10⁴m³ 的工况下，西二线来气增压运行（不适应机组运行工况），只能直接进入陕京三线，陕京二线、三线出站管线需独立运行，即陕京三线的剩余输气能力不能有效利用，不利于管线的优化运行。建议与北京油气调控中心沟通，避免此类运行工况的出现。

2.4.4.3 压气站机组控制参数优化分析

由于榆林压气站为管线的首站，机组入口压力主要取决于气源供气压力，所以在此不再分析榆林压气站机组入口压力对机组能耗的影响。

2.4.4.3.1 兴县压气站机组入口压力对能耗影响的敏感性分析

边界条件：干线输量 4850×10⁴m³/d，阳曲压气站及石家庄压气站运行参数不变。

敏感性分析变量：兴县压气站机组入口压力。

分析结果：兴县压气站机组入口压力每提高 0.2 MPa，压气站总能耗降低 1.3~1.5 MW，即节省用电约（3.1~3.6）×10⁴kW·h/d（表 2.4.10）。

表 2.4.10　兴县压气站机组入口压力敏感性分析表

	站场	进口压力（MPa）	出口压力（MPa）	计算功率（MW）	排量（10⁴m³/d）
基准工况	榆林压气站	3.90	9.35	61.25	4850.00
	兴县压气站	6.00	9.24	30.08	4850.00
	阳曲压气站	5.70	8.39	23.51	4390.00
	石家庄压气站	5.40	7.93	20.43	3990.00
	合计			135.27	
	能耗差				
	站场	进口压力（MPa）	出口压力（MPa）	计算功率（MW）	排量（10⁴m³/日）
工况 1	榆林压气站	3.90	9.49	62.39	4850.00
	兴县压气站	6.20	9.24	27.63	4850.00
	阳曲压气站	5.70	8.39	23.35	4390.00
	石家庄压气站	5.40	7.93	20.39	3990.00
	合计			133.76	
	能耗差			（1.51）	
	站场	进口压力（MPa）	出口压力（MPa）	计算功率（MW）	排量（10⁴m³/日）
工况 2	榆林压气站	3.90	9.63	63.55	4850.00
	兴县压气站	6.40	9.21	25.26	4850.00
	阳曲压气站	5.70	8.39	23.20	4390.00
	石家庄压气站	5.40	7.93	20.35	3990.00
	合计			132.36	
	能耗差			（1.40）	

2.4.4.3.2 阳曲压气站机组入口压力对能耗影响的敏感性分析

边界条件：管道干线输量 4850×10⁴m³/d、榆林压气站及石家庄压气站运行参数不变的条件下。

敏感性分析变量：阳曲压气站机组入口压力。

分析结果：阳曲压气站机组入口压力每提高 0.2MPa，压气站总能耗降低 1.0~1.3 MW，即节省用电约（2.4~3.1）×10⁴kW·h/d（表2.4.11）。

表 2.4.11 阳曲压气站机组入口压力敏感性分析表

		进口压力（MPa）	出口压力（MPa）	计算功率（MW）	排量（10⁴m³/d）
基准工况	榆林压气站	3.90	9.49	62.39	4850.00
	兴县压气站	6.20	9.09	26.50	4850.00
	阳曲压气站	5.50	8.42	25.73	4390.00
	石家庄压气站	5.40	7.93	20.47	3990.00
	合计			135.09	
		进口压力（MPa）	出口压力（MPa）	计算功率（MW）	排量（10⁴m³/日）
工况1	榆林压气站	3.90	9.49	62.39	4850.00
	兴县压气站	6.20	9.24	27.63	4850.00
	阳曲压气站	5.70	8.39	23.35	4390.00
	石家庄压气站	5.40	7.93	20.39	3990.00
	合计			133.76	
	能耗差			（1.33）	
		进口压力（MPa）	出口压力（MPa）	计算功率（MW）	排量（10⁴m³/日）
工况2	榆林压气站	3.90	9.49	62.39	4850.00
	兴县压气站	6.20	9.37	28.76	4850.00
	阳曲压气站	5.90	8.38	21.07	4390.00
	石家庄压气站	5.40	7.93	20.31	3990.00
	合计			132.53	
	能耗差			（1.23）	
		进口压力（MPa）	出口压力（MPa）	计算功率（MW）	排量（10⁴m³/日）
工况3	榆林压气站	3.90	9.49	62.39	4850.00
	兴县压气站	6.20	9.52	29.90	4850.00
	阳曲压气站	6.10	8.36	18.89	4390.00
	石家庄压气站	5.40	7.93	20.31	3990.00
	合计			131.49	
	能耗差			（1.04）	

2.4.4.3.3 石家庄压气站机组入口压力对能耗影响的敏感性分析

边界条件：管道干线输量 4850 万方/日、榆林压气站及兴县压气站运行参数不变。

敏感性分析变量：石家庄压气站机组入口压力。

分析结果：石家庄压气站机组入口压力每提高 0.2MPa，压气站总能耗降低 1.0~1.25 MW，即节省用电约（2.4~3.0）×10^4kW·h/d（表 2.4.12）。

表 2.4.12 石家庄压气站机组入口压力敏感性分析表

		进口压力（MPa）	出口压力（MPa）	计算功率（MW）	排量（10^4m³/d）
基准工况	榆林压气站	3.90	9.49	62.39	4850.00
	兴县压气站	6.20	9.23	27.62	4850.00
	阳曲压气站	5.70	8.27	22.46	4390.00
	石家庄压气站	5.20	7.94	22.54	3990.00
	合计			135.01	
		进口压力（MPa）	出口压力（MPa）	计算功率（MW）	排量（10^4m³/日）
工况 1	榆林压气站	3.90	9.49	62.39	4850.00
	兴县压气站	6.20	9.24	27.63	4850.00
	阳曲压气站	5.70	8.39	23.35	4390.00
	石家庄压气站	5.40	7.93	20.39	3990.00
	合计			133.76	
	能耗差			（1.25）	
		进口压力（MPa）	出口压力（MPa）	计算功率（MW）	排量（10^4m³/日）
工况 2	榆林压气站	3.90	9.49	62.39	4850.00
	兴县压气站	6.20	9.23	27.63	4850.00
	阳曲压气站	5.70	8.51	24.25	4390.00
	石家庄压气站	5.60	7.92	18.33	3990.00
	合计			132.60	
	能耗差			（1.16）	
		进口压力（MPa）	出口压力（MPa）	计算功率（MW）	排量（10^4m³/日）
工况 3	榆林压气站	3.90	9.49	62.39	4850.00
	兴县压气站	6.20	9.23	27.63	48500.00
	阳曲压气站	5.70	8.63	25.17	4390.00
	石家庄压气站	5.80	7.92	16.37	3990.00
	合计			131.56	
	能耗差			（1.04）	

2.4.4.3.4 陕京二线压气站机组最优控制参数

通过对压气站入口压力对动力能耗影响的敏感性分析，管道干线压气站压力控制参数是影响能耗的重要参数。因此，在确保机组在正常运行工况范围之内的条件下，应保持机组较高的入口压力，实现陕京二线优化运行。

通过模拟分析，在 2012 年运行中应采用如下优化后的控制参数运行，计算功率节省 3.57MW，即节省用电约 8.5 万度/日（表 2.4.13）。

表 2.4.13　陕京二线压气站机组最优控制参数

	进口压力（MPa）	出口压力（MPa）	计算功率（MW）	排量（$10^4 m^3/d$）
榆林压气站	3.90	9.55	63.55	4850.00
兴县压气站	6.20	9.58	30.75	4850.00
阳曲压气站	6.10	8.79	22.41	4440.00
石家庄压气站	6.00	7.93	14.73	4050.00
合计			131.44	
能耗差			(3.57)	

在 2012 年 2 月 10—17 日进行的实际运行工况测试结果来看，在采取最优控制参数前，陕京二线在日输气 $4850×10^4 m^3$ 的工况下日均耗电 321 万度，控制后日均耗电 312 万度，节省耗电量 9 万度/日，与模拟计算结果吻合。

2.4.5　应用效果

（1）陕京二线、三线榆林压气站出站管线联合运行后，在干线日输气量 $6900×10^4 m^3$（其中长庆日进气 $5500×10^4 m^3$，西气东输二线来气 $1300×10^4 m^3$）工况下，节省耗电量 76 万度/日。

（2）陕京二线的实际运行工况进行了测试，测试结果表明，在采取最优控制参数前陕京二线在日输气量 $4850×10^4 m^3$ 的工况下压气站日均耗电 323 万度，最优参数控制后日均耗电 314 万度，节省耗电量 9 万度/日，与模拟计算结果基本吻合。

（3）陕京一线、二线、三线干线机组的运行方式根据西二线与长庆油田的气量合理安排，实现干线压气站运行方式的优化运行。按照报告中的运行安排，2012 年在干线输气量较上年增长 14.7% 的情况下，能耗费用较上年仅增长 6%，输气单位能耗费用较上年减少 29 元/（$10^7 m^3 \cdot km$），下降 8%。

2.5　在役天然气掺氢输送关键技术

2.5.1　技术背景

国能源发展面临的重大挑战，氢能作为潜力巨大的清洁能源载体，将成为达成"双碳目标"的重要选择。目前我国氢能产业正步入发展快车道，城镇地区用氢需求将不断提升，如何实现氢能的规模化经济、安全输运是制约氢能发展的关键问题。在众多氢能输运方式中，管道输氢在大规模长距离输氢中具有其他方式不可比拟的优势。国际氢能委员会在2021年公布的调研结果显示，纯氢长输管道的建设成本约为天然气管道的2~3倍，而改造现有管道所需的投资仅为建造一条新管道的10%~30%。当前，全球天然气管道总建设里程约为$127×10^4$km，其中我国天然气管道总长约$8.6×10^4$km，已基本形成贯穿全国的天然气输送系统，将氢气掺入现有的天然气管道进行输送将能大幅降低氢能输运成本，并提高现役管输系统的利用率。

陕京一线作为向首都北京供气的天然气长输管道系统，整个管输系统相对独立，具备实现天然气掺氢输送的良好条件。从管输系统自身特点而言，陕京一线为X60管材，其钢级相对较低，与氢气相容性较好，管线输送压力适中（4MPa），且沿线压缩机已停止运行，大大降低了管输系统适氢改造的复杂程度，前期《在役天然气管道混氢输送适应性研究》项目对X60钢在低含氢（3%或5%及以下）条件下的管材、安全和工艺等方面进行了评价研究，初步研究结果表明陕京一线具备良好的掺氢输送基础；在上游氢源供给方面，陕京一线途径的陕西、山西和河北各地均有丰富的氢源分布。不完全统计，距离陕京一线50公里内的绿氢氢源产量达到$28×10^8m^3/a$[中国西部氢谷（榆林）氢能产业园项目（$12×10^8m^3/a$）]、大同风能、太阳能项目发电项目（$16×10^8m^3/a$），而陕京一线输气量约$15×10^8m^3/a$，掺氢氢源充足。在管输系统下游氢能消纳方面，根据北京市氢能发展实施方案（2021—2025年），到2023年，全市氢燃料电池汽车及燃料电池发电系统用氢量将达到50t/d，相较而言，陕京一线按5%混氢比折算的氢气输送量约为40t/d，考虑到未来在建筑供暖、半导体制造等领域的氢气消费需求，通过陕京一线管输系统输送的氢气可以被充分消纳。

尽管管道输送氢气是最具经济性和安全性的方式，然而钢质管道内部输送介质中的氢分子可以吸附于管道内壁，分解成氢原子后可进入钢质管材内部，导致管材韧性损失或形成裂纹，引起管材氢脆，极易发生脆性断裂。为了确保陕京一线管输系统掺氢输送的安全可靠，系统研究管道在掺氢条件下的氢脆行为，弄清氢脆的影响因素及作用机制，针对目标管道管输系统特点，确定现有天然气管道掺氢输送的边界条件，尤为必要。

2.5.2 技术简介

国家管网集团立项开展在役天然气管道掺氢输送关键技术研究。为助力国家实现双碳目标，2022年12月，国家管网集团北京管道有限公司在北京开展《在役天然气管道掺氢输送关键技术研究专题六：在役天然气管道掺氢适应性方案研究》项目。本项目构建的在役天然气管道掺氢适应性评价体系，可为后续在役掺氢管道应用推广提供指导；形成掺氢管道工程焊接及质量控制技术要求，可为后续新建掺氢管道应用推广提供指导；提出目标管道掺氢安全风险消减措施，形成目标管道混氢输送安全运行和维护技术规程，指导目标管道掺氢示范。

前期《在役天然气管道混氢输送适应性研究》项目对X60钢在低含氢（3%或5%及以下）条件下的管材氢脆风险进行了测试评价，初步研究结果表明：陕京一线线路X60钢及站内20#钢等在5%混氢条件下的缺口拉伸强度与无氢环境下相比基本无变化，断口未出现明显脆断区，5%混氢与无氢环境下的断面收缩率和断后伸长率比值均在1附近；通过断裂韧性试验结果计算在不同掺氢量下的损伤容限,基于目前陕京一线内检测结果,满足 5% 掺氢输送要求;通过疲劳裂纹扩展速率试验计算最小疲劳寿命,得到材料在 5% 掺氢输送的条件下不会由于疲劳裂纹扩展导致寿命大幅降低,满足 5% 掺氢输送要求。

但前期管材研究样本量较小,在开展掺氢示范之前需进行大样本现场取样,开展材料适应性验证试验,形成统计分析数据;服役多年的管线弯头、站内材料、设备设施密封材料等的掺氢适用性尚不清楚;同时,现有管材工艺系统适用的掺氢比例范围不清楚,需要进一步深入开展高混氢量条件下的管材及关键设备、计量、泄漏、放空等工艺系统适应性研究,为未来能源互联网的发展做好技术储备。

项目下设 6 个专题:专题 1,在役天然气管道管材及管道连接掺氢适应性评估技术研究;专题 2,在役天然气管道掺氢输送工艺研究;专题 3,在役天然气管道掺氢输送关键设备和计量系统适应性研究;专题 4,在役天然气管道掺氢安全防护技术研究;专题 5,在役管道掺氢输送应用终端影响分析及掺氢控制方案研究;专题 6,在役天然气管道掺氢适应性方案研究。项目针对掺氢比例 3%~30%,压力范围 4~12MPa,口径大于 500mm 的高钢级(包括 X60、X70、X80)长输管道,重点攻克掺氢天然气管道输送工艺、管材、管件、焊缝、设备仪表以及终端应用等适用性评价技术难题,形成高压力、高钢级、大口径在役长输管道掺氢评价成套技术、核心标准,为国家管网集团推广天然气长输管道大规模掺氢输送提供理论依据和技术支撑。专题 1 至专题 5 侧重掺氢适用性评价方法、评价指标、掺氢影响规律等基础研究,专题 6 则基于与前面五个专题成果,针对陕京一线掺氢开展适用性验证,侧重于应用研究。

2.5.3 综合应用

北京管道负责部分主要研究内容为:梳理专题 1 至专题 5 获得的管材、输送工艺、设备、安全评估方法等适应性研究成果,从材料、工艺、安全等方面,构建在役天然气管道掺氢适应性评价体系,指导后续在役掺氢管道应用推广。根据要求,将上述内容整合为 6 项研究内容(研究内容 1:线路、站内管道及设备金属材料适应性验证;研究内容 2:密封材料适应性验证;研究内容 3:安全防护技术适应性验证;研究内容 4:输送工艺和设备适应性验证;研究内容 5:含缺陷混氢管道安全评定技术研究;研究内容 6:《掺氢天然气钢质管道慢应变速率拉伸试验方法》和《掺氢天然气钢质管道适用性评价方法》企业标准草案。)

线路、站内管道及设备金属材料适应性验证。计划针对线路、站内管道及设备典型部位,取样 49 件。针对陕京一线管输系统、5% 掺氢工况,开展线路材料和站内材料验证性试验,验证试验应尽可能再现/模拟掺氢运行状况,完成金属材料材质性能测试、金属材料氢脆及开裂评价测试合计不低于 480 组,其中金属材料材质性能测试包括但不限于化学成分分析、金相组织测试、硬度测试、冲击韧性测试、力学性能测试等,金属材料氢脆及开裂评价试验包括但不限于氢含量测试、氢渗透测试、慢应变拉伸测试、断裂韧性测试、疲劳裂纹扩展测试、显微镜微观分析等,试验测试方案见表 2.5.1。

2.5.3.1 密封材料适应性验证

针对站内管道及设备密封材料,取样 21 件。针对陕京一线管输系统、5% 掺氢工况,开展密封材料适应性验证,验证试验应尽可能再现/模拟掺氢运行状况,完成密封性测试、老化测试、抗爆测试等试验合计不低于99组，试验方案见表2.5.2。

表2.5.1 陕京一线线路、站内管道及设备典型部位测试方案

管材类型	材质	测试内容	参考标准
线路X60钢弯管、直管、环焊缝、制管焊缝、阀门、计量设备、仪表、站内X60母材、直焊缝、环焊缝、螺旋焊缝、冷弯管、热煨弯管、三通、绝缘接头	X60	金相组织	GB/T 9711
		硬度分布	
		冲击韧性	
		化学成分	
		氢含量测试	GB/T 30074
		慢拉伸测试	ASTM G142
		断裂韧性测试	GB/T 21143
		疲劳裂纹扩展测试	GB/T 6398
		显微微观分析	/

表2.5.2 密封材料测试方案

密封材料	材料类型	试验类型	参考标准
金属密封材料	不锈钢垫片	密封试验	API 16D
非金属密封材料	石墨垫片	老化试验、抗爆试验、密封试验	GB/T 20671.4 GB/T 12385-2008 NORSOK Standard M-710 GB/T 34903.2-2017
	氟橡胶		
	丁腈橡胶		
	尼龙		
	石墨—聚四氟乙烯		
	对位聚苯—聚四氟乙烯		

2.5.3.2 安全防护技术适应性验证

确定目标管道安全防护技术适应性验证的典型场景、管段和站场，根据专题4"泄漏与扩散特征研究"技术成果，验证并确定目标管道不同条件下的掺氢天然气泄放系统安全距离。利用前述专题"在役天然气管道掺氢输送安全泄放规律研究"技术成果，对目标管道站场及干线放空系统、抑爆方案、现有天然气站房泄漏传感器和排气扇等安全装置、操作人员位置等的布置等安全防控技术进行评价，明确现有安全防护技术的适应性，并提出安全风险消减措施，形成目标管道混氢输送安全运行和维护技术规程，实施方案如图2.5.1所示。

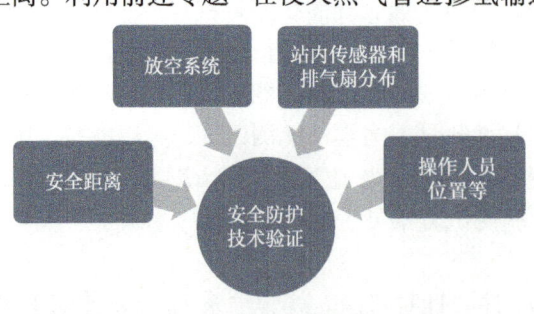

图2.5.1 安全防护技术适应性验证实施方案

2.5.3.3 输送工艺和设备适应性验证

基于专题 2 "不同掺氢比天然气工艺适应性"研究成果，评价目标管道现有输送工艺的适应性，明确目标管道输送工艺的适用性及调整措施，并形成目标管道掺氢运行建议。基于专题 3 获得的"在役天然气管道掺氢输送关键设备和计量系统适应性"研究成果，对目标管道压缩机、管道阀门、计量系统等的适应性进行评价，明确关键设备掺氢适应性，提出输送工艺和设备改造建议，形成目标管道掺氢运行方案，实施方案如图 2.5.2 所示。

图 2.5.2 输送工艺和设备适应性验证实施方案

2.5.3.4 含缺陷混氢管道安全评定技术研究

含缺陷混氢管道的安全评定方法与常规油气管道不同。考虑到氢对管材性能劣化的影响机制，诸如环焊缝的根部未焊透等缺口类应力集中缺陷与裂纹型缺陷的安全评定因与材料的断裂抗力直接相关，故而氢对这类缺陷的安全评定方法的影响需要进行深入的分析研究。基于专题 1 和专题 4 研究成果，结合前期管道内检测数据，研究体积型和裂纹型缺陷管道在目标混氢输送环境下（混氢比例 5%）的安全评定技术，明确含缺陷管道在静载荷、动载荷条件下容许缺陷尺寸，研究极端情况/特殊情况的材料服役安全问题，形成目标管道线路掺氢改造建议，试验测试方案见表 2.5.3。

表 2.5.3 含缺陷混氢管道安全评定技术研究测试方案

缺陷类型	缺陷尺寸	载荷类型	测试项目	安全评估方法
裂纹型	5 个裂纹长度	静态/准静态载荷	断裂韧性测试	FAD 安全评估、有限元分析
		动态载荷	疲劳裂纹扩展测试	
体积型	6 个缺陷尺寸（环向、轴向、深度）	静态/准静态载荷	断裂韧性测试	有限元分析
		动态载荷	疲劳裂纹扩展测试	
极端/特殊情况的材料服役安全问题（压缩机出口管段、B 型套筒修复点）			疲劳测试	有限元分析

2.5.4 应用效果

《掺氢天然气钢质管道慢应变速率拉伸试验方法》和《掺氢天然气钢质管道适用性评价方法》企业标准草案。研究国内外氢脆相关测试标准，结合前期项目测试方法经验，明确掺氢天然气钢质管道慢应变速率拉伸试验方法，形成《掺氢天然气钢质管道慢应变速率拉伸试验方法》企业标准草案。从管材相容性角度和含缺陷管道安全评定角度，研究国内外氢气管道和压力容器安全评定相关标准，梳理和分析文献中现有管线钢材料在掺氢环境下的相容性、缺陷管道的安全评定方法，结合前面专题研究成果，形成《掺氢天然气钢质管道适用性评价方法》企业标准草案。

本项目所形成的在役管道混氢输送适用性评价技术体系，将应用于混氢气体输送管道装备以及管材的选用和安全评价，并在以后的管道混氢输送工程中推广应用，为混氢输送管道建设和运行安全提供技术保障，并为我国氢能的大规模管道输送提供技术储备。同时，本专题的目标管道掺氢示范应用研究成果，可产生良好的社会效益和经济效益。

3 机械设备技术

3.1 索拉机组 BOOSTER 泵驱动端国产化

3.1.1 技术背景

索拉机组 Booster 泵是干气密封系统中核心部件，在机组启机和停机过程干气密封压力较低时，需对密封气进行加压，保证密封气与压缩机组内天然气压差不低于 48kPa。Booster 泵主要分为驱动端、隔离块、增压端三部分，驱动端由净化空气作为动力，推动驱动缸活塞动作，进而驱动增压端。驱动端是整个 Booster 泵的关键部位，为进口配件，且 Booster 泵通常成套供应。一台 Booster 泵正常价格为 15 万元左右，采购周期约为 12 周至 20 周。在国际贸易摩擦影响下，该 Booster 泵的采购价格肯定有一定上涨，供货周期增加，甚至无法通过正常渠道采购到该 Booster 泵。为打破国外技术封锁，降低日常维修成本，缩短故障维修周期，提高设备无故障运行时间，通过前期立项，对该进口配件进行成分和结构分析，在此基础上通过相关表面处理技术等技术，实现该配件的国产化。

国产化维修解决方案诸多优势：(1) 可节约大量资金，在索拉所提供技术资料中 Booster 泵为整体供货，无单独的驱动端备件。而唐山压气站投产以来故障部位全部为驱动端换向阀，其余部件完好，采购整体备件浪费资金。(2) 可大大缩短维修时间，减小设备修复周期：进口备件采购周期 6 个月以上，国产后可以缩短至 2 个月。(3) 可提高员工的自主维修能力和专业技能，在科研项目开展期间，站场员工可以与专业院校人员一起完成测绘、电镜扫描及实验等项目，不但能够熟练掌握设备的工作原理和性能，更能提高员工的动手能力，使员工自主维保能力得到进一步提高。(4) 可为进口设备维修国产化闯出一条新路，不再受进口厂商设备维修配件的制约。

综上所述，本课题紧扣生产及运行管理中出现的实际问题，开展 Booster 泵驱动端的科研工作，该项目的有效实施，可高效快捷地解决站场生产中关键性难题，为安全、稳定生产保驾护航。

3.1.2 技术简介

目前索拉机组 BOOSTER 泵是进口产品，国内还没有相同的产品，其驱动端的维修配件也都采用直接进口，目前国内还没有见到相关生产报道。但国内机械精密加工历经多年发展，尤其是国家 2025 年制造大国的目标驱动下，精细加工水准大大提高，已逐步具备高精度零部件设计制造加工能力，如超精密车床上用经过精细研磨的单晶金刚石车刀进行微量车削，切削厚度仅 1μm 左右；超精密研磨可实现尺寸精度小于 0.01μm 级的长度技术、角度误差小于 0.1 级的分度技术、表面粗糙度小于 0.01μm 的镜面加工技术、圆度误差小于 0.01μm、直线度误差小于 1μm/m。通过新的测绘和分析技术实现关键零部件加工制造突破是制造行业发展必经之路。

3.1.3　主要创新点

现场对原阀芯阀套进行了尺寸测量、表面检测和材质分析，完成了阀芯阀套的图纸绘制和加工工艺路线编写，经过反复优化，完成阀芯、阀套的开发和试制（图 3.1.1~图 3.1.3）。现场测试完全满足增压要求，实现了 BOOSTER 泵驱动端的国产化。

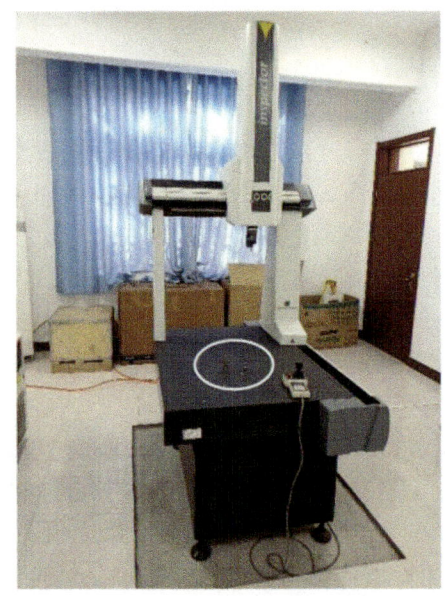

图 3.1.1　阀芯、阀套检测过程

图 3.1.2　阀芯三维图

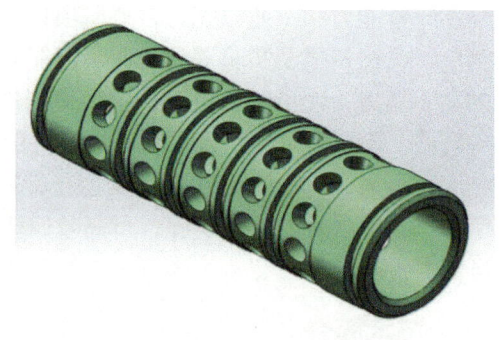

图 3.1.3　阀套三维图

研究期间,组织完成国产驱动阀芯试验8批次,单次最长5h,累计工作时间32h,换向次数106300多次,最终增压压力稳定在80kPa左右,满足增压系统系统工作要求。

国产化后驱动端采购成本由15万降低至1万元;订货周期由6个月缩短至45天,同时在驱动阀芯试用期间,员工广泛参与分析,拓宽了员工知识面提高了动手能力。

(1)针对原BOOSTER泵驱动端阀芯容易出现卡阻的现象,对原阀芯阀套进行了尺寸测量、表面检测和材质分析,完成了阀芯阀套的图纸绘制和加工工艺路线编写,并对密封圈进行了选型。

(2)开展了阀芯、阀套的国产化试制研究,掌握了阀芯阀套的加工工艺路线(图3.1.4和图3.1.5)。

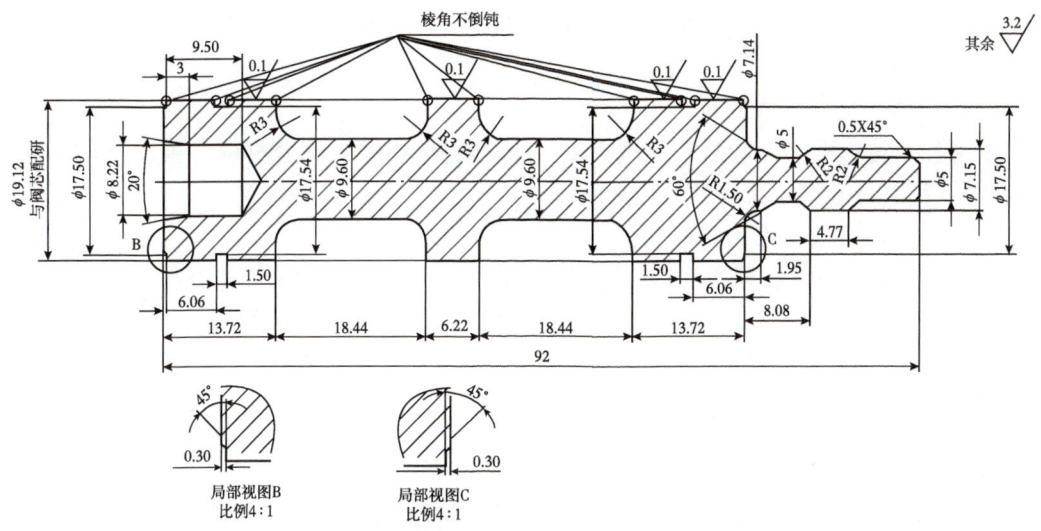

图3.1.4 阀芯工程图

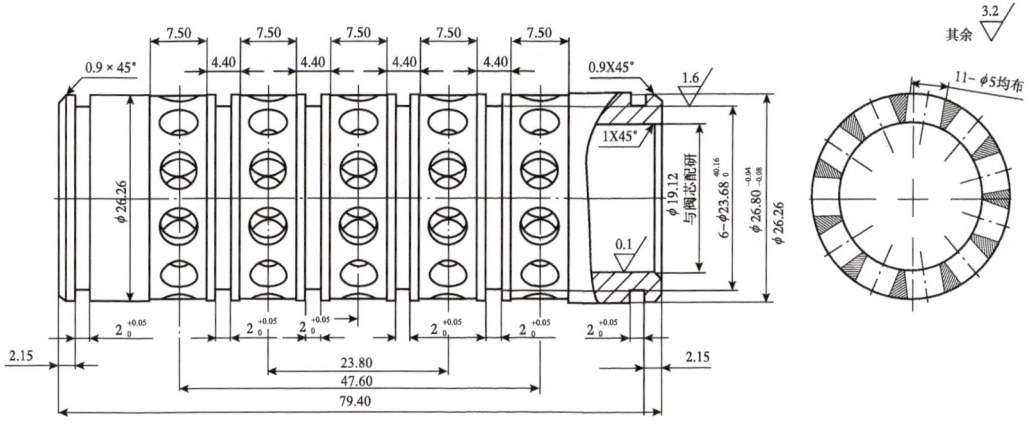

图3.1.5 阀套工程图

（3）设计并制作了用于测试阀芯阀套性能的室内试验装置，工作原理和工况与实际装置完全相同，能够非常准确地对试制的阀芯阀套进行功能检测和寿命检测。

（4）设计并制作了原阀座的限位环及缓冲垫，能够提高阀芯阀套的定位精度，降低安装难度，减少故障发生率。

（5）采用SUS303不锈钢材料配合热处理工艺，能够满足现场工作要求，无卡阻及低压报警现象发生，可以替换国外进口阀芯阀套。

3.1.4 技术方法及现场验证

3.1.4.1 技术方法

3.1.4.1.1 阀芯、阀套尺寸检测工作

采用三坐标精密测量机测量阀芯、阀套的主体尺寸及公差，根据检测结果绘制的阀芯、阀套三维图和工程图。

3.1.4.1.2 阀芯、阀套硬度测试

在阀芯、阀套端头外圆处，用电火花线切割机床切掉少部分材料，镶成试样，采用HVS-1000高精度显微维氏硬度计进行测试。

3.1.4.1.3 阀芯、阀套配合面粗糙度测试

采用TIME TR300型高精度粗糙度仪对阀芯外表面、阀套内表面进行检测（图3.1.6）。该检测仪是一款完全符合最新ISO国际标准的产品，是评定零件表面质量的多用途便携式仪器，具有符合多个国家标准和国际标准的多个参数，可对多种零件表面的粗糙度、波纹度和原始轮廓进行多参数评定，可测量平面、外圆柱面、内孔表面及轴承滚到等，具有测量范围大、性能稳定、精度高的特点，适用于生产现场、科研实验室和企业计量室。

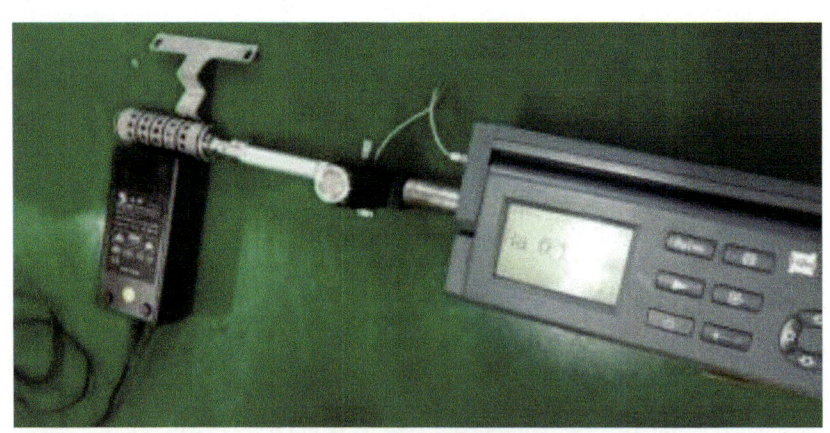

图3.1.6　表面粗糙度检测

表面粗糙度达到Ra0.1，属于镜面加工，作为配对使用的阀芯阀套，一般应在磨削加工后再配对研磨。

3.1.4.1.4 阀芯、阀套材质分析

为便于采用EDS电镜检测，在阀芯、阀套端头处，用电火花线切割机床切掉部分材料，并对检测表面进行磨削、酸洗等处理，如图3.1.7所示。

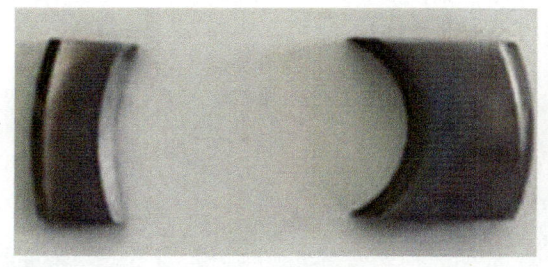

图 3.1.7　材质检测样本

从材质分析结果可以看出，阀芯和阀套的材质成分非常接近。考虑到 EDS 扫描电镜检测成分时，是放大了 1000 进行检测分析，对同一块材料在不同点进行分析的结果也有较大差异，因此可以认为阀芯、阀套是采用相同的材质制作而成的。

3.1.4.1.5　室内试验装置设计

根据现场使用工况可知，阀芯、阀套采用竖直放置方式，阀芯有细杆的一端朝上；工作过程中阀芯换向动力由空气泵提供，换向时机由气缸活塞的位移决定。

阀座采用铝合金精铸而成，不同腔体及两端的孔道均已精铸出，阀座与增压泵主体之间的密封为黑色软胶，阀座与两侧的端盖之间无密封圈，主要依靠材料表面的涂料实现密封。

3.1.4.1.6　阀芯、阀套定做

阀芯阀套在制作过程中经过了 DLC 涂层处理和深冷处理，其中 DLC 涂层也叫类金刚石涂层，是一种可实现无油自润滑的涂层，具有高硬度、超低摩擦系数等优点，可以显著减小阀芯阀套之间的摩擦力。深冷处理可以消除阀芯阀套的内应力。

3.1.4.1.7　密封圈选型

目前国内常用的密封圈材质主要有丁腈橡胶、氟胶和硅胶三种。

丁腈橡胶耐油性极好，耐磨性较高，耐热性较好，黏结力强。其缺点是耐低温性差、耐臭氧性差，电性能低劣，弹性稍低。

氟橡胶是一种耐高温、耐油、耐化学腐蚀、抗氧化的特种橡胶。其缺点是耐低温性能较差，密度较大，价格较高。目前已在航空、航天、汽车、石油、石油化工等领域得到广泛应用。一般使用温度范围为 $-40\sim280℃$。

硅橡胶化学性质及耐热稳定性好，具有刚性的骨架结构，有良好的耐磨性能和抗压强度。在吸附、干燥、物质的分离、提纯、高纯质制备等领域有着广泛的应用。其中 SIL 硅橡胶密封圈具有极佳的耐热、耐寒、耐臭氧、耐大气老化性能，一般使用温度范围为 $-55\sim250℃$，但抗拉强度较一般橡胶差且不具耐油性。

由于在工作过程中，阀套与阀座之间不存在相对运动，只要计算好预压缩量，就有良好的耐高低温性能和耐油性能即可，为此选择了内径 23.6mm×1.8mm 的氟橡胶密封圈。

3.1.4.1.8　原阀座及端盖改进

经过测绘原来的阀座、端盖、阀套和阀芯，发现阀座在轴向上对阀座进行限位，紧靠阀套外侧的密封圈摩擦力与阀座相连。如果密封圈阻力较小，阀套在工作中有位置滑动的可能，尤其是出现阀芯卡阻时，阀芯在两端的气压作用下会带动阀套一起运动，为

此在两个端盖内侧均设计了一个限位环，如图3.1.8和图3.1.9所示。限位环的作用除了对阀套进行限位外，在安装阀套的过程中也非常有用。

图3.1.8　阀座下部端盖限位环　　　　　图3.1.9　阀座上部端盖限位环

移动阀芯发现，阀芯在向上移动时，阀芯的细杆处于端盖接触，起到限位作用；但阀芯向下移动时，下部端盖对阀芯并无限位，在气压作用下，阀芯很容易移动过位，使气流受阻，降低了增压泵的工作效率。为此在下部端盖处增加了一个聚四氟乙烯限位环，确保阀芯移动位置准确，且对阀芯无任何损伤。

3.1.4.2　现场验证

3.1.4.2.1　第一次现场实验

采用试制的阀芯阀套进行实验，增压压力在58~78kPa之间波动，平均压力为63kPa，高于最低报警限值48kPa，能够满足系统补压需要，但与国外进口阀芯阀套有较大差距。

原因分析：经过研究发现，本次实验未安装阀座内的两个限位环，当阀芯位移超出合适位置时，会出现遮盖阀口的现象（图3.1.10），影响补压效果。

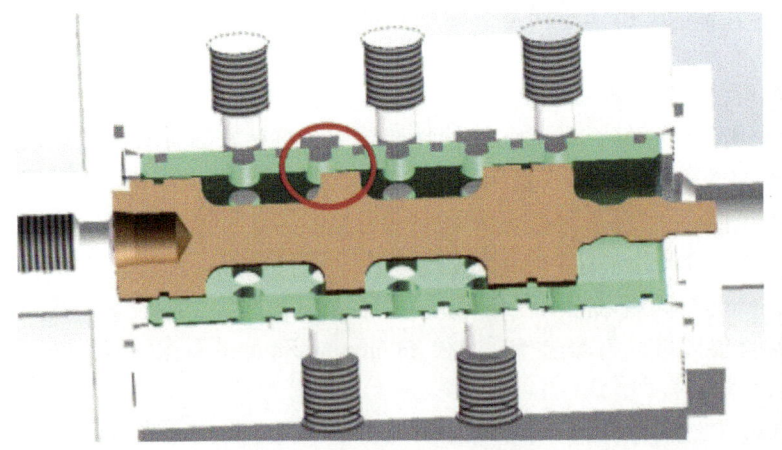 

图3.1.10　阀芯错位示意

更改措施：在阀座两端装上限位环，重新实验。

3.1.4.2.2 第二次现场实验

开始实验时压力为 90kPa，接下来平均压力逐渐降低，经过 20 多分钟，平均压力降至 50kPa，再之后压力下降速度加快。正常启动系统时，需要 Booster 泵工作约 30min。由此可知，试制的阀芯阀套能够提供系统所需压力的工作时长，已非常接近系统启动所需时长。

原因分析：通过观察实验视频，发现阀座外壳出现结霜现象（图 3.1.11），内部可能结冰，给阀芯运动带来阻力，影响了补压效率。

（a）实验前　　　　　　　　　　　　（b）实验中

图 3.1.11　阀座外壳对比

现场员工将实验用的阀芯阀套、连同阀座一起拆除，对阀芯阀套的磨损情况进行检测，阀芯阀套并无明显磨损，阀芯运动顺畅。但发现阀芯向下运动时不会遮盖阀口，但阀芯向上运动时，出现了阀芯遮盖阀口现象，如图 3.1.12 所示。

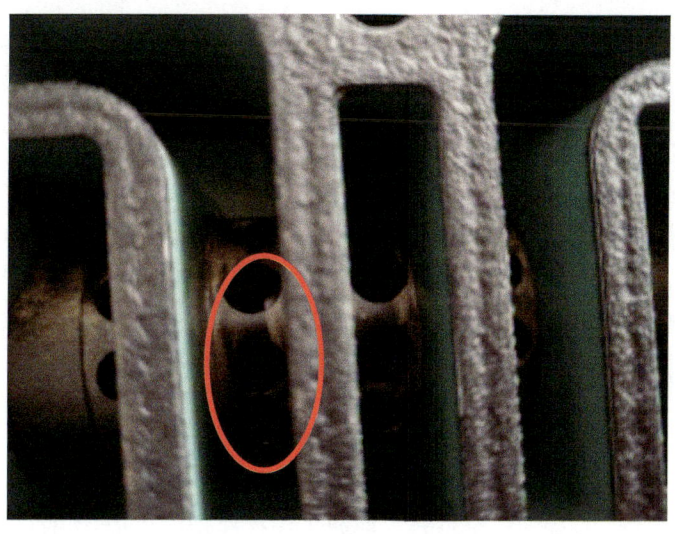

图 3.1.12　阀芯局部遮盖

更改措施：在阀座上端的限位孔加入四氟垫环；建议对阀芯阀套的配合公差及耐低温能力进行了重新调整。

3.1.4.2.3　第三至五次现场实验

三次试验分别对阀芯阀套进行了测试，在此期间，对阀芯阀套的参数根据测试结果进行了多次优化和调整，但实验效果一直不理想，出现了补压效果比之前还差、甚至低压报警的现象。

经过现场拆卸检查分析，系统补压效果不仅与阀芯有关，还与泵以及后续的流程有关。现场采用用新泵进行测试。

3.1.4.2.4　第六次现场实验

采用新泵进行测试，经过进一步优化调整后的阀芯阀套，现场试验效果良好，压力稳定在 65kPa 至 80kPa 之间，平均压力为 70kPa，高于报警值 48kPa，能够满足补压要求、保障设备正常工作。

但工作 4~6h 后，阀芯头部的一段圆柱处出现了损伤（图 3.1.13），经分析为阀座四氟环内的钢珠（图 3.1.14）在圆柱段运动时挤压所致。虽然阀芯表面硬度较高，但铝合金材质整体强度较低。

图 3.1.13　阀芯头部受损情况

图 3.1.14　四氟环及内部钢珠

3.1.4.2.5　第七、八次现场实验

将阀芯、阀套材质更换为 SUS303，并进行 DLC 涂层自润滑处理和深冷处理。SUS303 为易切削不锈钢，主要用于要求易切削和表面光洁度高的场合，具有良好的耐腐蚀性、耐热性、低温强度和机械特性；其抗拉强度为 515MPa，屈服强度为 205MPa，本体硬度为 HRC_{24}。经检测，DLC 涂层处理之后的阀芯、阀套表面硬度约合 HRC_{60}，阀芯阀套配合表面的粗糙度为 $Ra_{0.2}$，配合间隙为 0.002mm。试用效果良好。

3.1.5　应用效果

该阀芯阀套 + 新泵的实验效果良好，平均压力稳定在 80kPa 左右，工作 8h 后，尚未发现阀芯头部有明显磨损，能够满足补压系统工作要求。目前已超过进口阀芯使用寿命。

采用该套阀芯，换旧泵进行实验时，偶尔出现低压报警现象。因此可以推断，泵的性能对补压效果影响更大。后期可对该泵进行性能优化和国产化研究。

3.2 压缩机出口管道环焊缝振动疲劳寿命预测技术

3.2.1 技术背景

管道的安全精准科学管理成为我国在役管道运维的必然趋势。陕京输气管道二线2005年建成投产，服役时间较长。站场环焊缝，特别是压缩机进出口管线环焊缝，在服役过程中长期经受高压、振动疲劳影响，是管道中的一个薄弱环节。压缩机进出口管线环焊缝在服役过程中长期经受高压、振动疲劳影响，是管道中的一个薄弱环节。

然而，压缩机附近的环焊缝数量较大，且同时具有壁厚差异大、不同材质对接、连头口多、结构复杂的特点，目前国内外尚无对压缩机出口管道环焊缝振动疲劳寿命预测技术，缺乏对压缩机进出口管道环焊缝服役安全进行科学管理的依据，缺乏针对压缩机出口环焊缝的风险排序方法，使基于风险的检测缺乏依据。

3.2.2 技术简介

针对振动疲劳环境下焊缝缺陷评价无据可依的难题，通过开展系统的预应力－振动耦合试验研究，获得了振动疲劳条件下环焊缝裂纹扩展速率和规律，建立了寿命预测模型，为环焊缝服役安全的科学管理提供依据。

该技术是通过试验与理论技术相结合的方法，建立的含裂纹缺陷管道环焊缝振动疲劳寿命预测方法包括流程和具体实施步骤，实施步骤包括：裂纹极限尺寸计算、振动参数测试、环焊缝制作、裂纹预制、应力－振动耦合疲劳试验、裂纹扩展速率预测和含缺陷环焊缝剩余寿命计算。充分考虑了裂纹缺陷的适用性评价结果、有／无进行振动－疲劳耦合疲劳试验条件的情况，兼顾了易用性和实用性，即可以在发现裂纹前针对具体结构进行预测模型的精准建立，又可以在发现裂纹后立即使用参考模型计算剩余寿命，计算过程简单，给出的预测结果准确。基于本技术，可为非严重缺陷和剩余寿命较长缺陷的处置从立即停机换管变为计划维修提供理论依据，在降本增效方面效果显著。本技术在该领域属于国内领先。该技术的应用领域为天然气站场，可以预测振动工况下含缺陷环焊缝的剩余寿命。

3.2.3 主要创新点

项目创新点主要由如下三个方面：

（1）预应力—振动耦合加载试验技术。

在国内首先搭建了预应力－振动耦合加载试验平台，实现了压缩机进出口管道环焊缝应力—振动耦合功课模拟。

（2）管道环焊缝振动疲劳寿命预测模型。

首次建立了基于试验结果和适用性评价相结合的含缺陷环焊缝振动疲劳寿命预测模型，将试验结果的可信度与适用性评价的广泛适用性优势相结合，模型原理可行性高。

（3）压缩机出口管道环焊缝风险评估方法。

首次建立了考虑振动因素的管道环焊缝风险排序方法，解决了复杂工况下风险评估无据可依的现状。

3.2.4 技术方法及现场验证

3.2.4.1 压缩机进出口管道工况调研及振动频谱测试分析

对站场压缩机规格、分布进行调研，对压缩机进出口管道规格、结构进行调研，获得了管道材质及结构走向，为分析环焊缝结构提供依据。对压缩机区工艺管道的材质、结构进行统计，识别了压缩机区 99 道环焊缝。进行统计分析，具有管径规格多、不同材质对接、变壁厚对接的特点（图 3.2.1 和图 3.2.2）。

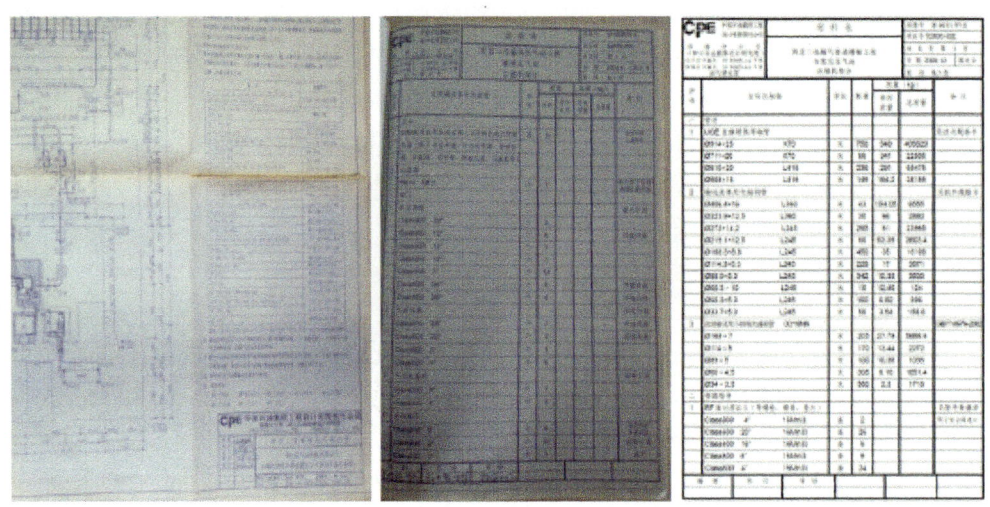

图 3.2.1　站场压缩机工艺管线图及站内材料表

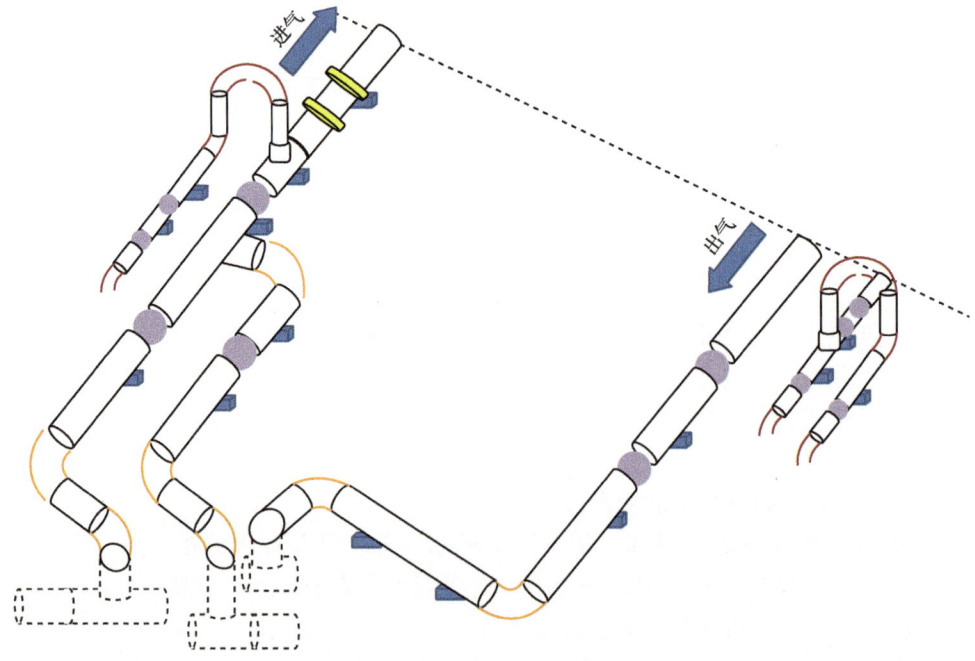

图 3.2.2　站场压缩机进出口管道结构

结合站内环焊缝失效案例，确定高钢级、大壁厚、变壁厚（直管——管件/阀门）环焊缝作为研究对象（图 3.2.3）。

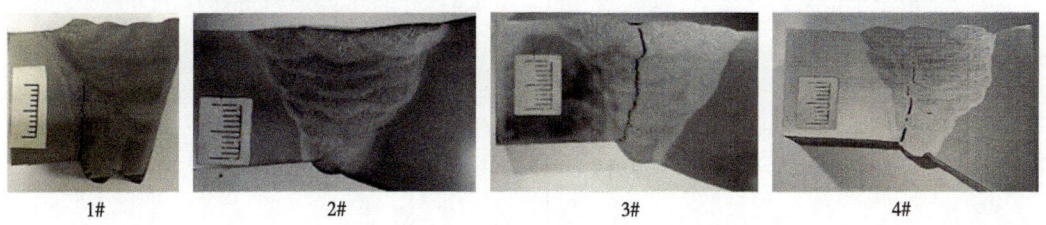

图 3.2.3 失效案例

对压缩机进出口管道的压力工况进行了调研，对压力工况进行了统计分析，并确定了试验用预应力水平。对压缩机进出口管道结构进行了现场调研，通过对支撑结构、管路走向特征分析，确定了振动测试选点原则，即（1）离固定较远的悬空部位；（2）弯头、阀门等流体流动变化部位；（3）同站多台压缩机分别测试，为现场测试提供指导（图 3.2.4）。

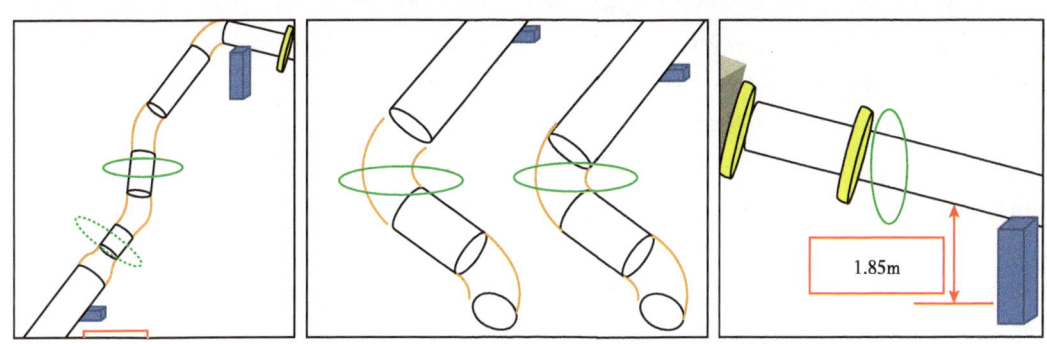

图 3.2.4 确定典型测试位置

使用振动测试设备，对振动频谱测试进行现场测试，如图 3.2.5 所示。

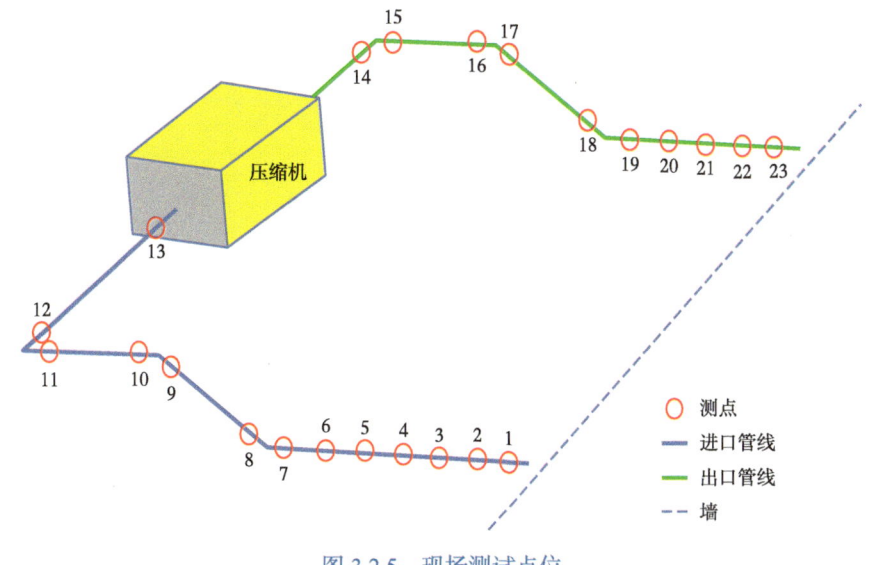

图 3.2.5 现场测试点位

分析振动频谱，获得所有测试点的频率、振幅分布如图3.2.6所示。

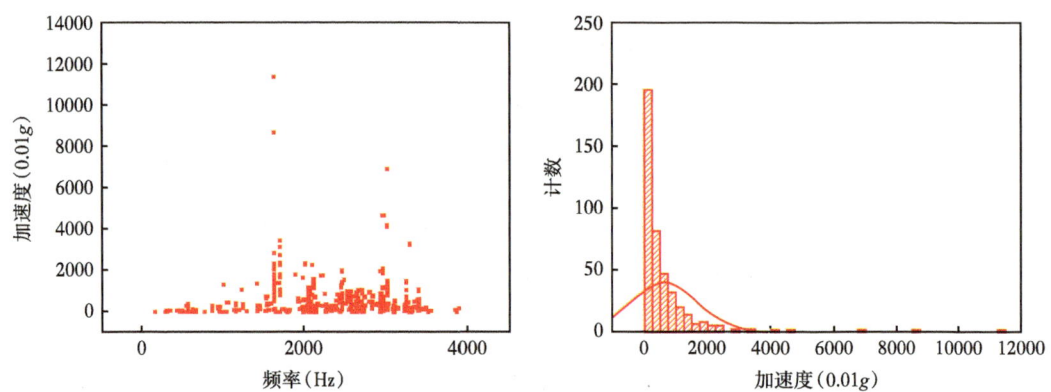

图3.2.6　所有测试点的频率、振幅分布

通过以上调研，确定试验对象与试验条件，即压缩机进出口典型的不同材质、不等壁厚环焊缝，例如X70直管—WPHY70三通，X70直管—A694F60阀门等。试验条件主要有预应力水平、典型振动频率、典型振幅。

3.2.4.2　预应力—振动耦合加载试验

目前，没有成熟可用的预应力—振动耦合加载平台，基于振动试验台，研发预应力—振动耦合加载系统。充分考虑预应力加载能力、抗震、疲劳等因素的条件，经过方案设计论证，确定了预应力加载方案，试样采用销钉连接，进行了夹具及试样销钉孔的强度校核，确定了夹具设计。缺口位置充分参考了现场失效案例、变壁厚环焊缝应力集中情况，为低钢级薄壁侧焊根焊趾处，设计了缺口参数（图3.2.7）。

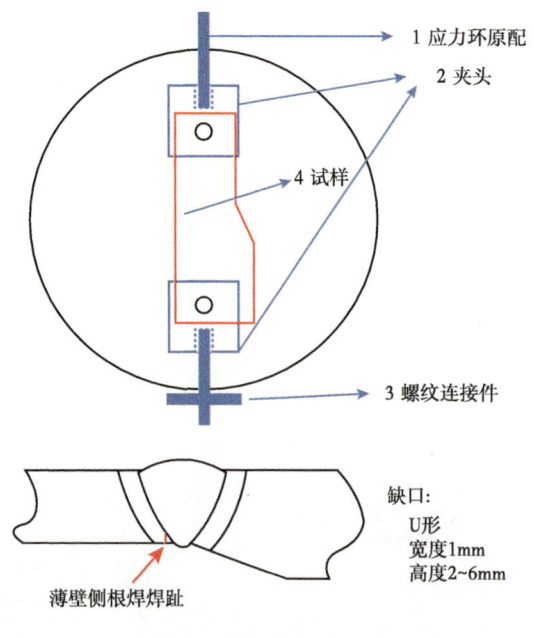

图3.2.7　试样和夹具设计

根据焊缝金相形貌，确定缺口加工位置，完成缺口加工。裂纹采用高周疲劳方式预制。对试样进行疲劳加载，为利于科学对比，故需控制不同试样的裂纹长度均在相近范围内，通过多次少量疲劳加载的方法，最终实现了裂纹长度在 2~3mm 范围内，且多数量试样长度在 2~2.5mm 范围。通过应力环的应变产生特定的应力，利用已经校准过的应力值对照试样截面计算应力值进行加载。

达到试验设定后将试样取下再次进行显微观察，测量裂纹长度，测量裂纹长度，并计算扩展速率。将扩展速率相对振幅进行拟合，即可获得扩展速率与振幅的关系式，用于推导不同振幅下的扩展速率（图 3.2.8）。

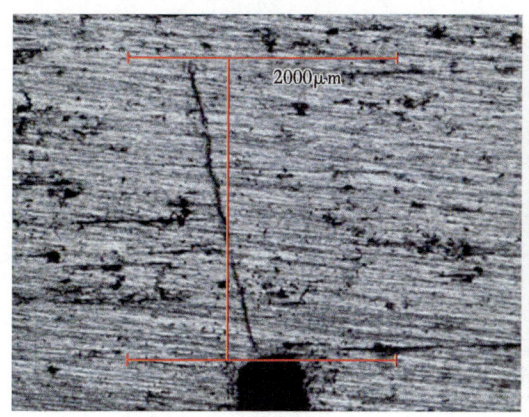
(a) 振动前

(b) 振动后

图 3.2.8　裂纹全貌

拟合过程如图 3.2.9 所示，扩展速率如下公式：

内平齐环焊缝：　　　　　　$y=0.00713x+0.03255$

外平齐环焊缝：　　　　　　$y=0.06628x-0.02834$

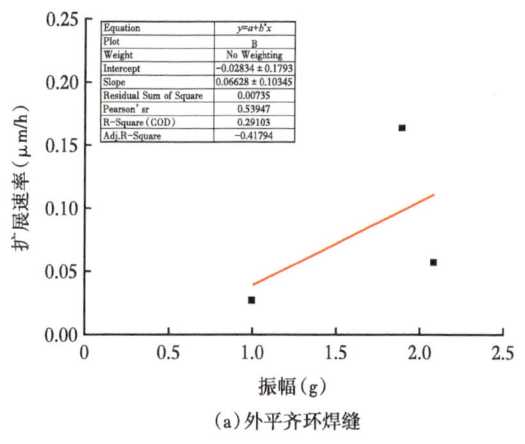
(a) 外平齐环焊缝

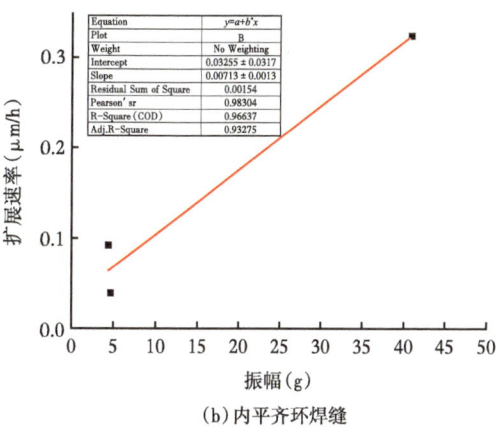
(b) 内平齐环焊缝

图 3.2.9　裂纹扩展速率

3.2.4.3 振动疲劳寿命预测模型研究

以 Miner 线性疲劳累积损伤理论（图 3.2.10）为基础，结合试验裂纹扩展速率来获得疲劳寿命，避免模拟方法和计算方法的可靠性问题。确定了预测模型的建立流程，如图 3.2.11 所示，通过强度评定获得裂纹扩展 Δa 的极限值，再带入预应力—振动耦合加载试验获得的裂纹扩展速率，即可建立寿命预测模型。

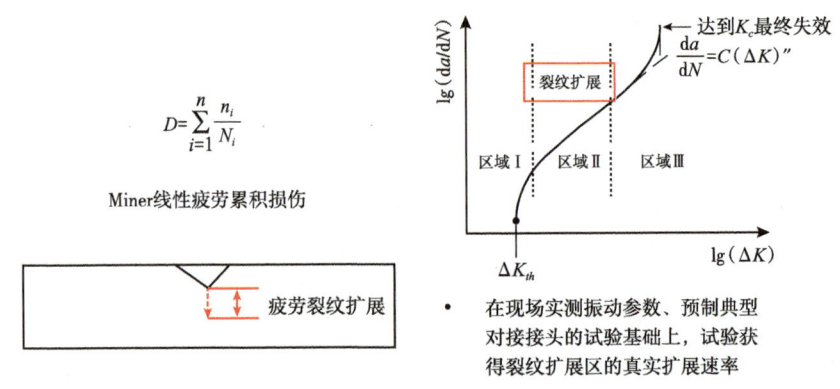

图 3.2.10 线性疲劳累积损伤理论及裂纹扩展分段理论

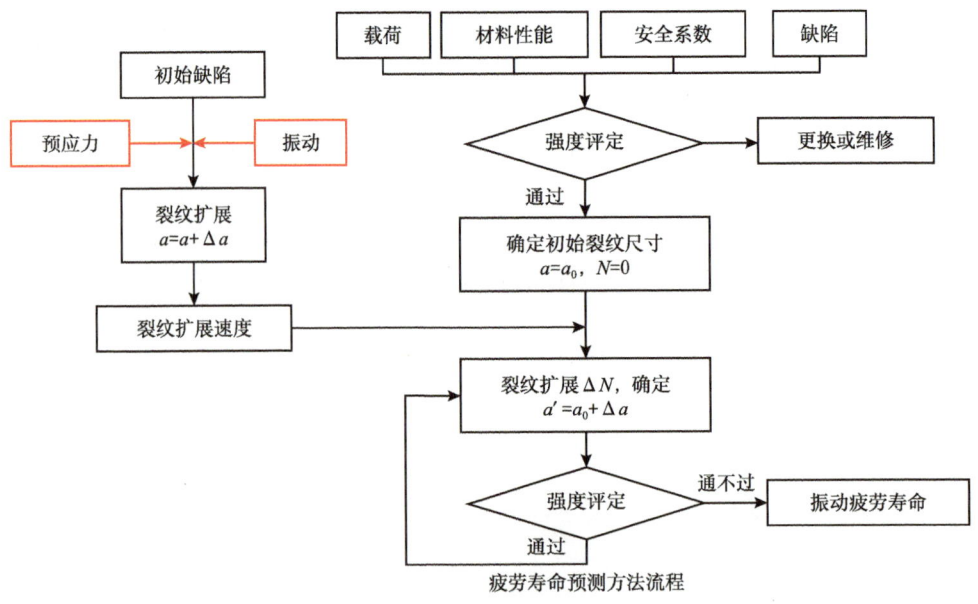

图 3.2.11 预测模型的建立流程

强度评定采用国内常用的裂纹适用性评价方法，即按照 SY/T 6477 标准重点裂纹缺陷的评定方法，在寻找裂纹极限过程中，依照失效评估曲线的结果评定原则，即裂纹缺陷评估点落在失效评估曲线以下认为可接受，以上认为不可接受，对不同裂纹长度和深度的缺陷进行评价，寻找不超出评估曲线的极限点，即为此处的裂纹缺陷容限。

假设缺陷位置与预制裂纹位置相同。缺陷类型为焊缝缺陷中最严重的平面型缺陷，即表面裂纹缺陷。

3.2.4.3.1 失效评估图的建立

失效评定图（Failure Assessment Diagram，FAD）是目前国际上公认的安全状态预测的基本方法，也是适用性评价的核心与基础，如图 3.2.12 所示。FAD 中横坐标为载荷比 L_r，纵坐标为韧性比 K_r。其中，L_r 的定义为含缺陷结构所承受的载荷 F 与屈服时的载荷 F_y 之比（也可以表示为极限分析法计算的参考应力 σ_{ref} 与屈服应力 σ_y 之比），是塑性破坏（或称塑性崩溃、塑性失稳）失效的控制参量；K_r 的定义为含缺陷结构承载时缺陷处的应力强度因子 K_I 与材料断裂韧性 K_{mat} 之比，是脆性断裂失效的控制参量。失效评定图上有两条边界线，一条为失效评定曲线（FAC），是弹塑性断裂评定准则；另一条为 $L_r=L_{r(max)}$ 的截止线，是塑性破坏评定准则。因此，FAD 评定包括了从线弹性、弹塑性到全塑性结构断裂的全部范围。对于含缺陷结构的给定状态，可以计算相应的 L_r 和 K_r 值，得到 FAD 中的评价点 A（L_r，K_r），若 A 点落在边界线之内，则该结构状态是安全的。FAC 曲线可采用 BS7910 选择 2 曲线建立的在役老管道常用管材焊缝失效评估曲线，当 BS7910 选择 1 曲线相对于建立的选择 2 曲线保守度较大时，选择 3 曲线更贴近该材料实际结构性能；对于建立的选择 2 曲线比较接近 BS7910 选择 1 曲线时或者未能建立选择 2 曲线时，推荐采用偏安全的选择 1FAC，可以表示为：

$$f(L_r) = \begin{cases} \left(1+0.5L_r^2\right)^{-1/2}\left[0.3+0.7\exp\left(-\mu L_r^6\right)\right],(L_r \leqslant 1) \\ f(1)L_r^{(N-1)/2N}, \quad (1<L_r<L_{r,max}) \\ 0,(L_r \geqslant L_{r,max}) \end{cases}$$

式中，$L_{r(max)}=(\sigma_y+\sigma_u)/2\sigma_y$，$\sigma_y$ 为屈服强度，σ_u 为抗拉强度。

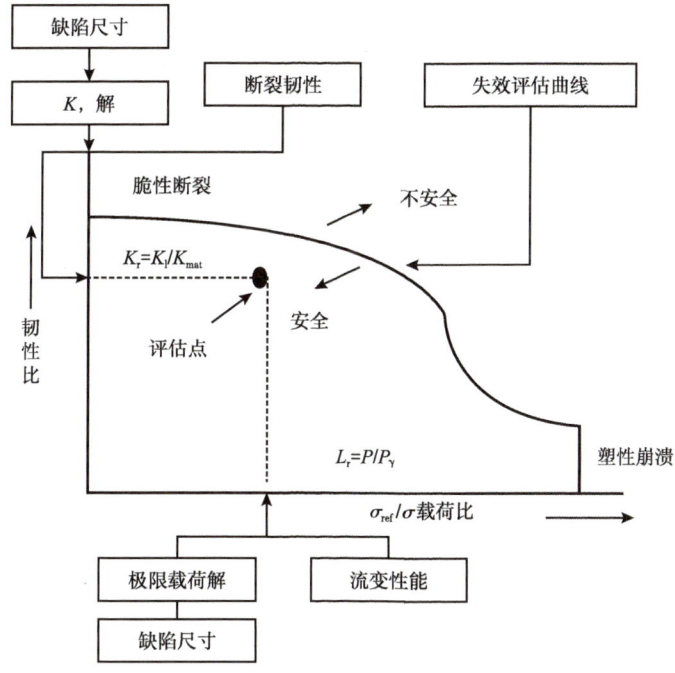

图 3.2.12　失效评估图示意图

3.2.4.3.2 缺陷尺寸

目前，中国针对大口径长输管道常用的焊接方法有自动焊、半自动焊及手工电弧焊3种。该工程根据不同的地形条件选用不同的焊接方式：对于地形平坦地段，主线路环焊缝焊接采用自动焊；对于地形起伏频繁地段，主线路环焊缝焊接采用半自动焊；手工焊则主要用于连头和返修工序中。

对于全自动焊焊接的环焊缝进行100%全自动超声波检测，无损检测验收根据GB/T 50818—2013《石油天然气管道工程全自动超声波检测技术规范》；对于半自动焊焊接的环焊缝进行100%射线检测，射线检测执行SY/T 4109—2013《石油天然气钢质管道无损检测》要求，Ⅱ级及Ⅱ级以上为合格。

管道环焊缝缺欠按类型可以分为体积型缺欠和平面型缺欠两类。体积型缺欠主要包括夹渣、气孔、表面凹坑等，平面型缺欠则主要包括裂纹、未熔合、未焊透及存在尖锐夹角的咬边等。其中，平面型缺欠更容易造成环缝断裂失效。

结合规范中对缺欠尺寸的判定标准，忽略相邻缺欠之间的间隙，将相邻的多个小缺欠视为一个较大的缺欠，同时考虑到缺欠测量的误差因素等，假定计算采用的管道环焊缝临界缺欠按环焊缝表面裂纹型缺欠考虑，单个缺陷长度最大不超过25mm，因此在计算缺陷容限时，将等效裂纹长度设定为25mm，将缺陷深度设置为变量，对不同深度的缺陷进行评估，从而计算不超过失效评估曲线的极限深度。

3.2.4.3.3 K_r 和 L_r 的计算

在对缺陷进行评估时，K_r 的计算按下式进行：

$$K_r = \frac{K_I^P + V K_I^S}{K_{mat}}$$

式中：K_{mat} 为钢管的断裂韧性，计算主要应力引起的应力强度因子 K_I^P 和二次应力引起的应力强度因子 K_I^S，K_I^P 和 K_I^S 的值若为负值时取0，裂纹型缺陷应力强度因子 K_I 的计算方法如下：

轴向内表面半椭圆裂纹的应力强度因子 K_I 的表达式为：

$$K = \frac{pR_0^2}{R_0^2 - R_i^2}\left[2G_0 - 2G_1\left(\frac{a}{R_i}\right) + 3G_2\left(\frac{a}{R_i}\right)^2 - 4G_3\left(\frac{a}{R_i}\right)^3 + 5G_4\left(\frac{a}{R_i}\right)^4\right]\sqrt{\frac{\pi a}{Q}}$$

轴向外表面半椭圆裂纹的应力强度因子 K_I 的表达式为：

$$K = \frac{pR_i^2}{R_0^2 - R_i^2}\left[2G_0 + 2G_1\left(\frac{a}{R_0}\right) + 3G_2\left(\frac{a}{R_0}\right)^2 + 4G_3\left(\frac{a}{R_0}\right)^3 + 5G_4\left(\frac{a}{R_0}\right)^4\right]\sqrt{\frac{\pi a}{Q}}$$

其中

$$G_0 = A_{0,0} + A_{1,0}\beta + A_{2,0}\beta^2 + A_{3,0}\beta^3 + A_{4,0}\beta^4 + A_{5,0}\beta^5 + A_{6,0}\beta^6$$

$$G_1 = A_{0,1} + A_{1,1}\beta + A_{2,1}\beta^2 + A_{3,1}\beta^3 + A_{4,1}\beta^4 + A_{5,1}\beta^5 + A_{6,1}\beta^6$$

A_{ij} 的数值可以根据 API 579-1（2007）表 C.12 和表 C.13 中数据确定（内外表面，A_{ij} 的值不相同）$\beta = \dfrac{2\phi}{\pi}$。

$$G_2 = \dfrac{\sqrt{2Q}}{\pi}\left(\dfrac{16}{15} + \dfrac{1}{3}M_1 + \dfrac{16}{105}M_2 + \dfrac{1}{12}M_3\right)$$

$$G_3 = \dfrac{\sqrt{2Q}}{\pi}\left(\dfrac{32}{35} + \dfrac{1}{4}M_1 + \dfrac{32}{315}M_2 + \dfrac{1}{20}M_3\right)$$

$$G_4 = \dfrac{\sqrt{2Q}}{\pi}\left(\dfrac{256}{315} + \dfrac{1}{5}M_1 + \dfrac{256}{3465}M_2 + \dfrac{1}{30}M_3\right)$$

式中，$M_1 = \dfrac{2\pi}{\sqrt{2Q}}(3G_1 - G_0) - \dfrac{24}{5}$；$M_2 = 3$；$M_3 = \dfrac{6\pi}{\sqrt{2Q}}(G_0 - 3G_1) + \dfrac{8}{5}$。

当 $a/c \leqslant 1.0$，$Q = 1.0 + 1.464\left(\dfrac{a}{c}\right)^{1.65}$

当 $a/c > 1.0$，$Q = 1.0 + 1.464\left(\dfrac{c}{a}\right)^{1.65}$

条件限制：
（1）$0 \leqslant a/t \leqslant 0.8$；
（2）$a/c \leqslant 2.0$；
（3）$0 \leqslant \phi \leqslant \pi$；
（4）$0 \leqslant t/R_i \leqslant 1.0$。

在对缺陷进行评估时，L_r 的计算按下式进行：

$$L_r = \dfrac{P}{P_L(a, \sigma_y)} = \dfrac{\sigma_{\text{ref}}}{\sigma_y}$$

式中　σ_{ref}——参比应力；
　　　σ——材料的屈服强度。

纵向半椭圆形表面裂纹的参考应力 σ_{ref} 解如下式：

$$\sigma_{\text{ref}} = \dfrac{gP_b + \left\{(gP_b)^2 + 9\left[M_s P_m (1-\alpha)^2\right]^2\right\}^{0.5}}{3(1-\alpha)^2}$$

其中

$$g = 1 - 20\left(\dfrac{a}{2c}\right)^{0.75}\alpha^3$$

$$\alpha = \frac{\dfrac{a}{t}}{1+\dfrac{t}{c}}$$

3.2.4.3.4　极限裂纹尺寸

按照 SY/T 6477 标准中的裂纹缺陷的评定方法，在寻找裂纹极限过程中，依照失效评估曲线的结果评定原则，即裂纹缺陷评估点落在失效评估曲线以下认为可接受（图 3.2.13）。

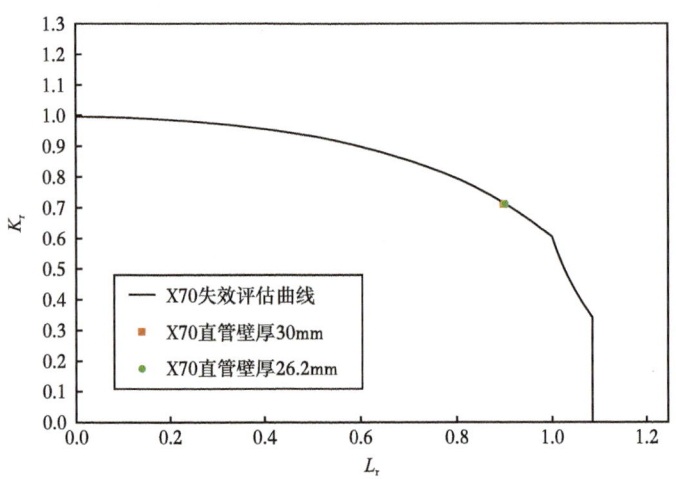

图 3.2.13　极限裂纹尺寸评定图

3.2.4.3.5　裂纹剩余寿命模型

综合裂纹扩展速率和极限裂纹尺寸，建立预测模型，H_{max} 的计算依据 SY/T 6477 标准，按照前文流程进行裂纹适用性评价，获得的极限裂纹尺寸。

$$t = \frac{h_{max} - h_{test}}{v}$$

式中　t——剩余寿命，h；

　　　h_{max}——极限裂纹尺寸，mm；

　　　h_{test}——裂纹实测高度，mm；

　　　v——裂纹扩展速率，mm/h。

在取值时，需注意如下事项：

（1）当裂纹为内/外表面裂纹时，取裂纹自身高度；当裂纹为近内/外表面埋藏裂纹时，取内/外表面至裂纹外/内端的总高度；当裂纹为近壁厚中心埋藏裂纹时，取裂纹自身高度。

（2）当裂纹为内/外表面裂纹、近内/外表面埋藏裂纹时，裂纹扩展速率 v 取第 2 章试验结果实测值，即 A 种环焊缝 0.307μm/h（振幅 ~40g），B 种环焊缝 0.1675μm/h（振幅 ~2g）；当裂纹为近壁厚中心埋藏裂纹时，v 取双倍实测值。

3.2.4.4 压缩机出口环焊缝风险排序方法

建立指标体系,见表 3.2.1。风险按照如下公式开展:

$$P=P_1+P_2+P_3=P_{11}+P_{12}+P_{21}+P_{22}+P_{23}+P_{24}+P_{25}+P_{26}+P_{31}+P_{32}$$

式中 P——风险值。

表 3.2.1 压缩机进出口管线环焊缝风险评价指标体系

一级指标	二级指标及权重	二级指标	分值
焊缝结构及缺陷 P_1（30）	P_{11} 环焊缝结构及壁厚变化情况（20）	管件（弯头、三通、大小头等）	20
		弯管	10
		直管（变壁厚）	5
		直管（等壁厚）	0
	P_{12} 焊缝缺陷检测情况（10）	根部危害性缺陷（未熔合、未焊透、裂纹）	10
		一般根部缺陷（咬边、内凹）	7
		体积型	3
		无缺陷	0
载荷及振动 P_2（60）	P_{21} 距离压缩机出口的位置（20）	距离压缩机出口较近（第 1 个支撑墩之内）	20
		距离压缩机出口近（第 1~2 个支撑墩之间）	14
		距离压缩机出口远（第 2~3 个支撑墩之间）	7
		距离压缩机出口较远（第 3 个支撑墩之外）	0
	P_{22} 运行压力波动情况（最大/最小）（10）	压力波动不小于10%,次数多	10
		压力波动小于10%,次数多	5
		平稳或相对平稳	0
	P_{23} 沉降情况（5）	有沉降	5
		未知	2
		无沉降	0
	P_{24} 管体最低可能温度（10）	$T \leq -30$	10
		$-30 < T \leq -10$	7
		$-10 < T \leq 0$	3
		$T \geq 0$	0
	P_{25} 年停机次数（5）	次数 > 6 次	5
		3 < 次数 ≤ 6	3
		1 < 次数 ≤ 3	1
		次数 ≤ 1	0
	P_{26} 振动检测情况（10）	开展过振动检测,振动频率、加速度较大	10
		未开展过振动检测	5
		开展过振动检测,振动频率、加速度较小	0
阻尼减缓 P_3（10）	P_{31} 是否有阻尼减缓（5）	无	5
		有	0
	P_{32} 与有效固定管卡距离（5）	距离 > 1m	5
		0.5m < 距离 ≤ 1m	2
		距离 ≤ 0.5m	0

3.2.4.5 模拟应用

3.2.4.5.1 疲劳寿命预测模型应用

某环焊缝与 A 种环焊缝类型相同,振幅接近,初始裂纹长度为 1.5mm,振幅 15g,其振动疲劳寿命计算为:

$$y=0.00713x+0.03255=0.1395\mu m/h$$

$$t = \frac{h_{max} - h_{test}}{v} = \frac{6.8 - 1.5}{0.1395 \times 10^{-3}} = 37992h = 1583d$$

3.2.4.5.2 疲劳寿命预测模型应用

以榆林压气站 5 为例,对风险排序方法进行了应用。使用表 1 的指标体系对 99 道环焊缝进行打分,结果见表 3.2.2。对结果进行统计,结果见表 3.2.3,分析可知风险排序较高的 22 道环焊缝中,P21 距离压缩机出口的位置、P26 振动检测情况、P32 与有效固定管卡距离是导致其风险较高的主要因素。18 道高风险里,变壁厚占比 100%,18 道高风险位于压缩机附近 10 道焊口范围,出口第一、二个法兰处风险最高,距离压缩机较远焊口风险较低(表 3.2.3)。

表 3.2.2 榆林站 DY405 压缩机区环焊缝风险评价打分排序

序号	焊缝结构及缺陷 P_1		载荷及振动 P_2						阻尼减缓 P_3		总分
	P_{11} 环焊缝结构及壁厚变化(20)	P_{12} 焊缝缺陷检测情况(10)	P_{21} 距离压缩机出口的位置(20)	P_{22} 运行压力波动情况(最大/最小)(10)	P_{23} 沉降情况(5)	P_{24} 管体最低可能温度(10)	P_{25} 年停机次数(5)	P_{26} 振动检测情况(10)	P_{31} 是否有阻尼减缓(5)	P_{32} 与有效固定管卡距离(5)	
1	20	0	20	0	0	0	3	10	5	5	63
2	20	0	20	0	0	0	3	10	5	5	63
12	20	0	20	0	0	0	3	10	5	5	63
3	20	0	20	0	0	0	3	10	5	2	60
13	20	0	20	0	0	0	3	5	5	5	58
14	20	0	20	0	0	0	3	5	5	5	58
6	20	0	14	0	0	0	3	10	5	5	57
17	20	0	14	0	0	0	3	10	5	5	57
5	20	0	14	0	0	0	3	5	5	5	52
7~9	20	0	14	0	0	0	3	5	5	5	52
10	20	0	14	0	0	0	3	5	5	5	52
16	20	0	14	0	0	0	3	5	5	5	52
18~20	20	0	14	0	0	0	3	5	5	5	52

续表

序号	焊缝结构及缺陷 P_1		载荷及振动 P_2						阻尼减缓 P_3		总分
	P_{11} 环焊缝结构及壁厚变化（20）	P_{12} 焊缝缺陷检测情况（10）	P_{21} 距离压缩机出口的位置（20）	P_{22} 运行压力波动情况（最大/最小）（10）	P_{23} 沉降情况（5）	P_{24} 管体最低可能温度（10）	P_{25} 年停机次数（5）	P_{26} 振动检测情况（10）	P_{31} 是否有阻尼减缓（5）	P_{32} 与有效固定管卡距离（5）	
21	20	0	14	0	0	0	3	5	5	5	52
22	20	0	14	0	0	0	3	5	5	2	49
4	20	0	14	0	0	0	3	5	5	0	47
11	20	0	14	0	0	0	3	5	5	0	47
15	20	0	14	0	0	0	3	5	5	0	47
24	20	0	7	0	0	0	3	5	5	5	45
25	20	0	7	0	0	0	3	5	5	5	45
26~31	20	0	7	0	0	0	3	5	5	5	45
32~33	20	0	7	0	0	0	3	5	5	5	45
34~36	20	0	7	0	0	0	3	5	5	5	45
23	20	0	7	0	0	0	3	5	5	2	42
37	20	0	7	0	0	0	3	5	5	0	40
41~45	20	0	0	0	0	0	3	5	5	5	38
48~49	20	0	0	0	0	0	3	5	5	5	38
50~53	20	0	0	0	0	0	3	5	5	5	38
54~56	20	0	0	0	0	0	3	5	5	5	38
58	20	0	0	0	0	0	3	5	5	5	38
61	20	0	0	0	0	0	3	5	5	5	38
64~65	20	0	0	0	0	0	3	5	5	5	38
69~74	20	0	0	0	0	0	3	5	5	5	38
79~80	20	0	0	0	0	0	3	5	5	5	38
81	20	0	0	0	0	0	3	5	5	5	38
84~85	20	0	0	0	0	0	3	5	5	5	38
86	20	0	0	0	0	0	3	5	5	5	38
88	20	0	0	0	0	0	3	5	5	5	38
92~99	20	0	0	0	0	0	3	5	5	5	38

续表

序号	焊缝结构及缺陷 P_1		P_{21} 距离压缩机出口的位置（20）	载荷及振动 P_2					阻尼减缓 P_3		总分
	P_{11} 环焊缝结构及壁厚变化（20）	P_{12} 焊缝缺陷检测情况（10）		P_{22} 运行压力波动情况（最大/最小）（10）	P_{23} 沉降情况（5）	P_{24} 管体最低可能温度（10）	P_{25} 年停机次数（5）	P_{26} 振动检测情况（10）	P_{31} 是否有阻尼减缓（5）	P_{32} 与有效固定管卡距离（5）	
39~40	20	0	0	0	0	0	3	5	5	2	35
57	20	0	0	0	0	0	3	5	5	2	35
59	20	0	0	0	0	0	3	5	5	2	35
60	20	0	0	0	0	0	3	5	5	2	35
63	20	0	0	0	0	0	3	5	5	2	35
66~67	20	0	0	0	0	0	3	5	5	2	35
68	20	0	0	0	0	0	3	5	5	2	35
75	20	0	0	0	0	0	3	5	5	2	35
83	20	0	0	0	0	0	3	5	5	2	35
87	20	0	0	0	0	0	3	5	5	2	35
89	20	0	0	0	0	0	3	5	5	2	35
90	20	0	0	0	0	0	3	5	5	2	35
91	20	0	0	0	0	0	3	5	5	2	35
38	20	0	0	0	0	0	3	5	5	0	33
46	20	0	0	0	0	0	3	5	5	0	33
47	20	0	0	0	0	0	3	5	5	0	33
62	20	0	0	0	0	0	3	5	5	0	33
76~77	20	0	0	0	0	0	3	5	5	0	33
78	20	0	0	0	0	0	3	5	5	0	33
82	20	0	0	0	0	0	3	5	5	0	33

表 3.2.3　风险评估应用结果

序号	风险分值	风险等级	焊口数量
1	$P \geqslant 50$	高风险	18
2	$40 \leqslant P < 50$	中风险	19
3	$P < 40$	低风险	62

3.2.5 应用效果

目前,对于压缩机进出口管道含缺陷环焊缝的剩余寿命预测尚无可用技术,一旦发现裂纹需立即停产更换,在冬季保供时期等特殊情况下,生产压力大,不具备换管维修条件,通常采用对缺陷适用性评价的方法掌握含缺陷管道的适用性,其有几个弊端:第一,适用性评价仅能掌握裂纹当前的状态,无法预测裂纹发展趋势,安全管理无据可依;第二,立即换管影响产生计划、经济损失巨大;第三,动火焊接带来了维修的次生风险,给安全运营带来了极大的风险。

本技术可以科学预测含裂纹环焊缝的剩余寿命。即可以在未发现裂纹前针对具体结构建立精准预测模型,又可以在发现裂纹后采用推荐参数立即计算结果,兼顾了易用性和实用性,可为非严重缺陷和剩余寿命较长缺陷的处置从立即停机换管变为计划维修提供理论依据,在降本增效方面效果显著。

该技术为天然气站场内压缩机振动所影响焊缝的疲劳寿命预测,具有高度的普适性,还可以推广到陕京管线、西气东输等国内主要干支线站场中推广应用,压气站数量庞大,经济和社会效益潜力巨大。

3.3 基于润滑油在线监测的滑油寿命评估及预警技术

3.3.1 技术背景

国内工业企业设备的润滑油检测大多遵循设备厂家给出的周期来执行,但该周期一般是厂家根据最严苛的工况条件设定,但在实际使用中远不到该工况条件,而且设备的润滑情况不同也导致油品的剩余寿命也各有差异,如果统一按该换油周期执行,难免会造成设备油品的过渡维护,造成资源的浪费。根据近一段时间压缩机润滑油监测的情况看,很多到了换油周期的压缩机润滑油油质依然保持较好,完全达到继续使用的要求。

更换下的油品一方面增加了大量维护工作量和用油成本,另一方面还会带来废油处理的问题,尤其根据2016年8月1日新修订的《中华人民共和国固体废物污染环境防治法》,工业废弃润滑油列入了"国家危险废物名录"中"HW08 废矿物油与含矿物油废物非特定行业类",明确废弃润滑油需要找有资质的机构回收处理,这些废油的处理还需要找特殊机构回收,并需要支付相应费用,因此采取科学的方法找到压缩机润滑油合理的换油周期及建立滑油性能指标预警机制成为我们亟须解决的问题。

润滑油在使用过程中由于工况条件如温度、负载、外界污染等的影响,会发生老化、变质进而其特定使用性能如耐磨性能、抗泡沫、抗乳化性能等也不再能满足使用要求,或者还会进一步引起设备腐蚀、磨损等负面效应。因此,需要对特定油液在特定工况下的性能进行分析,并对其剩余寿命进行评估,针对性研究会使得工作量十分庞大。

3.3.2 技术简介

目前已知关于油品寿命预测方法主要包括依据具某个油品中具体某个或几个指标如氧

化安定性，总酸值等项目，结合红外光谱、油斑图像或 R.E.Kauffman 的润滑寿命计算方法，计算剩余寿命，但由于各类润滑油劣化监测数据由于环境工况的不同，采用一个或几个维度的诊断的方法通常具有缺失性和片面性，且许多传统的诊断方法缺乏理论依据。基于大数据驱动的油品寿命评估和衰变临界值判定相比模糊诊断和拐点判断方法具有科学性。针对各类润滑油监测数据的不同特点，搜集设备润滑磨合期、平稳期、潜在故障期的监测数据，项目首先采集油品的黏度、酸值、水分、污染度、Fe、Cu、Pb 及 Sn 等检测值，针对不同的设备或油品选取关键因子的检测指标作为数据库标签，建立寿命预测模型的样本数据集，数据集的处理首先应针对不同的油品类型、设备类型等进行分类，并进行统计分析得到各类数据的统计特征及分布规律，特殊案例数据另做存储；后筛选对油品整体影响较大的数据属性，剔除影响相对较小的因子，方法如 PCA（主成分分析）、关联性分析或回归分析等，技术路线如图 3.3.1 所示；最后尝试构建润滑油劣化模型如图 3.3.2 所示，然后对各个模型的应用特点击场景进行应用及推理，从而确定计算润滑油劣化临界值及换油周期的方法，同时搜集并研究了润滑油劣化与设备故障机理之间的关系，为实现智能预警诊断提供了相关依据。

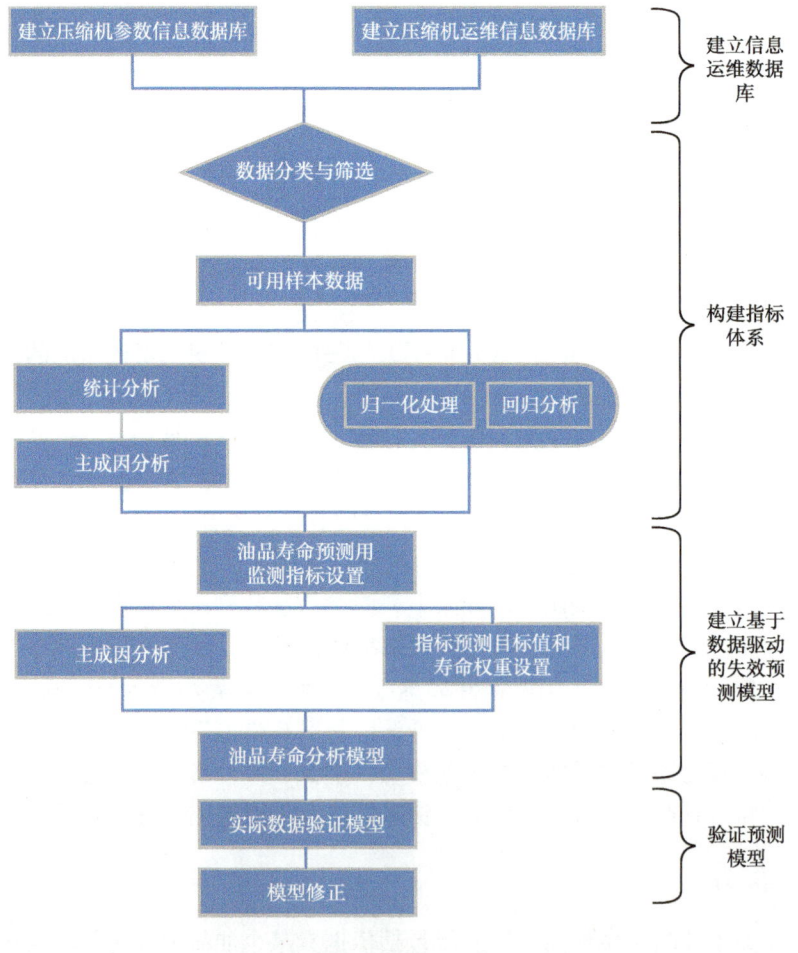

图 3.3.1　技术路线

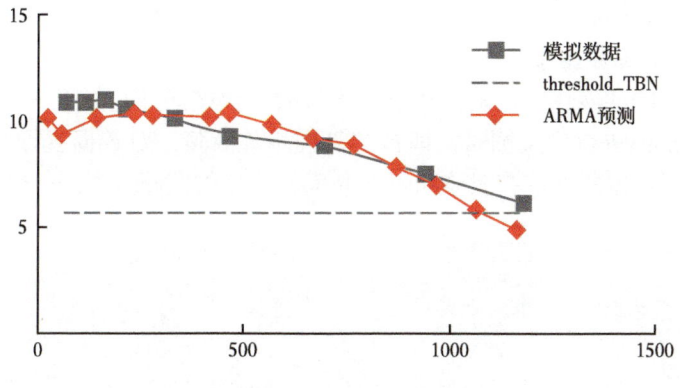

图 3.3.2　润滑油劣化模型

3.3.3　主要创新点

润滑油寿命评估技术是基于润滑油在线监测数据及离线检测数据的基础上对润滑油各项性能指标进行了统计分析、相关性分析。首先通过在线、离线数据的分布特征计算出润滑油的劣化界限值，再通过劣化模型计算出各项指标的理论寿命，最后结合各项性能指标在劣化中的权重，完成了润滑油寿命的评估；并结合润滑油劣化与设备故障机理的关系初步确定了故障预警的算法。该技术的创新点体现如下：

（1）实现了基于监测数据润滑油理论寿命的可视化；

（2）初步确定了基于滑油监测数据的故障预警算法。

3.3.4　技术方法及现场验证

3.3.4.1　实验室研究工作

3.3.4.1.1　构建模型

设计采用机器学习预测模型、时间序列模型等方法作为失效预测模型（可根据实际检测数据情况选择具体模型，如长短时记忆循环神经网络模型（Long Short Term Memory Network，简称LSTM）或自回归滑动平均模型（Auto Regression Moving Model，简称ARMA），并在实际模型形成构建中对其进行调整与完善。

3.3.4.1.2　预测各指标理论寿命

在获取各项压缩机油检测指标预测结果及达到相应界限值运行时间的基础上，确定各指标理论寿命值；

3.3.4.1.3　构建指标权重

某项指标对压缩机油失效影响程度的大小，主要是依据对油品劣化的影响、处理的难易程度和对压缩机油使用性能的影响，构建指标权重；

3.3.4.1.4　计算油液失效时间

再依据该权重因子算出该项指标的最终失效运行时间，最后取 2~4 项主成因指标运行时间的平均值作为油液的失效运行时间值。

3.3.4.1.5　同类设备特征库预测模型类比

根据同类已有故障设备的润滑油劣化规律及发展趋势与压缩机组润滑油劣化规律及发

展趋势类比，总结其相似程度为压缩机组故障预测算法提供数据支撑。

3.3.4.2 台架模拟故障数据诊断分析

基于试验台架的油液在线监测仪传感器模拟故障数据的试验如图3.3.3所示。对黏度、水活性、污染度指标进行台架测试，模拟与复现相关故障，对数据进行监测与诊断分析。对连接在相同监测点位的油液在线监测仪和黏度传感器的监测数据进行研判。

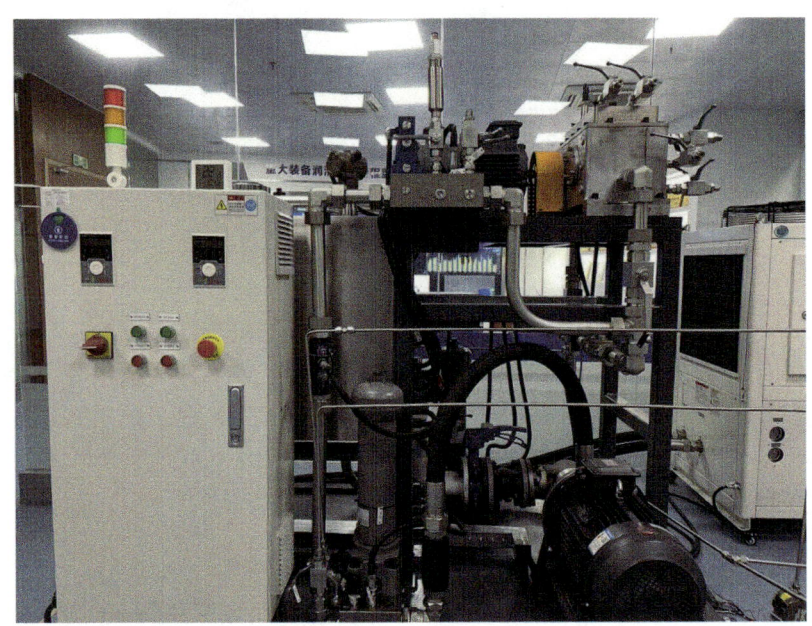

图3.3.3 台架故障模拟

3.3.4.2.1 模拟混油故障数据对比分析

以山西段阳曲站为例如图3.3.4所示，机组为DY3402压缩机，所用油品为美孚DTE 746 46# 汽轮机油，加入一定比例低黏度硅油，离线检测结果为25.51Cst，低于ISO VG 46# 标准。在线监测数据表明可以监测到黏度异常数据，误差处于离线数据的10%以内。

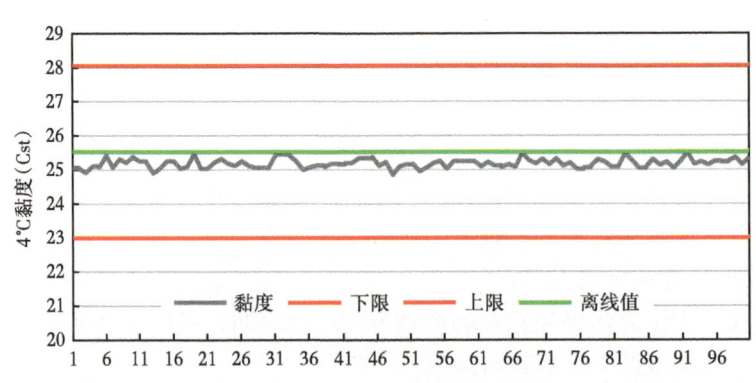

图3.3.4 混油故障数据对比分析

3.3.4.2.2 模拟进水故障数据对比分析

以山西段阳曲站为例如图 3.3.5 所示,机组为 DY3402 压缩机,所用油品为美孚 DTE 746 46# 汽轮机油,监测开始后,加入一定量试验用水,离线检测结果为 163ppm,高于 ISO VG 46# 标准。在线监测数据表明可以监测到水分偏高数据。

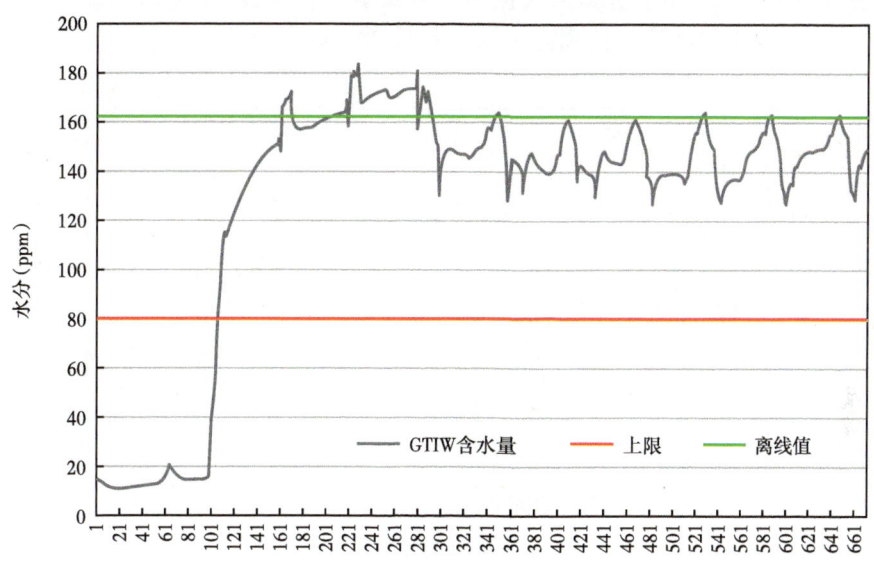

图 3.3.5　进水故障数据对比分析

3.3.4.2.3 模拟污染颗粒侵入故障数据诊断分析

以山西段阳曲站为例(图 3.3.6 所示),机组为 DY3402 压缩机,所用油品为美孚 DTE 746 46# 汽轮机油,监测开始后,加入一定量 Si 粉,试验结束后,送检离线,检测结果为 12 级。在线监测数据表明可以监测到污染颗粒侵入的情况。

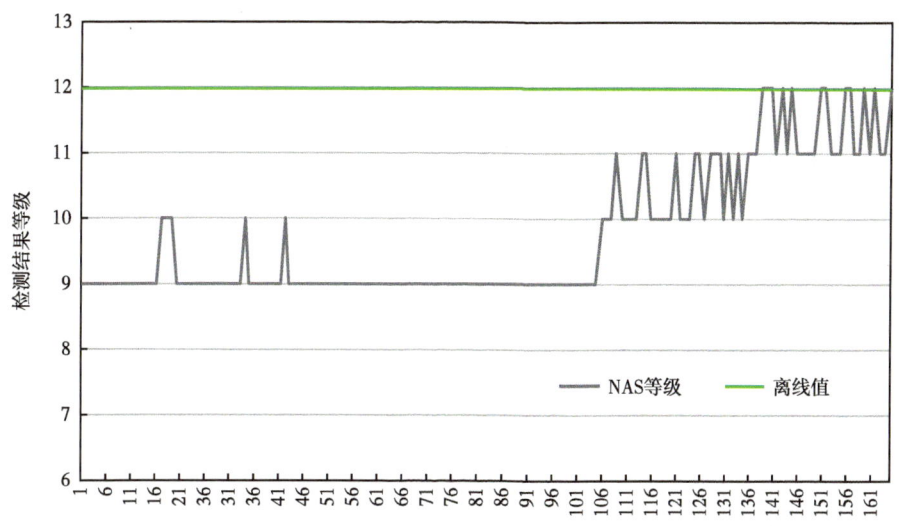

图 3.3.6　污染颗粒侵入故障数据诊断分析

3.3.4.3 现场验证

3.3.4.3.1 在线数据理论寿命计算

以下理论寿命计算时间为 2022 年 12 月 30 日以前的计算结果，因在线数据为动态数据，为避免因数据变化引起的误差，寿命延长显示限制在 4 个月以内。

黏度变化平稳如图 3.3.7 所示，根据历史数据分析，阳曲 2# 压缩机油品若继续使用 2624h（32.8%），黏度仍在正常范围内，即可延长 32.8%。

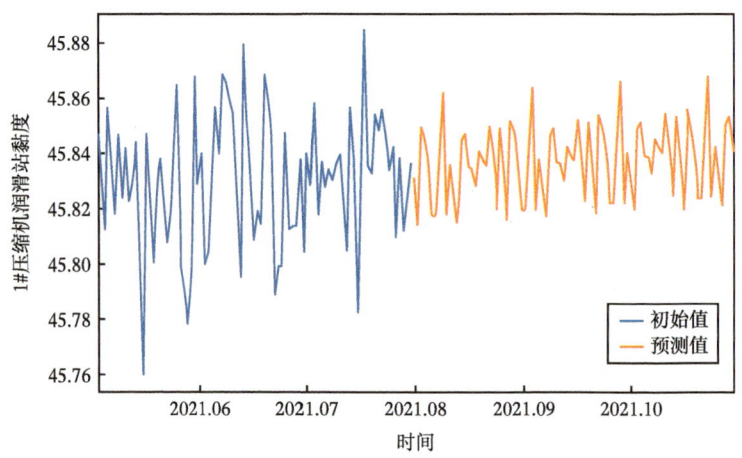

图 3.3.7　阳曲 2# 压缩机黏度预测数据变化情况

含水量变化平稳如图 3.3.8 所示，根据历史数据分析，阳曲 2# 压缩机油品若继续使用 2600h（32.5%），含水量仍在正常范围内，即可延长 32.5%。

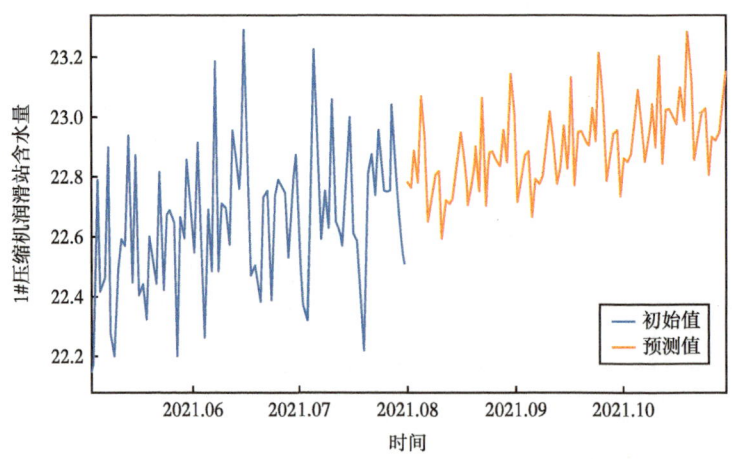

图 3.3.8　阳曲 2# 压缩机含水量预测数据变化情况

污染度等级变化稳定如图 3.3.9 所示，根据历史数据分析，阳曲 2# 压缩机油品若继续使用 2760h（34.5%），污染度等级仍在正常范围内，即可延长 34.5%。

机械设备技术

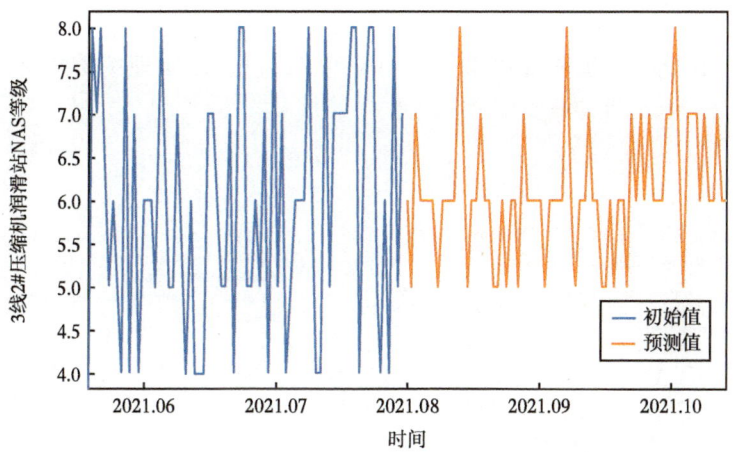

图 3.3.9 阳曲 2# 压缩机污染度等级（NAS）预测数据变化情况

3.3.4.3.2 离线报告

根据离线报告显示如图 3.3.10 所示，阳曲 2# 机组润滑油已经运行到 11991.5h，润滑油各项指标均在有效范围内，可继续使用。

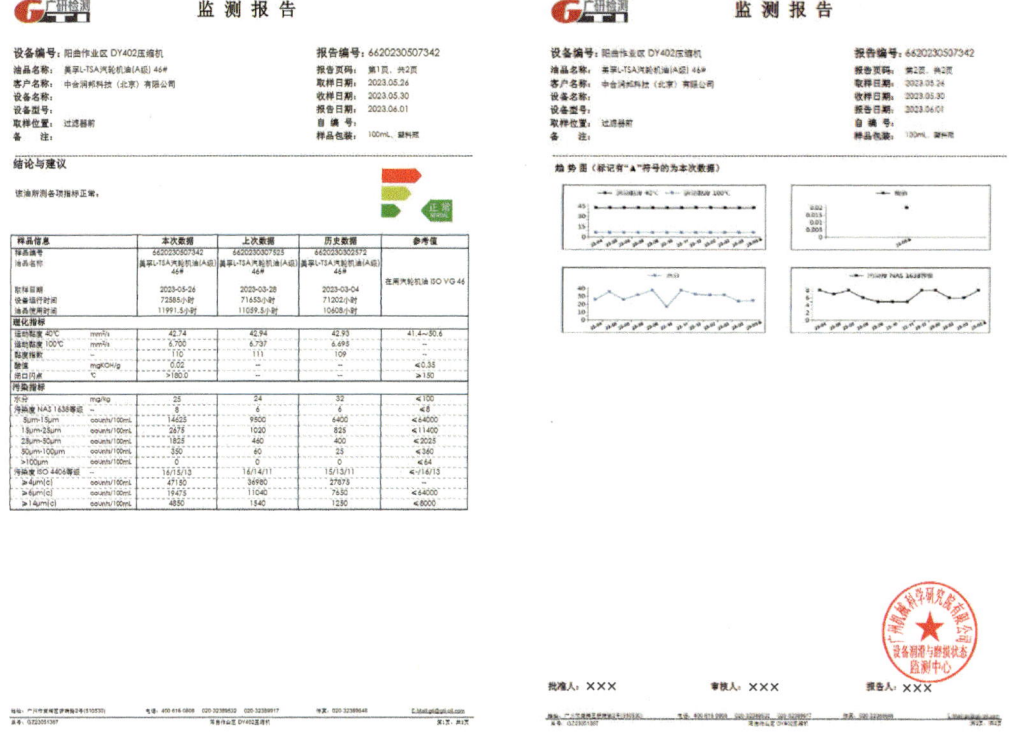

图 3.3.10 阳曲 2# 机组离线报告结果

3.3.5 应用效果

该技术已经在北京管道压缩机组上成功应用，现已逐步实现按质换油目标如图 3.3.11 所示。

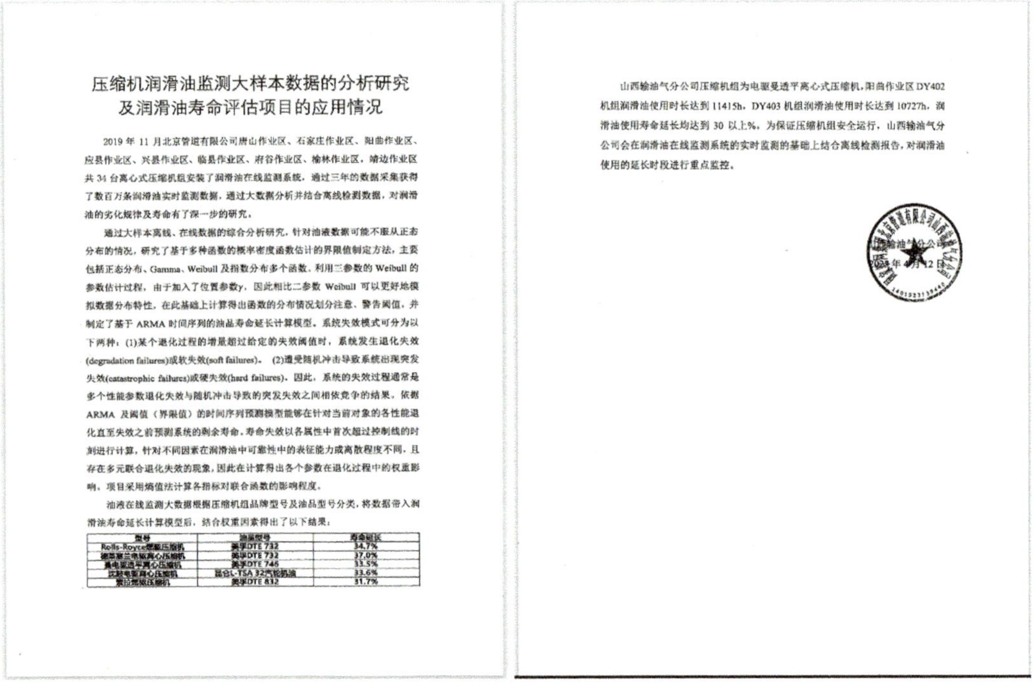

压缩机润滑油监测大样本数据的分析研究
及润滑油寿命评估项目的应用情况

2019 年 11 月北京管道有限公司唐山作业区、石家庄作业区、阳曲作业区、应县作业区、兴县作业区、临县作业区、府谷作业区、榆林作业区，靖边作业区共 34 台离心式压缩机组安装了润滑油在线监测系统，通过三年的数据采集获得了数百万条润滑油实时监测数据，通过大数据分析并结合离线检测数据，对润滑油的劣化规律及寿命有了深一步的研究。

通过大样本离线、在线数据的综合分析研究，针对油液数据可能不服从正态分布的情况，研究了基于多种函数的概率密度函数估计的界限值制定方法，主要包括正态分布、Gamma、Weibull 及指数分布多个函数。利用三参数的 Weibull 的参数估计过程，由于加入了位置参数γ，因此相比二参数 Weibull 可以更好地模拟数据分布特性，在此基础上计算得出函数的分布情况划分注意、警告阈值，并制定了基于 ARMA 时间序列的油品寿命延长计算模型。系统失效模式可分为以下两种：(1)某个退化过程的增量超过给定的失效阈值时，系统发生退化失效(degradation failures)或软失效(soft failures)。 (2)遭受随机冲击导致系统出现突发失效(catastrophic failures)或硬失效(hard failures)。因此，系统的失效过程通常是多个性能参数退化失效与随机冲击导致的突发失效之间相依竞争的结果，依据 ARMA 及阈值（界限值）的时间序列预测模型能够在针对当前对象的各性能退化直至失效之前预测系统的剩余寿命。寿命失效以各属性中首次超过控制线的时刻进行计算，针对不同因素在润滑油中可靠性中的表征能力或离散程度不同，且存在多元联合退化失效的现象，因此在计算得出各个参数在退化过程中的权重影响。项目采用熵值法计算各指标对联合函数的影响程度。

油液在线监测大数据根据压缩机组品牌型号及油品型号分类，将数据带入润滑油寿命延长计算模型后，结合权重因素得出了以下结果：

型号	油品型号	寿命延长
Rolls-Royce燃驱压缩机	美孚DTE 732	34.7%
德莱塞兰电驱离心压缩机	美孚DTE 732	37.0%
曼电驱透平离心压缩机	美孚DTE 746	33.5%
沈鼓电驱离心压缩机	昆仑L-TSA 32汽轮机油	33.6%
索拉燃驱压缩机	美孚DTE 832	31.7%

山西输油气分公司压缩机组为电驱曼透平离心式压缩机，阳曲作业区 DY402 机组润滑油使用时长达到 11415h，DY403 机组润滑油使用时长达到 10727h，润滑油使用寿命延长均达到 30 以上%，为保证压缩机组安全运行，山西输油气分公司会在润滑油在线监测系统的实时监测的基础上结合离线检测报告，对润滑油使用的延长时段进行重点监控。

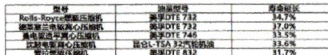

图 3.3.11 山西输油气分公司应用情况

3.4 压气站电机和高压电缆局部放电检测综合分析技术

3.4.1 技术背景

压气站的主要用电气设备为压缩机组，重点关注对象主要包含高压电气设备（大功率电机及其相连电缆）的主辅设备。一旦压缩机组故障停机，将会造成压气站压力降低，影响管网正常输气任务。所以，能够及时准确地对设备状态进行诊断与评价，是实施状态检修的前提与基础，可以降低突发故障风险，提高检修效率。目前的压气站检修和运维体系缺乏对高压变频电机及相连高压电缆局部放电检测手段。

3.4.2 技术简介

3.4.2.1 高压变频电机局部放电的检测方法

定子绕组的绝缘问题占电机事故的 40% 左右，发电机在热应力，电应力，机械应力下，绕组会发生局部放电现象，从而导致绝缘老化，绕组松动等电机故障，如果不及时采取措施，将会进一步导致电机定子绕组损坏，减少电机的使用寿命。

压气站所用变频电机的频率为 80Hz，与大容量变频系统通过高压电缆连接，变频器的逆变器大多采用 PWM 技术，当其处于开关模式并做高速切换时，会产生大量耦合性噪声。变频器运行时产生的高次谐波会对局部放电监测产生干扰。

检测方法和硬件选型需要严格遵照局部放电发生原理，选择可有效测量绝缘缺陷的测试技术，同时兼顾压气站电机工作环境等与电气绝缘相关的技术因素。系统硬件从产品选型和安装位置上确保局部放电数据采集的安全，有效与合理性。80pF 环氧云母耦合器，可保证耦合器安装在电机高压出线端的绝对安全性，同时确保局部放电信号的高信噪比。

高压变频电机高频短时上升脉冲信号，这些冲击电压的频率成分与局部放电脉冲非常相似，使得局部放电信号非常容易湮没在电子开关器件的"噪声"中，需要研究变频干扰信号过滤方法（图 3.4.1）。

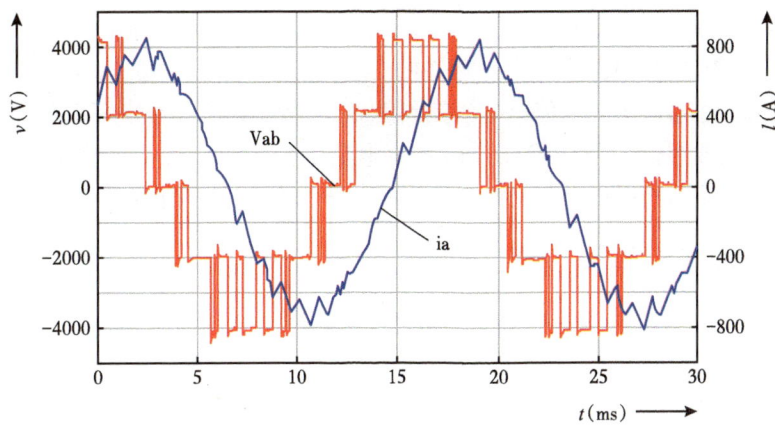

图 3.4.1　冲击电压

对于变频驱动电机局部放电安装，每台电机安装四颗耦合器，一个耦合器作为参考信号源，作为外部参考回路此信号源不作为局部放电信号源，如图 3.4.2 所示。

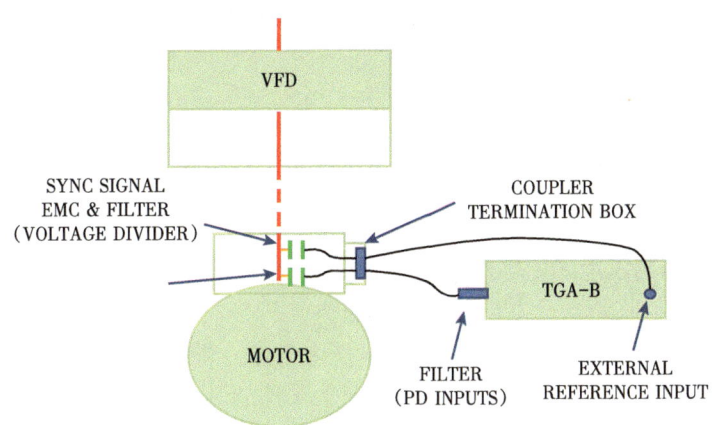

图 3.4.2　耦合电容器安装示意图

3.4.2.2 电缆局部放电的检测方法

采用高频 CT、AE 超声波和特高频三种监测方法进行数据采集,分析局部放电幅值分布特性和频谱特性。

(1)超声波法:对信号的传播方向性非常敏感,传感器采集各方向的超声波信号,容易受到外界电磁信号干扰,传感器本身无法区分超声局部放电信号和干扰信号,适合作为辅助手段监测电缆局部放电。

(2)特高频法:特高频检测法的关键技术是特高频传感器及其灵敏度。特高频传感器需要有良好的频率响应特性、较高的检测灵敏度才能保证现场检测的有效性。

(3)高频 CT 法:将罗戈夫斯基线圈放在电缆终端或连接头上,穿过电屏蔽层的接地线,通过感应流过电缆屏蔽层的局部放电脉冲电流来检测局部放电。适用于电缆局部放电的在线监测。

3)局部放电故障智能诊断算法

分布特征参数用于 PRPD 模式,将 PRPD 通过运算形成 n-ϕ、q-ϕ 二维图谱,生成 q-ϕ-n 三维图谱。通过均值 μ、偏差 σ、偏斜度 S_k、陡峭度 K_u、局部峰点数 P_e 等参数描述 n-ϕ、q-ϕ、q-n 二维图谱的形状差异;通过放电量因数 Q、相位不对称度 ϕ、互相关系数 CC 以及修正的互相关系数 mcc 描述 n-ϕ、q-ϕ、q-n 二维图谱的正负半周的轮廓差异。

3.4.3 主要创新点

(1)针对高压变频电机选择可靠的局部放电监测方法,在高压端安装 80pF 环氧云母耦合器,保证了数据的可靠性,最大可能的排除现场干扰,同时确保局部放电信号的高信噪比。

研制了一套针对高压变频电机动力电缆局部放电信号采集装置,选用 HFCT、AE 超声波传感器和 UHF 三种不同类型传感器进行综合监测,多种方法同时对局部放电信号进行检测可以实现检测结果互相印证,减少单一方法因为干扰信号引起的误报警。

(2)构建了高压电机热退化、浸渍不良,周期性变负荷,绕组松动,线槽放电、电压应力涂层界面情况恶化和绕组端部污染和绕组间距不足故障诊断模型;

研究了高压电缆局部放电信号的特征值,建立了内部放电、悬浮放电、沿面放电、高压尖刺、接地尖刺放电特征图谱;

(3)开了高压电缆局部放电诊断平台的开发和应用,可自动判断高压电缆放电类型及严重程度。

3.4.4 技术方法及现场验证

3.4.4.1 变频电机和高压电缆局部放电检测方法

3.4.4.1.1 高压变频电机局部放电的检测方法

变频电机局部放电检测方法采用 80pF 高压电容耦合器所采集的局部放电数据。为了分离局部放电信号和电噪信号,在高压进线端永久性的 80pF 高压电容耦合器。这种耦合器是采用薄片状云母电介质与可以有效阻止表面放电的环氧树脂黏合而成。

检测原理:电噪分离技术

如果局部放电信号和电噪信号掺杂在一起,则需要专家来判断每一个局部放电测试结果，人为地从电噪及局部放电的混合数据中提取主要的局部放电数据。显而易见，这是个非常耗时的工作，并且不同的专家有着不同的主观结论。结果是很难建立一个局部放电统计数据库，也因此无法提供一个简单的标准帮助用户来评估机组局部放电的水平是高还是低。

为了能够自动统计分析大量的局部放电数据，最重要的是所有数据必须为纯正的高压变频电机局部放电数据，而不是电噪信号和局部放电信号的混合体。为了满足高压变频电机特定电噪环境下的局部放电测试的需求，采用了多种电噪分离技术：

（1）信号滤波。

通过对各种典型的电噪环境的广泛调查，可以发现电噪信号频率主要分布在10MHz以下。同时，当在靠近高压进线端的位置进行检测时，局部放电脉冲的频率会达到几百兆赫兹。因此，局部放电脉冲对电噪脉冲的最佳信噪比发生在高于40MHz的频段（图3.4.3）。可以用一个简单的滤波器来消除或降低电噪的影响，从而减低了错误的指示。

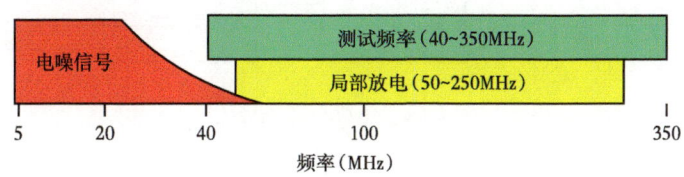

图3.4.3　信号滤波频率图

（2）电涌阻抗匹配。

从高压变频电机绕组传送出的脉冲信号由低阻抗媒介传播至高阻抗媒介，而从外部系统传来的脉冲信号的传播路径则正好相反。根据传导原理和假定的电涌阻抗，具有上升时间快且来自高压变频电机外部的电噪脉冲的首个波峰的幅值会受到衰减。相反，产生于高压变频电机绕组内部的局部放电脉冲由于经历了反射和叠加，局部放电脉冲电流的第一个波峰的幅值会被放大一半。因此，局部放电信号的高速传输特性以及内部绕组和外部系统的阻抗关系可以使内部局部放电信号的幅值增大，使外部电噪信号幅值相对地减弱。为了有效地应用这项技术以提高信噪比，局部放电仪应该能够检测到在脉冲波上升时间小于5ns（即相应带宽大于100MHz）的初始情况下的电噪信号和局部放电信号，所以耦合器的安装位置与高压变频电机绕组之间的距离尽可能小于1m。

（3）脉冲波形特征。

利用局部放电脉冲与电噪脉冲的时域衰减特性作为分离电噪技术。高压变频电机高压进线端产生的电火花或是外部干扰信号会在绕组内产生类似局部放电信号的上升时间很快的脉冲信号。这种脉冲信号会通过辐射的形式传播至绕组，而被误认为是检测到的内部绕组产生的局部放电信号。

采用安装在高压变频电机高压进线端的80pF耦合器检测到由高压进线端电火花或外部干扰信号所产生的脉冲上升时间远远大于10ns，而绕组内的局部放电脉冲上升时间通常小于10ns。通过测量所检测到的每一个脉冲的上升时间，利用数字逻辑电路判别脉冲波形特征，以及脉冲信号衰减和变形的特性，远端的噪声干扰信号进入检测仪器后明显衰减，可以有效地将局部放电信号和噪声信号进行分离，区分局部放电信号和来自外部的电噪信号。

电噪分离原理图如图 3.4.4 所示。

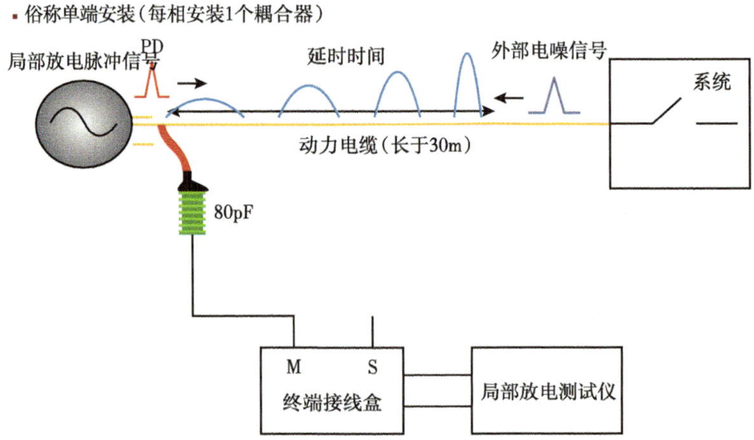

图 3.4.4 电噪分离原理图

3.4.4.1.2 电缆局部放电的检测方法

研究路线：对于高压电缆选用高频 CT、AE 超声波和特高频检测方法进行数据采集，通过现场测试和数据分析，通过多源数据融合分析局部放电幅值分布特性和频谱特性。

3.4.4.2 变频电机和高压电缆典型局部放电类型

3.4.4.2.1 高压变频电机局部放电类型和特征量

在数据分析和故障诊断模型方面，结合 IRIS 全球范围内数千台不同型号机组成功使用在线局部放电监测技术下积累的，超过 55 万笔的机组绝缘数据库，并在消化吸收其局部放电分析模型的基础上，构建高压变频电机局部放电数据故障诊断模型（图 3.4.5 和图 3.4.6）。

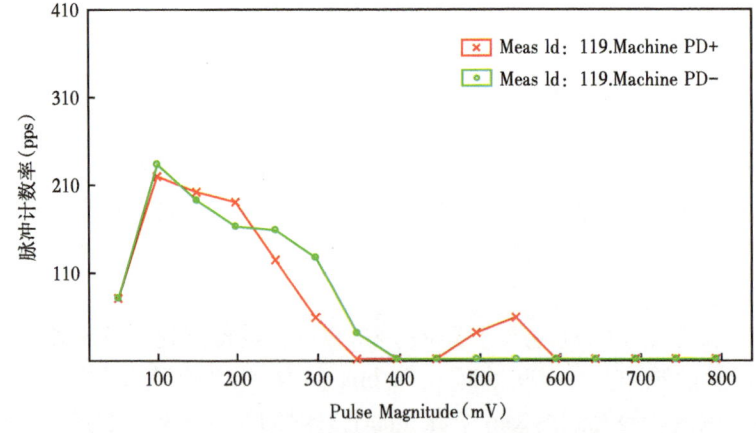

图 3.4.5 电机局部放电脉冲幅值分析图

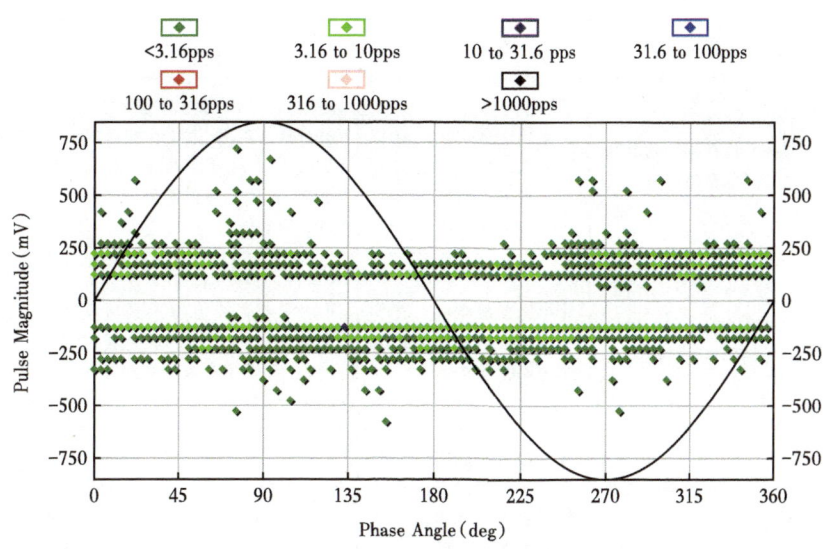

图 3.4.6 电机局部放电 PRPD 图谱

根据系统监测的局部放电值的大小、稳定性、极性、相位等信息，对比数据库，进行机组局部放电状态判断，初步判断绝缘隐患的严重程度、发生位置，做出风险提示及建议处理措施。

电机局部放电分为正局部放电和负局部放电，通过局部放电极性优势，脉冲相位分析图谱（PRPD），分析局部放电特征，例如相位角度，极性强弱和工况因素的影响可以找出故障位置。

3.4.4.2.2 电缆典型局部放电类型

高压电缆局部放电故障分析：高压电缆局部放电一般分为电晕放电（Corona Discharge）、外部放电（External Discharge）、内部放电（Internal Discharge）等，不同的放电形态会有不同的放电特性，以放电量与放电角度的关系及重复率来辨别放电形态，并以放电频率分布及放电波形来辅助分析，依此来区分是噪声或者是放电信号。

制作缺陷模型装置，通过模拟且容易获得放电特性明显的放电信号。参考项目电缆电压等级，模型试验电压从 0V 上升至 10kV，在此过程中根据不同模型特性采用特高频法、超声波法和脉冲电流法对被试品进行局部放电测量，总结归纳电缆放电类型和特征（表 3.4.1）。

3.4.4.3 监测硬件建设

3.4.4.3.1 高压变频电机局部放电检测硬件选型

硬件升级采用 IRIS 公司生产的 80pF 环氧云母耦合器。该耦合器能检测更高的频段，同时具有更低的电噪声敏感度，在高频下受到电力系统的电干扰最低。耦合器设计采用薄片状云母电介质与可以有效阻止表面放电的环氧树脂黏合而成，与陶瓷电介质不同的是环氧云母电介质的耗散系数不随温度的变化而改变，按照 IEEE 计算耦合器可在高于其本身耐压 2 倍 +1000V 的电压下不产生局部放电和表面放电痕迹（图 3.4.7）。

表 3.4.1　局部放电故障分析

放电类型	描述	时域特征	相位特征	故障
高压尖刺放电	气体介质在不均匀电场中的局部自持放电	正半周期放电稀，放电强度大，负半周期放电密，放电强度小	正半周的放电相位均发生在电压过零点到峰值附近的区间（0°~90°），负半周的放电相位均发生在电压峰值两侧的区间（200°~340°）	电缆导体出现尖刺
接地尖刺放电	气体介质在不均匀电场中的局部自持放电	正半周期放电稀，放电强度大，负半周期放电密，放电强度小	正半周的放电相位均发生在电压过零点到峰值附近的区间（0°~90°），负半周的放电相位均发生在电压峰值两侧的区间（200°~340°）	接地部位存在尖刺
悬浮电位	由于某区域接地不良而引起的局部放电	较低幅值的放电在正半周小于负半周，而具有较高幅值的放电正半周明显多于负半周	放电相位主要集中在 0°~135° 及 180°~315° 区域	电缆导体和附件周围存在其他金属物
沿面放电	绝缘表面上方或沿着绝缘表面的局部放电	一个周期内有两簇放电，极性相反，正负极性放电图谱的幅值相差较大	放电相位一般发生在 0°~90° 和 180°~270° 相位上	不同材质交界面接触不紧密
内部放电	绝缘内部存在的气泡或杂质引起的局部放电现象	在正半周的放电幅值、放电次数与在负半周的放电幅值与次数相当	正半周的放电集中在过零点到峰值之间（0°~90°），负半周的放电集中在过零点后的小范围（270°~315°）	内部存在气隙或缝隙

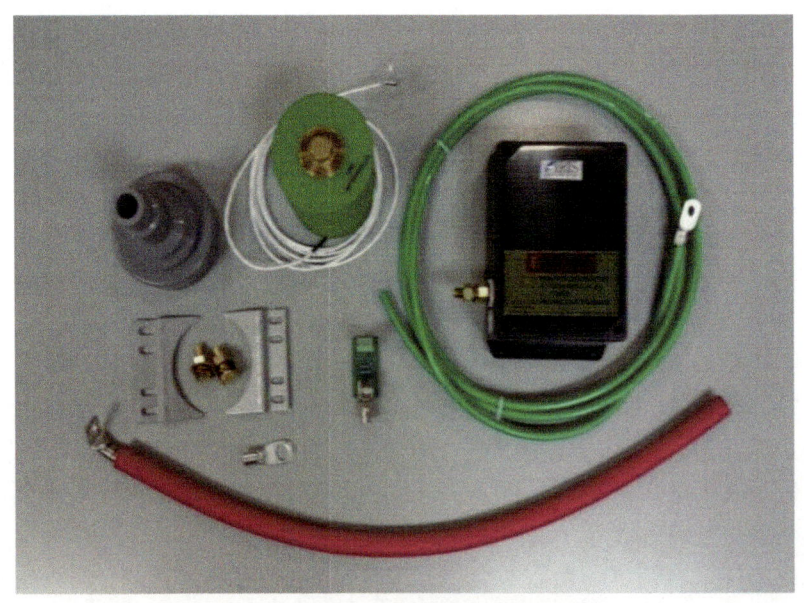

图 3.4.7　高压变频电机耦合电容器套件

（1）环氧云母耦合器，采用纯云母制成，再用环氧树脂模铸而成。其云母厚度达 80mm，通过 IEEE 1043、IEEE 930 等性能测试，证明耦合器在工作电压下的寿命可长达 60,000 年，具有高度的可靠性。

（2）由于 80pF 的耦合器相对于低频电脉冲信号（如工频 50/60Hz）有非常高的阻值（40MΩ），而对于高频的局部放电脉冲信号（40~250MHz）则非常便于通过（阻值为 50Ω），所以可以有效隔离非局部放电频段的电信号的通过，达到较高的信噪比。

（3）同时，由于 80pF 耦合器对工频电压的高阻抗值，即使安装在数十千伏的高压进线端（高压进线端是机组运行中局部放电的高发部位），输出端也只是毫伏级电压。所以耦合器可以安全地安装在高压变频电机绕组高压进线端，通过同轴电缆输出低压局部放电信号，安全有效采集高信噪比的高频局部放电信号，在线监测运行机组的局部放电高发部位。

3.4.4.3.2 电缆局部放电监测硬件设计

当电缆内部发生局部放电时，高频电流会沿着接地线向大地传播，通过在地线上安装 HFCT 检测高频电流信号实现局部放电检测（图 3.4.8）。HFCT（高频脉冲电流）在环状磁芯材料上围绕多圈导电线圈，高频电流穿过磁芯中心而引起的高频交变电磁场会在线圈上产生感应电压。HFCT 传感器的测量回路与被测电流之间没有电气连接，属于非侵入式检测法，被测设备不需要停运。

电缆内部局部放电产生的电流脉冲还可以激发出电磁波，包括中低频和 UHF 段（0.3~1.5GHZ）电磁波，然后根据接收的信号来分析局部放电的严重程度及其位置。该方法特别适合在电缆头位置处检测，电缆头是局部放电发生概率最高的位置，且 UHF 信号更容易传出来被检测到，可定制合适的频带实现抗感扰的目的，也能对故障实现定位。超声信号也是伴随着电缆局部放电产生的衍生物，通过电缆表面超声信号的检测也能实现对局部放电信号的检测。

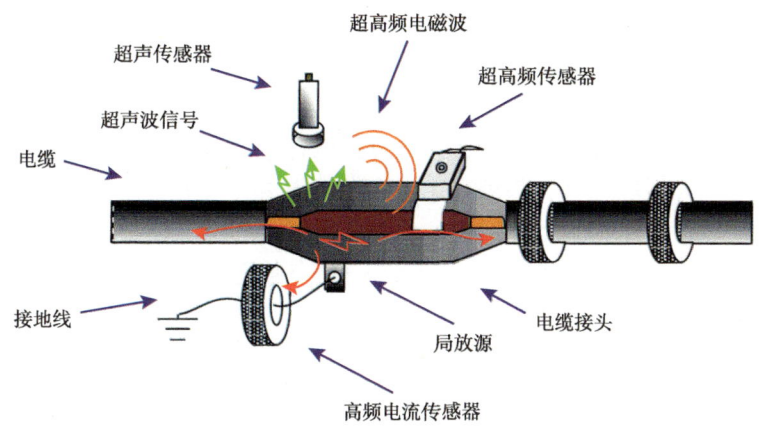

图 3.4.8　所用高压电缆局部放电信号监测方法

电力电缆局部放电在线监测系统由多个单元构成，分别为：传感器单元、前置信号采集处理和通讯单元以及后台数据分析及预警软件系统构成（图 3.4.9）。

该装置为 7 通道设计：3 路 HFCT 局部放电信号，3 路 AE 超声信号，1 路 UHF 信号。

就地信号采集及处理装置技术参数和功能：

（1）能检测放电量，放电相位，放电次数等基本局部放电参数，并可按照客户要求，提供有关参数的统计量。

（2）局部放电脉冲信号采样率 250mS/s。

（3）监测系统的最小测量放电量：5pC；测量频带：500kHz~30MHz；放电脉冲分辨率：10μs；相位分辨率：0.18°。

（4）监测系统采集器可通过光纤组网，与后台之间的内部通信接口应满足监测数据交换所需要的、标准的、可靠的现场工业控制总线或以太网络要求，通讯规约符合 Modbus 通信协议。

图 3.4.9　局部放电在线监测单元

3.4.4.4　高压电缆局部放电故障诊断和预警平台软件开发

高压电缆局部放电故障诊断和预警平台软件运行于后台监测服务器，主要功能是电缆状态信号数据分析及故障预警，系统采用组态软件作为开发平台，软件具备强大的兼容性和稳定性，数字滤波技术提高了监测系统的抗干扰能力和准确性。系统软件可分为参数设定、数据采集、抗干扰处理、谱图分析、趋势分析、数据整理及报表等功能。

高压电缆局部放电故障诊断和预警平台系统单元和模块功能：

局部放电数据采集单元：采用小波变换技术提取局部放电信号。

局部放电数据分析诊断单元：在保证数据采集对象有效性的前提下，合理选择数据分析对象可减少数据处理量，这有利于提高系统运行效率和稳定性。基于现场数据分析系统和数据库的试运行情况，定期收集和分析数据，优化数据分析对象。

通信模块：通讯模块是整个系统实现底层通讯的核心模块，是连接物理通讯通道和其他子模块的桥梁。这个模块的主要功能是对各种物理通讯通道进行数据读写、通过相应的通讯规约处理从间隔层的各种智能装置采集的数据以及向其他系统转发数据，同时通讯子模块应具有用户交互的能力,以便用户能方便查看各个物理通讯通道的状态,以及通讯过程中的源码和各个设备的实时数据。

主要功能:

(1)能显示工频周期放电图、二维($Q\text{-}\phi$, $N\text{-}\phi$, $N\text{-}Q$)及三维($N\text{-}Q\text{-}\phi$)放电谱图;

(2)可记录测量相序、放电量、放电相位、测量时间等相关参数,可提供放电趋势图并具有预警和报警功能,可对数据库进行查询、删除、备份以及打印报表等;

(3)系统对信号采集和处理包含信号采集与传输、信号特征提取、模式识别、故障诊断与电缆设备状态评估;

(4)系统可以采集局部放电信号的相位、幅值信息,及放电脉冲的发生密度信息,有助于判断放电类型及严重程度;

(5)主界面动态提示重要监测信息,单击相应提示可直接获取详细情况;操作界面方便使用,提高信息获取的效率;

(6)资料库检索功能,可进行表单查询、趋势图和预警分析、谱图分析等;

(7)在线数据采集功能,可以按用户设定的时间间隔扫描站内各子系统数据;

(8)设备故障预警功能,当在线检测项测量值超过报警限时,系统发出报警信息,提醒工作人员对设备进行相应处理;

(9)运行维护功能,可方便地对系统数据、系统参数、运行日志等信息进行维护;

(10)系统具有较强的可扩展性,可方便地实现各设备状态检测项的添加,适应业务量、业务流程的扩展;

(11)日志管理功能,详细记录用户操作日志、系统通信管理日志等,可方便地实现查询或者自维护。

3.4.4.5 榆林压气站变频电机和高压电缆局部放电监测现场验证

针对榆林站3号变频电机和电缆局部放电传感器和采集系统:局部放电监测装置由耦合器、专用信号电缆、终端接线箱、局部放电监测主机、局部放电数据采集分析工业级电脑、交换机、光纤和显示器等组成。设备配置见表3.4.2。

表3.4.2 设备配置

序号	名称	数量	备注
1	环氧云母耦合器(个)	8	80pF16kV耦合电容,底部有用于连接同轴电缆的接头、螺钉和垫片
2	耦合器基座(套)	6	
3	数据采集终端箱(个)	2	
4	电缆局部放电传感器(个)	7	3个HFCT、3个UHF、1个AE
5	电缆局部放电在线监测主机(个)	1	
6	IED机柜(套)	1	含电脑、显示器、交换机和附件等

（1）耦合传感器安装位置：根据变频电机特性，选择变频电机出线端安装耦合器，在电气柜尺寸不允许的情况下，定制了安装基座，用于固定耦合器，耦合器安装距离其他金属部件保持足够的安全距离。

（2）耦合器安装：耦合器安装前，对耦合器进行了耐压试验。根据耦合器的安装定位，在变频电机双出线端ABC三相处安装支撑基座，用螺钉加平垫及弹簧垫片将耦合器高压电缆与橡皮保护套进行固定安装，同时根据耦合器安装基座尺寸，在机组基座进行定位钻孔，并使用不锈钢螺钉加平垫片及弹簧垫片将其紧固后胶固（图3.4.10）。

图3.4.10　耦合器安装

（3）终端接线箱的位置：终端接线箱距离被变频电机出线柜以就近为宜，接入终端箱的所有数据采集电缆及光纤线全部统一经电缆沟布置，终端盒安装如图3.4.11所示。

图3.4.11　终端接线

（4）高频电机局部放电监测设备安装完毕，并采集局部放电数据。
采集局部放电数据图谱如图3.4.12所示。

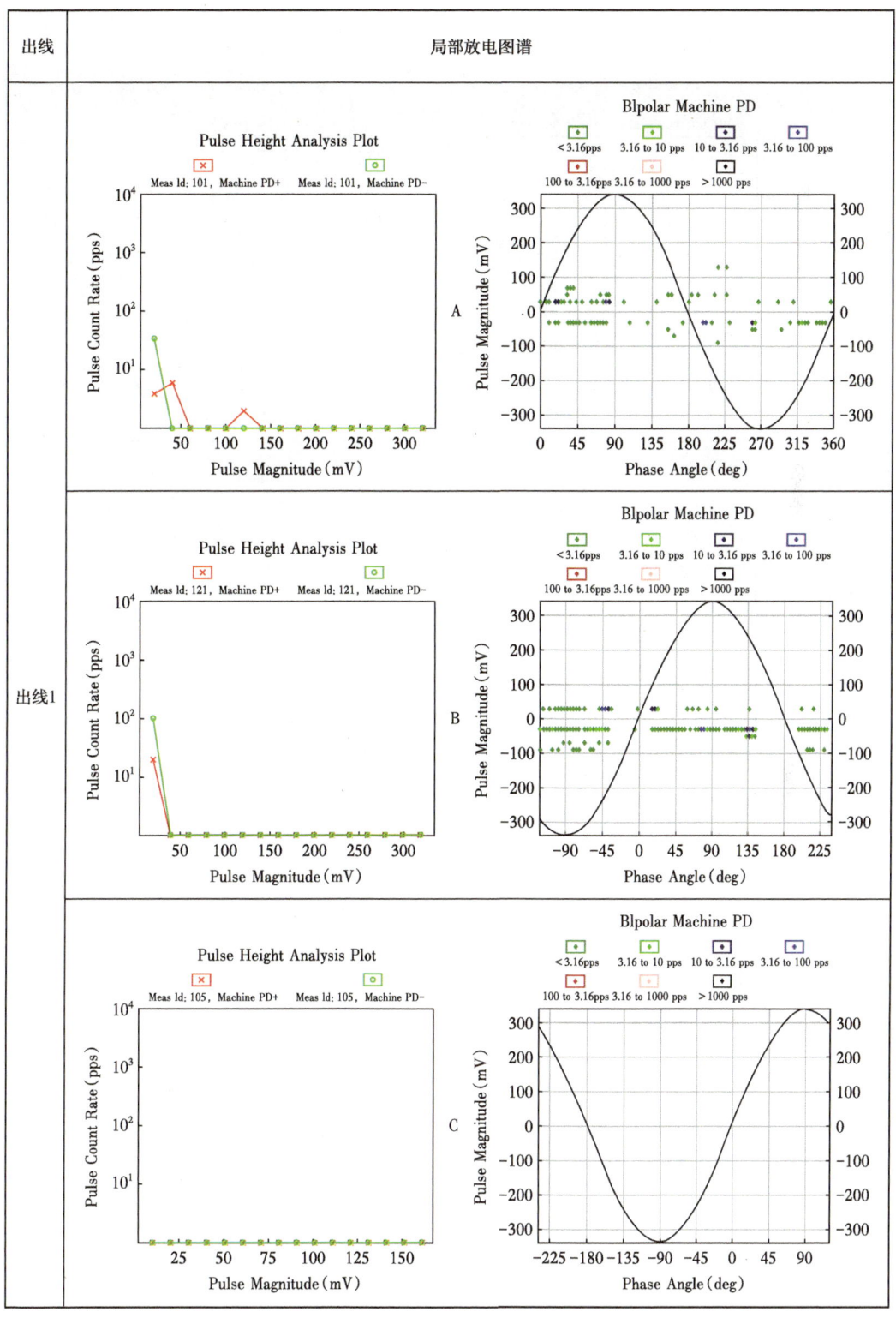

图 3.4.12 采集的局部放电图谱

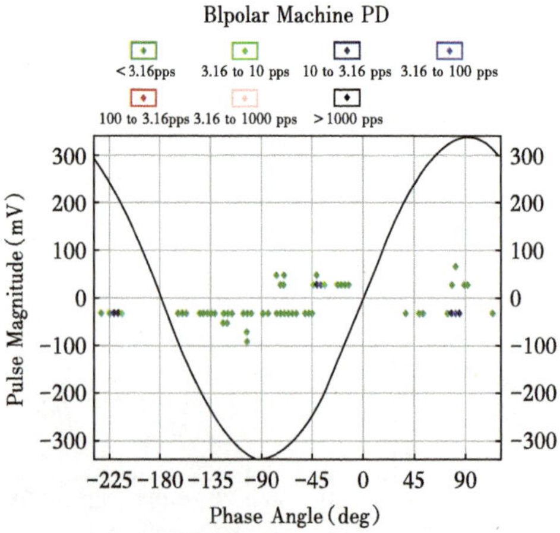

图 3.4.12 采集的局部放电图谱（续）

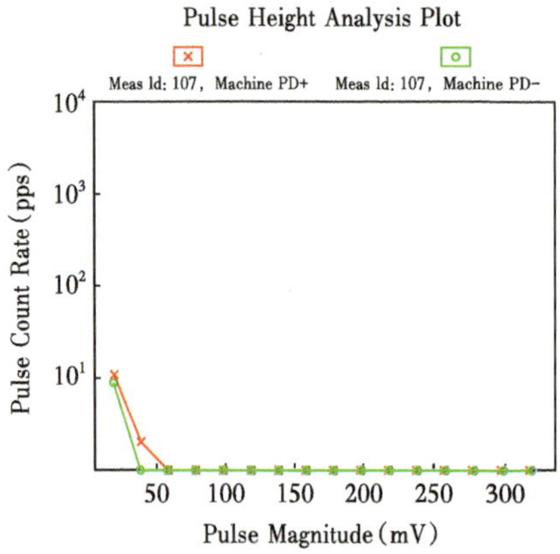

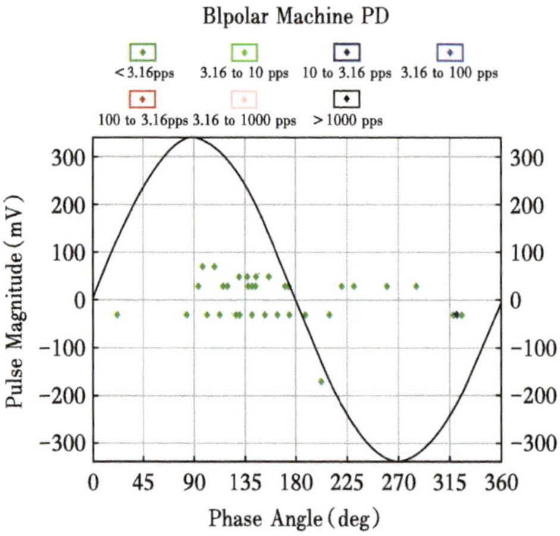

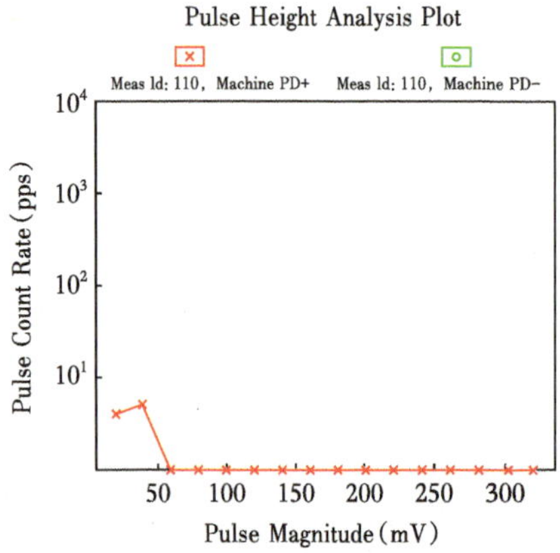

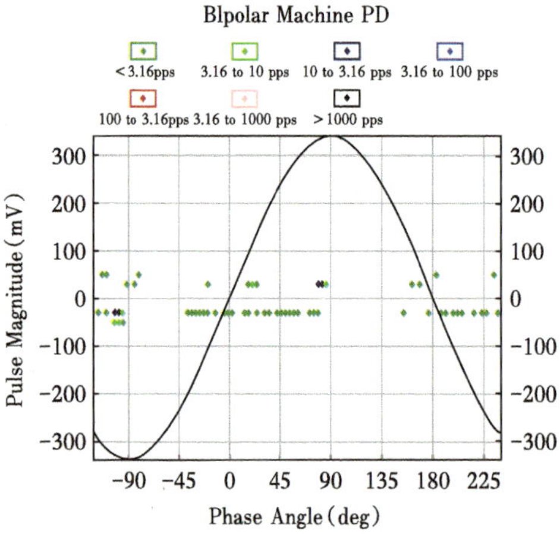

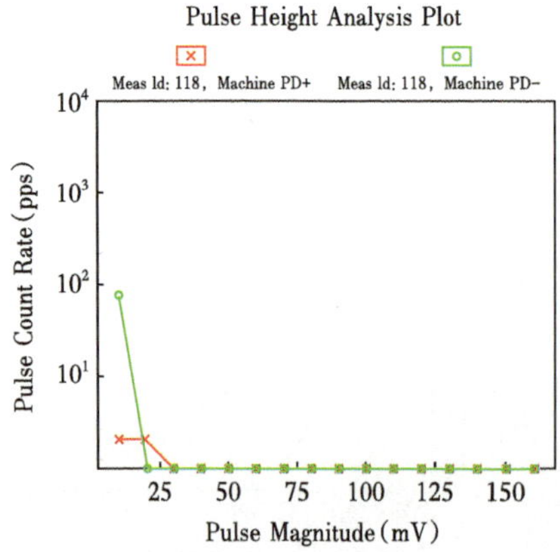

测试结论：双回路 A&B&C 三相局部放电数据 Q^{m+} 和 Q^{m-} 值基本相同无波动，且局部放电测量数值较小，局部放电信号相位分布较散，为外部干扰信号，变频电机绝缘状况良好。

（5）高压电缆局部放电监测后台机柜安装于机柜间，位置如图 3.4.13 所示，通过光纤和交换机与现场监测主机连接，实现通信和数据交换。

图 3.4.13　电缆局部放电 IED 机柜

（6）所有设备安装完毕，对高压电缆局部放电在线监测系统进行调试，保证监测主机与智能监测机柜的通讯连接正常，能够完整接收每一相的局部放电数据，能够接收到同步信号，调试成功，并开始采集局部放电数据。运行界面如图 3.4.14 所示。

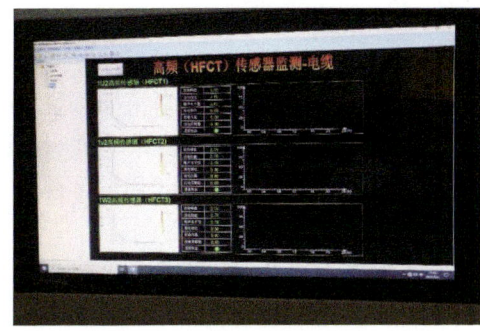 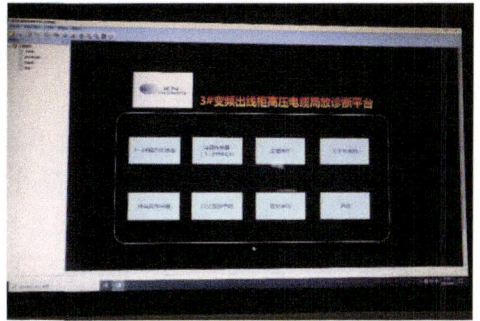

图 3.4.14　运行界面

3.4.5 应用效果

针对变频电机和高压电缆，首次安装变频电机局部放电监测和高压电缆局部放电监测预警平台，增设变频电机和高压电缆绝缘监测的保护手段，填补了变频电机和高压电缆绝缘监测的空白，为后续针对变频电机和高压电缆维护研究提供了重要依据和手段。建立变频电机故障模型，可准确判断变频电机的局部放电发生情况；创建高压电缆局部放电数据库，根据局部放电数值的大小、极性、相位等信息，与高压电缆故障模型进行对比，对绝缘状态进行智能判断局部放电发生类型、故障隐患的严重程度，局部放电数值一旦超过预警值触发报警，信号传入站内控制系统，通过监测诊断报告的风险提示指导检修计划。

3.5 基于视觉的管道和设备结构振动检测技术

3.5.1 技术背景

在油气输送过程中，管道和设备的稳定安全运行是企业提高生产效率，降低生产成本的主要前提。振动检测和监测技术的应用可以帮助企业实现预知性维护的目标，减少非计划停机，合理安排维检修计划，优化备品备件采购和库存，进而降低企业生产成本，帮助设备安全稳定运行；但传统的振动检测和监测技术主要面向设备内部零件，如轴承、齿轮、转子等，对于设备和管道的结构性振动应用效果有限，而设备和管道的异常结构振动问题同样对高效、安全生产带来很大的隐患。

3.5.2 技术简介

振动检测和监测技术在状态监测领域的应用已经非常成熟，常用的检测手段包括离线振动分析仪、在线或无线振动监测，主要面向旋转类机械设备，泵组、压缩机、变速箱等等，振动监测技术主要利用加速度传感器采集设备在运行过程中的振动波形，为接触式测量，通过快速傅里叶变换将波形转换为频谱，查找频谱中的异常频率成分和振动幅值来判断设备可能存在故障以及故障部位和严重程度；振动监测技术的应用和故障诊断需要专业的从业技术人员，人员综合素质要求较高；受限于成本投入，传感器的布置数量有限，对于管道而言，分布范围广，距离远，通过传统的振动检测手段无法满足检测需求；另外，设备或管道的结构振动，通过传统的振动检测手段难以发现问题的根源。

图 3.5.1 和图 3.5.2 为传统振动监测中轴承故障的波形和频谱图。

视觉增强影像技术是一种利用高速高清摄像机（图 3.5.3），以高帧率拍摄一段设备或管道的视频影像，通过增强算法，对微小的或人眼不能感知的设备结构振动进行增强处理，以视频影像的方式呈现，使设备或管道的振动形态可一目了然，擅长通过可视化方式解决设备基础松动、基础/结构刚性不足、结构裂纹、拍振、管线振动等问题。

视觉增强影像技术为非接触式测量，通过高清高速摄像机获取影像数据，在影像中每个像素点都可作为一个位移传感器，检测过程安全，而且高效，仅需拍摄数秒钟的影像数据即可。图 3.5.4 为传统振动监测和视觉增强影像技术的主要区别。

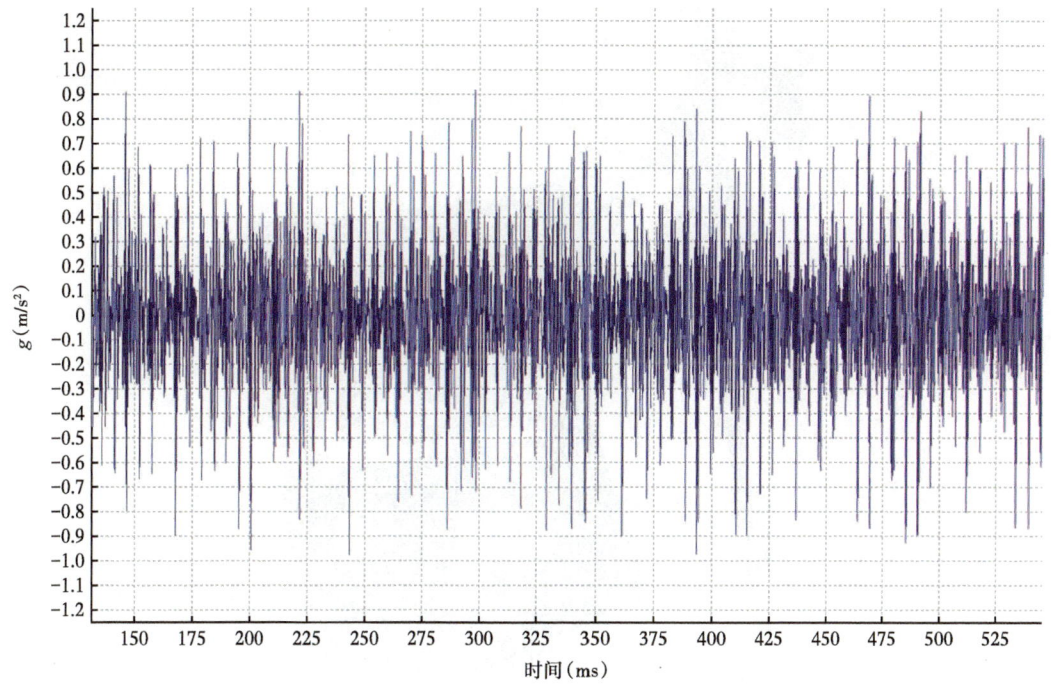

图 3.5.1　轴承故障波形图

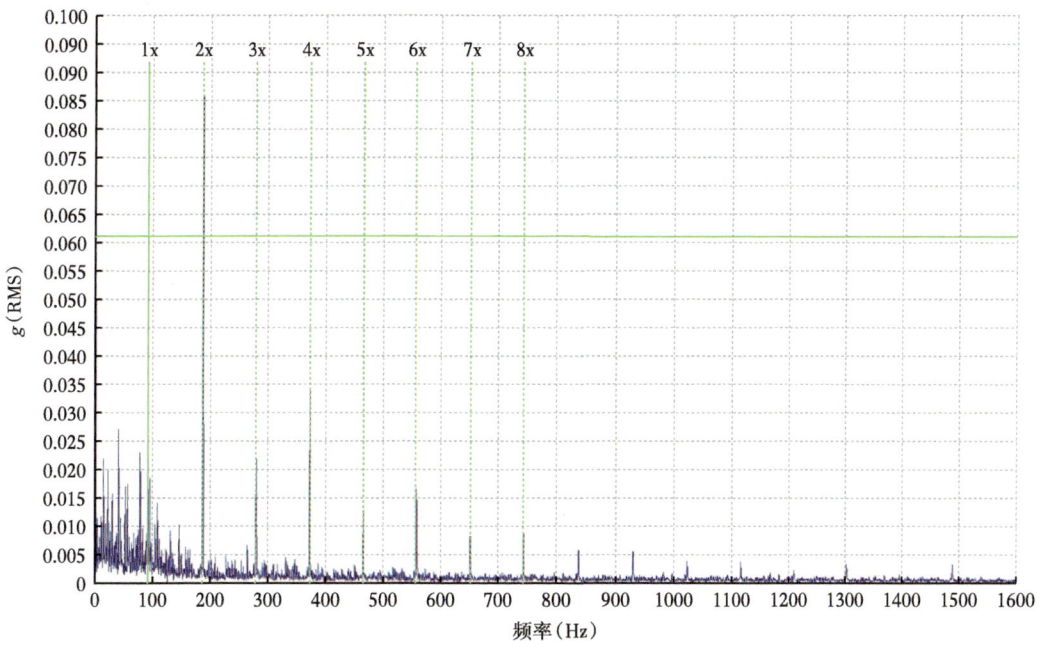

图 3.5.2　轴承故障频谱图

图 3.5.3 高速高清摄像机

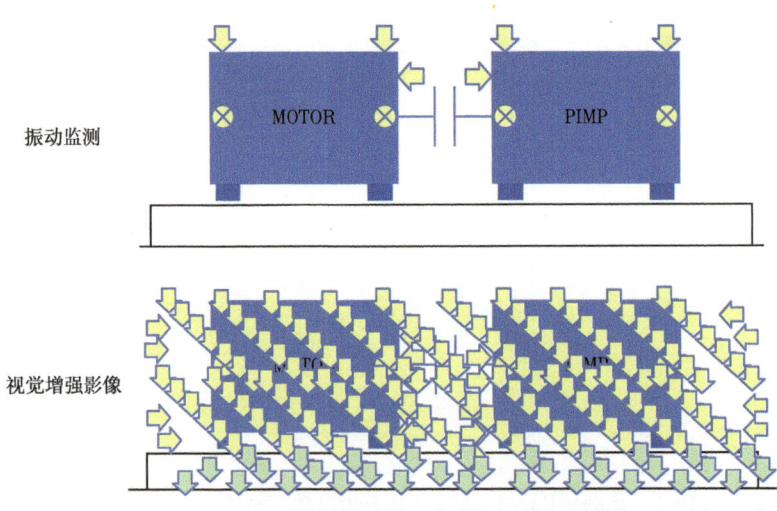

图 3.5.4 视觉增强影像系统去振动监测的区别

除了以视频影像的方式呈现设备或管道的结构振动形态以外，视觉增强影像技术还可以对影像文件中的任意一个关注的点位进行振动数据分析，如波形、频谱分析、相位分析等专业的数据分析功能（图 3.5.5）。

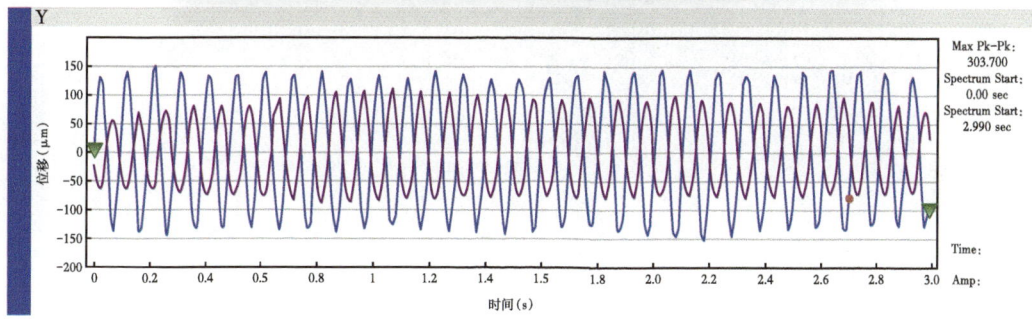

图 3.5.5 视觉增强影像系统数据分析功能

3.5.3 主要创新点

视觉增强影像系统基于高速高清摄像机和专利增强算法技术完成检测,可以通过视频影像直观地查看设备或管道的结构振动形态,同时分析功能可以查看影像数据中任意位置的振动数据进行详细分析,从而快速发现振动问题的根源。此技术的主要创新点如下:

(1)非接触式测量,利用高清高速摄像机拍摄简短的视频影像数据即可,数据采集过程安全高效;

(2)专利增强算法,通过将相机中的每个像素都变成位移传感器,可以在几分之一秒内进行数百万次测量,过视觉增强影像技术,能够立即看到、分析和交流肉眼不可见的微观振动,直接发现设备振动异常的根本原因,并解决问题。

(3)基于像素的振动数据分析,分析功能允许进一步分析振动数据,如波形数据、频谱数据、幅值信息,相位信息等。

(4)基于视频的数据呈现,软件可以生成易于分析的实际运动视频,从而增强技术人员和非技术人员之间的沟通和决策制定。

3.5.4 技术方法及现场验证

3.5.4.1 实验室测试

设备或管道的结构性振动包括支撑刚性不足、基础松动、支撑开裂、结构共振、拍振等,为了验证视觉增强影像系统的检测效果,在实验室拍摄一台存在基础开裂导致支撑

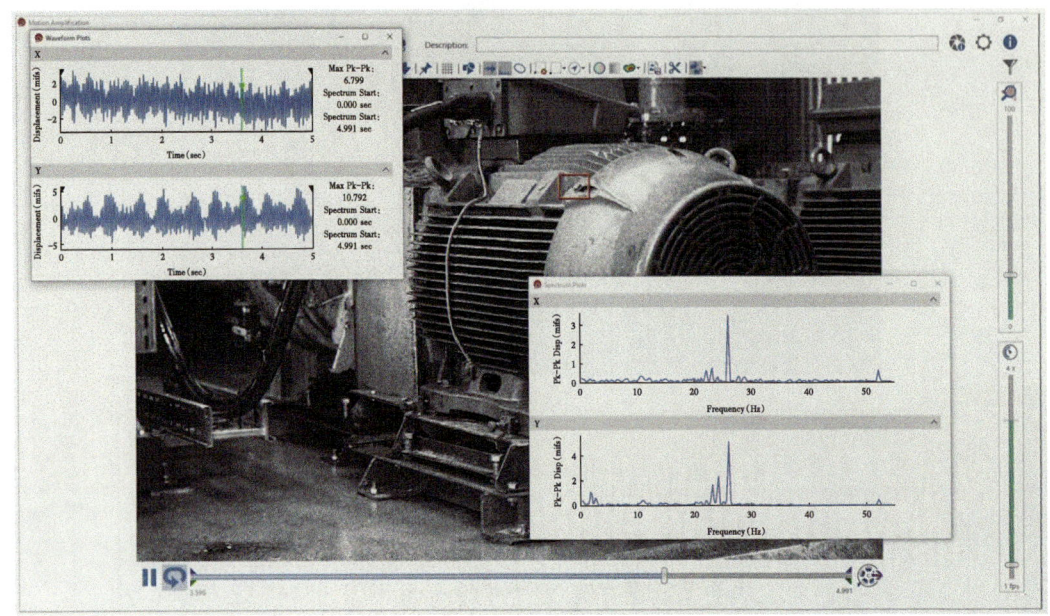

图 3.5.6　软件界面

刚性不足风机电机,利用视觉增强影像系统拍摄一段视频影像,并对视频影像进行增强处理,观察视频影像增强前后的电机振动形态展示,并通过软件的数据分析功能绘制电机位置的振动波形和频谱数据,分析频谱数据的频谱特征是否符合结构松动。

被测电机运行参数:

(1)功率 25kW,额定转速 2850r/min;

(2)视觉增强影像系统参数设置:

(3)拍摄帧率:200fps;

(4)拍摄时长:10s;

(5)镜头焦距:25mm;

(6)拍摄距离:2m。

增强前后影像数据比较(因视频文件无法直接在文档内展示,截取连续的影像图片,观察松动位置的位移量进行比较,具体可参考原视频文件)如下。

增强处理前的视频影像,如图 3.5.7 所示。

观察增强处理前的视频影像,基础开焊和松动位置(红框内)未发现明显的振动位移和运动形态异常。

增强处理后的视频影像,如图 3.5.8 所示。

通过观察增强处理后的视频影像,可发现电机尾端基础与支架连接处的缝隙存在规律性的开闭动作(图片中的红色箭头位置),而且电机的结构振动形态呈现出非常明显的点头动作;视觉增强影像系统对于振动形态的呈现非常明显,直观地展示了结构松动状态下电机的运动形态。

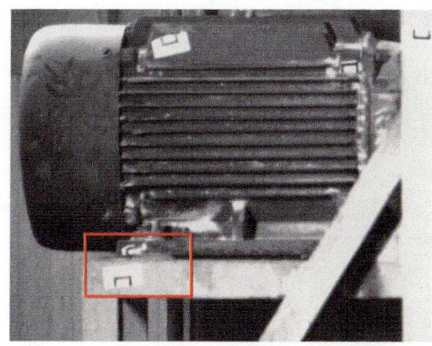

图 3.5.7 增强处理前的视频影像

图 3.5.8 增强处理后的视频影像

3.5.4.2 检测数据分析

设备基础松动在振动数据上特征主要表现为 1X 频率突出，且垂直方向振动大于水平方向，通过视觉增强影像系统分析功能，选择电机尾部区域，绘制电机尾端的水平和垂直的振动频谱，发现垂直方向的主要振动频谱为 1X，且垂直方向的振动明显高于水平方向，数据截图如图 3.5.9 所示。

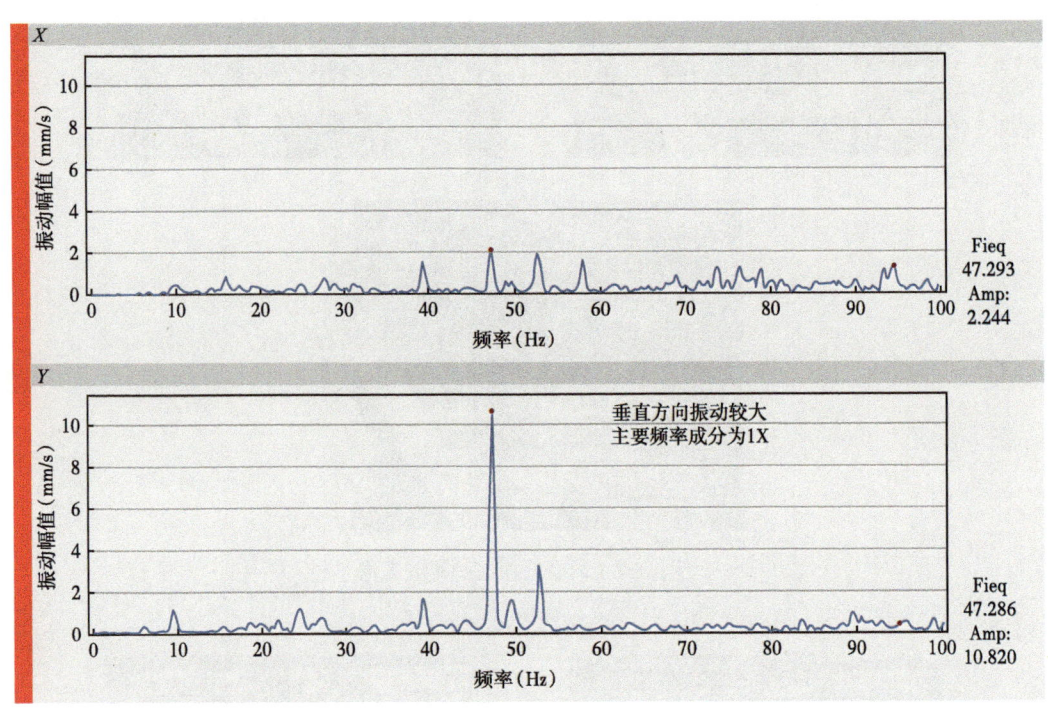

图 3.5.9　数据截图

垂直方向主要振动频率：47.286Hz（轴频为 2850÷60=47.5Hz）。

振动幅值：10.62mm/s。

数据展示符合松动故障频率特征，振动幅值与振动分析仪测得幅值趋于一致，视觉增强影像系统可准确还原设备振动形态和振动量级。

3.5.4.3 现场验证

注入泵站配备 2 台给油泵和 3 台输油泵，注入泵站和主管路连接处为单向截止阀，因为泵站空间有限，站内管路存在多个直角转弯；油品至主管路的压力主要由输油泵提供，单独开启一台输油泵的压力约为 3.1MPa，因此，若需要将油品顺利的注入主油路，必须开启两台输油泵，保证注入泵站的管道压力大于主管路压力，将截止阀顶开，方可完成油品注入主管路；

存在问题：现场运维人员反馈，开启第一台输油泵后，在逐步打开出口阀，且第二台输油泵未开启的过程中，给油泵至输油泵之间的一段 U 形管路的振动开始逐步增大，并发生肉眼可见的振动位移，此时，当第二台输油泵开启并稳定运行后，管路振动随之快速降低并保持稳定，振动较小；

视觉增强影像系统拍摄参数设置：

(1) 拍摄帧率: 120fps;

(2) 拍摄时长: 120s;

(3) 镜头焦距: 6mm。

通过对视频影像增强处理以及对管道处的数据进行分析,可明显发现在输油管道机组从启机到稳定运行过程中,管道振动从加剧到降低直至稳定的过程,管道处的振动波形图如图 3.5.10 所示。

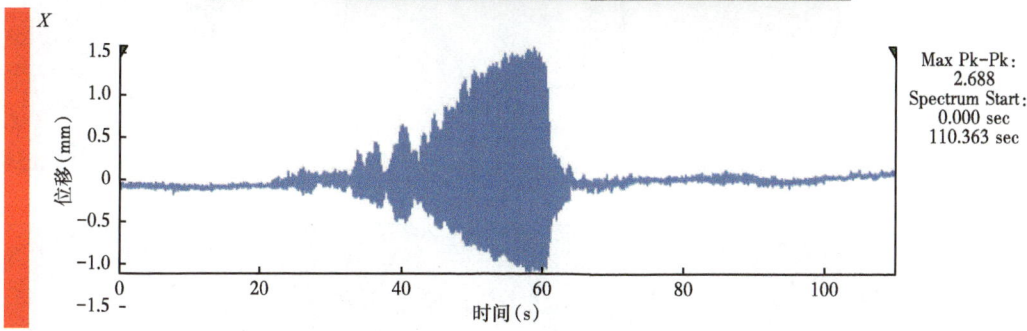

图 3.5.10　现场管道及其振动波形图

振动位移峰峰值最大时达到了 2.688mm,主要振动方向集中在水平方向。

通过对频谱分析,主要频率成分为 4Hz 以及较低能量的倍频成分,频谱图如图 3.5.11 所示。

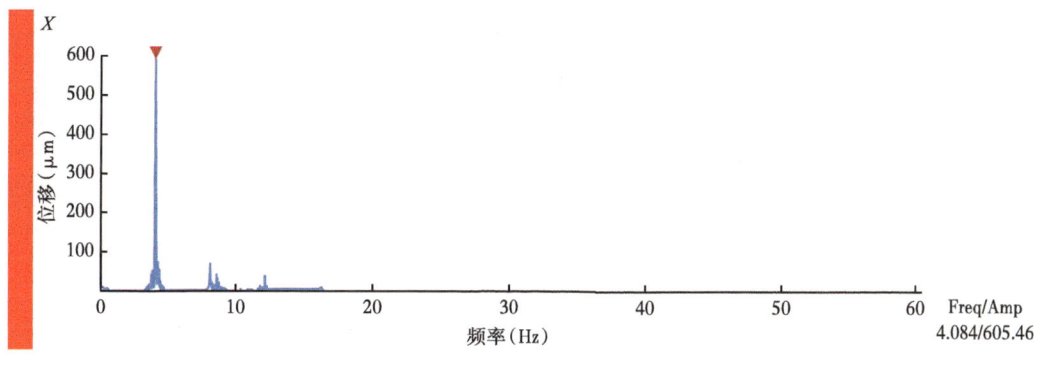

图 3.5.11　频谱图

视觉增强影像部分截图如图 3.5.12 所示（振动形态可参见原影像文件，红色箭头为管道的振动矢量示意）。

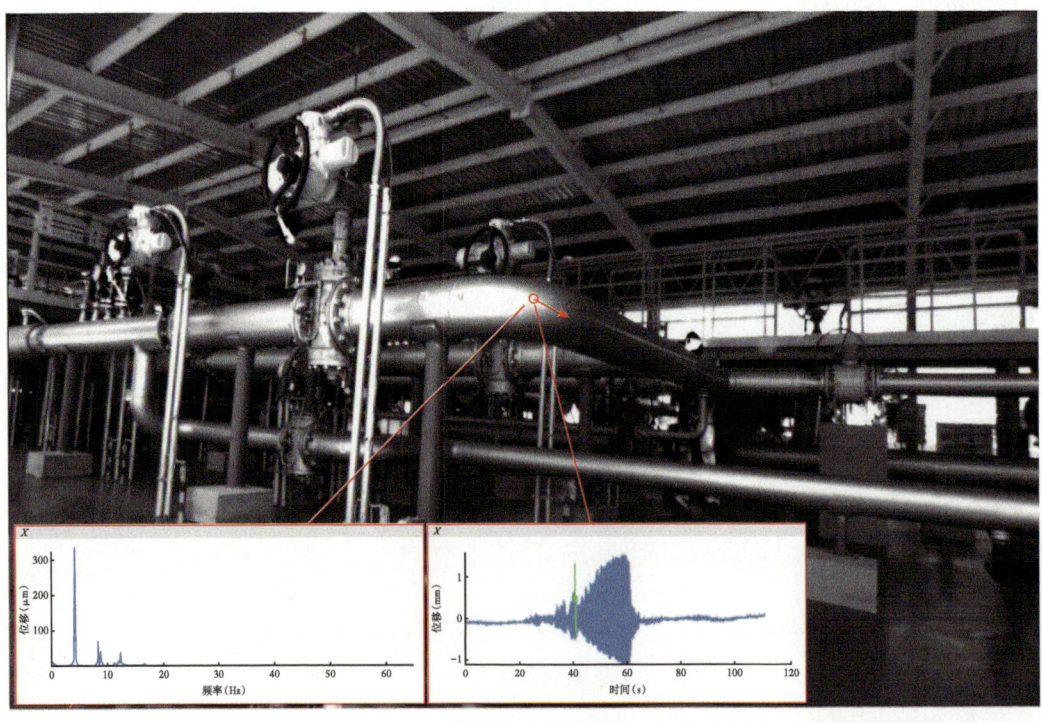

图 3.5.12　视觉增强影像部分截图

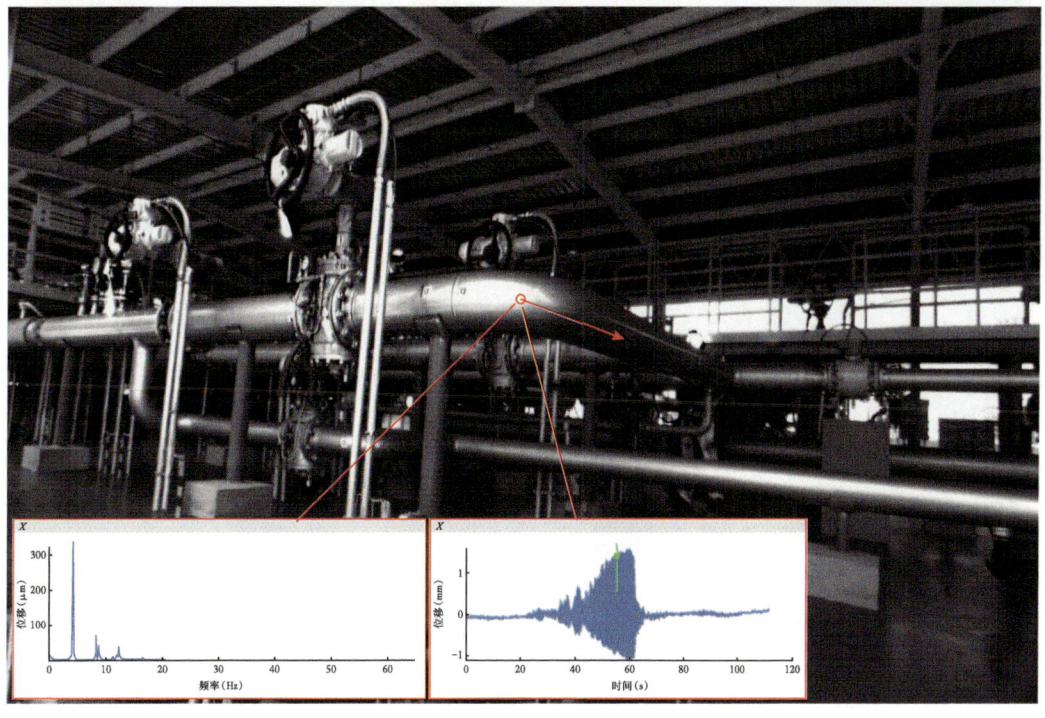

图 3.5.12 视觉增强影像部分截图（续）

检测建议：增加管道横向支撑刚性，同时优化机组启机过程的运行工艺，缩短两台输油泵的启动时间间隔，降低管道剧烈振动的持续时间。

3.5.5 应用效果

通过视觉增强影像系统能够立即看到、分析和交流肉眼不可见的微观振动，直接发现设备振动异常的根本原因，并解决问题。通过可视化场景中出现的每个运动，可以在任意一个位置进行测量和分析，只需单击屏幕上的按钮即可立即进行测量。视觉增强影像系统作为一个易于使用的工具，可以提供全面的故障排除和深入分析。视觉增强影像系统技术平台为用户提供实时的视频影像，使用户能够根据准确的数据做出有关设备和管道设计、噪声和振动等关键问题的决策。在对数据进行分析的同时对振动位移可视化的能力使视觉增强影像系统成为对设备和管道进行问题筛查、故障定位、设备调试以及维修的工具，视觉增强影像系统可以帮助过滤和解决宽频率范围内的动态或结构振动问题。

4 自动化技术

4.1 天然气分输站一体化智能控制器研究

4.1.1 技术背景

4.1.1.1 技术研究背景

长期以来，天然气长输管道所使用的高性能调压控制器基本都是进口设备。近年来，天然气管道行业内也出现了一些国产化调节阀的调压控制器，但由于自动控制技术经验不足，或者控制器硬件性能不足等原因，国产阀门控制器功能和性能无法达到进口调压控制器水平。一部分厂商采用低端RTU作为阀门控制核心，虽然能够降低硬件成本，但也造成控制器性能不足，制约了整体功能和性能。另一部分厂商采用PLC作为阀门控制核心，虽然能够保证硬件性能，但由于编程采用标准的PLC语言，受限太多，无法采用先进的控制算法，无法实现准确的流量估算，同时也无法实现多支路的流量调节功能。

4.1.1.2 技术研究意义

分析国内天然气长输管线的阀门控制系统功能，还存在一些问题和不足，具体如下：

（1）有些站场工艺为计量支路后存在汇管，汇管后为多个调节支路。对于这种工艺流程（图1.1.1），由于无法准确获得每个调节支路的瞬时流量数据，所以无法实现精确的流量控制，从而无法准确实现分输用户多支路的流量控制。

（2）目前高性能调压控制器技术大多由国外公司垄断，虽然其性能能够满足要求，但存在设备成本高、供货周期长、无备件等缺点。并且由于整套系统都是由国外企业提供，系统功能也不会按照国内需求不断进行优化，无法适应不断改进的生产运行管理需求。

（3）有些分输站场未配置高性能的阀门控制器，无法实现流量自动分配及流量控制功能；或者采用国内厂商自主研发的阀门控制器，其功能和性能存在一些不足，比如调节速度较慢、超调量较大、系统可靠性差等问题，无法满足天然气长输管道使用要求。

因此，有必要针对进口调压控制器技术及硬件垄断问题，结合精确日指定分输技术，进一步开展一体化智能控制器的研究，实现调压控制器与用户自动分输控制器的硬件一体化解决方案，并完成智能压力、流量调节以及自动分输技术功能优化与提升，从而完成相关国产化技术的研究，为下一步的推广提供技术保障。

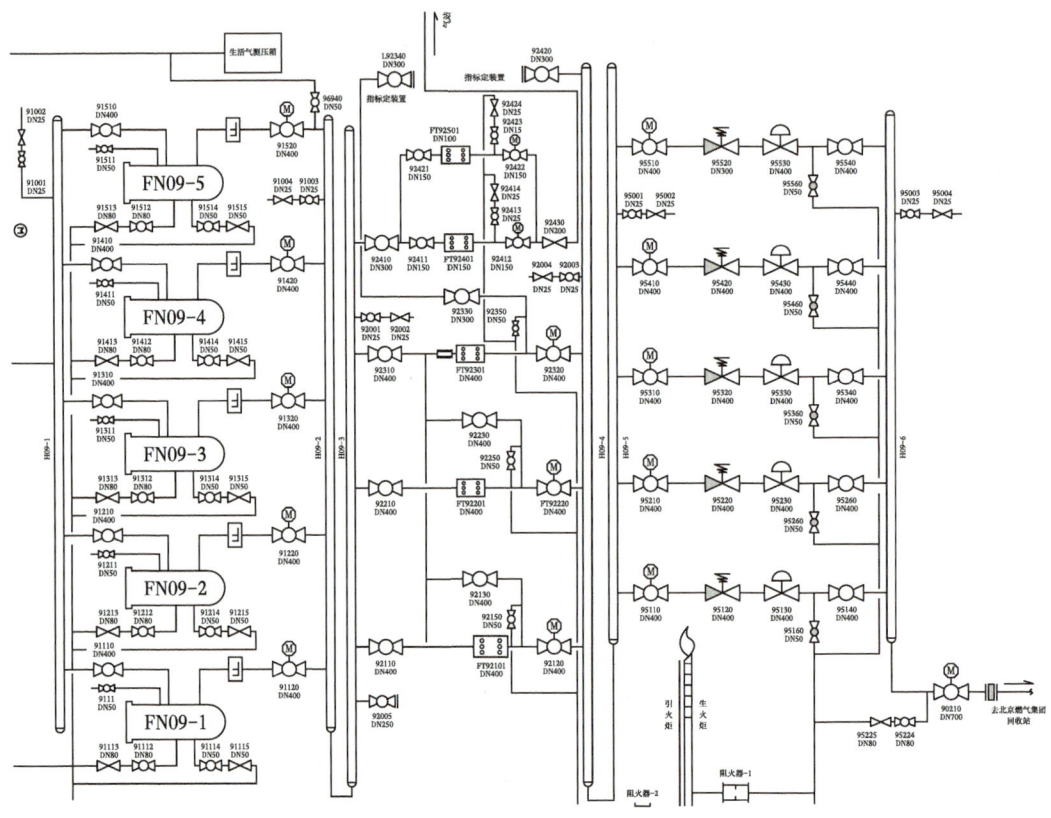

图 4.1.1　特殊工艺流程图

综上，该技术的研究意义在于：

（1）实现高性能阀门控制器的国产化，打破国外技术垄断，保证调压系统的安全性、可靠性和可用性；

（2）实现自动分输、阀门控制器的一体化融合，进一步提高自控系统的效率，优化控制系统结构；

（3）根据实际需求改进控制器功能，实现每个控制器控制一个分输用户，进一步降低阀门控制器成本。

4.1.2　技术简介

本技术的路线图如图 4.1.2 所示。

一体化智能控制器是一种能够根据调控中心下发的日指定分输量，自动计算当前分输用户的压力、流量设定值，并且控制用户一个或多个调压支路完成分输用户的压力、流量调节，进一步完成日指定自动分输任务的系统，其主要功能如下：

（1）能够完成单支路调节阀的实时控制，建立压力、流量、压力下限、压力上限的组合 PID 控制模型，实现单支路的流量、压力自动调节功能，使得调节性能满足站场自动分输的要求指标。

（2）能够完成调压支路的多路协同控制，实现流量自动分配功能，最终完成整个分输用户的压力、流量自动控制。

（3）能够完成分输用户的日指定自动分输功能，根据调控中心下发的日指定输气量完成控制模式的自动选择，以及实时流量压力目标值的计算，最大限度完成日指定量的精准控制，减少超输情况发生。

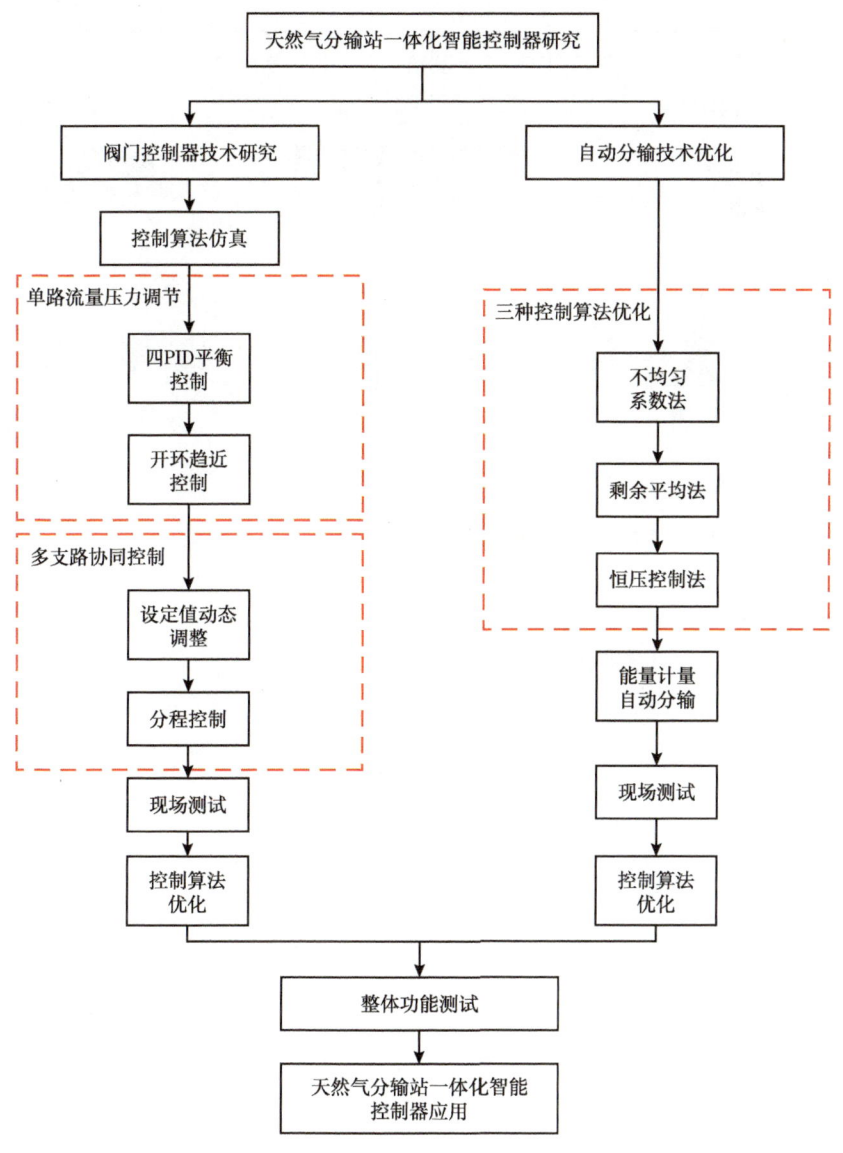

图 4.1.2　技术路线图

一体化智能控制器系统硬件采用嵌入式控制器和 AB 边缘计算模块作为硬件核心，软件采用 C 语言编写，通过 Modbus RTU 或 Modbus TCP 协议与站控系统 PLC 进行通信。控制器的监控可以通过站控机 HMI 进行，也可以在本项目专门配置的触摸屏实现。系统配置图如图 4.1.3 所示。

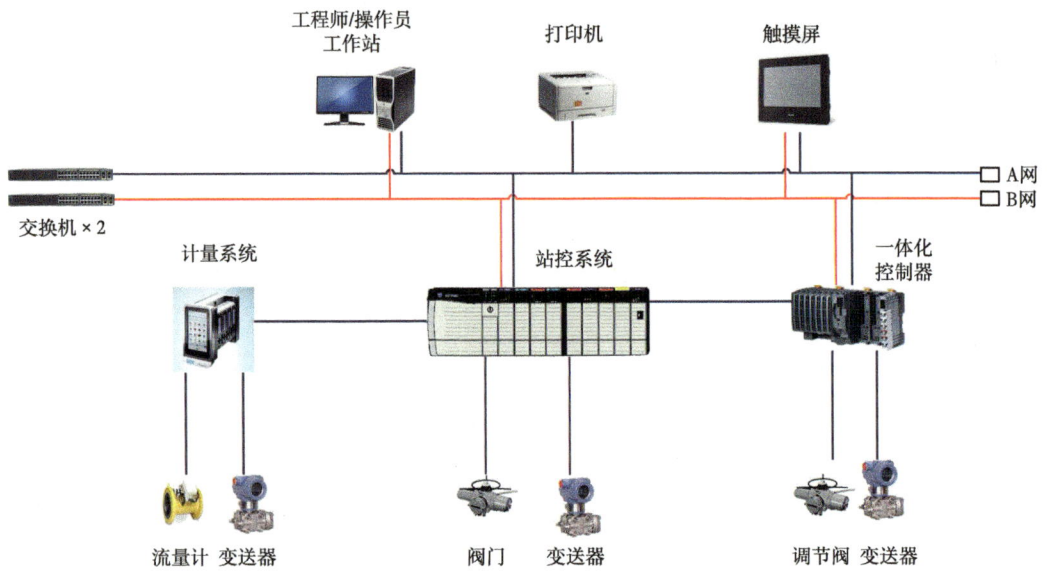

图 4.1.3 一体化智能控制器系统配置图

数据流向图如图 4.1.4 所示:

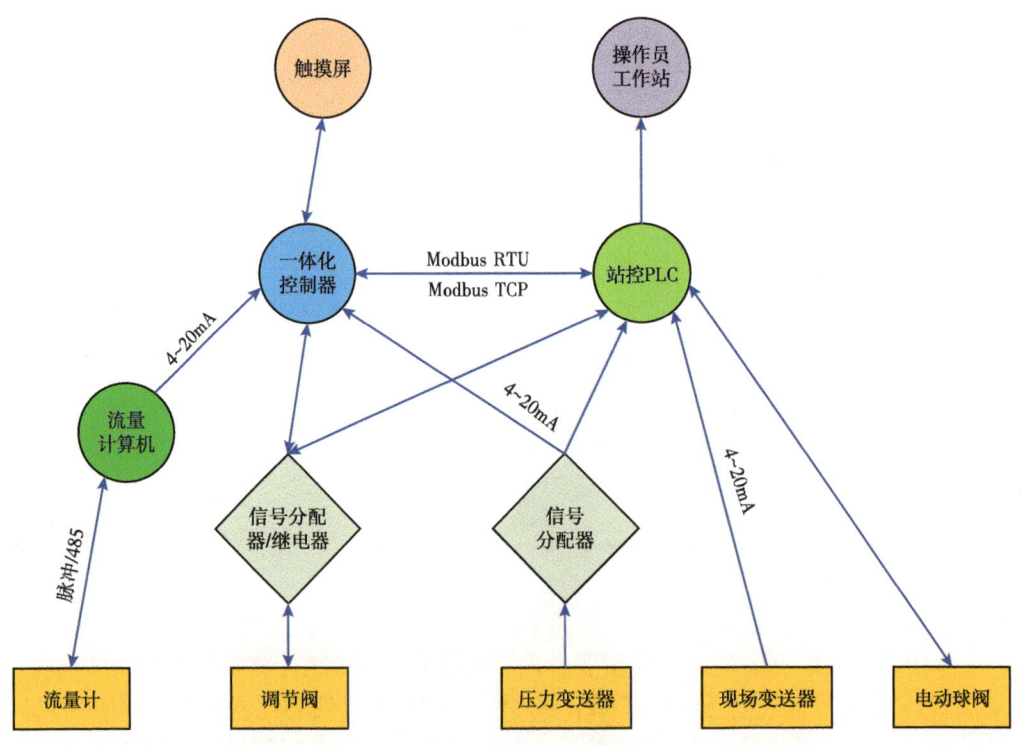

图 4.1.4 系统数据流向图

一体化智能控制器样机如图 4.1.5 所示。

4.1.3 主要创新点

一体化智能控制器技术先进、自动化程度高，该技术广泛应用后能够解放大量的人力，降低公司管道运营成本，具有可观的经济效益并具有以下创新点：

（1）建立了分输站工艺流程的仿真模型，根据不同分输站的实际工艺条件，可快速调整模型配置，对不同的分输流程进行动态模拟。基于该仿真模型可以进行不同工况条件下的稳态与动态模拟，为分输站的日常运行、特殊工况条件测试、分输策略以及控制方案优化等提供模拟。

（2）压力、流量平衡控制。针对今后不同应用工况，建立了统一的压力、流量、压力下限、压力上限的组合 PID 控制模型，并通过输

图 4.1.5　一体化智能控制器样机图

出外反馈方式保证 4 个 PID 模型切换时互相跟踪和无扰切换，综合考虑了流量、压力的调节要求以及流量、压力保护限制，可以满足单支路和多支路的流量、压力调节以及流量、压力控制的自动切换，流量、压力调节满足技术指标要求。

（3）阀门趋近控制。利用阀门特性做趋近控制，针对不同品牌和口径的调节阀，在控制器内部设置初始配置参数，并且在运行过程中阀门特性曲线参数能够动态自学习，保证前期开环控制的准确性，以及开环的趋近控制与闭环 PID 控制的平滑过渡，不会出现大的波动或超调。

（4）分输用户多支路协同控制。分析目前天然气长输管道各分输站工艺工况，部分站场的计量管路和调压管路之间采用汇管连接，这就造成在多条支路同时使用时，无法知道每条支路的确切瞬时流量，这就给准确的流量调节带来了一定困难。本技术利用分程控制原理，只需要知道分输用户总体流量，通过多条支路之间的协同控制，实现分输用户的流量、压力控制。

（5）压力控制采用模糊控制算法。对于分输站下游管存量较大的工况，超调量和响应时间是互相矛盾的，即两者不能得到较小的最优值。为了提高调节速度、减小超调量，控制器增加了模糊 PID 控制功能，将测量值与设定值的偏差 e 及其变化率 ec 为两个输入量，经过模糊算法的推理，得出动态变化的比例、积分及微分作用的解模糊化数值，以此作为相应的控制输出量，并相应地结合预设的 PID 控制器进行调节。从而能够保证加快系统调节速度的情况下，尽量抑制系统超调。

（6）智能控制器采用模块化设计并具有很强适应性，可根据分输站的不同工艺参数快速配置控制器，并根据运行数据优化调整控制器参数，满足不同分输流程和工作条件，易于推广。

4.1.4 技术方法及现场验证

4.1.4.1 阀门控制器技术

4.1.4.1.1 实验室内详细控制算法研究工作

(1) 单支路压力流量平衡控制。

针对今后不同应用工况，建立统一的压力、流量、流速上限、压力下限的组合 PID 控制模型，并在此基础上增加外反馈控制方法，保证 4 个 PID 模型切换时互相跟踪和无扰切换，实现了压力调节时流量上限保护，流量调节时有压力上、下限保护，单支路压力流量平衡控制逻辑图如图 4.1.6 所示。

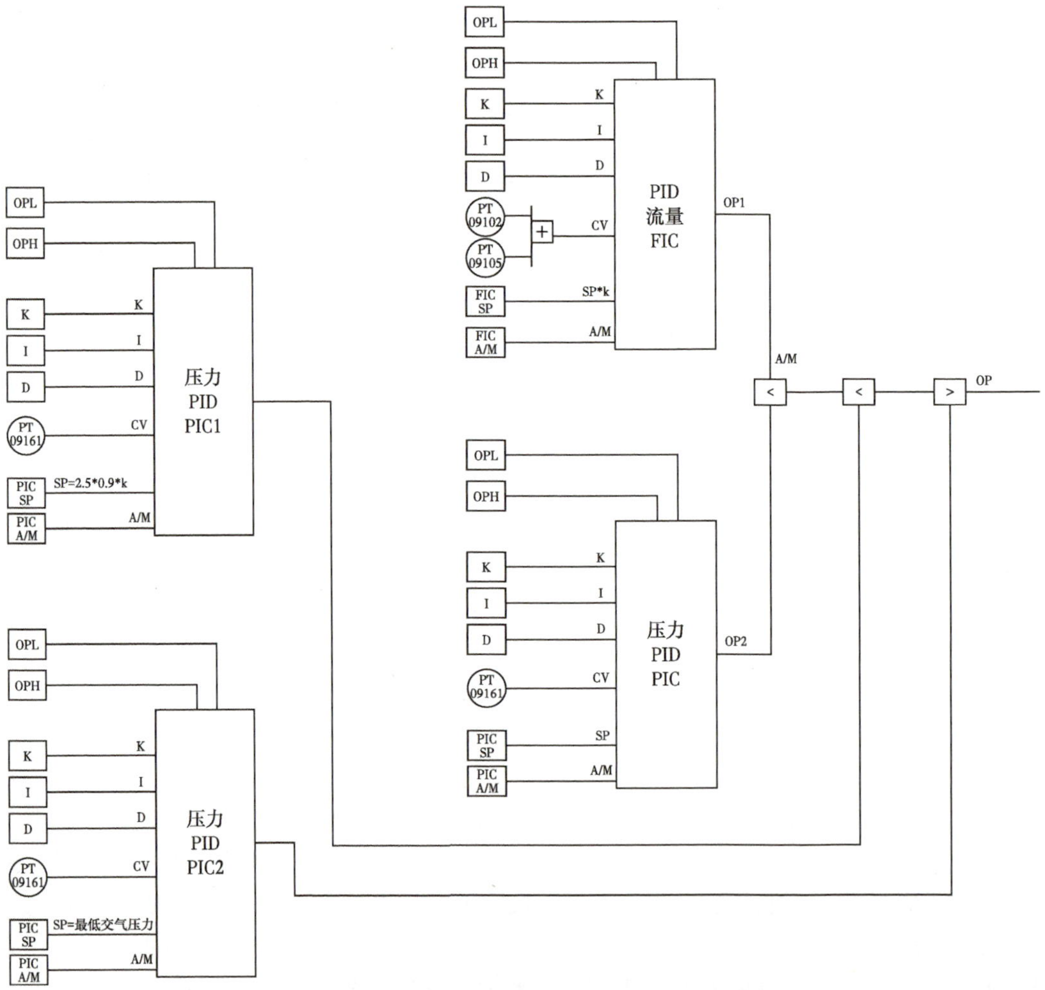

图 4.1.6　单支路压力流量平衡控制逻辑图

(2) 阀门趋近控制。

利用阀门特性做趋近控制，针对不同品牌和口径的调节阀，在控制器内部设置初始配置参数，并且在运行过程中阀门特性曲线参数能够动态自学习，保证前期开环控制的准确性，以及开环的趋近控制与闭环 PID 控制的平滑过渡，不会出现大的波动或超调（图 4.1.7）。

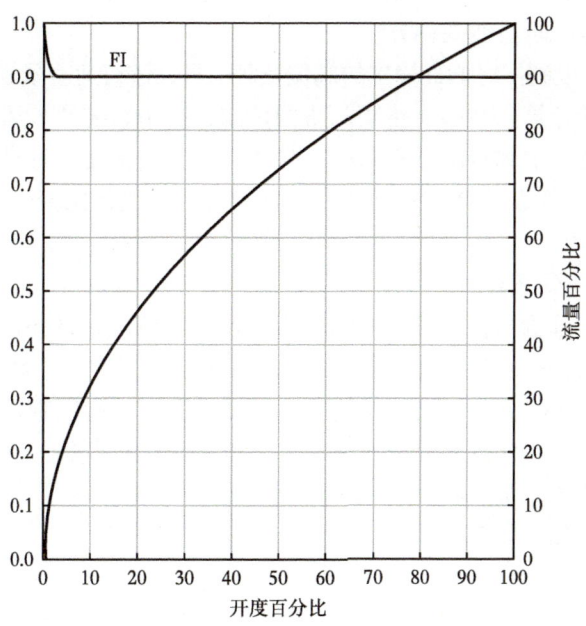

图 4.1.7　典型等百分比阀门特性曲线图

（3）分输用户多支路协同控制。

目前天然气长输管道部分站场的计量管路和调压管路之间采用汇管连接，这就造成在多条支路同时使用时，无法知道每条支路的确切瞬时流量，给准确的流量调节带来了一定困难。

利用分程控制原理，将多个调节支路看作一个大的调节支路，共用一套组合 PID 控制模型，给每条支路调节阀设定上限值（人工设置或根据压力、C_v 值计算），则总的 PID 输出量程上限为"单支路阀门上限 × 管路数"，流量反馈使用分输用户总的瞬时流量，PID 输出则按照优先级和可用性，逐级分配给各个调节支路的调节阀。这样，控制器只需要知道分输用户总瞬时流量，通过多条支路之间的协同控制，实现分输用户的流量、压力控制（图 4.1.8）。

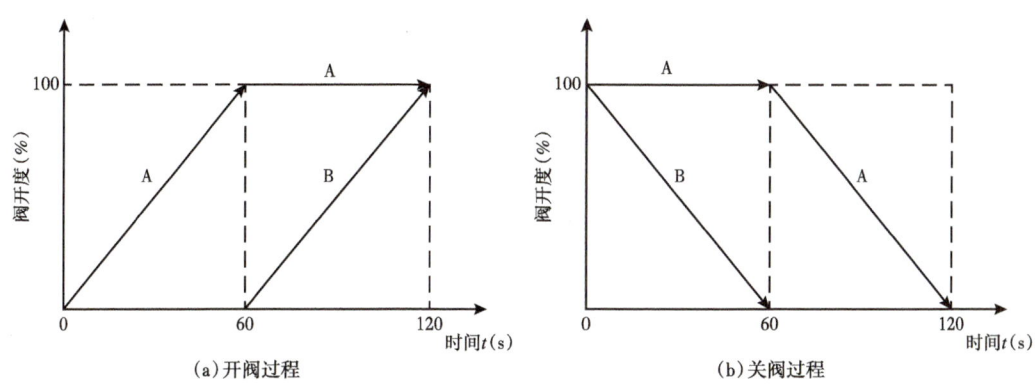

图 4.1.8　分程控制开阀关阀开度图

（4）其他控制算法。

①设定值动态调整：对压力、流量设定值进行动态变化限制，本项目采用了设定值变化速率限制和设定值一阶滤波两种方法。

②阀位控制速率限制：对 PID 输出的阀位控制信号，进行速率限制，通常设置为 1%/s。

③阀门上限自动计算：在多支路阀门协同控制过程中，需要设置每条支路调节阀的上限值，方案采用手动设定和自动计算两种，自动计算方法采用根据进站压力、管路气体流速以及阀门 C_v 值进行查表计算，实时计算并且当与在用值相比变化 5%（可设置）时进行自动更新。

4.1.4.1.2　仿真测试及结果分析

选用陕京线采育分输站作为试点站场，根据调研的情况，站场情况：采育分输站一共 4 路过滤支路、6 路计量支路、6 路调节支路，与期望工况比较一致，目前运行过程中使用 RMG 阀门控制器进行压力、流量控制，由于计量管路后有汇管，所以无法获得每个调节支路的准确流量，无法实现精确的流量控制，而一体化控制器的多管路协同控制恰恰能够实现分输用户的总体流量控制。

采育站工艺流程如图 4.1.9 所示。

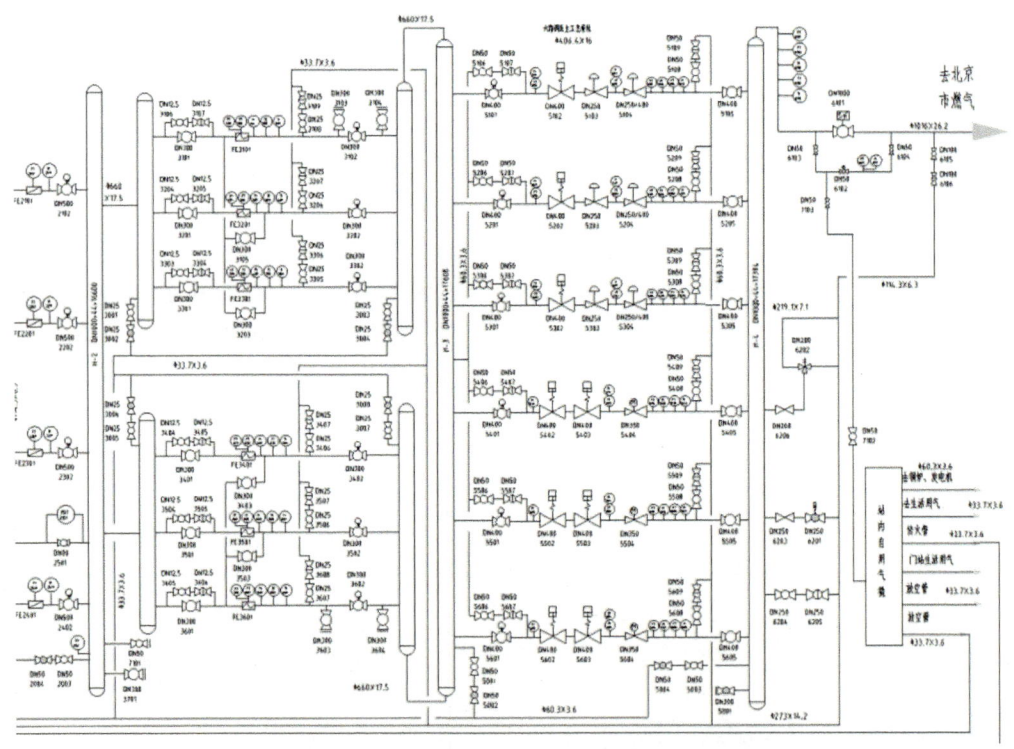

图 4.1.9　陕京线采育分输站工艺流程图

初期分别基于 MATLAB 和 HYSYS 对分输站工艺流程进行建模和比较，最终确定采用 HYSYS 作为工艺仿真软件。仿真模型截图如图 4.1.10 所示。

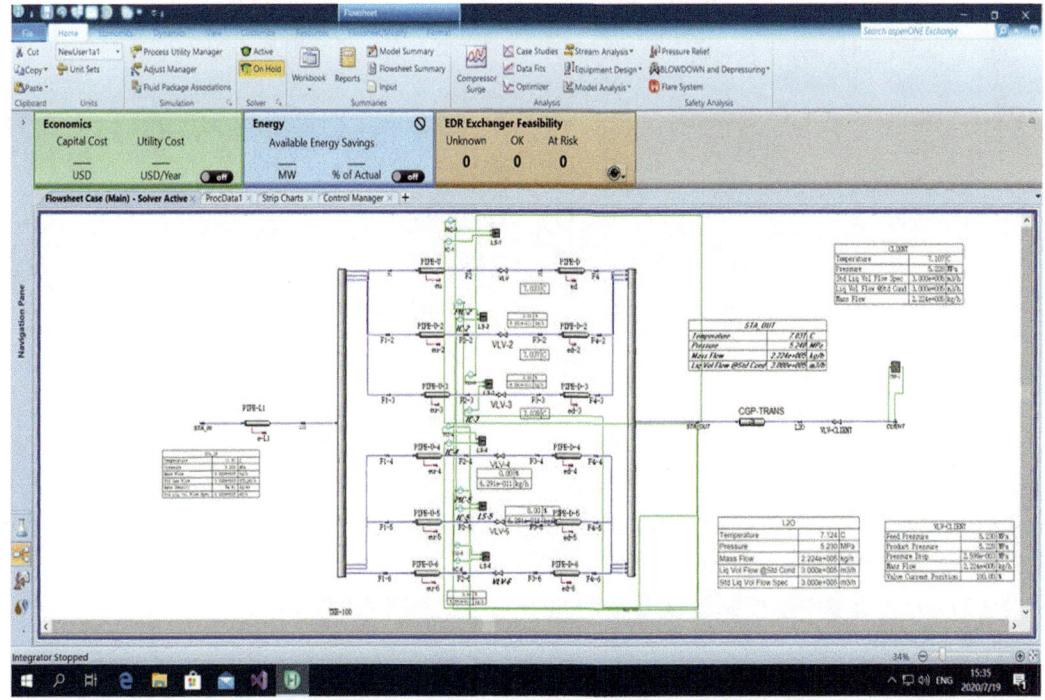

图 4.1.10 工艺仿真模型图

前期仿真和软件开发阶段,通过控制器与 HYSYS 联合仿真调试,测试结果如下:
(1)单支路压力调节测试图如图 4.1.11 所示。

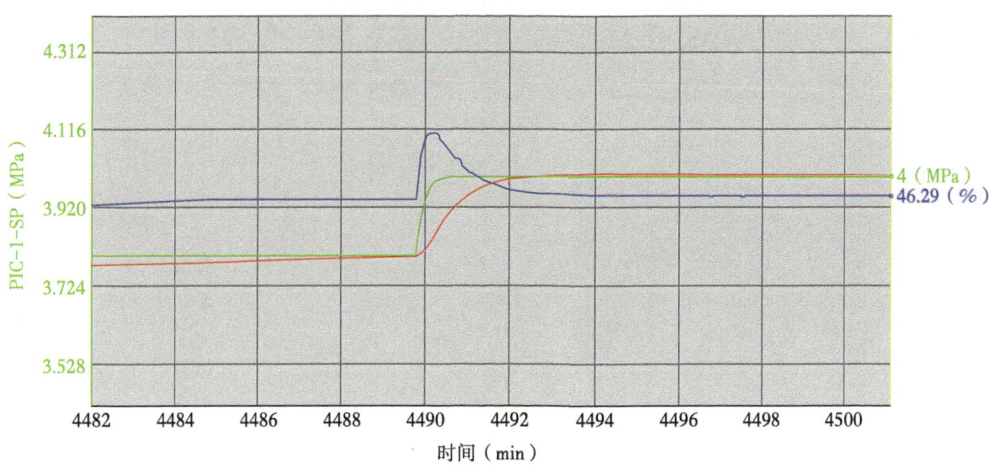

图 4.1.11 单支路压力调节测试图

分析:当流量设定值远大于流量测量值时,主要为压力调节过程,压力设定值从 3.8MPa 上升到 4MPa,调节过程用时 6 分钟,最大超调 0.02MPa。
(2)单支路流量调节测试图如图 4.1.12 所示。

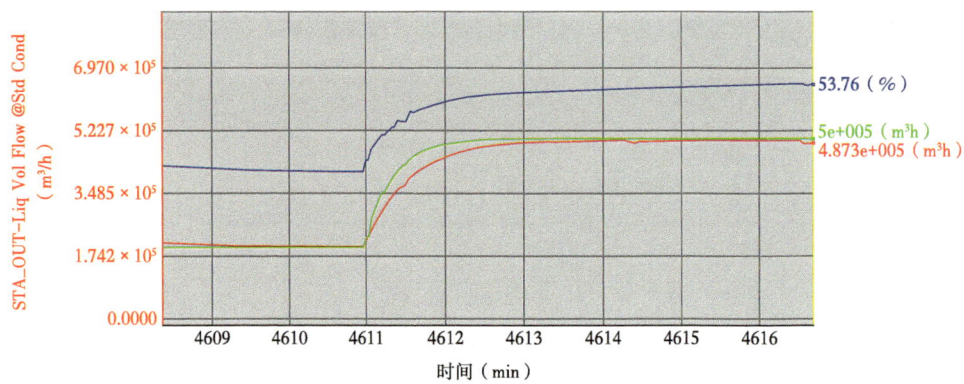

图 4.1.12　单支路流量调节测试图

分析：压力设定值远高于压力测量值，流量调节，流量设定值时从 $20×10^4 m^3/h$ 上升到 $50×10^4 m^3/h$，3min 内达到设定值，过程中由于出口定流量 $30×10^4 Nm^3/h$，压力值一直增加，后期流量有微调。

（3）压力、流量平衡控制测试图分别如图 4.1.13 和图 4.1.14 所示。

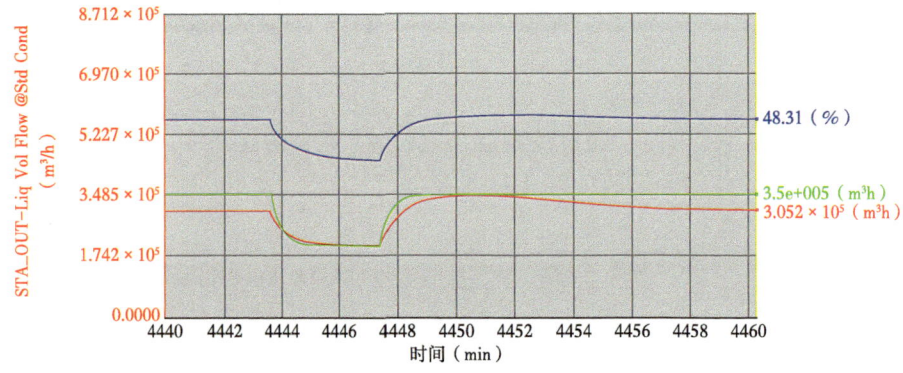

图 4.1.13　压力平衡控制测试图

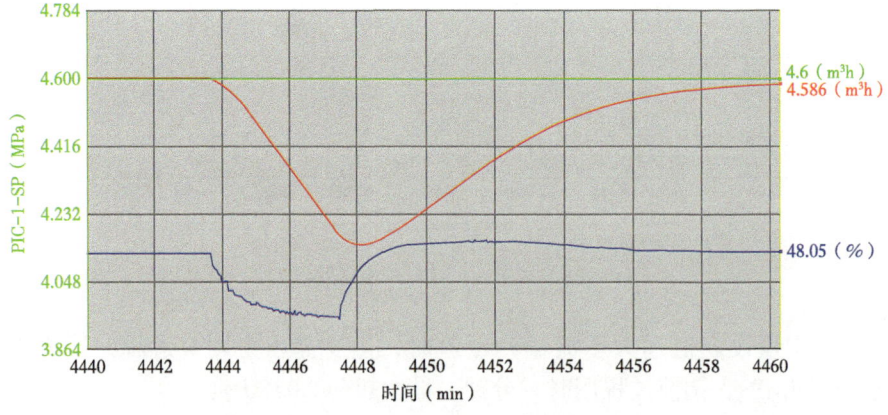

图 4.1.14　流量平衡控制测试图

分析：当压力设定值大于压力测量值时，主要是流量调节，流量从 $20×10^4 m^3/h$ 上升到 $35×10^4 m^3/h$，由于出口定流，压力持续增加，后期转为压力控制，直到压力增加到其设定值。

输出外反馈效果图如图 4.1.5 所示。

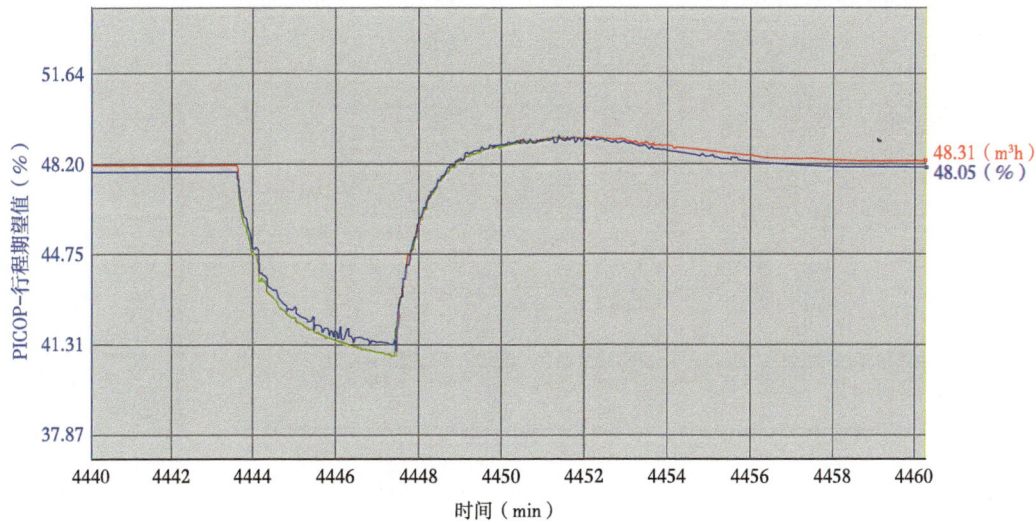

图 4.1.15　输出外反馈效果图

（4）分输用户多支路协同控制：

①多支路压力调节测试图如图 4.1.16 所示。

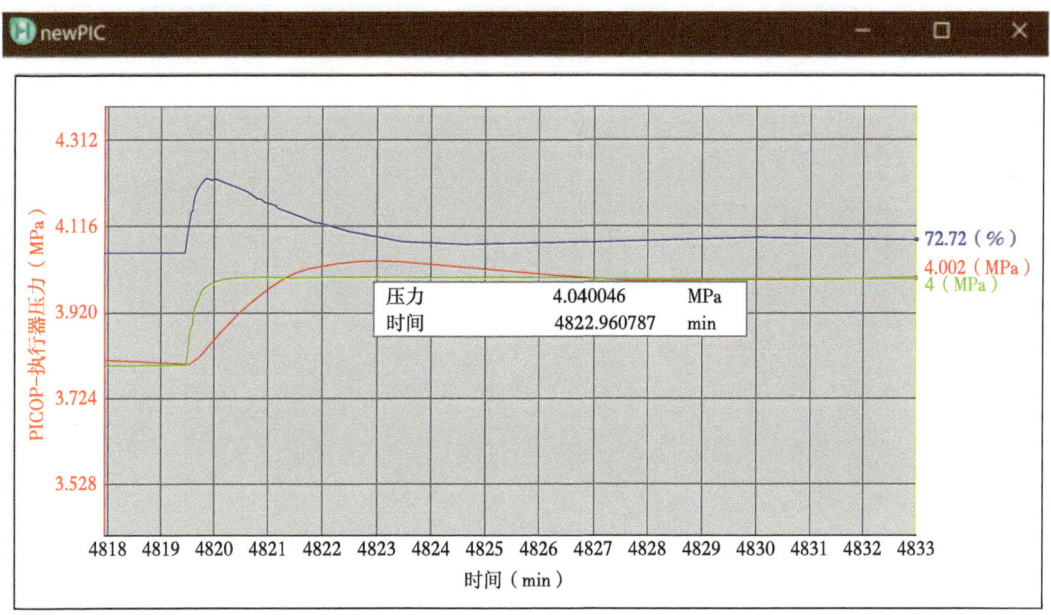

图 4.1.16　多支路压力调节测试图

分析：压力设定值 3.8MPa 到 4.0MPa，各支路阀位限幅 40%，第一支路全开，第二支路增加到最大值，第三支路小幅开阀，压力最大超调 0.04MPa，整个调节过程 8min 左右。

②多支路流量调节测试图如图 4.1.17 所示。

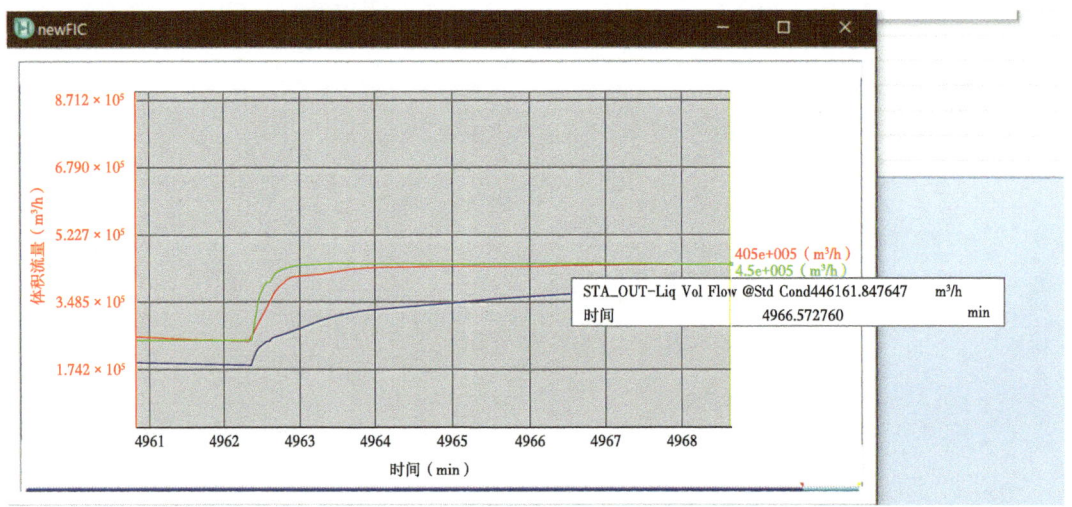

图 4.1.17　多支路流量调节测试图

分析：流量设定值从 $25×10^4 m^3/h$ 到 $45×10^4 m^3/h$ 各支路阀位限幅 40% 第一支路全开，第二支路逐渐增加到最大，第三支路逐渐打开，由于第三支路下开度下流量变化较小，整个过程调节比单支路慢，大约 4~5min。

③分程控制测试图如图 4.1.8 所示。

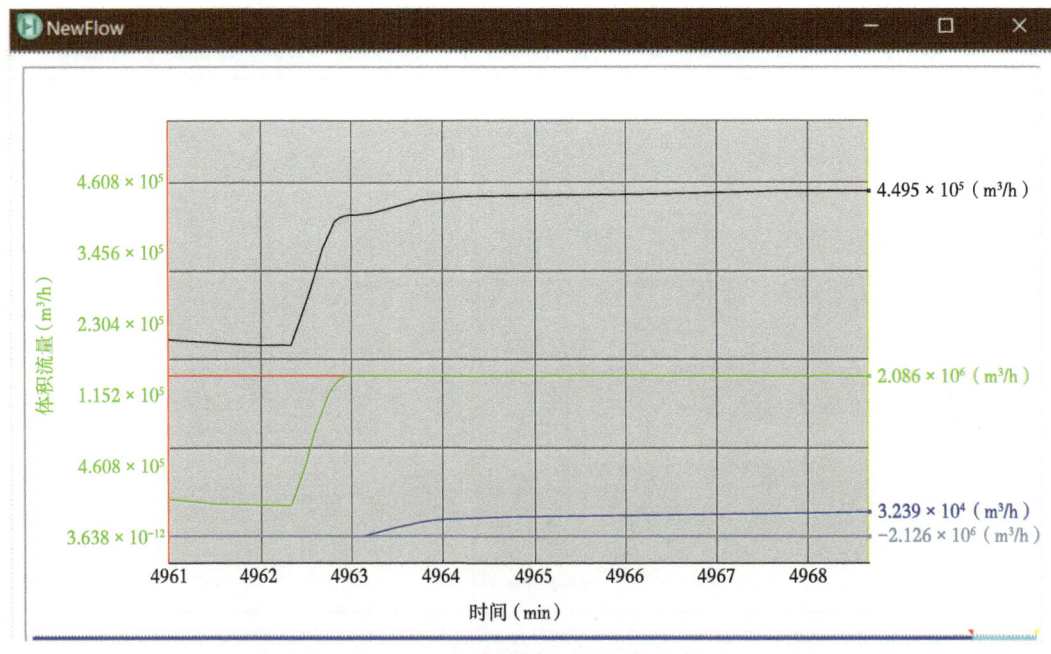

图 4.1.18　分程控制测试图

4.1.4.1.3 现场验证及结果分析

2020 年 11 月，控制器在安平分输站中国石化方向进行了 2 次的现场测试验证，实际测试结果如下。

（1）分输用户流量控制。

①单支路流量调节结果如图 4.1.19 所示。

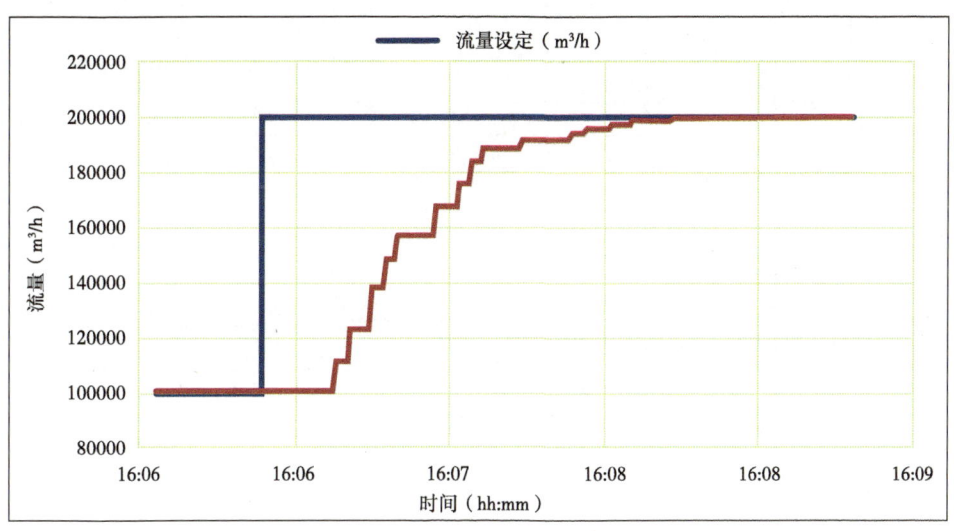

图 4.1.19　单支路流量调节结果图

结果分析：控制器进行流量调节，流量设定值时从 $10×10^4 m^3/h$ 上升到 $20×10^4 m^3/h$；调节时间 2min；稳态误差 $622 m^3/h$，稳态精度 0.3%；超调 $792 m^3/h$，超调量小于 0.4%。

②多支路流量调节结果如图 4.1.20 所示。

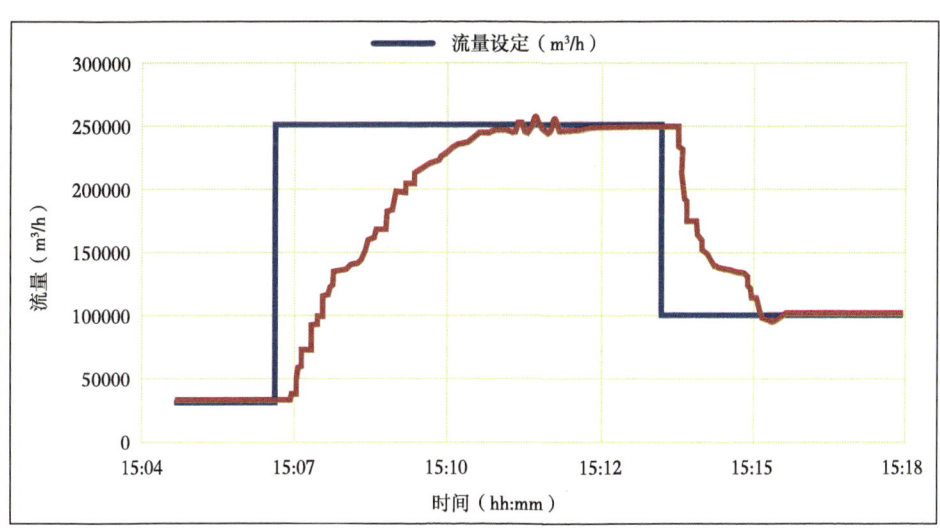

图 4.1.20　多支路流量调节结果图

结果分析：控制器进行流量调节，流量设定值从 $3×10^4 m^3/h$ 到 $25×10^4 m^3/h$；实际调节时间 5min；稳态误差 $1411m^3/h$，稳态精度 0.5%；超调 $7577m^3/h$，超调量小于 3%。

③分程控制结果如图 4.1.21 所示。

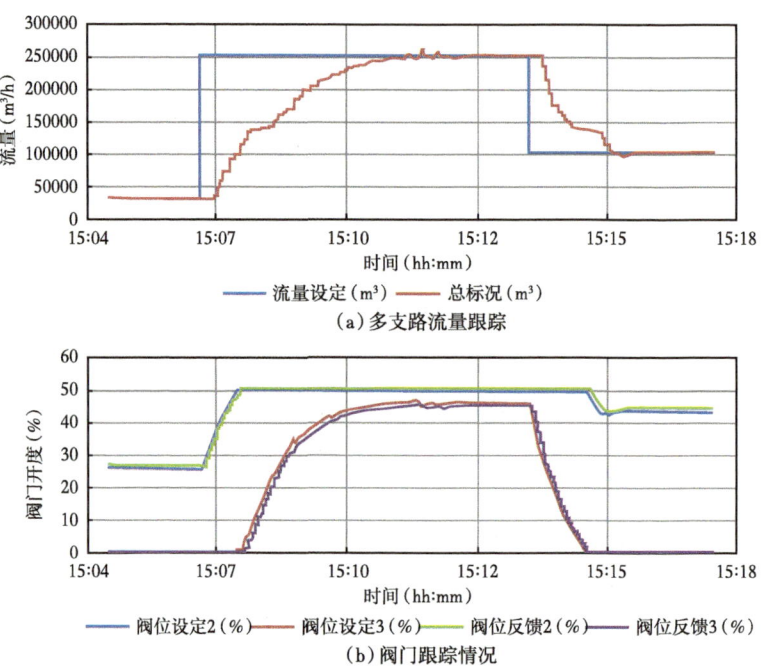

图 4.1.21　分程控制结果图

结果分析：流量设定值从 $3×10^4 m^3/h$ 到 $25×10^4 m^3/h$，各支路阀位限幅 50%。

第一阶段：第一支路从 26.6% 增加到最大限值 50%，之后保持不变。

第二阶段：第二支路从 0% 增加到 45.4%，流量达到目标值并稳定。

调节时间 5min；稳态误差 $1411m^3/h$，稳态精度 0.5%；超调 $7577m^3/h$，超调量小于 3%。

（2）分输用户压力控制。

①单支路压力调节（模糊控制）结果如图 4.1.22 所示。

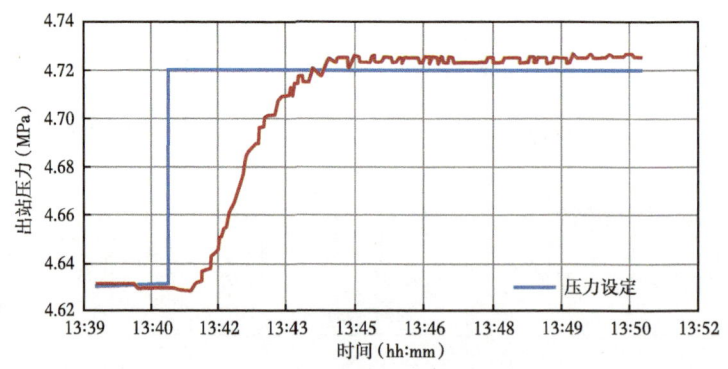

图 4.1.22　单支路压力调节结果图

结果分析：控制器进行压力调节，压力设定值从 4.62MPa 调整到 4.72MPa；调节时间 5min，小于指标要求的 10min；稳态误差 0.005MPa，稳态精度 0.1%；超调量 0.005MPa，远小于 0.1MPa。

分析认为模糊控制能够通过调节过程中的 PID 参数自动调整的方式，加快压力控制的调节速度，并且减小超调量，改善控制器压力调节性能。

②多支路压力调节（模糊控制）结果如图 4.1.23 所示。

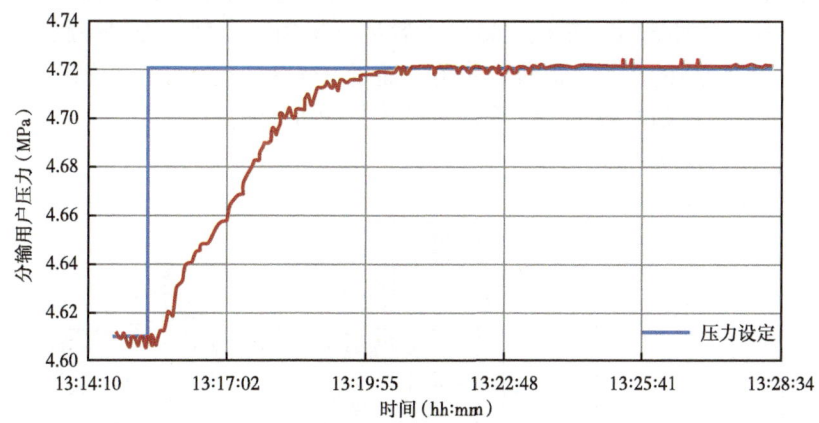

图 4.1.23　多支路压力调节结果图

结果分析：控制器进行压力调节，压力设定值从 4.61MPa 调整到 4.72MPa；调节时间 6min，小于指标要求的 10min；稳态误差 0.001MPa，稳态精度 0.02%；超调量 0.001MPa，远小于 0.1MPa。

分析认为模糊控制能够通过调节过程中的 PID 参数自动调整的方式，加快压力控制的调节速度，并且有效减小超调量，改善控制器压力调节性能。

（3）压力、流量平衡控制结果如图 4.1.24 所示。

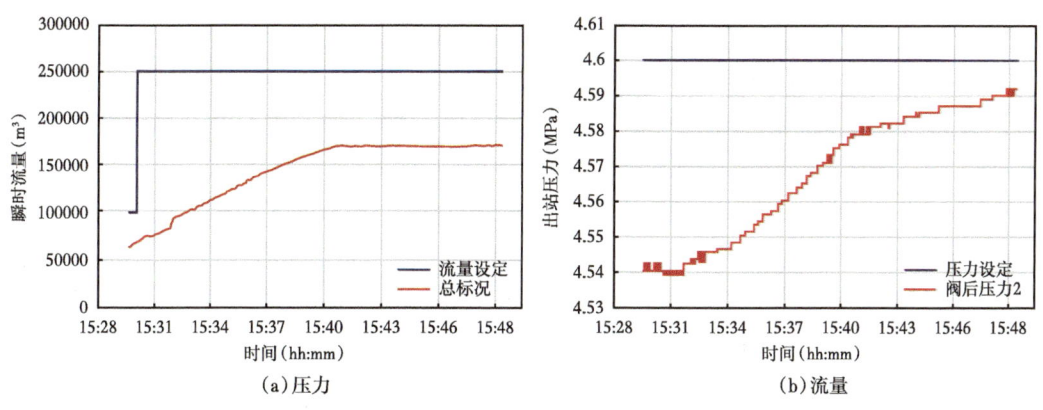

图 4.1.24　压力、流量平衡控制结果图

结果分析：当压力设定值大于压力测量值时，主要是流量调节，流量从 $20\times10^4\text{m}^3/\text{h}$ 上升到 $35\times10^4\text{m}^3/\text{h}$，由于出口定流，压力持续增加，后期转为压力控制，直到压力增加到

其设定值。

实现压力、流量平衡控制功能，实现了压力调节时流量上限保护，流量调节时有压力上、下限保护。

4.1.4.2 精确日指定自动分输技术

4.1.4.2.1 实验室内详细算法模型研究工作

自动分输技术以剩余平均法、不均匀系数法为核心，以压力保护及压力补偿算法、异常值处理及管存量修正等为辅助，建立设定值计算模型，根据调度下达的日指定分输量，通过对气体压力、瞬时流量、累积流量等参数进行采集、处理，提前预测用户的用气曲线，输出当前分输用户的压力、流量设定值，通过 BPCS 系统或阀门控制器控制现场调节阀，实现分输的自动控制，最终达到符合用户需求自动分输。

算法模型框图如图 4.1.25 所示。

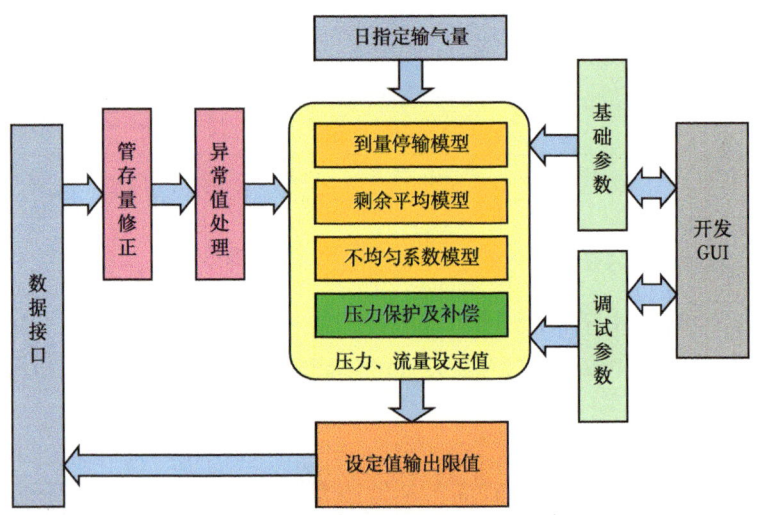

图 4.1.25 自动分输系统算法模型框图

（1）剩余平均法模型。

剩余平均法前半段采用恒定压力输气，同时实时计算已分输量，当已分输量达到临界值后（总量的 $X\%$ 或指定的时间界限值 Y 时），进入流量调节模式。

进入流量调节模式后，将剩余量平均分配至剩余时段内平均输送。

流量调节过程中，实时压力需要在压力限值范围之内，瞬时流量需要在流量限值范围之内，超出限值后采取压力补偿及压力保护。

每一时段输送完毕后计算剩余供气量（日指定量－已供气量），剩余供气量按照剩余时间继续平均分配，直至当日最后分输时段。

完成当日最后时段分输后，重新跳转至初始步骤，将次日的日指定量写入今天，开始进行第二天的自动分输。

剩余平均法模型适合下游用户各时段用气量变化较小，用气平稳的工况，比如工业用户。

（2）不均匀系数法模型。

不均匀系数法是根据过去一段时间（暂定 7 天）下游用户每日用气量在不同时段的权

重值，计算得出当天的各时段权重 X_i 及每个时段的输气设定值，以此为目标值进行自动分输。在正常自动分输过程中，不均匀系数法以流量控制为主，以压力补偿为辅，并且设置了压力、流量高低限保护措施。

将每天划分成 1440 个时段，根据过去 7 天推算所得输气量，计算出当天的各时段权重 X_i，则当天每个时段的输气设定值可由下式计算：

$$Q_{set0} = \frac{(Q_a - Q_{utn}) \cdot X_{wt}[i]}{\sum_{j=i}^{1440} X_{wt}[j]}$$

式中　Q_{set0}——当前时段输气量设定值；

Q_a——日指定输气量；

Q_{utn}——当日已完成输气累积量；

$X_{wt}[i]$——当前时段权重；

$\sum_{j=1}^{1440} X_{wt}[j]$——剩余各时段权重和，归一处理后通常为 1。

其中权重计算公式如下：

$$X_{wt}[i] = \frac{Q_{wt}[i]}{\sum_{i=1}^{1440} Q_{wt}[i]}$$

$$Q_{wt}[i] = \frac{\sum_{j=1}^{7} Q_m[i][j]}{7}$$

其中，j 为用于计算权重的前 7 天数据，第 1 天至第 7 天。

通过上式计算得出当日输气量设定值曲线后，再将此曲线左移一个时段 Δt（Δt 为流量调节系统响应时间，应根据具体工况实测得出，通常为 10min 左右），得出当日输气量设定值曲线如图 4.1.26 所示。

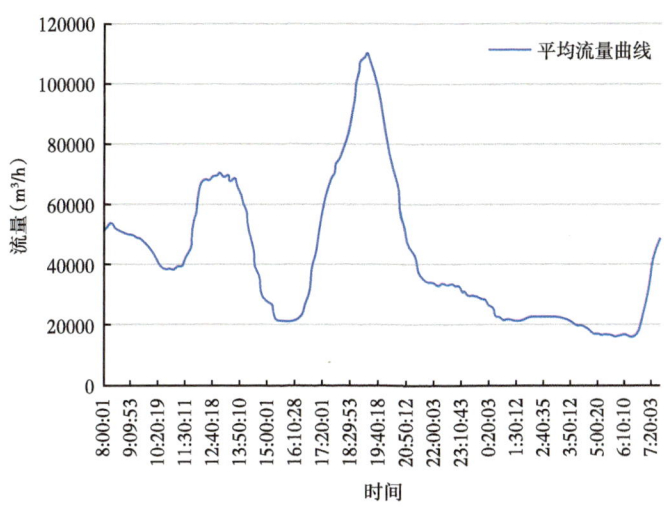

图 4.1.26　当日输气量设定值曲线

不均匀系数法模型适合下游用户各时段用气量变化较大，且用气量比较规律的工况，比如工业用户＋民用用户。此模型的控制逻辑以及算法复杂，对硬件系统性能要求高。

（3）压力保护及压力补偿。

站场进行自动分输时通常处于流量调节模式，但为了保证输气的安全性及压力稳定性，需要增加压力保护措施及压力补偿。

①压力限值说明。

根据实际输气情况，确定一个出站压力的正常范围（P_L，P_H），在自动分输执行过程中，尽量将输气压力保持在此范围以内，并且保持相对稳定。

另外，根据设计要求及站场输气情况，出站压力还存在分输允许的最大、最小压力限值 P_{max} 及 P_{min}，在正常输气过程中，出站压力不允许超过此压力范围（P_{min}，P_{max}）。

这 4 个限值关系为：$P_{min} \leqslant P_L < P_H \leqslant P_{max}$，如图 4.1.27 所示。

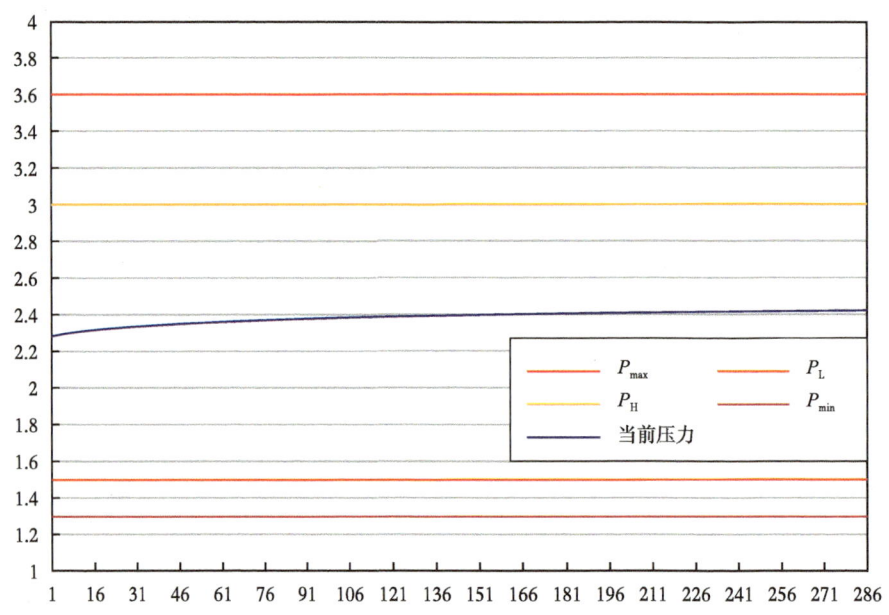

图 4.1.27　压力限值曲线图

②压力保护。

在流量调节模式下，根据设计要求及站场输气情况设置分输压力的上下限 P_{max} 及 P_{min}，在限值范围内，系统进行正常流量调节，当压力达到上限值 P_{max} 时，系统切换为压力调节，当压力恢复正常范围后，再切换为流量调节。此功能通常在 PLC 或阀门控制器设置，自动分输系统不需要重复设置，只需给出压力调节/流量调节的切换命令，并根据控制器特性设置相应的流量压力设定值即可。同样，对于压力低限时也做相同处理。

③压力补偿。

流量调节模式下，给定输气量与下游用气量是无法做到完全相同的，尤其是用户用气量变化比较频繁的情况下，不可避免会出现输气压力波动，此时就需要增加压力补偿避免或减弱压力波动。具体采用方法如下：

a. 压力变化补偿。

将压力变化值 ΔP 乘以系数 k，叠加到流量给定值，下发至 PLC 进行流量控制，系数 k 应较小，压力变化补偿应为弱补偿，其目的是补偿输气压力频繁、微小的波动。

$$P_{\text{com1}} = K_{\text{p1}}(P_{\text{f1}} - P_{\text{f}}) + 0.5K_{\text{p1}}(P_{\text{f2}} - P_{\text{f1}})$$

式中　　P_{com1}——压力弱补偿值；

K_{p1}——压力弱补偿系数；

P_{f1}——前 1 次出站压力，即上 1 个的周期 P_{f}；

P_{f2}——前 2 次出站压力，即上 1 个的周期 P_{f1}。

b. 压力超限补偿。

当分输压力 P 在正常输气压力范围（P_{low}，P_{hign}）之间时，采用正常的流量调节；当分输压力 P 超出正常输气压力范围（P_{low}，P_{hign}），但在（P_{min}，P_{max}）范围内时，系统采取强补偿，其目的是尽量将输气压力拉回正常区域（P_{low}，P_{hign}）。

补偿方法为对（$P_{\text{f}}-P_{\text{hign}}$）或（$P_{\text{f}}-P_{\text{low}}$）做 PID 运算后叠加至流量给定值，下发至 PLC 进行流量控制。

$$P_{\text{com2}} = PID(\text{setpoint}, K_{\text{p2}}, K_{\text{i2}}, K_{\text{d2}}, \text{nextpoint})$$

式中　　P_{com2}——压力强补偿值；

PID——PID 算法；

setpoint——压力设定值如 $P_{\text{f}} > P_{\text{hign}}$，则目标值 setpoint 为 P_{hign}；如 $P_{\text{f}} < P_{\text{low}}$，则目标值 setpoint 为 P_{low}。

nextpoint——当前压力反馈值，即 P_{f}；

K_{p2}——压力强补偿比例系数；

K_{i2}——压力强补偿积分系数；

K_{d2}——压力强补偿微分系数。

当 P_{f} 过（P_{low}，P_{hign}）范围的上下限临界线 P_{low}、P_{hign} 时，PID 的积分微分值自动清零，且积分部分有抗饱和功能。

（4）其他辅助算法。

①管存量修正。

对于分输站与下游站场之间管容比较大时，就会出现分输站输气量与下游用户用气量并不一致的情况，此时，就需要对输气量进行管存量修正，从而更准确地计算出用户用气量。

根据输气压力 P_{t}、温度 T 计算天然气密度 ρ，再使用管存体积 V 和密度 ρ 计算得出质量差值 Δm 及体积差值 ΔV，最终转换为标况后加上输气量即为计算所得用户用气量。

$$\Delta m = V\rho(t_1 - t_2)$$

$$\Delta V = \frac{\Delta m}{\rho_{\text{n}}}$$

②异常值处理。

在进行输入参数的数据采集过程中，为了防止由于输出数据错误造成最终自动分输控制出现问题，对主要的输入参数如压力、流量都采取了异常值处理，保证最终采集数据的有效性，主要方法包含数字滤波和瞬时量有效性判断。

4.1.4.2.2 软件 GUI 设计

自动分输的 GUI 设计结构图如图 4.1.28 所示。

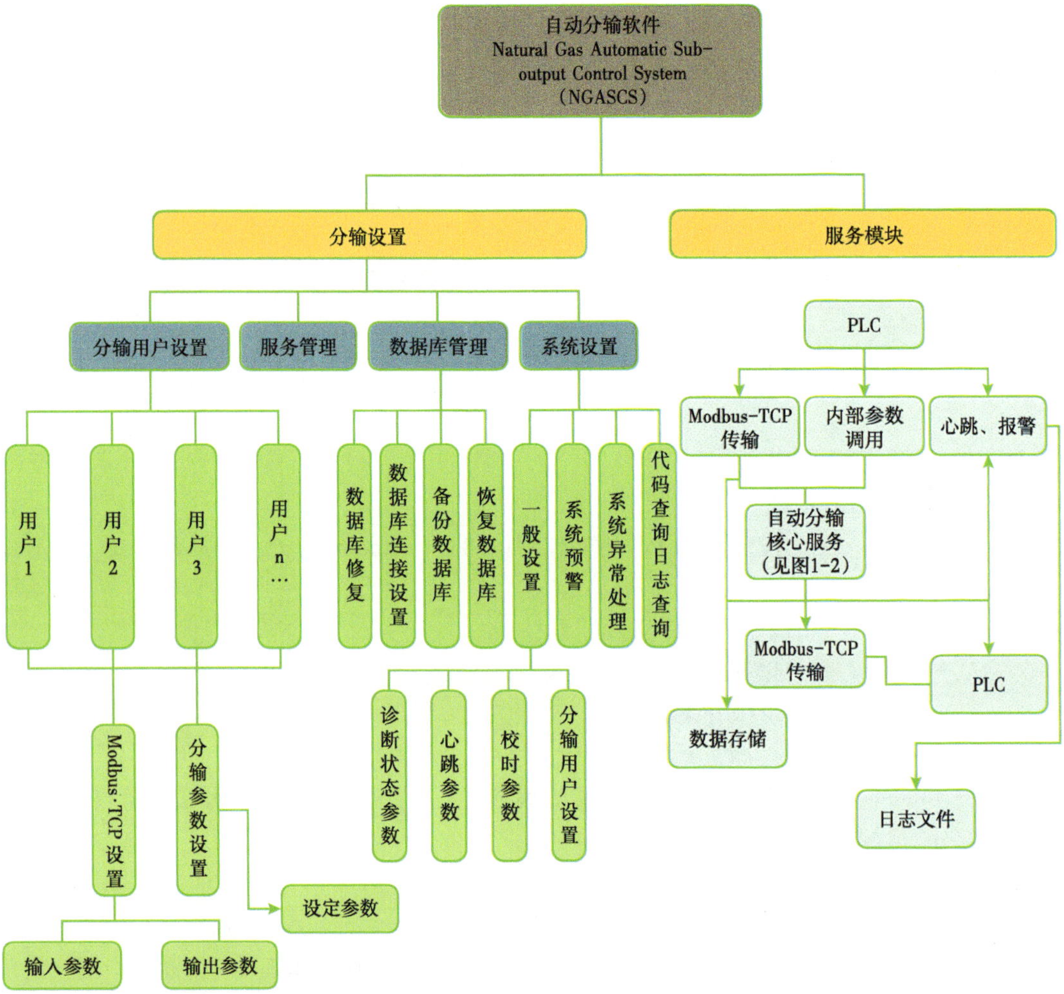

图 4.1.28 GUI 设计结构图

（1）系统配置界面。

系统配置中按配置顺序分为：通信配置、系统设置、数据库设置、服务管理、分输用户设置等几个部分，设置完毕后，系统即可开始使用。

①通信配置。

通信接口用来配置与 BPCS 系统通信，通信配置界面如图 4.1.29 所示。

自动化技术 4

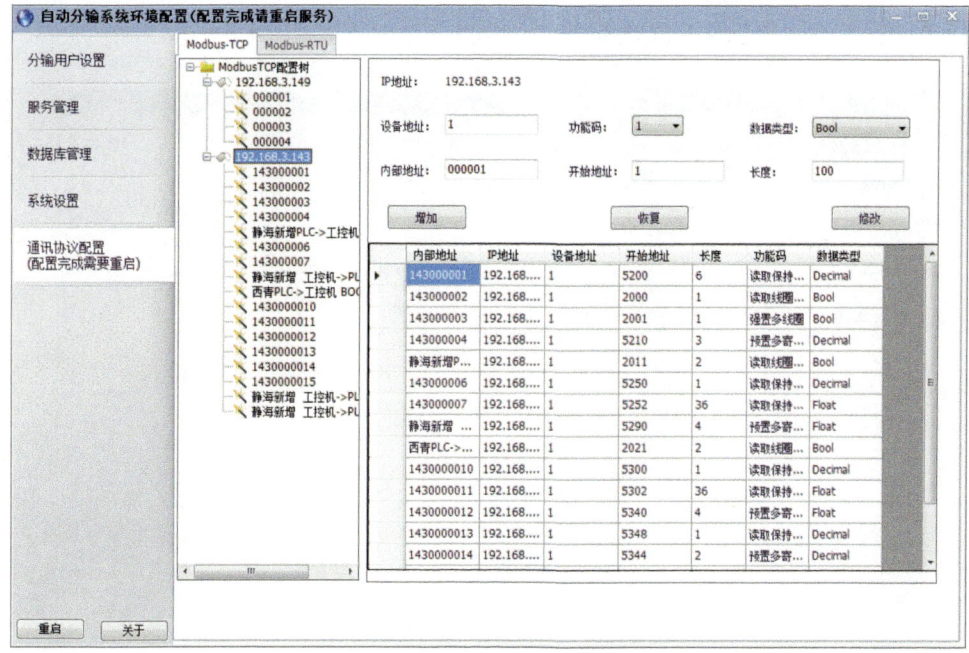

图 4.1.29 通信协议配置

②系统设置。

系统设置中最多可以同时支持 10 个分输用户,如图 4.1.30 所示。

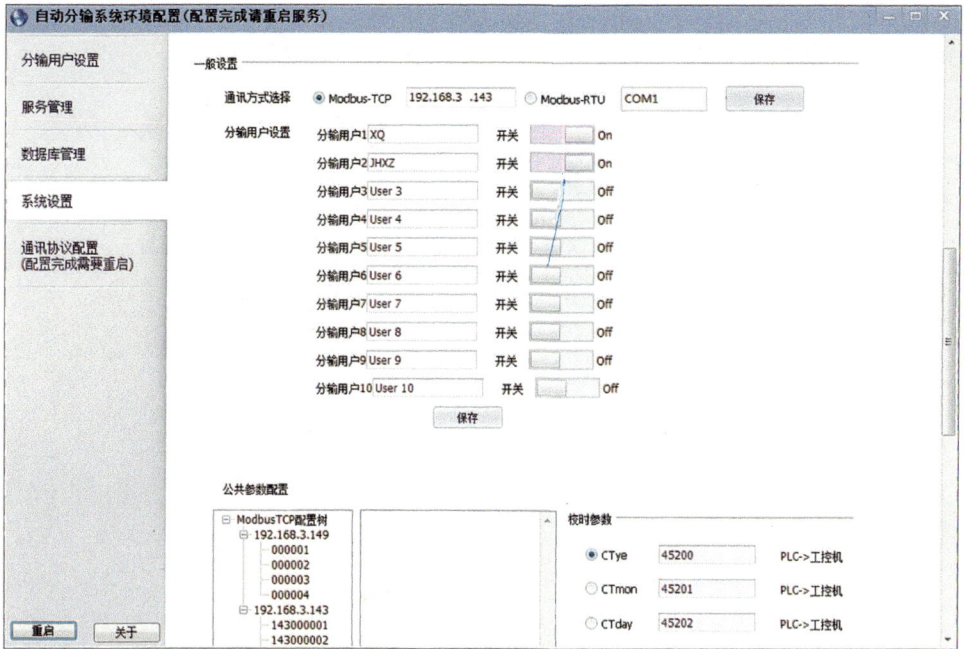

图 4.1.30 分输用户系统设置

199

在系统设置中可以设置与 PLC 时间同步，在故障时会可以返回故障代码，在通信断开时，提供双向心跳判断及 Fail-Safe 功能，如图 4.1.31 所示。

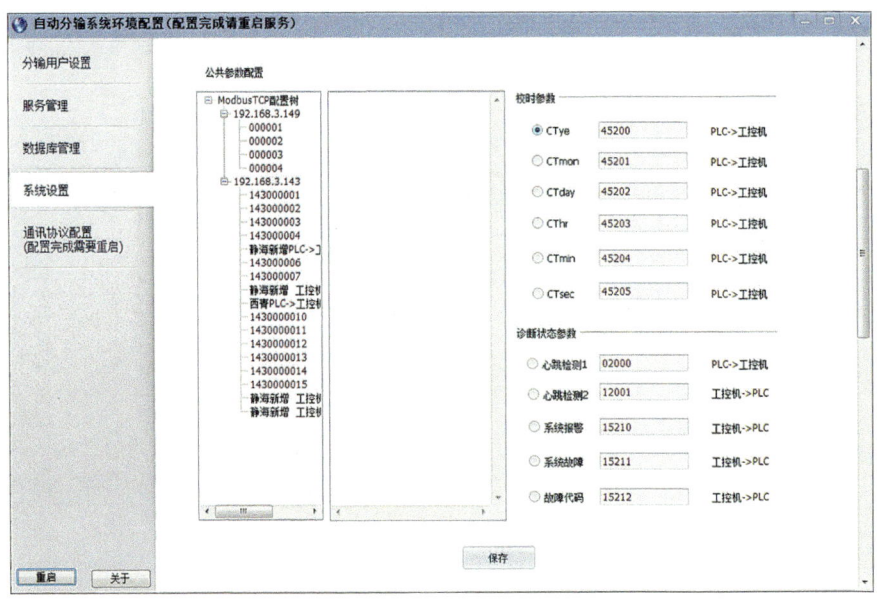

图 4.1.31　系统设置

③数据库设置。

系统中集成了数据库管理工具，用来恢复、备份、修复数据库。

④服务管理。

服务管理界面如图 4.1.32 所示。

图 4.1.32　服务管理

⑤分输用户设置。

分输用户设置中，可以为每条分输线路设置中间参数及通信点配置，如图4.1.33所示。

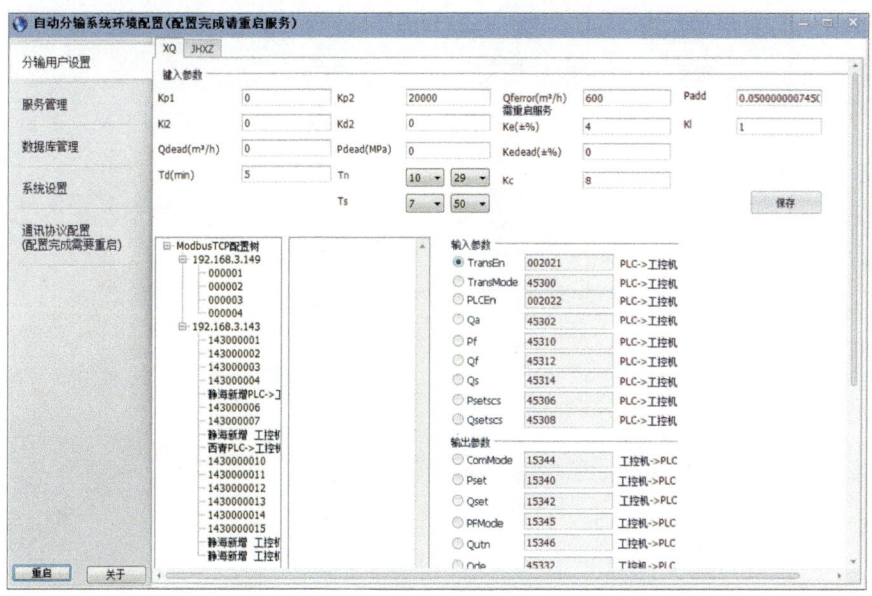

图 4.1.33　分输用户设置

⑥系统调试分析界面。

系统调试界面可模拟 PLC 数据，可实时显示分输数据，可显示趋势图，如图 4.1.34 至图 4.1.36 所示。

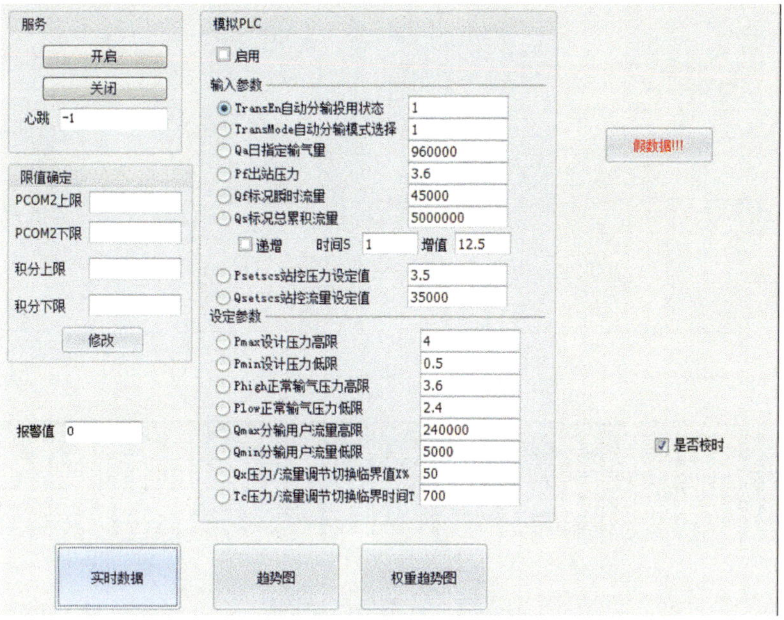

图 4.1.34　模拟 PLC 数据

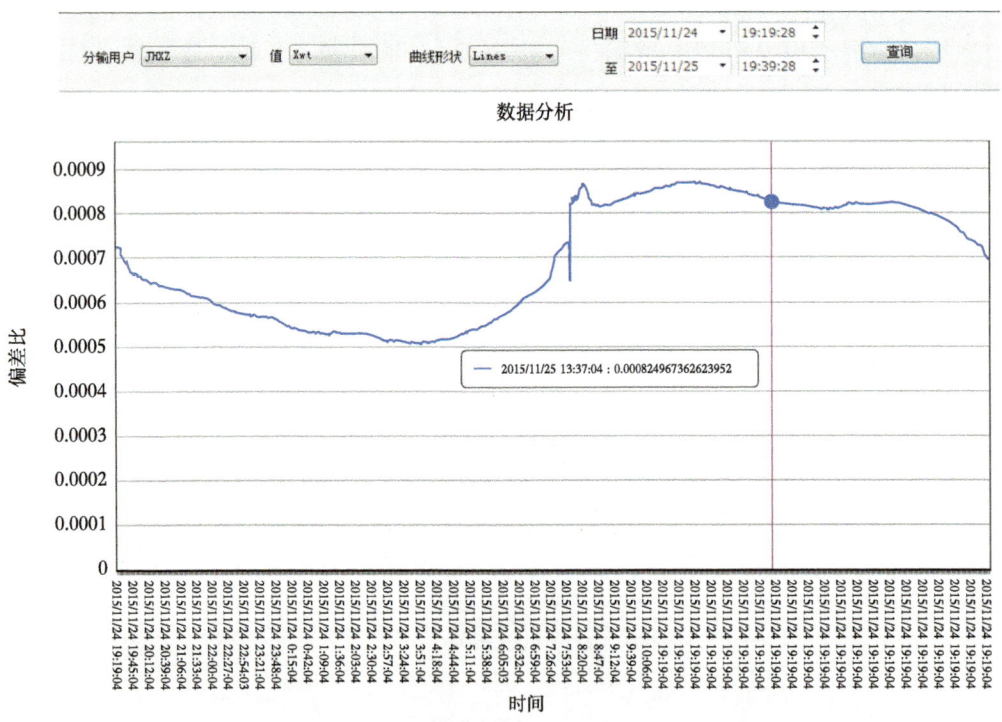

图 4.1.35　分输用户分输数据

图 4.1.36　分输趋势曲线

4.1.4.2.3　现场验证及结果分析

（1）系统功能验证。

实施地点选用陕京线小卞庄分输站作为试点站场，根据调研的情况，站场情况如下。

小卞庄分输站采用电动调节阀对下游用户的天然气分输量和分输压力进行调节，所有调节阀全都配备 RMG 的阀门控制器，阀门控制器可以精确的实现对调节阀的远程控制和快速反应，为天然气的自动分输提供了可以实现的硬件基础；下游用户都是工业用气或者生活用气，用气具有明显的规律性，这为自动分输的实现提供了可行性。

自动分输程序在小卞庄分输站的测试过程中，进行了稳定性及功能性测试：

软件通信能力稳定性测试，软件容错能力测试，软件长时间运行的性能测试，心跳检测通信功能测试，系统日志功能测试，并进行了程序运行的 7×24h 功能的测试。

自动分输程序的启停功能测试，指定量写入与修改功能测试，最大和最小压力限值保护功能测试，最大和最小流量限值保护功能测试，工作模式切换测试，异常值处理功能测试。

（2）验证数据及结果分析。

①静海新增方向测试结果如表 4.1.1 及图 4.1.37、图 4.1.38 所示。

表 4.1.1　静海新增方向日指定量与实际分输量对比

时间	日指定量（m^3）	实际分输量（m^3）	分输差值（m^3）	完成率（%）	输气偏差（%）
2015/11/16	506000	503242	2758	99.45%	0.55%
2015/11/17	525000	512704	12296	97.66%	2.34%
2015/11/18	528000	507696	20304	96.15%	3.85%
2015/11/19	520000	515008	4992	99.04%	0.96%
2015/11/20	525000	503808	21192	95.96%	4.04%
2015/11/21	520000	510096	9904	98.10%	1.90%
2015/11/22	500000	489808	10192	97.96%	2.04%
2015/11/23	550000	533184	16816	96.94%	3.06%
2015/11/24	550000	543312	6688	98.78%	1.22%
2015/11/25	575000	562096	12904	97.76%	2.24%
2015/11/26	575000	558912	16088	97.20%	2.80%
2015/11/27	575000	575072	（72）	100.01%	-0.01%
2015/11/28	592000	549408	42592	92.81%	7.19%

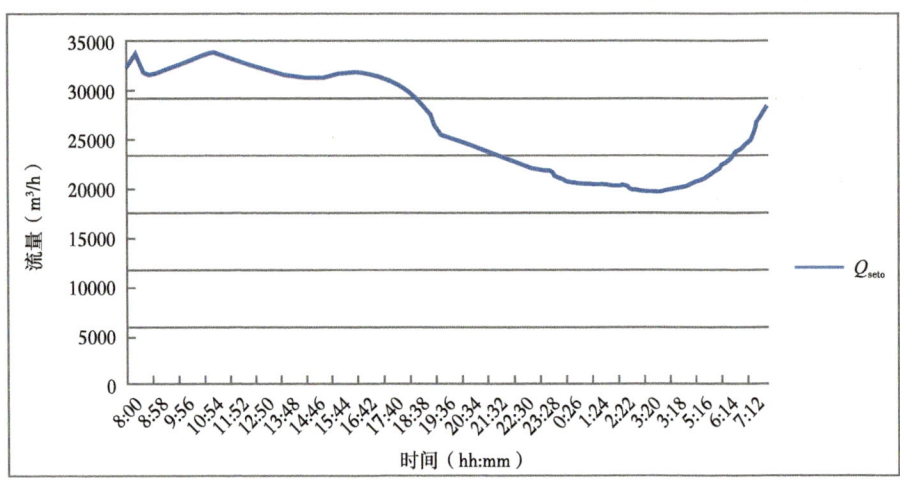

图 4.1.37　静海新增方向流量设定值曲线

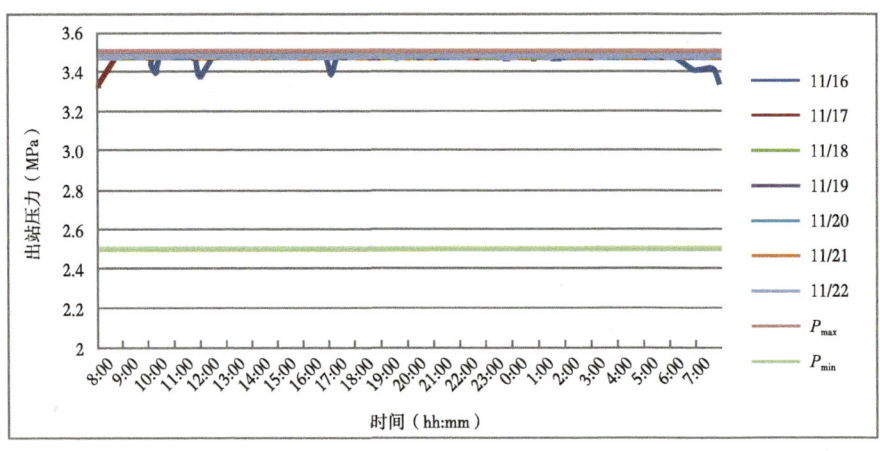

（a）11月16日至11月22日

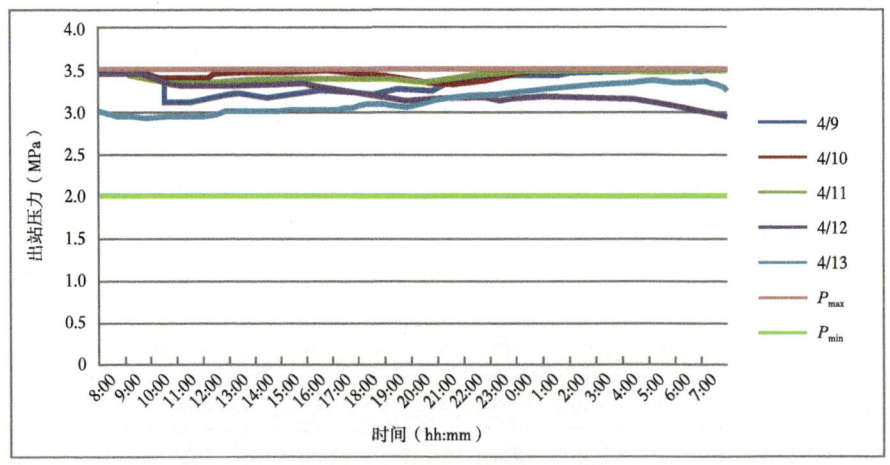

（b）4月9日至4月13日

图 4.1.38　静海新增方向出站压力变化曲线

结果分析：静海新增方向自动分输效果总体良好，实际输量与日指定分输量误差较小；当日指定量远大于用户需求量时，无法强行输送；当指定量小于用户需求量时，能够有效地限制日输量，保证输气负偏差值不超过1%，满足指标要求；自动分输过程中，静海新增方向出口压力波动比较平稳，压力波动在设定的 P_{min} 和 P_{max} 之间，满足用户要求；自动分输系统应用之后，能够明显减少操作人员的手动操作次数，提高管道运行自动化水平。

②西青方向日指定量与实际分输量对比见表 4.1.2。

表 4.1.2　西青方向日指定量与实际分输量对比

时间	日指定量（m³）	实际分输量（m³）	分输差值（m³）	完成率（%）	输气偏差（%）
2015/10/19	140000	135312	4688	96.65%	3.35%
2015/10/20	140000	137296	2704	98.07%	1.93%
2015/10/21	140000	137488	2512	98.21%	1.79%
2015/10/22	150000	150192	（192）	100.13%	-0.13%
2015/10/23	150000	130400	19600	86.93%	13.07%
2015/10/24	130000	109712	20288	84.39%	15.61%
2015/10/25	120000	92000	28000	76.67%	23.33%
2015/10/26	145000	151202	（6202）	104.28%	-4.28%
2015/10/27	150000	137808	12192	91.87%	8.13%
2015/10/28	150000	138688	11312	92.46%	7.54%
2015/10/29	150000	143008	6992	95.34%	4.66%
2015/10/30	140000	134688	5312	96.21%	3.79%

结果分析：西青方向自动分输效果基本满足要求；由于此方向与下游用户之间管容很小，且不允许停输，导致有时出现实际输量与日指定分输量偏差较大情况；当日指定量远大于用户需求量时，无法强行输送；当指定量小于用户需求量时，自动分输系统能够控制站场保持最低压力输气，在不允许停输的情况下，能够最大限度限制超输；正常分输情况下压力波动较小，但当输气量与日指定量偏差较大时，会出现最高/最低压力控制，压力波动较大，但基本在设定的 P_{min} 和 P_{max} 之间，满足用户要求；自动分输系统应用之后，能够明显减少操作人员的手动操作次数，提高管道运行自动化水平（图 4.1.39 和图 4.1.40）。

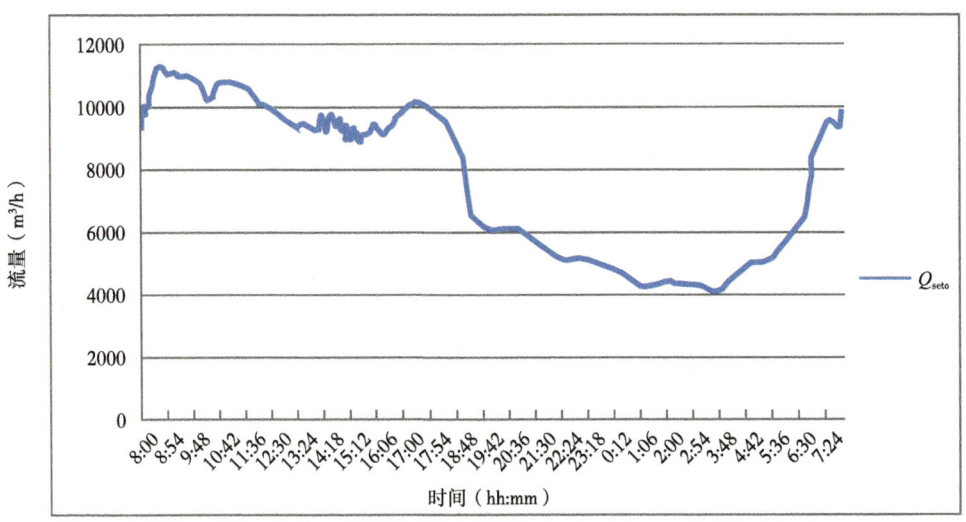

图 4.1.39　西青方向流量设定值曲线

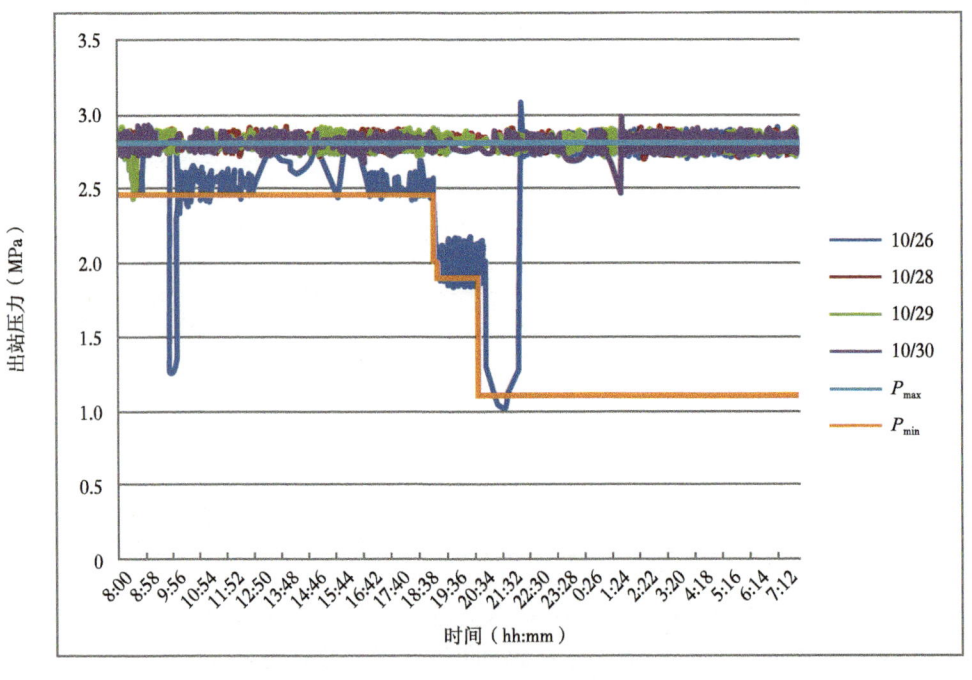

图 4.1.40　西青方向出站压力波动曲线

4.1.5　应用效果

该技术以一体化智能控制器为研究对象，以国产化为研究方向，成功建立了压力、流量、压力下限、压力上限的组合 PID 控制模型，实现了单支路压力流量平衡控制。对于一个分输用户下的多条分输支路,利用分程控制原理,完成了多条支路的协同控制,能够保证分输任务安全、平稳、高效地完成,实现了整个分输用户的压力、流量智能控制。

天然气分输站一体化智能控制器完成了以下技术指标:

(1)单支路压力调节精度达到1%,调节时间小于10min,超调量小于0.1MPa;单支路流量调节稳态精度达到2%,调节时间小于5min,超调量小于5%;

(2)压力、流量调节实现无扰切换,并且压力调节时能实现流量上限保护,流量调节时有压力上、下限保护,并且切换过程能够实现无扰切换;

(3)自动分输过程中压力平稳,压力波动小于设定的允许上下限值,分输用户多回路压力调节精度达到1%,调节时间小于10min;多回路流量调节稳态精度达到2%,调节时间小于5min;

(4)实现基于能量计量方式的自动分输,日指定完成率误差小于1%(未达到压力限值时);

(5)系统有高安全性和可靠性,具有心跳检测功能,当系统死机或通信中断时,PLC会切换至手动分输并报警。拥有完善的故障诊断功能及通信故障恢复机制,并具有Fail-safe功能;

(6)与国外同类型产品相比,控制器综合成本降低50%以上。

实际应用效果见表4.1.3。

表4.1.3 一体化智能控制器实测性能与要求参数对比

序号	技术指标项	指标要求参数	实测性能
1	单支路压力调节	稳态精度达到1% 调节时间小于10min 超调量小于0.1MPa	稳态精度达到0.5% 调节时间小于10min 超调量小于0.05MPa
2	单支路流量调节	稳态精度达到2% 调节时间小于5min 超调量小于5%	稳态精度达0.5% 调节时间小于3min 超调量小于1%
3	压力、流量平衡控制	压力、流量调节实现无扰切换,并且压力调节时能实现流量上限保护,流量调节时有压力上、下限保护	建立4个PID组合的控制模型,并增加外反馈控制算法,实现压力、流量调节无扰切换及上下限保护功能
4	多回路压力调节	精度达到1% 调节时间小于10min	稳态精度达到0.5% 调节时间小于10min 超调量小于0.05MPa
5	多回路流量调节	精度达到2% 调节时间小于5min	稳态精度达1% 调节时间小于5min 超调量小于3%
6	能量计量方式的自动分输	实现基于能量计量方式的自动分输,日指定完成率误差小于1%(未达到压力限值时)	完成能量值到标况流量的转换计算,从而实现能量计量方式的自动分输控制,日指定完成率误差小于1%(未达到压力限值时)

在现场调试过程中,同时测试了一下安平站现有的进口阀门控制器,并将一体化控制器与现有控制器功能和性能进行了对比,通过对比可以看出本项目一体化智能控制器无论

在功能上还是性能参数都优于进口阀门控制器，具体情况见表4.1.4。

表 4.1.4 一体化智能控制器与传统阀门控制器性能对比

序号	功能指标	一体化智能控制器	传统阀门控制器
1	压力流量平衡控制	有，建立多个 PID 组合的控制模型，保证压力、流量控制自动无扰切换	有
2	分输用户多路协同控制	有，采用多支路分程控制方式，实现分输用户多路协同控制	无
3	调节管路流量估算	无，但通过多路协同控制实现流量精准控制，精度达 1%	有，但非本品牌阀门误差偏大，最大超过 20%
4	自动分输功能	有，并且能够实现能量计量方式的自动分输	无
5	单支路流量调节精度	稳态精度达 0.5% 调节时间小于 3min 超调量小于 1%	稳态误差超过 15%
6	单支路压力调节精度	稳态精度达到 0.5% 调节时间小于 10min 超调量小于 0.05MPa	调节时间大于 30min
7	分输用户多回路流量调节	稳态精度达 1% 调节时间小于 5min 超调量小于 3%	无，只能通过站控系统分配流量，且流量稳态误差超过 15%
8	分输用户多回路压力调节	稳态精度达到 0.5% 调节时间小于 10min 超调量小于 0.05MPa	无，只能站控系统加多个阀门控制器方式实现，且调节时间大于 30min

4.2 计量设备研制与性能提升（国产通用性流量计算机研发）

4.2.1 技术背景

天然气流量计量是一项重要技术基础工作，是影响天然气产业发展的重要因素，是天然气管道输送工程中最重要的测量环节，是企业进行贸易交接、经济分析、降低运行成本的主要因素，直接影响企业的经济效益与用户利益。目前，天然气计量装置主要以孔板流量计、涡轮流量计、超声波流量计、质量流量计等一次仪表为主。而天然气流量计算机是针对天然气贸易计量而设计的二次仪表，是天然气计量系统的重要组成部分。大型贸易计量站作为一个城市或地区的能源枢纽，流量计量微小的精度偏差就会造成巨大经济损失。因此，对于大型贸易计量站，流量计量的要求非常高。

由于不同气源的温度、压力、成分、热值和密度不一致，需要对不同气源进行分析。气相色谱法是测量天然气组成最常用方法。通过在线气相色谱仪实时取样分析，得到天然气组成，用热值分析仪得到其低位和高位热值，用密度计获取其密度，温度传感器或变送器获取温度，压力传感器或变送器获取压力。由上可知，流量计量站应具备热值分析仪、在线气相色谱分析仪、密度计、大量的压力/温度变送器或传感器，以及诸多的流量计。

多个设备和仪器均由一台或多台流量计算机和上位机 SCADA 系统集中管理。多个流量计量站通过远程通信功能集中管理。此外，流量计算机除应有友好的人机界面，流量计量和复杂压缩因子的实时补偿功能，还应具有报警显示，实时数据采集、归档、管理以及趋势图显示，统计分析，报表输出等功能。对应的上位机监控系统应具备比单个流量计算机更强的功能。

国标 GB/T 18603-2014《天然气计量系统技术要求》中对流量计量系统进行了分级，其中级别最高的 A 级计量系统要求压力精度为 0.2%，温度精度 0.5℃，密度精度 0.35%，在线发热量精度 0.5%，压缩因子精度 0.3%，工作条件下体积流量精度为 0.7%。除压缩因子外，其他的均可以采用相应等级的测量装置或仪器获取，而压缩因子精度只能通过计算能力较强的 CPU 才能实现，而流量计算机使得高精度压缩因子的实时补偿成为可能。

目前，市场上各类天然气流量的计量仪表已日臻完善，符合标准的规范产品也有很多。随着计算机技术的高速发展，可对测试的数据进行更为精准的计算。天然气流量计算机采取的精细计量管理、规范计量操作、对计量参数进行精确修正的措施对保证天然气交接计量的准确可靠，不但能确保贸易公平结算，同时能够促进生产工艺不断改进，提高产品质量，降低产品生产成本，确保安全生产，提高经济效益，具有特别重要的意义。

目前用于天然气贸易交接计量的流量计算机分为进口品牌和国产品牌，其中进口品牌占主导地位，对于差压式流量计、速度式流量计（如涡轮）、质量流量计，通用型流量计算机可以满足要求，但是对于超声波流量计，目前国内天然气流量计量系统中国外品牌主要有 Elster-Instromet、DANIEL、Sick、Krohne、RMG 等，国产品牌主要为上海中核维思仪器仪表有限公司，不管进口还是国产的流量计只能配同一品牌的流量计算机，没有通用型的流量计算机。国产流量计算机起步比较晚，目前国内主要流流量计制造商均使用 ODM 模式，本身并不生产流量计算机。

随着超声流量计使用经验数据的积累、根据用户的不用需求，不断地对软件和硬件进行升级使得流量计算机在功能和性能上更加成熟。声速诊断作为超声流量计独特优势的智能诊断之一，有统一的声速计算方法标准（AGA10 号报告"Speed of Sound in Natural Gas and Other Related Hydrocarbon Gases"）（2003）。为满足用户的不同习惯和要求，目前流量计制造商也在逐步与其他品牌的流量计算机匹配使用，国外主流超声流量计制造商公开部分专用修正算法。这使得通用型流量计算机因兼容多种不同类型流量计成为未来的发展趋势。国内很多对计量输差关注的企业也逐步采用此种模式。

因各品牌超声流量计制造商对流量计和流量计算机的核心技术把控非常严格，存在如下安全隐患：

（1）核心技术数据不对外开放，使国内用户在开发第三方应用，如远程诊断系统时，对制造商极其依赖，只能由制造商提供远程诊断系统；由于不同制造商之间也存在竞争关系，导致远程诊断系统仅能真正实现单一品牌的远程诊断功能，其他品牌的流量计均为基础参数诊断及声速核查诊断，无法实现真正意义的远程诊断系统。

（2）流量计算机现在配置的网络通信端口均有远程访问和修改流量计算机系统配置参数的功能，制造商掌控最高访问管理权限，如极端情况下，从艾默生公司远程诊断 CBM 系统使用的网络中的任何一个节点接入就可以使整个局域网内的计量系统受到攻击，可以轻易获取或修改所有计量数据，存在极大安全隐患。

（3）采集地流量计内部信息有限，无法获取流量计详细的状态信息，没有集成流量计在线诊断系统，需要厂家单独配套相应流量计的在线诊断软件。

（4）备品备件需要国外原厂采购，影响采购价格和供货周期的因素较多，如疫情防控期间受到很大影响。目前管网公司使用的流量计算机品牌繁杂，导致管理和运营维护成本增加。

（5）现有流量计算机中有大量的模拟输入通道闲置，且在使用过程中存在通道易漂移，需要做通道校准的使用中难题。

进口关键计量设备，一方面增加了建设和运营成本，存在"卡脖子"风险，且进口产品一般供货周期较长；另一方面，长期依赖进口，不利于民族工业的发展。目前，管网集团在役管输控制用液体超声流量计约200台套，在役质量流量计约50台套，流量计算机约3000台套，主要为西门子、弗莱克森、埃尔斯特、GE、科隆、艾默生等国外品牌为主，严重依赖进口，存在产品及备件价格高、供货周期长、维护成本高等问题。随着国际局势深刻变化，液体管输控制超声流量计和气体用质量流量计将面临贸易和技术风险，而目前国内无同类技术水平相当的产品可替代，因此急需开展液体超声流量计、气体质量流量计和通用型流量计算机设备国产化研制及性能提升工作。

油气计量关键设备国产化及其性能提升工作，一方面可以带动国内机械、电子、冶金、材料等相关产业的发展，督促相关产品升级换代，促进民族工业发展；另一方面还可降低设备和备品备件投资，缩短供货周期，售后服务响应及时，提高设备整体性能，在提高安全性的同时降低计量系统的使用成本，为确保我国能源安全有着非凡的意义。

4.2.2 技术简介

流量计算机是一种通过对与之配套的流量变送器、流量传感器和其他变送器（温度、压力等）输出模拟信号、脉冲信号或者数字信号的采集，用相关的数学模型计算出瞬时流量、累积流量等，并进行显示、储存和传送的设备。有的流量计算机还具有将瞬时流量转换成模拟信号或者数字信号进行输出和进行定量控制的功能。与流量计算机配套的传感器通常有标准节流装置、涡轮、涡街、电磁、超声流量传感器或变送器等，以及补偿用的压力变送器、差压变送器、温度变送器、组分分析仪等。

流量计算机主要由中央处理单元、输入输出单元、显示单元和操作按钮等组成。输入输出单元包含流量传感器信号输入、温度、压力等补偿信号输入、流量等信号输出等，可对各种液体、蒸汽、天然气、一般气体等流量参数进行测量显示、累积计算、报警控制、变送输出、数据采集及通信。其功能特点为：

（1）全范围自动温度、压力补偿运算，补偿方式任意设定；

（2）线性积算、开方积算任意设定；

（3）瞬时流量、累积流量、温度、压力多种参数显示；

（4）小信号切除功能，切除范围0%~5%可选；

（5）累积流量值可通过面板按键清零，清零操作可锁。

流量计算机可对物质的质量、体积、长度进行累积计算，并可进行批量控制。它采用技术成熟且已大量生产的AI系列仪表通用硬件，配合优秀的流量计算机软件，使仪表具备功能丰富、编程简便、抗干扰性好、可靠性高、快速交货、低成本及低价格等优点。

4.2.3 主要创新点

4.2.3.1 完全根据国标计算标准进行贸易交接物性计算

通用型流量计算机负责计量数据的采集、计算、存储和数据，通过调研国内外流量计算机遵循的计算标准，采纳的主要计算标准如下：

根据 GB/T 18604 标准满足采集超声波流量计测量和诊断信号，完成超声波流量计瞬时体积流量、能量流量和累计流量计算，同时满足 ISO 17089 和 AGA NO.9 标准中相关要求。

根据 GB/T 31130 标准满足采集质量流量计测量信号，完成质量流量计瞬时体积流量、能量流量和累计流量计算。

根据 GB/T 17747 标准使用天然气摩尔组分计算工况、标况压缩因子和密度计算，同时满足 ISO 12213 和 AGA NO.8 标准的相关要求。

根据 GB/T 11062 和 GB/T 22723 标准使用摩尔组分计算天然气热值，同时满足 ISO 6976 标准计算天然气热值。

根据 AGA NO.10 标准，计算天然气理论声速，用于超声波流量计声速核查。

4.2.3.2 完成多品牌流量计通信协议解析

目前国内市场上出现的各个品牌流量计数据输出接口均掌握在制造商手中，并未对外开放，且大部分型号的流量计端口数据均采用加密输出，因此需要逐一对流量计的通信数据进行采集和解析，此项工作也是本技术最重要的关键点之一。

4.2.3.3 流量计算机平台通用化

流量计算机使用 Linux 系统平台设计，流量计算和诊断软件仅需以应用程序的型式运行，便于扩展和兼容更多的超声波流量计。

4.2.3.4 本地化流量计在线诊断功能实现

超声波流量计与其他类型的流量计相比存在两大优势：

（1）超声波流量计属于纯电子流量计，所有的计算均实现了数字化，可以对流量计的所有测量参数和传感器的状态参数进行在线诊断，同时还可以通过这些参数进行二次计算用于流体介质和自身状态诊断和监控。

（2）声速核查功能，时差式超声波流量计较其他类型的流量计另外一个先天优势就是可以利用介质的物性参数声速实施声速核查。

这两大优势使得超声波流量计可以实现精确的在线诊断功能，目前在线诊断功能主要通过本地手动诊断和远程诊断方式实现，但是这两种方式都存在较大弊端，本地手动诊断缺少时间上的连续性，操作也非常复杂，而现有远程诊断系统存在系统庞大和带宽占用高的缺点。

基于上述问题，流量计算机内置超声流量计在线诊断功能，流量计算机通过数字通信在读取流量计测量值的同时读取流量计的诊断数据，结合流量计算机读取的温度、压力和组分值对流量计进行实时超声流量计诊断，直接生成流量计在线诊断报告，一旦诊断不通过则以报警形式发出提示，流量计的额诊断报告存储在流量计算机本地数据库内，计量管理人员可以在远程端查阅诊断报告，无须在调控中心建设昂贵的 CBM 系统。

4.2.3.5 精确时间同步

流量计算机内置北斗系统接收芯片，直接使用 BDS 北斗系统的高精度原子钟信号进行同步，所有流量计算机均使用同一时钟，避免了时间差的出现，通过精确的时钟同步功能实现了贸易交接双方的交接时间统一。

4.2.3.6 全数字化输入输出

现有流量计算机中有大量的模拟输入通道闲置，且在使用过程中存在通道易漂移、需要周期性做通道校准等使用中难题。流量计算机开发时使用全数字化输入输出，淘汰模拟量输入，降低了流量计算机的使用和维护困难，提高了抗干扰能力。

4.2.4 技术方法及现场验证

4.2.4.1 硬件开发及测试

4.2.4.1.1 主板

为满足流量计算机数据计算周期为 1s/ 次、采集速率不大于 1s/ 次的计算速度要求，流量计算机的处理器部分采用了采用 32 位 ARM 微处理器，CPU 核心频率 800MHz，运行内存 512MB，存储空间达到了 8GB，目前 DEMO 主板已经更新了三代。

第一代主板主要为架构式搭建，用于验证整个框架的可行性，使其具备最基础的运行功能，因此，整体结构非常简单，仅仅包括了电源、运算和存储功能，并开发了大量的接口用于筛选和验证通信器件和通信协议，常见的通信接口几乎都使用了 2 个以上类型用于比选。第一代主板的照片如图 4.2.1 所示。

图 4.2.1　第一代流量计算机主板

第二代主板在第一代基础上加入了通信、显示和输入功能，包括 USB 通信、RS232/485、TCP/IP 和写保护。经过初步比选的主板，物理接口数量已经大大降低，可以满足 DEMO 机测试阶段的通信、计算和存储需求。测试照片如图 4.2.2 所示。

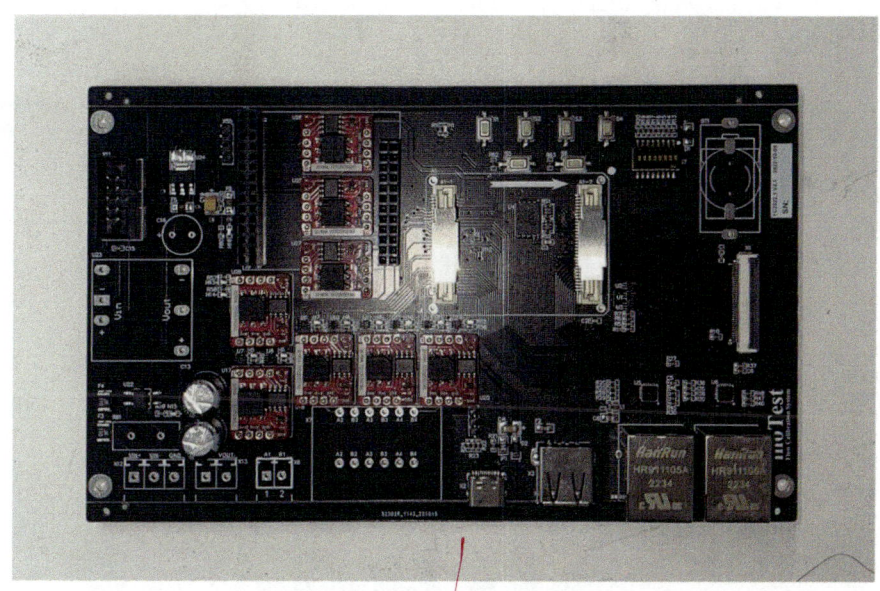

图 4.2.2　第二代流量计算机主板

第三代主板在第二代主板的基础上，对掉电保护、写保护、报警和隔离等功能进行进一步优化，提高了主板在复杂环境下的安全性和可靠性，测试照片如图 4.2.3 所示。

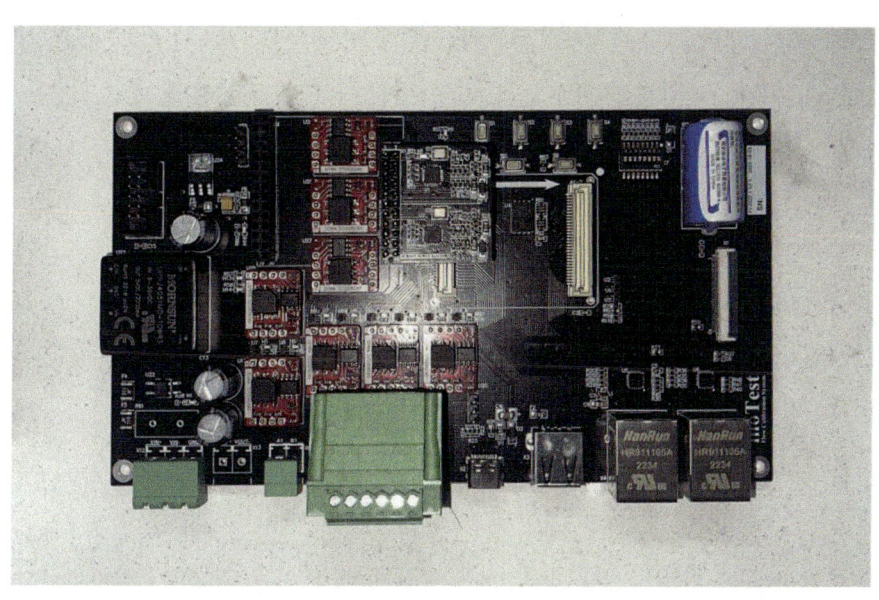

图 4.2.3　第三代流量计算机主板

4.2.4.1.2　IO 板

IO 板主要负责一次仪表的数据采集，支持采集一次仪表的测量、诊断和状态信息，输出测量和状态信息以及与第三方系统进行数据交互。

第一代 IO 板主要为架构式搭建，用于验证整个框架的可行性，使其具备最最基础的运行功能，整体结构非常简单包括了电源、DI、DO、AI 和 AO 功能，第一代 IO 板的照片如图 4.2.4 所示。

图 4.2.4　第一代流量计算机 IO 板

第二代 IO 板在第一代基础上加入了 HART 通信，使其具备采集 HART 协议变送器的功能，测试照片如图 4.2.5 所示。

图 4.2.5　第二代流量计算机 IO 板

第三代 IO 板在第二代主板的基础上，主要针对卡件布局的合理性和卡件在复杂情况下的安全性，如雷击、浪涌和短路等，增加了通道隔离和电源隔离，同时采用商业化的模块以提升可靠性。测试照片如图 4.2.6 所示。

图 4.2.6　第三代流量计算机 IO 板

4.2.4.1.3　显示及触摸输入单元

人机交互部分选择了 7in 的 IPS 彩色液晶显示屏，分辨率为 1024×768，可显示至少显示 8 行信息，在不占用大量系统资源的情况下还能满足未来长期升级需求。

输入部分采用电容屏幕触摸，标准的 QWERTY 触摸键盘输入，可任意输入任何数字和字母的组合，测试照片如图 4.2.7 所示。

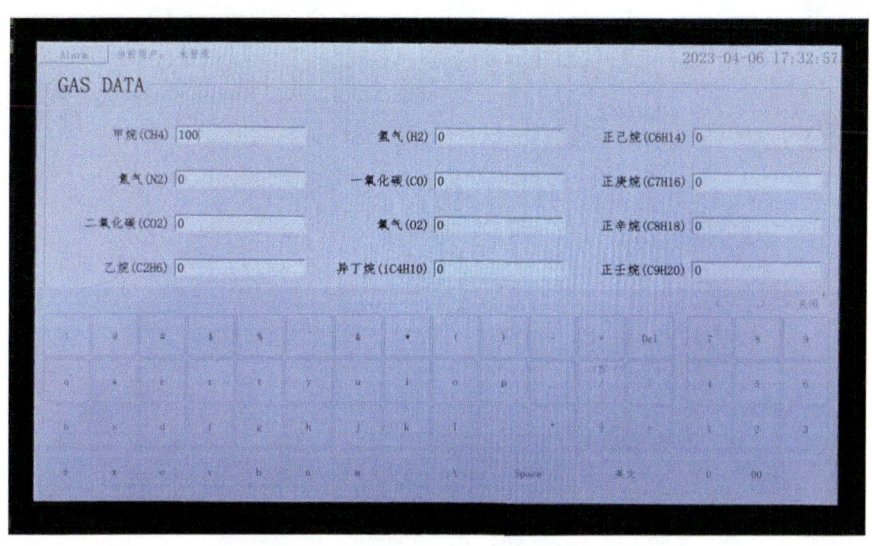

图 4.2.7　流量计算机显示及触摸输入单元

4.2.4.1.4 机械结构

流量计算机的机械部分需要考虑的因素如下：

（1）标准机柜内的机架安装。

（2）散热性好。

（3）运行中免拆卸可维护性。

（4）外表美观。

在综合了上述因素以后，先后加工了 2 个版本，第一版如图 4.2.8 所示。

图 4.2.8　第一版流量计算机触屏显示界面

第二版在第一版基础上做了一些适应性修改和，主要是紧固件位置和尺寸的缺陷修复（图 4.2.9）。

图 4.2.9　第二版流量计算机触屏显示界面

4.2.4.2 软件开发及测试

4.2.4.2.1 天然气物性计算

按照标准完成了所有相关的物性计算，截图如图 4.2.10 所示。

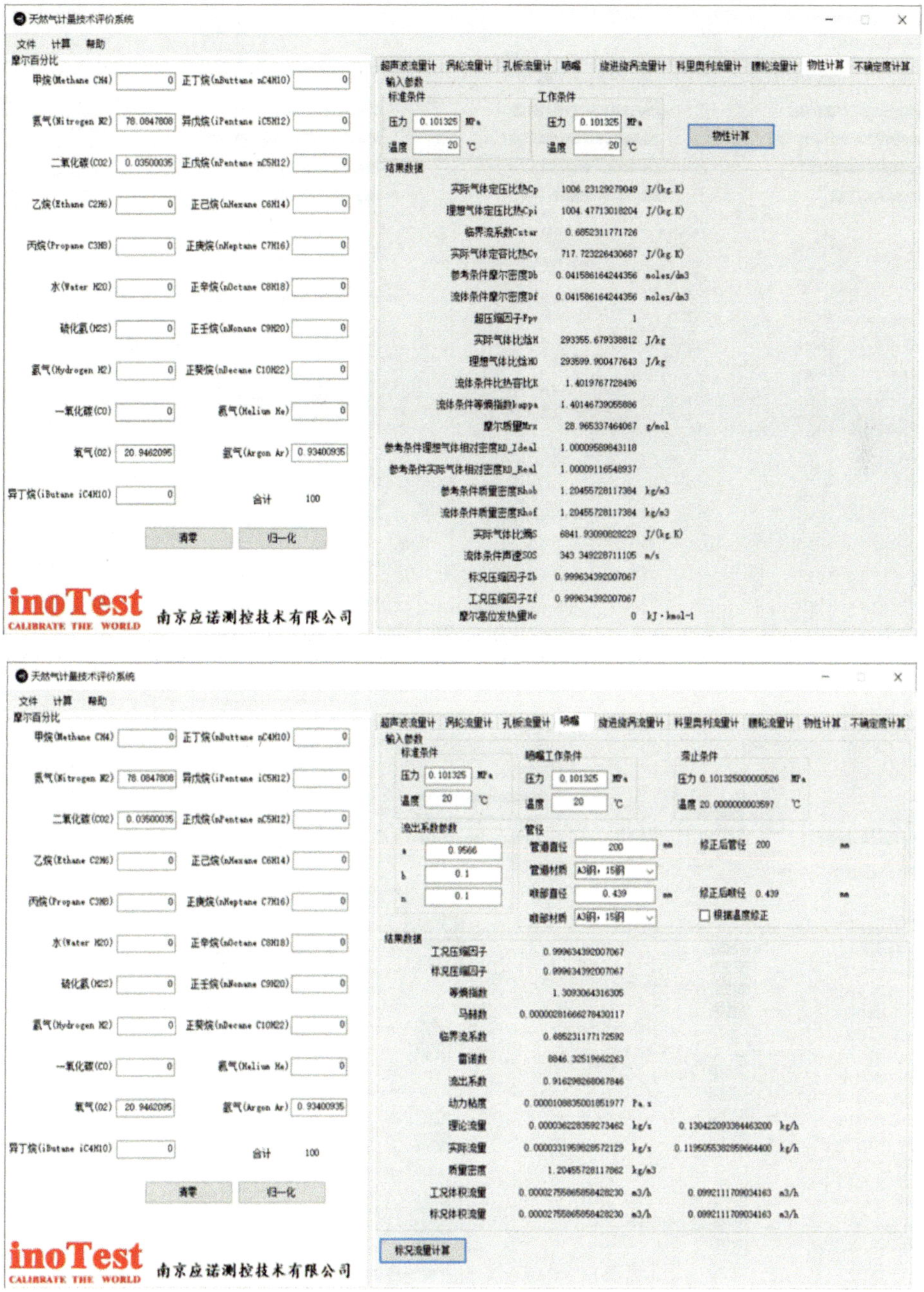

图 4.2.10 天然气物性计算界面

4.2.4.2.2 流量计数据采集和解析

目前国内市场上出现的各个品牌流量计数据输出接口均掌握在制造商手中，并未对外开放,且大部分型号的流量计端口数据均采用加密输出,因此需要逐一对流量计的通信数据进行采集和解析。

完成了对 SICK、Daniel 和 Elster 流量计的数据采集和解析工作,界面如图 4.2.11 所示。

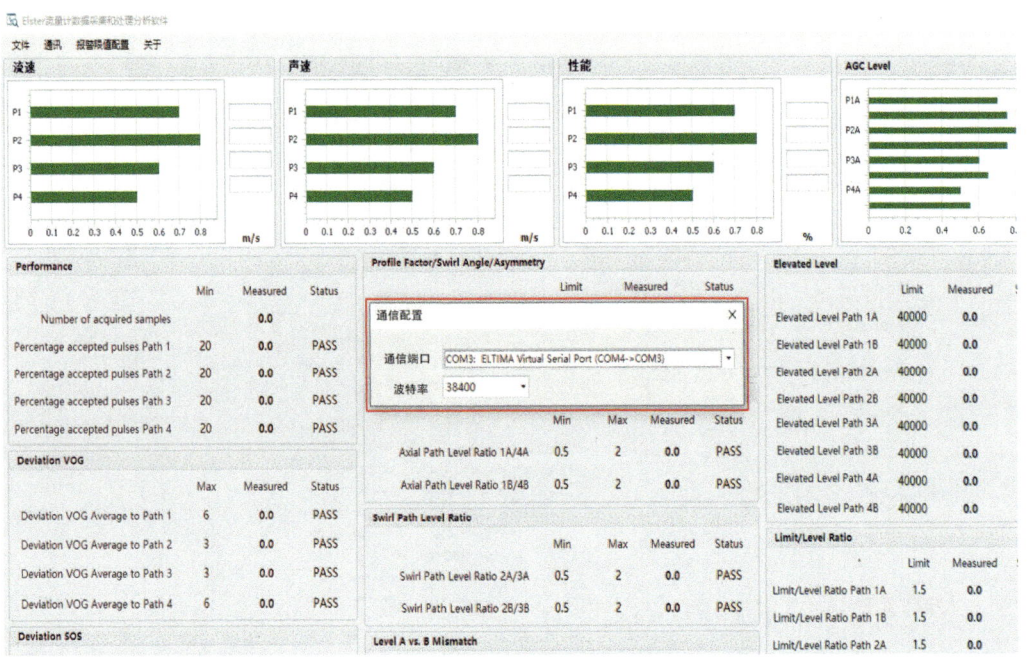

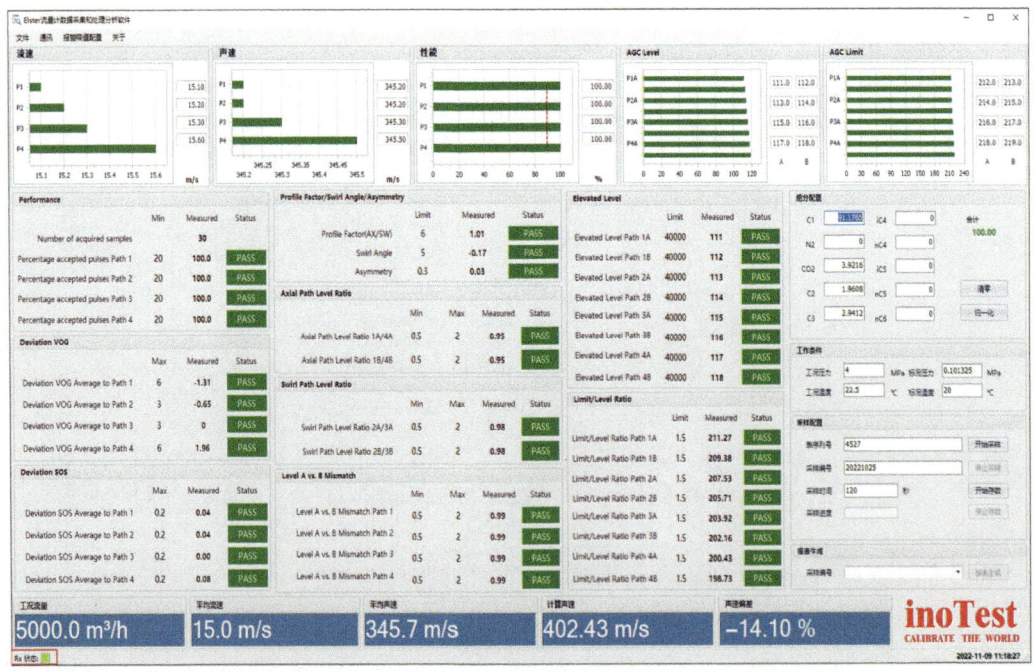

图 4.2.11　Elster 流量计数据解析界面

自动化技术

4.2.4.2.3 流量计算机嵌入式系统

目前在 Linux 系统裁剪和应用软件开发方面已经完成部分内容，已经成功地完成界面开发和实时数据采集、计算、显示、存储和报表生辰，目前正在进行细节优化工作，系统语言支持中文和英文，界面如图 4.2.12 所示。

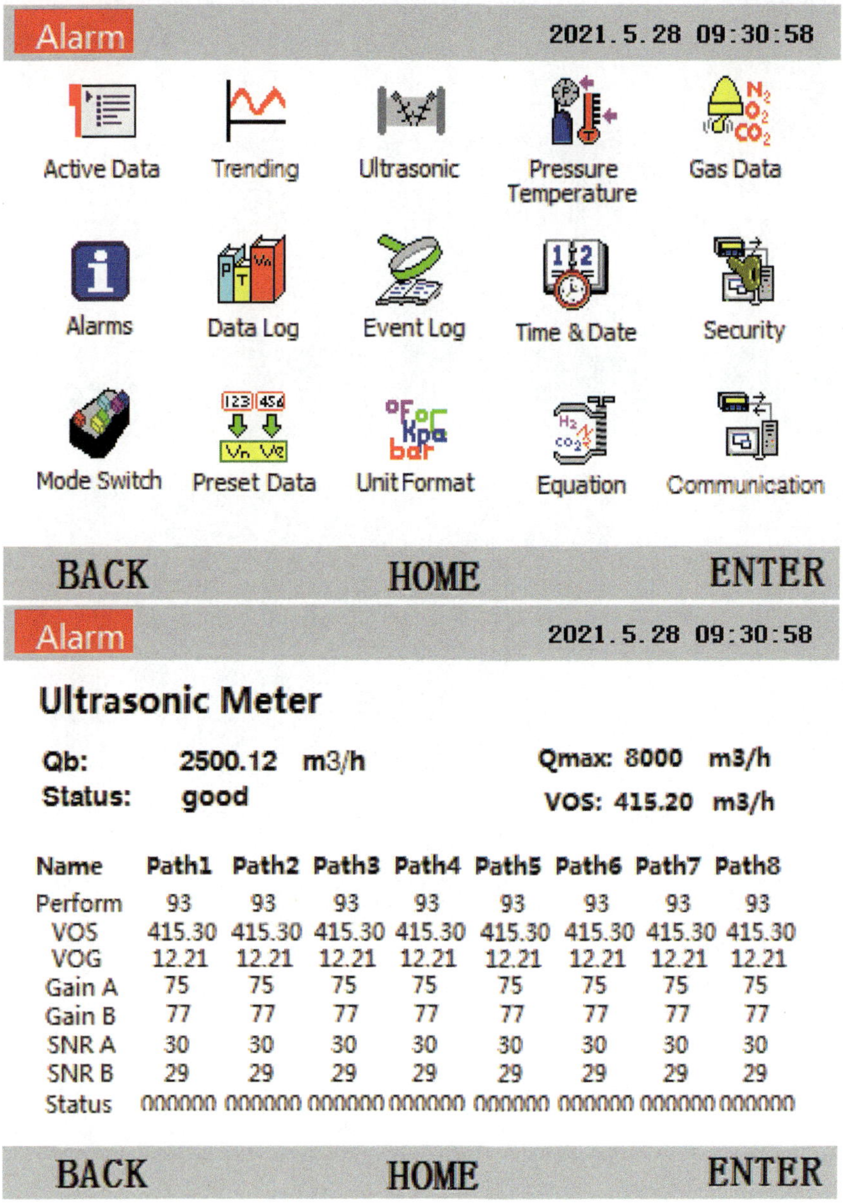

图 4.2.12 嵌入式系统界面

4.2.4.2.4 HART 数据通信

最新版本的 IO 板已经完全支持采集 HART 协议变送器的测量值和状态值，且经过长期稳定性测试，测试照片如图 4.2.13 所示。

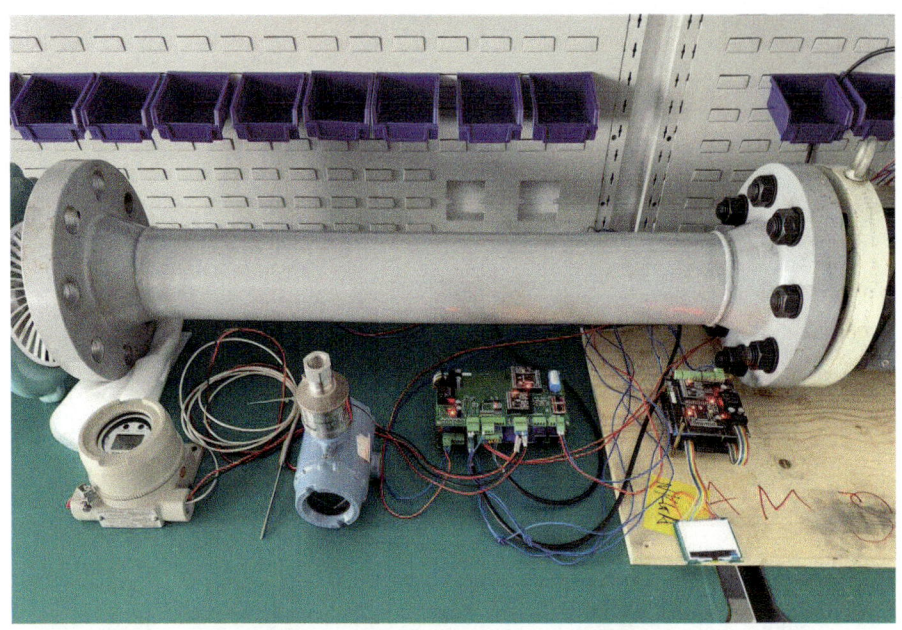

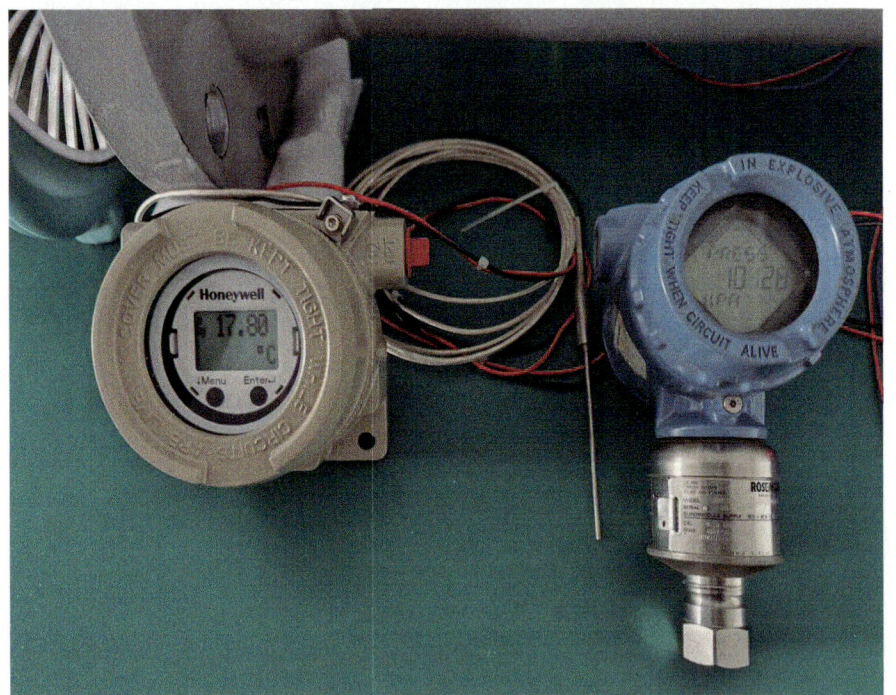

图 4.2.13　HART 数据通信测试

4.2.4.2.5　超声波流量计在线诊断

目前版本的流量计算机已经支持对 Flowsick600 型流量计算机进行在线诊断，且可以直接生成诊断报告并存入数据库中，但是还需要测试在复杂条件下的诊断逻辑（图 4.2.14）。

Meter Identification							
Instrument Type		Q.Sonic-4		Meter Serial Number			4527
Start Time		2022/11/09 11:32:25		Gas Composition			mol %
End Time		2022/11/09 11:34:31		C1		Methane	91.1765
				N2		Nitrogen	0.0000
Process Conditions				CO2		Carbon Dioxide	3.9216
PT	Pressure	4.00	MPa.a	C2		Ethane	1.9608
TT	Temperature	22.50	°C	C3		Propane	2.9412
				iC4		i-Butane	0.0000
				nC4		n-Butane	0.0000
Base Conditions				iC5		i-Pentane	0.0000
Pb	Base Pressure	0.101	MPa.a	nC5		n-Pentane	0.0000
Tb	Base Temperature	20.00	°C	nC6		n-Hexane	0.0000
				sum			100.000

TEST	Limit	Measured	Status	TEST	Limit		Measured	Status
Performance				Automatic Gain Control				
				Axial Path Level Ratio	Min	Max		
Percentage accepted pulses Path 1	20.00	100	PASS	1A/4A	0.5	2.0	0.95	PASS
Percentage accepted pulses Path 2	20.00	100	PASS	1B/4B	0.5	2.0	0.95	PASS
Percentage accepted pulses Path 3	20.00	100	PASS					
Percentage accepted pulses Path 4	20.00	100	PASS	Swirl Path Level Ratio				
				2A/3A	0.5	2.0	0.98	PASS
Path of Flow Meter		4		2B/3B	0.5	2.0	0.98	PASS
Velocity of Sound	345.67 m/s			Elevated Level				
AGA 10 Calculated	402.43 m/s			Path 1A		40,000	111	PASS
				Path 1B		40,000	112	PASS
Deviation VOS Average to Path 1	0.2 %	0.210 %	ALARM	Path 2A		40,000	113	PASS
Deviation VOS Average to Path 2	0.2 %	0.480 %	ALARM	Path 2B		40,000	114	PASS
Deviation VOS Average to Path 3	0.2 %	0.170 %	PASS	Path 3A		40,000	115	PASS
Deviation VOS Average to Path 4	0.2 %	0.100 %	PASS	Path 3B		40,000	116	PASS
				Path 4A		40,000	117	PASS
				Path 4B		40,000	118	PASS
Deviation Avg VOS Measured to AGA	0.2 %	-14.10 %	ALARM					
				Limit/Level Ratio				
Velocity of Gas	15.00 m/s			Path 1A		1.5	211.270	PASS
				Path 1B		1.5	209.380	PASS
Deviation VOG Average to Path 1	6 %	-1.31 %	PASS	Path 2A		1.5	207.530	PASS
Deviation VOG Average to Path 2	3 %	-0.65 %	PASS	Path 2B		1.5	205.710	PASS
Deviation VOG Average to Path 3	3 %	0.00 %	PASS	Path 3A		1.5	203.920	PASS
Deviation VOG Average to Path 4	6 %	1.96 %	PASS	Path 3B		1.5	202.160	PASS
				Path 4A		1.5	200.430	PASS
				Path 4B		1.5	198.730	PASS
Profile Factor (AX/SW)	6 %	1.01 %	PASS					
Swirl Angle				Level A vs. B Mismatch				
Swirl Angle	± 5 °	-0.2 °	PASS	Path 1	0.5	2.0	0.990	PASS
				Path 2	0.5	2.0	0.990	PASS
Assymetry				Path 3	0.5	2.0	0.990	PASS
				Path 4	0.5	2.0	0.990	PASS
Asymmetry	0.30	0.03	PASS					

图 4.2.14　流量计算机在线诊断功能测试

4.2.5 应用效果

目前尚在开发阶段，还未完成现场应用。下一步将开展以下应用：
（1）对流量计算机的电子电路和机械结构进行进一步更新和测试；
（2）增加对任务要求中的其他型号流量计的适配；
（3）开展交流活动，尽可能避免开发误区；
（4）在条件合适的情况下开展现场试用。

4.3 站场工控数据应用及网络安全隔离装置研制

4.3.1 技术背景

陕京管道目前共有场站、分输站近 80 个，从开始建设至今已有二十多年，管线的工控数据管控技术近年来随着管道自动化技术的进步不断地予以了适时更新，两化融合程度还处于一个迅速发展的阶段。然而工控网作为一个传统上的封闭内网，其对外界及其周边网络和系统的侵扰抵抗能力是非常弱的。为此，国网调度中心为防止 SCADA 系统受到其他系统的侵扰，一直对各个区域管道公司的生产数据接入到物联网应用系统持非常谨慎的态度，基本上还是以堵住为主。目前在国际上，智慧油气管网技术的发展非常迅猛。智能化集成技术"All In One"是目前世界上设备制造行业的一个重要的发展趋势。越来越多的设备，其功能被集成到一台设备上，使其同时具有了多种设备的功能，该项技术最早使用在联合加工中心中，即我们所说的数控机床，目前在工控设备领域里，结合 IT 和 OT 的融合发展，"All In One"也成为了一种发展的趋势，尤其在工控网络中单向边控和数据采集的科学结合创造的可靠性能，最高性价比特点将成为了越来越多企业用户的选择对象，也将成为我国管网系统未来工控技术方案的标准和方向。国际网络界的巨头公司，已经制定出了一整套新时代的"苹果"计划，即采用当年苹果公司的策略，用智能网络设备来取代现今的非智能网络设备；而面向各类应用，通过虚拟化的手段及容器技术，采用类 APP 的方式，加载到智能网络设备中去，从而实现了工业设备的"All In One"综合智慧化，从而彻底淘汰目前社会上还在使用的非智能网络设备，同时对生产调度系统采集的生产工艺数据，采用可靠的安全手段与其他智能应用系统进行共享，从而从数据源头入手取得行业竞争的优势。如何在确保 SCADA 系统安全运行，不受其他系统和应用侵扰的前提下，实现工控系统和其他系统的数据共享和两化融合已经成为一个热门的趋势课题。

同时，国内近几年相继出台发布了一系列的法律法规及标准，如《中华人民共和国网络安全法》、《关键信息基础设施安全保护条例》、《信息安全技术网络安全等级保护基本要求》GB/T 22239、《信息安全技术网络安全等级保护安全设计技术要求》GB/T 25070、《信息安全技术工业控制系统安全控制应用指南》GB/T 32919、《油气输送管道监控与数据采集（SCADA）系统安全防护规范》SY/T 7037、油气管网仪表及自动控制技术规范 第 6 部分：远程诊断及维护系统》Q/GGW 02005.6 等，要求我们应当按照网络安全等级保护制度的要求，履行下列安全保护义务：保障关键信息基础设施免受干扰、破坏或者未经授权的访问，防止网络数据泄漏或者被窃取、篡改，采取技术措施，防范和、网络侵入等危害行为；监测、记录网络运行状态、网络安全事件，并按照规定留存相关的网络日志不少于六个月；并且采取数据分类、重要数据备份和加密认证等措施等等，对网络安全提出了迫切需求。如何在大数据融合、人工智能日益发展今天，有效做好边界网络隔离、边缘计算、数据安全等方面工作，实现生产数据的共享成为了摆在我们面前亟待解决的关键问题。

针对这种发展趋势，结合公司已开建生产数据集控系统的时机，采用国内外最先进的技术手段，研究一种油气管道工控数据系统网络边界控制的单向隔离管控综合装置，并完善应用到已开建和即将开建的项目中去，将大大提升生产数据的安全性，加强远程维护的专业性，从而提高北京天然气管道公司生产运行维护的及时性，可靠性，安全性，经济性，降低对国网调度中心 SCADA 系统干扰概率。同时，公司两化融合的程度将提升到一个崭新的高度，进而大幅度提升管道工控网络及数据的安全水平。利用改进研发的工业实时数据单向隔离管控综合装置，实现的"All In One"集成技术路线也将有效地提升工控数据管控设备的安全网络边界控制和数采站控功能的性价比，在强化原有系统安全等级的同时降低项目同等性能系统的投资建设成本。

4.3.2 技术简介

本应用使用了以下八大基础技术：

（1）分布式虚拟技术仓库技术：以本地实时数据库、关系型数据库为承载容器，以数据源节点服务器采集的数据为承载对象，运用独特的分布式环境下的资源定位方法及系统结合创新的分布式系统负载均衡方法，实现在虚拟化数据中心一体化管理下的"数据分布储存，应用统一管理"的技术。

（2）DAP 技术：以工业智能设备的工业互联网通信技术为基础的综合工业数据传输管理系统软件平台。采用以 C++ 语言为主开发，源代码已超过 100 万行。该系统技术开发应用以来已超过十五年，在中石油长输管网中的远程维护系统和 SCADA 系统中的大规模应用已超过十二年去，其成熟性可靠性已得到了充分的验证。

（3）自动化防雪崩技术：工控网络隔离装置采用了国内独创的 DAPHix 操作系统，该系统采用单进程多线程架构。计算机往往以进程为单位向系统申请计算及储存资源，一般一个软件就要开一个进程。现在的服务器基本都是工作在多进程、多线程的操作系统环境下的。这样的好处显而易见，就是可以充分发挥硬件系统的资源，缺点则是多进程造成了资源申请的多中心，对资源调控的有序可靠带来了不少困难，许多网络病毒和黑客攻击就是利用这一点，使得被攻击系统的资源分配发生紊乱，最终致使系统崩溃和瘫痪。而 DAPHix 操作系统特点为单进程多线程系统，配和专有的工业自动化防雪崩系统模块（拥有中美两国发明专利）可以轻松实现对系统资源的完美掌控，确保系统在工业环境下的可靠运行，现有的病毒和黑客攻击基本对 DAPHix 系统很难奏效，因为 DAPHix 只有一个进程，要攻破它只有杀掉它已有的进程，其与新开一条进程相比，难度增加何止数倍，况且设备上带有软硬件看门狗，唯一的进程即使被杀掉了，设备也必然在看门狗的作用下重启，系统自动被恢复到受攻击前的状态。

（4）访问安全管控技术：工业物联网各类应用的实现中，访问安全管控技术起到了至关重要的作用。没有安全就没有互联，这是业界的共识。其中，独立网络间的安全互通、入侵的监测和防御、授权的管理、指令的安全审计、网络中的安全认证、系统中身份与权限的融合认证、分布式系统中的安全接入控制、分布式系统中的在线审计、分布式系统中的双向安全审计，均为必不可少的安全管控手段。

（5）通信报文压缩储存技术：采用合适的方法对数据物流中的报文数据进行储存管理是数据物流的一个重要环节。其中，通信报文压缩储存、工业数据库报文储存、基于时间序列的工业数据存储及索引、报文的过滤、工业报文压缩存储、多源数据索引存储读取、公共信息模型与关系型数据库之间的映射、多源数据存储和读取、多源时间序列数据压缩存储等技术手段是保障数据物流顺利实现的重要依托。

（6）工业网络动态路由技术：在工业网络采用合适的方法实现可控的动态路由，以完成应用与数据源设备间的通信链路链接是油气长输管网远程维护诊断系统中重要的手段和工具。其核心技术原理就是采用网络信令的方式，在应用与数据源设备之间建立一条可控的动态路由通信链路，实现应用与设备的连接。

（7）多级通信检测技术：该个技术可以实现上级设备在通信质量变差时，向中间设备发送上报启动命令；收到命令后，中间设备将其与下级子系统之间往来的通信报文转发给上级设备；上级设备根据本设备与中间设备之间的通信报文，以及中间设备与下级子系统之间的通信报文，检测和分析上级设备与该下级子系统之间的通信故障。由于可以跨级进行通信报文的分析和检测，所以在出现通信故障时，无论故障是存在于上级设备与中间设备之间，或存在于中间设备与下级子系统之间，均能够直接在上级设备将故障点找出，然后再有针对性地处理故障，无须工程师到中间设备所在地进一步进行故障排查，降低了人力成本，且大大提高了故障检测的效率。

（8）工业数据网络单向隔离技术：工业数据的单向隔离问题一直是悬而未决的老问题，目前所有的网闸都是为了满足 IT 数据中心的需要而设计的，其主要原理是切断两个网络之间的网络连接，在两套系统主机之间采用一套数据摆渡系统高速实现数据复制拷贝的过程。而工业数据的传输依赖于工业通信协议，如果中断通信就无法传输数据。为此，工业数据网络单向隔离技术的出现将从根本上解决工业网络无法实现可靠的单向数据隔离问题。

4.3.3 主要创新点

（1）工业网络隔离装置能智能切换 A、B 网络数据接入，确保在 A、B 网出现频繁切换时装置上传数据不遗失不重复。

将装置的两个接入网口，分别加入站场的 A、B 两个两个网段，两个分别接入 A、B 网段的网络口设计成可以任意选定其中一个为数据输入端，当数据输入端网络口数据中断时间超过设定时间后，输入端系统启动端口镜像机制，将另一个输入网络口采集的数据镜像到数据输入端，从而保障站场 A、B 网切换时装置上传数据不遗失不重复。

（2）使工业远维单元（RMU）具有了网闸的单向数据隔离功能。建立了一套安全可靠的机制，控制装置中的 RMU 模块响应链路调度中心的指令，准确地开放和关闭远程诊断和维护链路。

通过在工业远维单元（RMU，即装置的 A 板）内增加一个独立的工业上位机单元（即装置的 B 板）并设置其与网关之间通信数据流通规则，屏蔽远维单元接受上位机模块数据的寄存器地址，使得远维单元无法接收到上位机反馈的遥调遥控数据，从而实现远维单元可以与上位机模块组成一条或几条单向隔离链路，使得远维单元在保留其原有功能的同时具备了其转发链路中的一条或几条链路具有单向数据隔离的功能，确保了数据的流动方向，从而确保了数据的安全性。同时在远程维护单元的网络口 1（数据网络口）和网络口 2（维护网络口）之间设立一条由网口映射模块控制的网口映射通道，通过工业远程维护中心经由数据网络对网口映射模块发出的控制命令打开或关闭远程维护单元的网络口 1 和网络口 2 之间的端口映射通道（工业电信局信道管理），从而打开或关闭数据网络和维护网络之间的远维网络通道，因而实现了工业远维单元在具备数据单向输出功能的同时，仍然保留了安全的远程维护功能。远维逻辑图 4.3.1 所示。

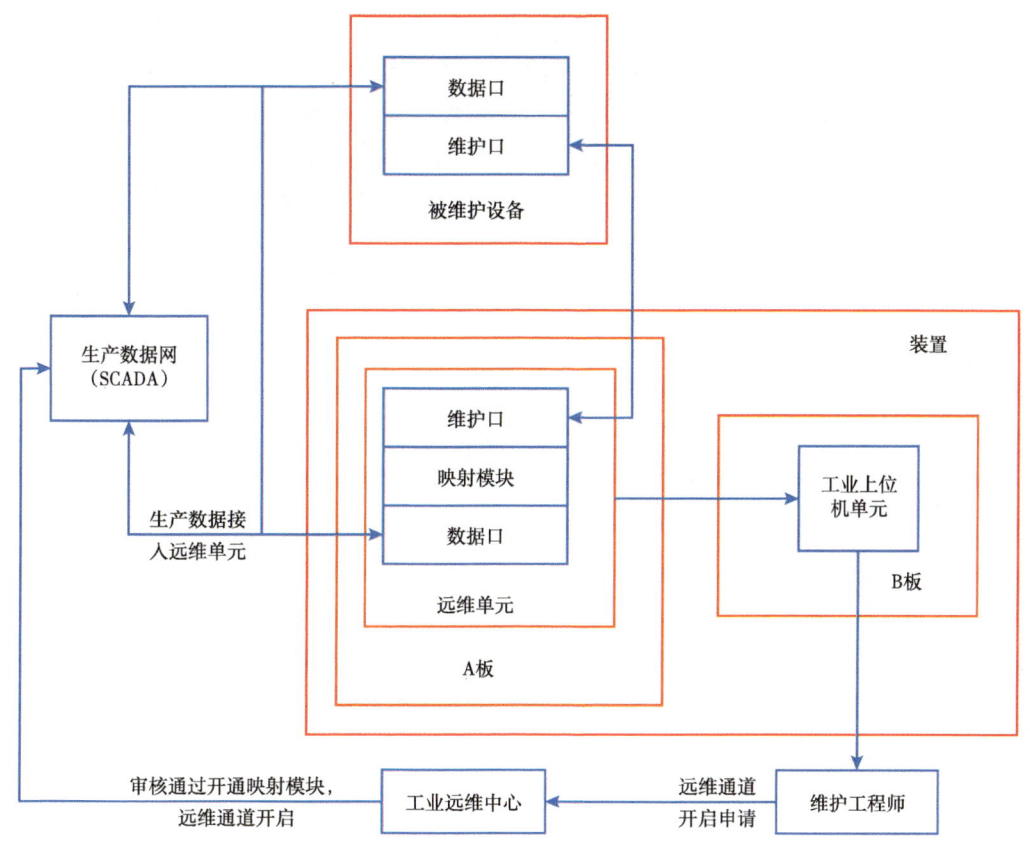

图 4.3.1　远维逻辑图

装置对远程维护的安全性有以下操作：

维护工程师通过维护工程网络向远维中心发出远维通道开启申请，远维中心审核通过远维通道开启申请后，通过生产数据网络向装置 A 板的映射模块发出开启命令，开启装置 A 板的数据采集网口与生产数据网络映射通道，维护工程师通过工程维护网络、远维中心、生产数据网络、装置 A 板的数据采集网口、映射模块、装置 A 板的维护网口、被维护设备的维护口对被维护设备进行远程在线维护，远维通道开启之后映射模块中的计时器开始计时，当计时到达远维中心的开启指令的授权时限时或维护工作完成后，维护工程师关闭维护软件时，映射模块自动关闭数据采集网口与生产数据网络映射通道。过程如图 4.3.2 所示。

（3）在不增加装置结构复杂性，不降低装置安全性能的前提下实现了装置的站控服务器（工业网关）功能。

在确保"All In One"后装置的各项功能齐备不缺，同时凸显"All In One"带来的简化高效的优点，采用了将站控服务器的功能与单向隔离网闸的 A 板数据采集功能相集成的技术方案，在原有的单向隔离网闸的 A 板系统上增加了历史数据库、逻辑计算、上位机控制等功能，在样机的网闸 A 板系统上设置了 500G 的储存空间，确保了站控服务器功能的实现。同时，简化系统结构提升系统效率的初衷得以保持。

（4）解决了装置现场防入侵和篡改的性能和机制。

除防控网络入侵对装置篡改的风险之外，在第二、第三点表加装封闭固化的防现场非授权修改技术措施，确保并解决了装置现场防入侵和篡改的性能和机制。

（5）通过站场、阀室工业网络分级数据单向物理边控，实现了站场、阀室网络数据安全堡垒化，使整个生产调度网络系统的攻击破坏成本上升至不可接受的水平，从而使 SCADA 系统的抗攻击、抗干扰能力提升了两至三个数量级。

通过装置的"All In One"路线集成，站场部署的每一台装置中都集成了一台工控单向隔离网闸，在 C 网的每一个站场上与调度 A、B 网之间都建立了安全可靠的反向数据隔离屏障，解决了原来黑客只要攻破了中心安全网闸后就可以轻松侵入各个站场的风险，使得黑客入侵成本几十乃至上百倍的提升。

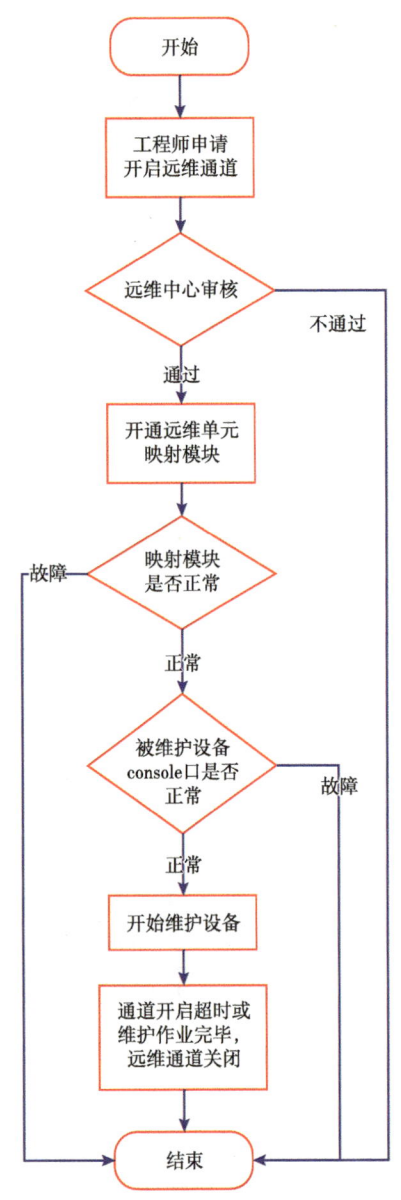

图 4.3.2　远维通道控制实现过程

4.3.4　技术方法及现场验证

4.3.4.1　硬件技术内容

4.3.4.1.1　装置基本硬件配置

装置基本硬件配置见表 4.3.1。

表 4.3.1　硬件配置表

组件	技术指标
CPU	2×Intel Celeron N2840 1.83GHz
RAM	DDR3 插槽，2×2G，可选 2×4G 和 2×8GB
数据存储	1×500GB，1×64GB
网口	4×10/100M 自适应，RJ-45 连接器，原生支持 IPV6
USB	2×USB 2.0，2×USB 3.0
显示	2×VGA，2×HDMI
RTC	支持
看门狗	内置
指示灯	2 个电源灯，2 个硬盘灯
电源	无风扇电源，90~264VAC 输入
结构尺寸	标准 19in，1U，机架式安装 483（L）×300（W）×44.5（H）mm

4.3.4.1.2　装置硬件结构

装置由两块 PCB 板、电源系统和机箱组成。这两块 PCB 板分别为第一网关模块和第二网关模块，两个模块均包括微处理器、串行总线单元、以太网单元、实时数据寄存器及历史数据存储模块。电源系统对整个装置进行供电。机箱是不锈钢和铝合金材料组成的，尺寸为 483mm×300mm×44.5mm，机箱的前面板包括 4 个 LED 指示灯，机箱的后面板包括 1 个电源接口、2×2 个 USB 接口、2×2 个网口、2×1 个 VGA 和 2×1 个 HDMI。装置整体无风扇，功率低。装置的主要作用是保证生产数据的安全，固定设置为数据从第一网关模块输入，第二网关模块输出，即第一网关模块比第二网关模块的网络安全等级高。

将需要获取的生产数据的设备接口通过网线连接至第一网关模块的任一网口上，在第一网关模块上将一种工业通信协议（如 Modbus）解析并转换成另一种工业通信协议（如 IEC-104），再通过第一和第二网关模块之间的串口将报文传送至第二网关模块上，再由第二网关模块通过其任一网口输出至接收数据端口，并且第一网关模块需要在实时数据寄存器里设置屏蔽接收第二网关单元的寄存器地址。以上操作保证了数据传输的完整性和安全性。

下图为装置的整体结构图如图 4.3.3 所示。

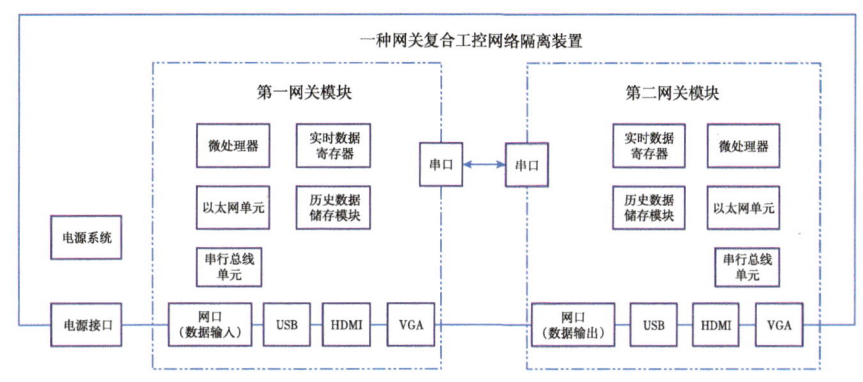

图 4.3.3　装置结构图

（1）微处理器。

微处理器主要实现整个装置的指令控制和算术逻辑的功能，是整个装置的核心部件，第一网关模块和第二网关模块均使用相同的微处理器，微处理器采用 Intel Bay trail SOC 芯片组，在机箱内部，两个微处理器各包括 1 个 DDR3 内存插槽、1 个 mSATA 接口、一个 mini PCie 接口以及 1 个串口。在机箱外部，两个微处理器也各包括 2 个 USB 接口、2 个网口、1 个 VGA 和 1 个 HDMI。

微处理器通过 DDR3 内存插槽与实时数据寄存器通信，通过 mSATA 接口与历史数据存储模块通信，通过 mini PCie 接口与网关单元通信，通过串口实现第一网关模块与第二网关模块之间的通信。

微处理器是采用高性能高速微处理器，运行基于 TCP/IP 标准的软协议栈，能够高速的处理串口协议报文和以太网数据帧。

本装置支持 Modbus、IEC-104 和 EtherNet/IP 通用工业协议之间互相转换（其他协议的转换可定制），以上三种通信协议均为基于 TCP/IP 标准的协议。

（2）串行总线单元。

串行总线单元包括装置内部的串口和机箱的 USB 口。串行总线单元用于相关协议报文的读取、解析和发送。

（3）以太网单元。

以太网单元负责对数据帧的获取、转发和发送，以太网单元为 10/100M 以太网通信芯片，支持西门子 S7TCP 协议、三菱 MC 协议、欧姆龙 FINSUDP/TCP 协议、松下 ET-LAN 协议等。以太网单元包括装置的以太网接口。

（4）实时数据寄存器。

用于实时数据的存储，即内存，通过寄存器地址信息来读取实时数据，在第一网关模块和第二网格模块上，均使用了 DDR3 SODIMM 的内存插槽，工作频率为 1600MHz，供电电压为 1.35V（低压），目前容量为 2G，最大支持 8GB。

（5）历史数据存储模块。

用于历史数据的存储，即硬盘，通过 MySQL 数据库来读取硬盘内的历史数据，由于第一网关模块比第二网关模块的网络安全等级高，故第一网关模块的硬盘容量为 512G，第二网关模块的硬盘容量为 256G，两块硬盘均拥有高性能的读写速度，一分钟可存储 5000 条数据以上。

（6）串口。

第一网关模块和第二网关模块上各有一个串口，即 COM 口，这里使用 RS232 的接口。第一网关模块和第二网关模块之间使用串口线将两个串口连接，用于装置内部报文的解析与传输。

（7）机箱。

① LED 指示灯。

LED 指示灯均位于机箱的前面板，一共有四个，分别是第一网关模块和第二网关模块的电源及硬盘指示灯。当第一网关模块和第二网关模块接通电源开机时，两个电源指示灯及两个硬盘指示灯亮，当两个网关模块断电后，两个电源指示灯及两个硬盘指示灯灭；当硬盘在进行读写操作时，两个硬盘指示灯便会闪烁。

②电源接口。

机箱的电源接口只有一个，位于机箱的后面板上，电源线通过电源接口进行供电，电源电缆"L""N""G"必须对应接线端"L""N""G"的标识连接。输入电压范围是90~264VAC交流电。

③USB接口。

在机箱后面板上有四个USB接口，用于数据的读取，分别表示第一网关模块和第二网关模块的两个USB接口，其中，两个网关模块分别有1个USB2.0和1个USB3.0。支持通用的USB通信协议。

④网口。

在机箱后面板上有四个网口，用于数据的读取与传输，分别表示第一网关模块和第二网关模块的两个网口，网口为RJ45接口。

⑤VGA和HDMI接口。

在机箱后面板上各有两个VGA接口和两个HDMI接口，用于连接显示设备，分别表示第一网关模块和第二网关模块的两个显示接口。

⑥电源系统。

电源模块是供应整个装置的电力，在机箱内部，电源模块至少为一个，即可以使用一个电源模块对两个网关模块进行供电也可以每个网关模块有各自的电源模块。电源模块是将通过电源接口输入的交流电转换成12V的直流电。

4.3.4.2 装置基本软件配置

4.3.4.2.1 装置基本软件配置

装置基本软件配置见表4.3.2。

表4.3.2 软件配置表

部件	技术指标
操作系统	DAPHix 2.0（基于Linux Centos7）
应用软件	DAPCore 4.5及其以上版本
软件配置	根据客户订购的规格，在出厂前固化软件配置
数据采集协议	GB/T 19582-2008（Modbus），支持ASCII/RTU/TCP三种模式
	DL/T 634.5104-2002（IEC104）
	Ethernet/IP
数据转发协议	GB/T 19582-2008（Modbus），支持ASCII/RTU/TCP三种模式
	DL/T 634.5104-2002（IEC104）
	Ethernet/IP
数据采集功能	采集链路最多支持75条 数据采样周期大于等于1s 支持数据主动上报（受通信协议限制） 支持双通道 数据点接入容量：10000点，遥测与遥信分别5000点

续表

部件	技术指标
数据处理功能	内嵌固化实时数据库 容量：2000 点 支持数据快照（装置重启启动恢复上次值）
数据转发功能	单一转发通道最多支持 16 个主站
	单一转发通道最终支持 4 条冗余转发通道
	最多支持 75 条链路转发
	可配置 2 种通用转发通信协议，多协议转发可定制
	支持逢变则报的数据转发模式（仅限于使用 IEC104 协议）

4.3.4.2.2 软件功能测试

软件界面如图 4.3.4 所示。

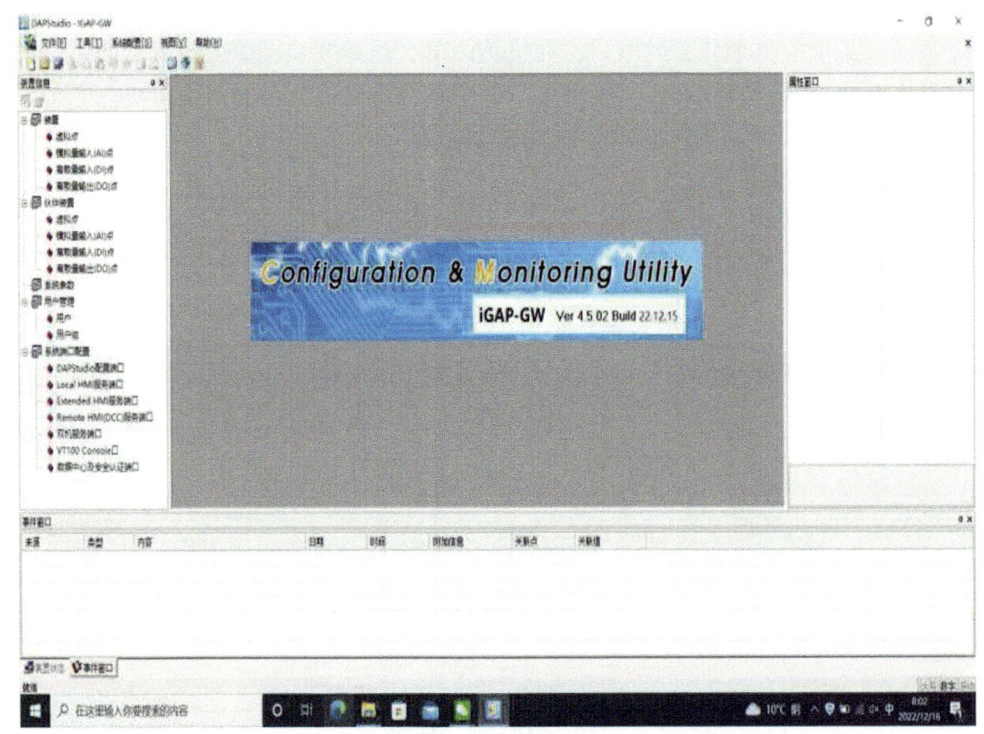

图 4.3.4 软件界面图

装置主要具有单向数据隔离装置、数据采集、远程维护三个功能，均已通过浦东平台软件测试，结果如下。

（1）数据采集。

软件中通过设置完成之后，服务器端能采集数据，并且采集的数据能转发至客户端（图 4.3.5），客户端可以看到数据（以下结果为 modbus 转 IEC-104）。

图 4.3.5 数据采集和转发功能实现图

（2）远程维护。

通过设置远程的 IP 地址打通远维的通道，实现设备的远程维护（图 4.3.6）。

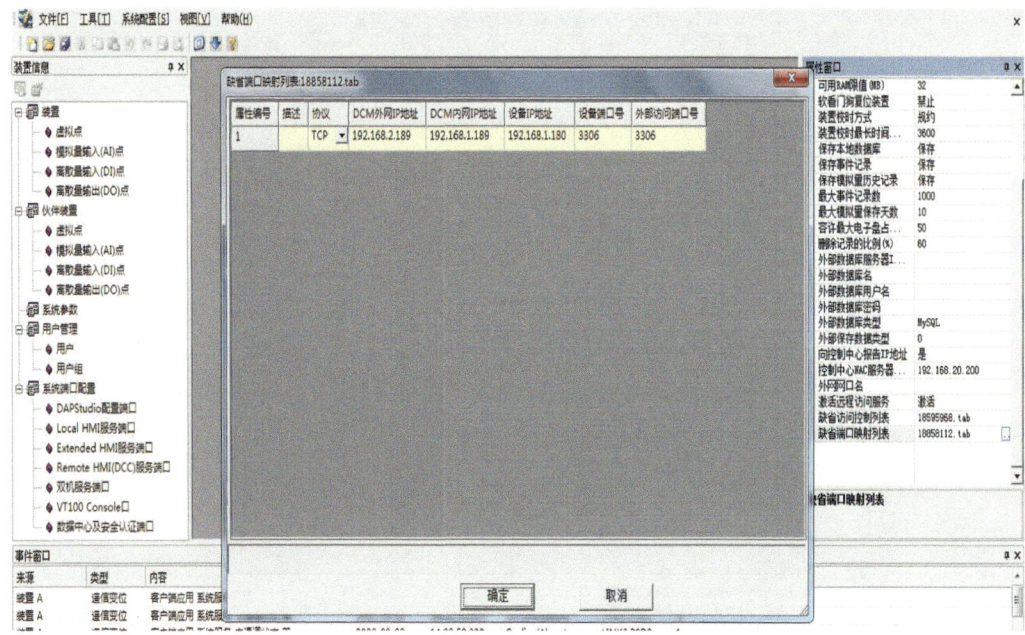

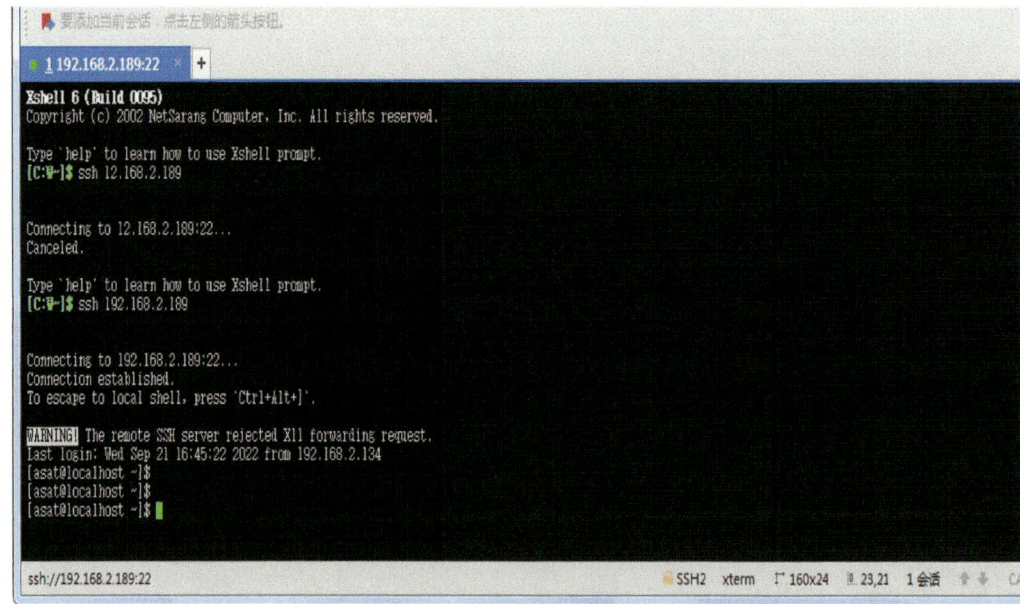

图 4.3.6　远程维护功能实现图

（3）单向数据隔离。

软件中设置完成之后，显示从 A 至 B 板传输正常，即客户端应用采集的数据与服务器端应用的数据一致（图 4.3.7）。

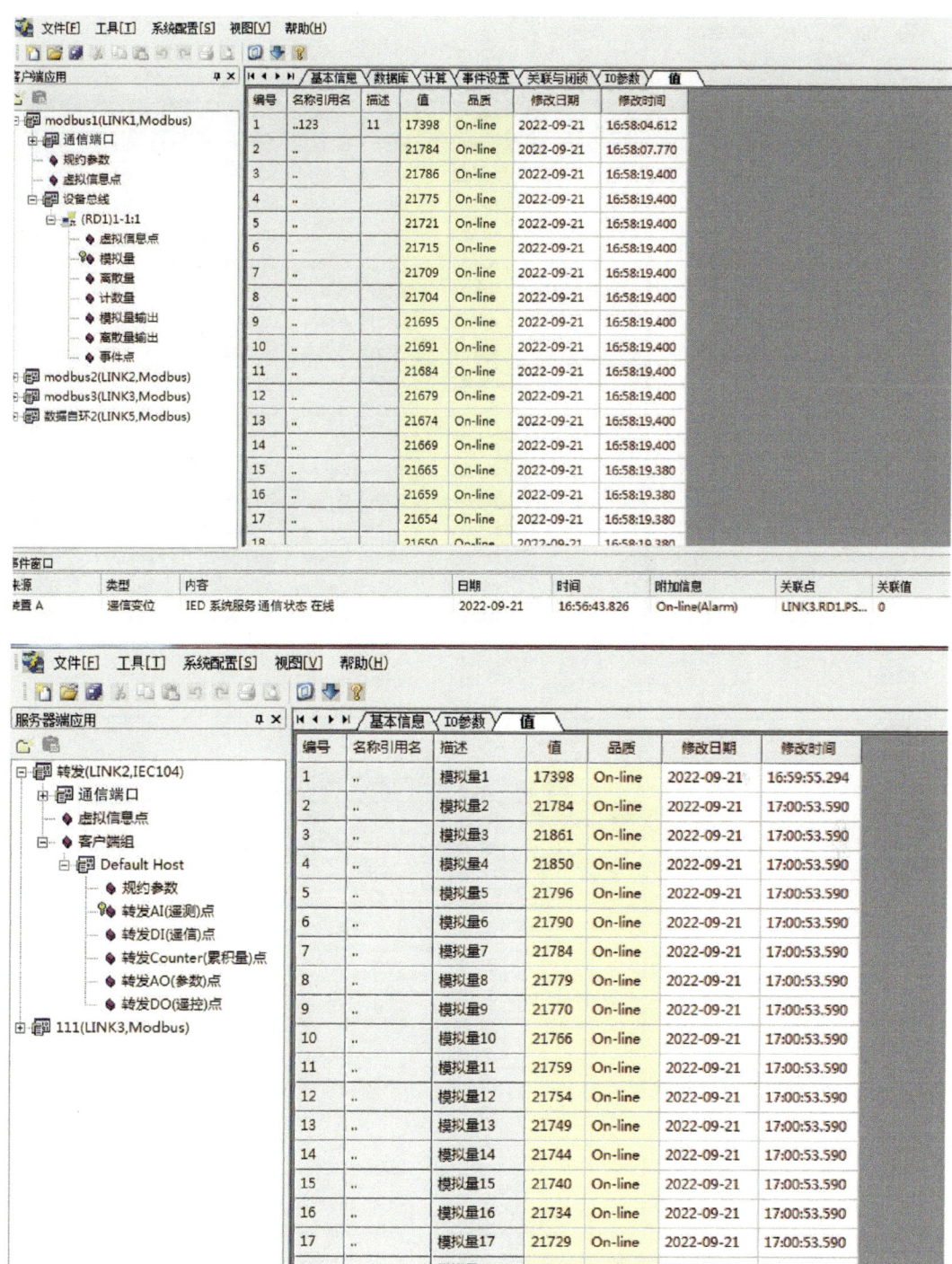

图 4.3.7 A 至 B 板数据传输实现图

B 板 A 板不能传输数据,即客户端应用采集的数据与服务器端应用的数据不一致,说明了数据的单向隔离(图 4.3.8)。

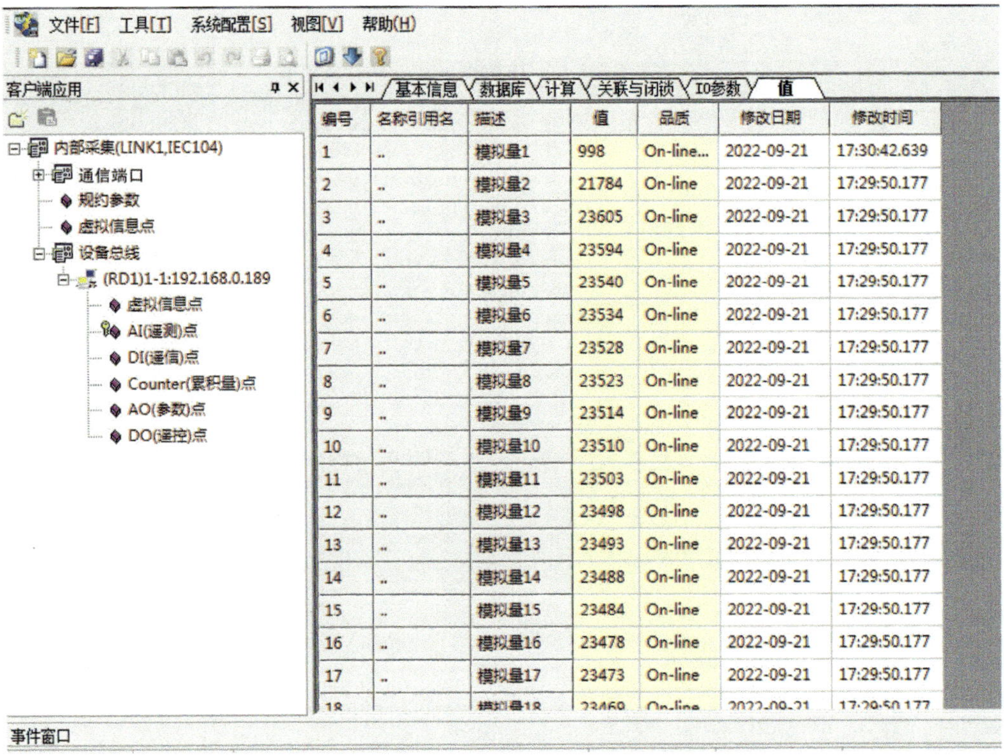

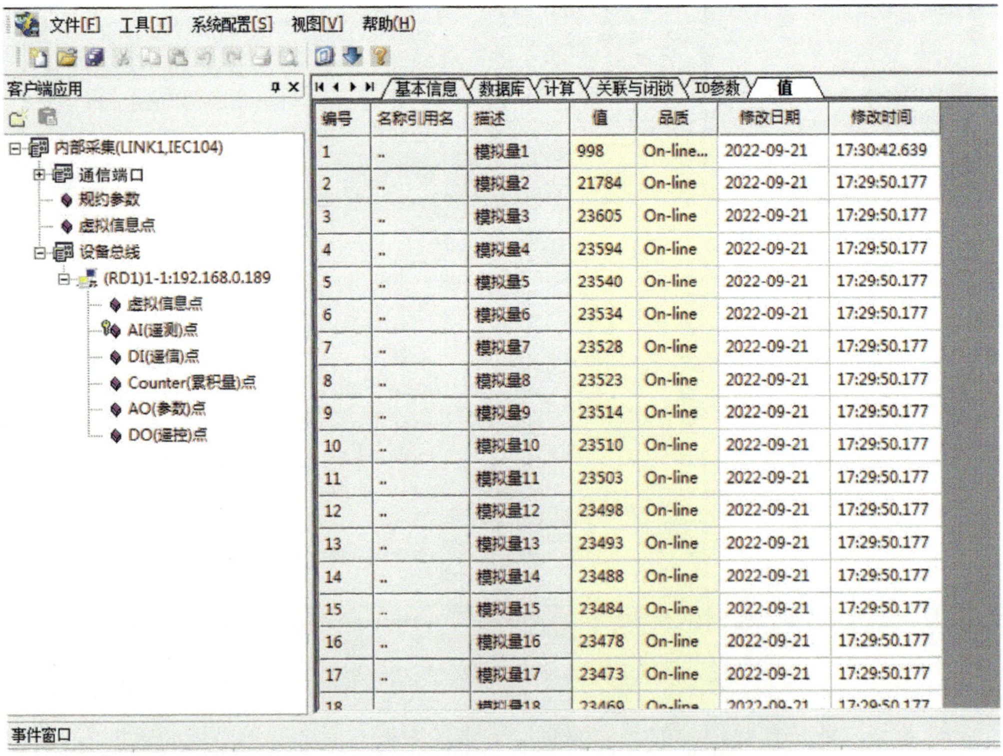

图 4.3.8　B 至 A 板数据隔离实现图

4.3.4.3 现场验证及指标考核
4.3.4.3.1 技术经济考核指标

根据国家石油天然气管网集团的《油气管网仪表及自动控制技术规范 第 6 部分：远程诊断及维护系统》，本次项目的主要技术经济考核指标需要满足以下内容：

（1）实时数据接入容量 >1 万点（图 4.3.9）。

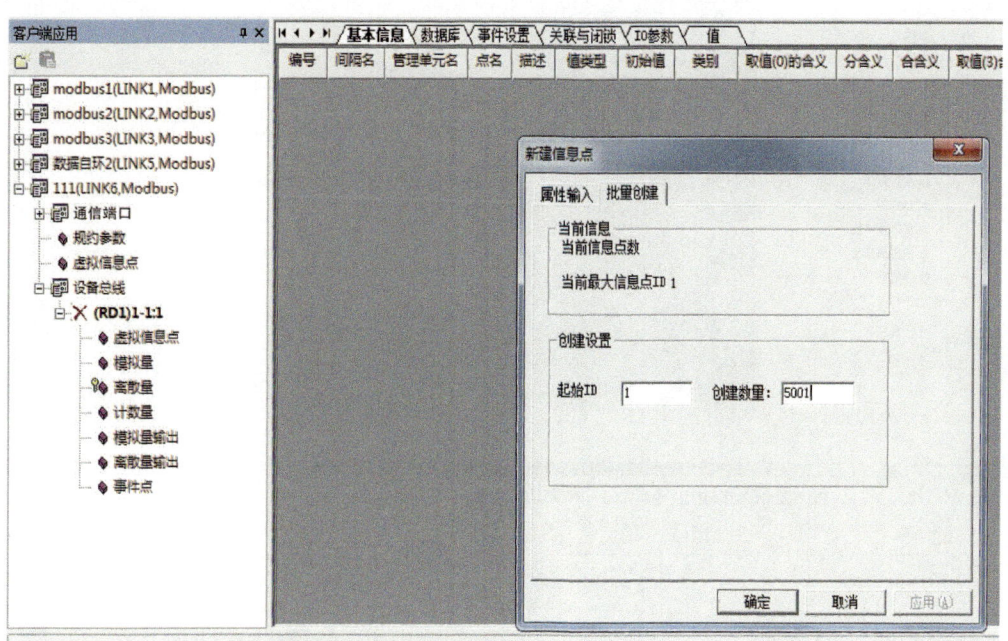

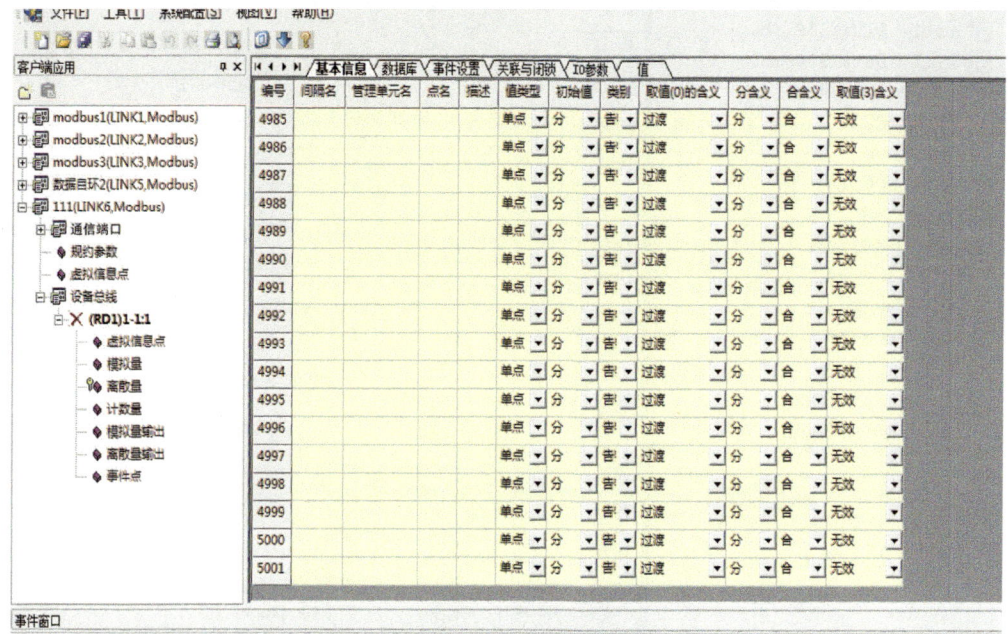

图 4.3.9　实时数据接入容量验证结果

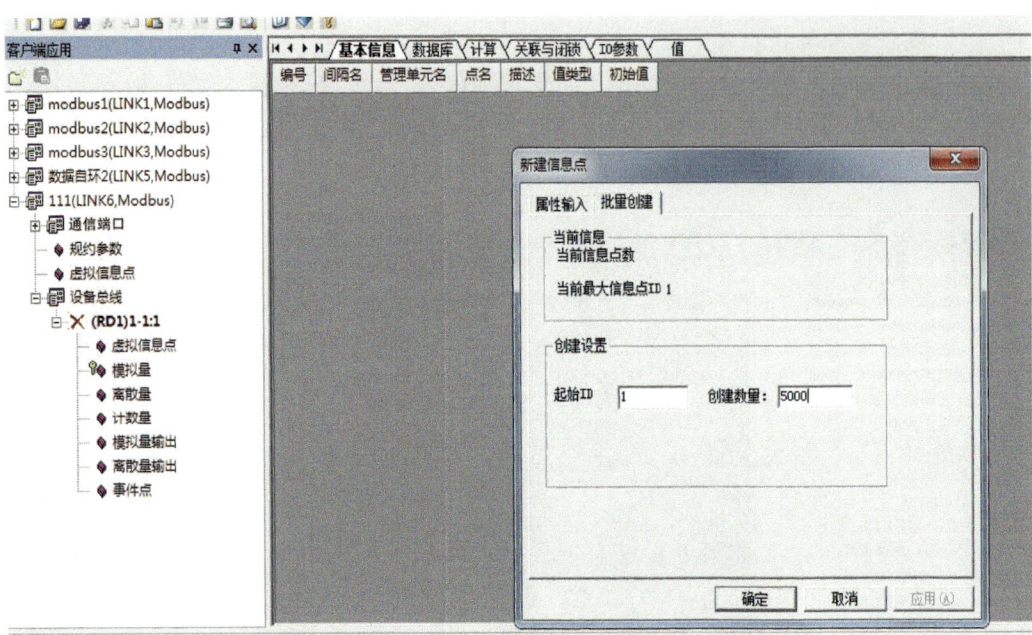

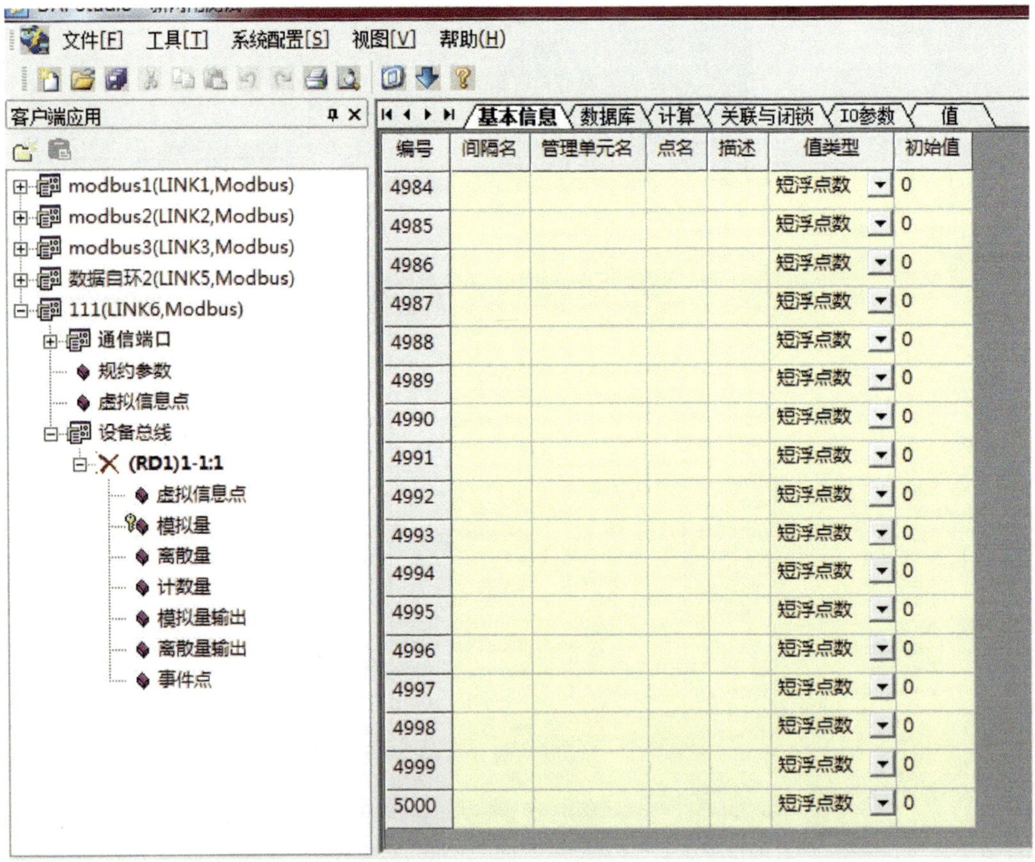

图 4.3.9　实时数据接入容量验证结果（续）

（2）实时数据刷新周期 >2000 点 /s（图 4.3.10）。

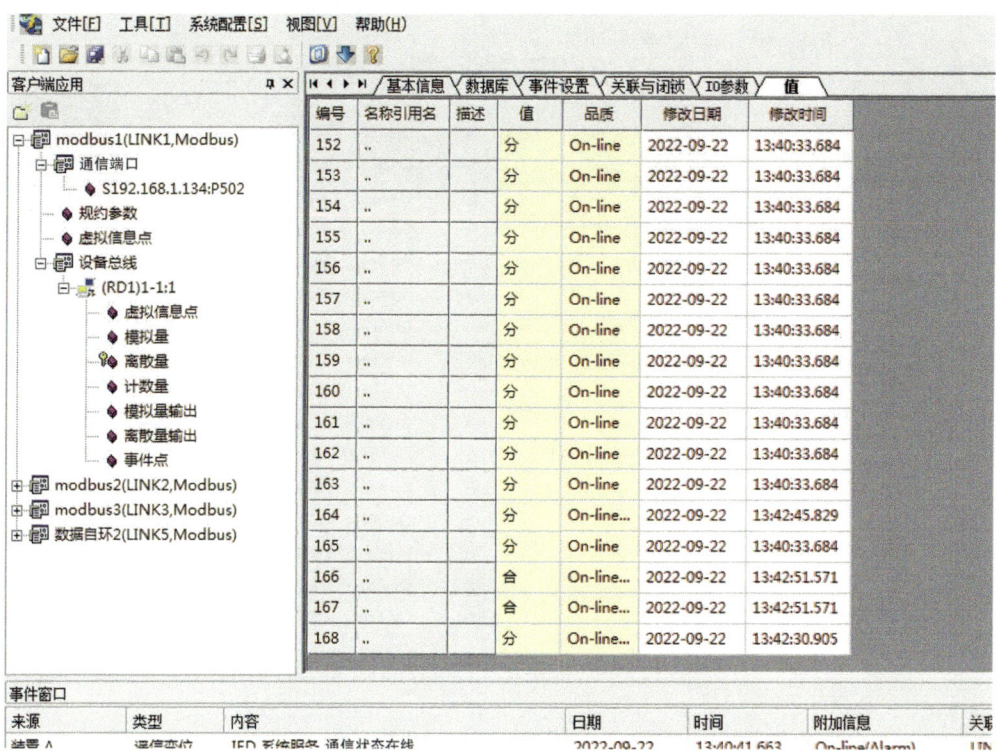

图 4.3.10　实时数据刷新周期验证结果

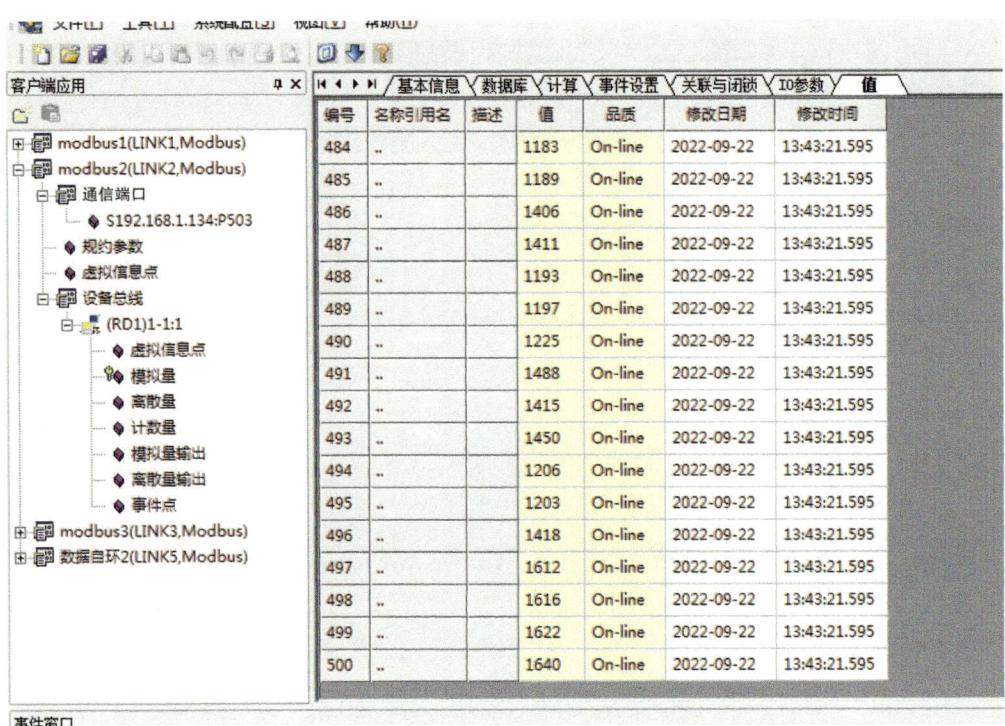

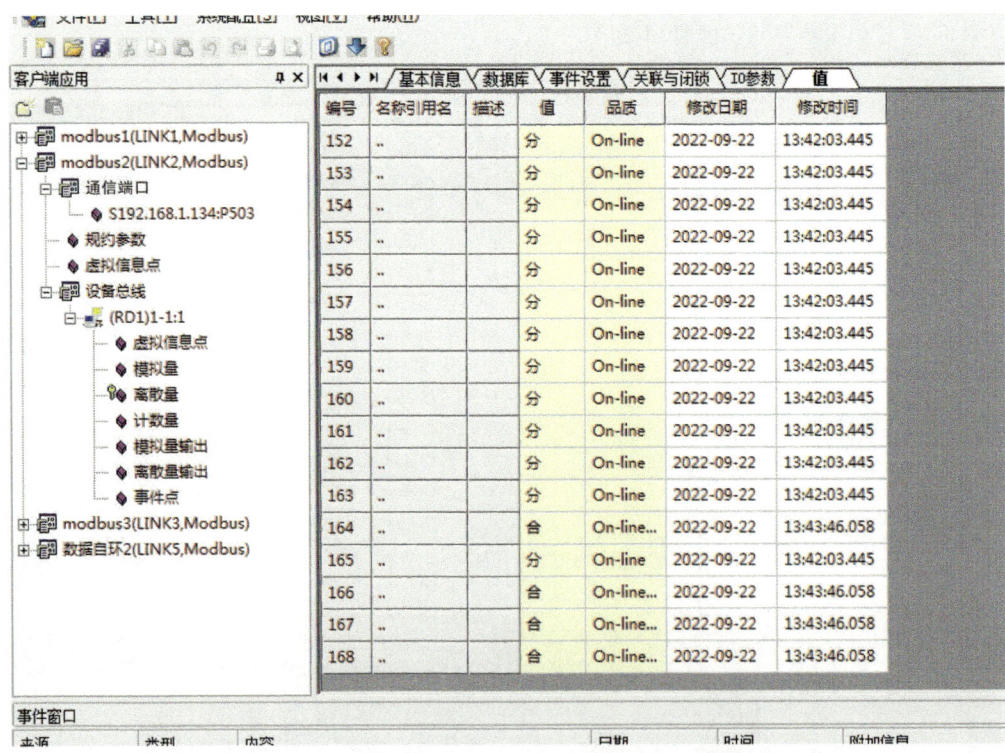

图 4.3.10　实时数据刷新周期验证结果（续）

自动化技术

客户端应用	编号	名称引用名	描述	值	品质	修改日期	修改时间
modbus1(LINK1,Modbus)	484	..		1626	On-line	2022-09-22	13:44:15.882
modbus2(LINK2,Modbus)	485	..		1632	On-line	2022-09-22	13:44:15.882
modbus3(LINK3,Modbus)	486	..		1849	On-line	2022-09-22	13:44:15.882
通信端口	487	..		1854	On-line	2022-09-22	13:44:15.882
S192.168.1.134:P504	488	..		1636	On-line	2022-09-22	13:44:15.882
规约参数	489	..		1640	On-line	2022-09-22	13:44:15.882
虚拟信息点	490	..		1668	On-line	2022-09-22	13:44:15.882
设备总线	491	..		1931	On-line	2022-09-22	13:44:15.882
(RD1)1-1:1	492	..		1858	On-line	2022-09-22	13:44:15.882
虚拟信息点	493	..		1893	On-line	2022-09-22	13:44:15.882
模拟量	494	..		1649	On-line	2022-09-22	13:44:15.882
离散量	495	..		1646	On-line	2022-09-22	13:44:15.882
计数量	496	..		1861	On-line	2022-09-22	13:44:15.882
模拟量输出	497	..		2055	On-line	2022-09-22	13:44:15.882
离散量输出	498	..		2059	On-line	2022-09-22	13:44:15.882
事件点	499	..		2065	On-line	2022-09-22	13:44:15.882
数据自环2(LINK5,Modbus)	500	..		2083	On-line	2022-09-22	13:44:15.882

客户端应用	编号	名称引用名	描述	值	品质	修改日期	修改时间
modbus1(LINK1,Modbus)	152	..		分	On-line	2022-09-22	13:36:35.597
modbus2(LINK2,Modbus)	153	..		分	On-line	2022-09-22	13:36:35.597
modbus3(LINK3,Modbus)	154	..		分	On-line	2022-09-22	13:36:35.597
通信端口	155	..		分	On-line	2022-09-22	13:36:35.597
S192.168.1.134:P504	156	..		分	On-line	2022-09-22	13:36:35.597
规约参数	157	..		分	On-line	2022-09-22	13:36:35.597
虚拟信息点	158	..		分	On-line	2022-09-22	13:36:35.597
设备总线	159	..		分	On-line	2022-09-22	13:36:35.597
(RD1)1-1:1	160	..		分	On-line	2022-09-22	13:36:35.597
虚拟信息点	161	..		分	On-line	2022-09-22	13:36:35.597
模拟量	162	..		分	On-line	2022-09-22	13:36:35.597
离散量	163	..		分	On-line	2022-09-22	13:36:35.597
计数量	164	..		合	On-line...	2022-09-22	13:44:29.810
模拟量输出	165	..		分	On-line	2022-09-22	13:36:35.597
离散量输出	166	..		合	On-line...	2022-09-22	13:44:30.931
事件点	167	..		分	On-line...	2022-09-22	13:44:27.004
数据自环2(LINK5,Modbus)	168	..		分	On-line...	2022-09-22	13:44:28.184

事件窗口

来源	类型	内容	日期	时间	附加信息
装置A	通信复位	IED 系统服务 通信状态 在线	2022-09-22	13:40:41.663	On-line(Alarm)
装置A	通信复位	客户端应用 系统服务 主通道状态 良好	2022-09-22	13:40:41.637	On-line(Alarm)

图 4.3.10 实时数据刷新周期验证结果（续）

（3）历史记录＞180天（1000点最小1s间隔）。

需安装至现场进行长期测试，但通过经验发现站场一天的数据量约为200MB，装置A板的硬盘为500GB，远远大于一个站场180天的数据量。

（4）通信报文录波>180天无损压缩（8通道）。

需安装至现场进行长期测试。

（5）历史库刷新速率>5000条记录/min（图4.3.11和图4.3.12）。

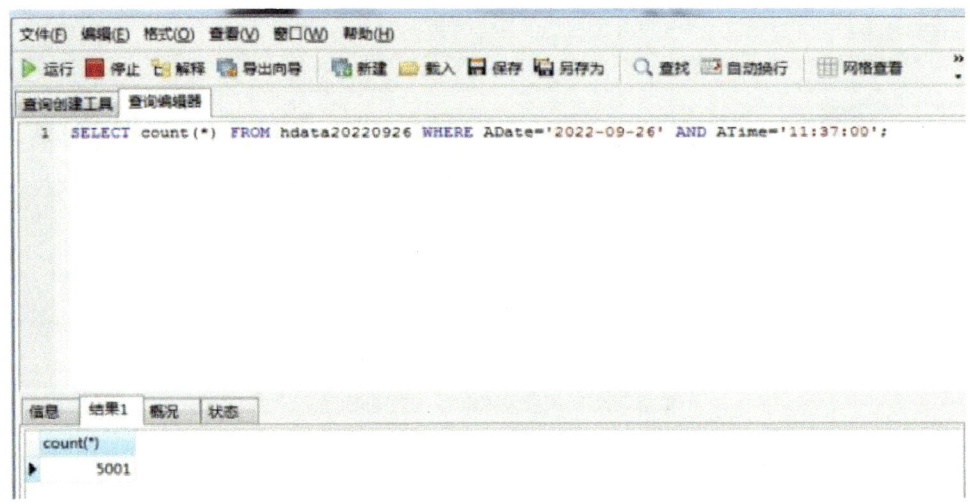

图4.3.11　历史库刷新速率验证结果

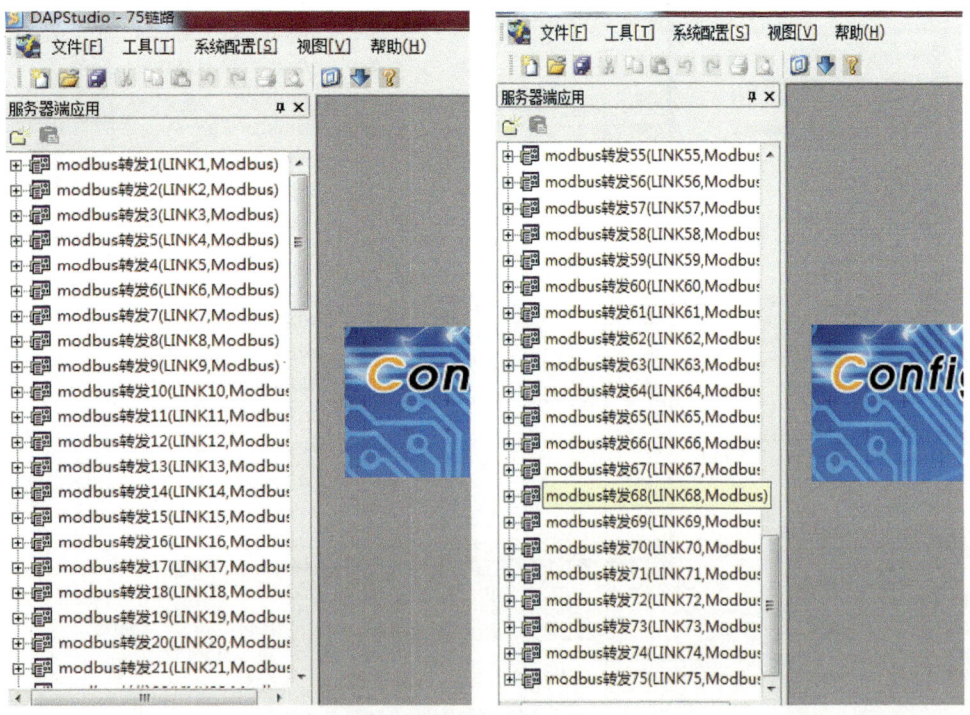

图4.3.12　转发链路验证结果

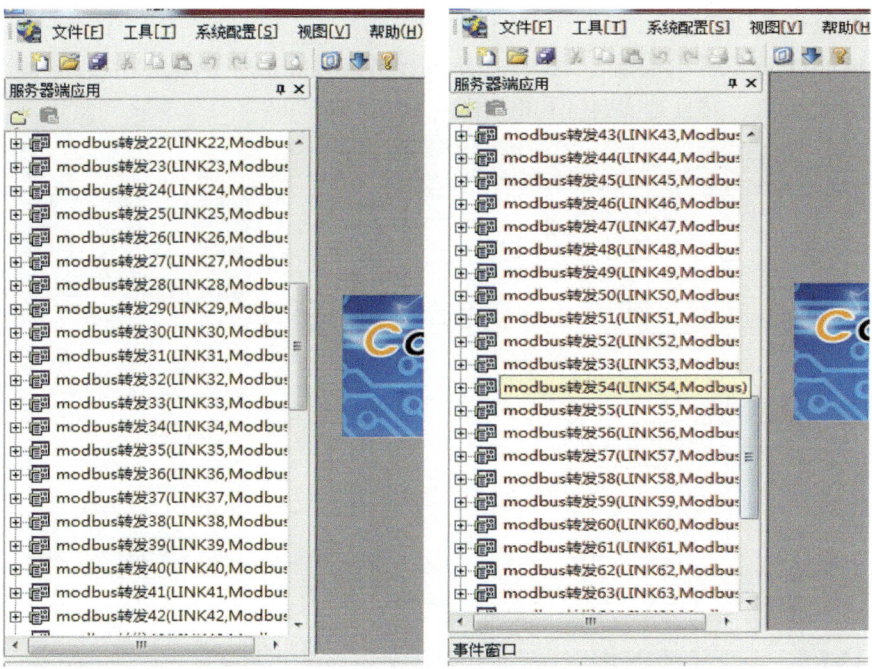

图 4.3.12 转发链路验证结果（续）

（6）转发链路可达 75 条。

4.3.4.3.2 目标功能验证

于 2021 年预设计制作了装置模拟样机，部署在北京管道有限公司高丽营分输站，连续可靠无故障试运行 250 天，通过了预研实验测试（图 4.3.13）。

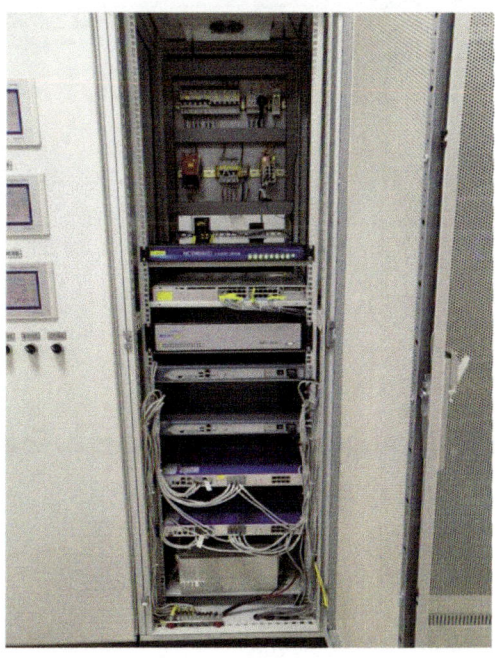

图 4.3.13 高丽营分输站装置模拟样机

（1）数据采集功能。

在 DAPStudio 软件里根据 SCADA 系统的设备配置好相对应的点数之后，查看装置 A 板的数据从无到有，并且是实时变化的（图 4.3.14）。

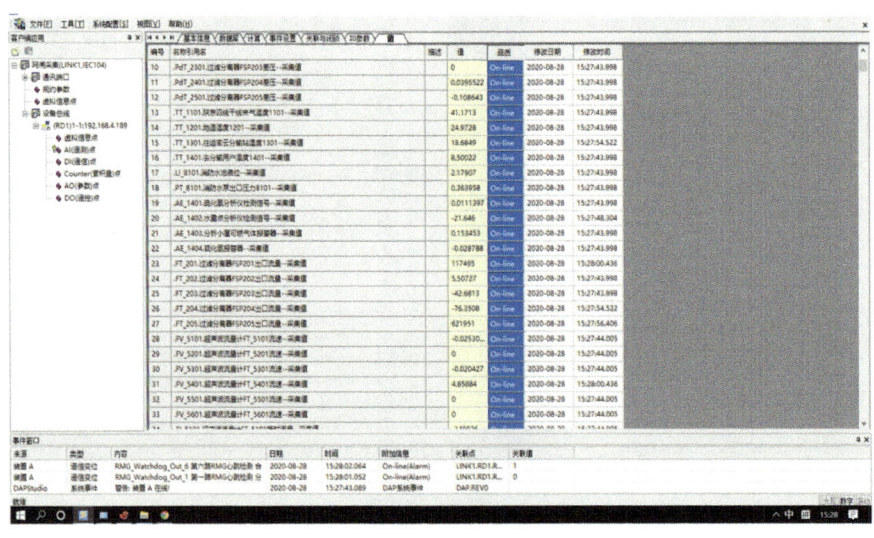

图 4.3.14　数据采集功能现场实现

（2）数据转发功能。

将装置 A 板的数据转发至 B 板，使 DAPStudio 软件里 B 板的数据从无到有，并且是可以实时变化的（图 4.3.15）。

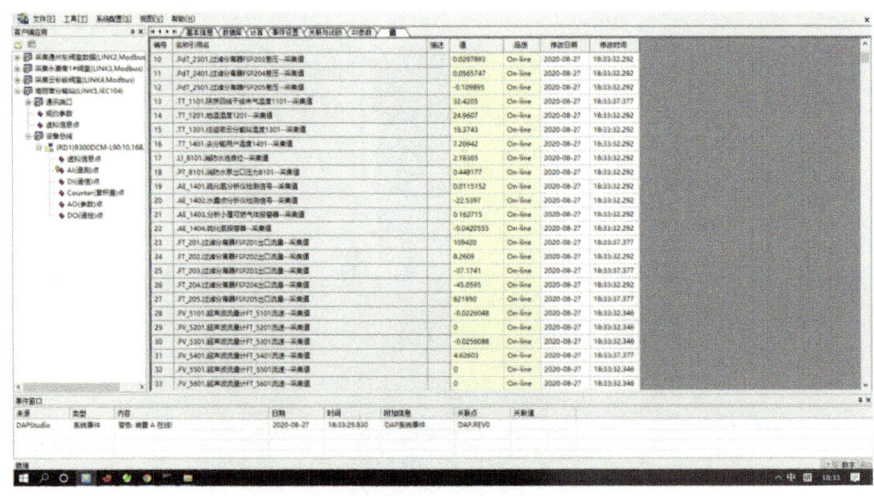

图 4.3.15　数据转发功能现场实现

这里成功将 Modbus 协议数据转换成了 IEC-104 协议的数据。

（3）UPS 远程维护功能。

在 DAPStudio 软件里面配置通道完成后，可通过电脑使用第三方对应的维护功能（图 4.3.16）。

图 4.3.16　UPS 远程维护功能现场实现

（4）流量计算机的远程维护功能如图 4.3.17 所示。

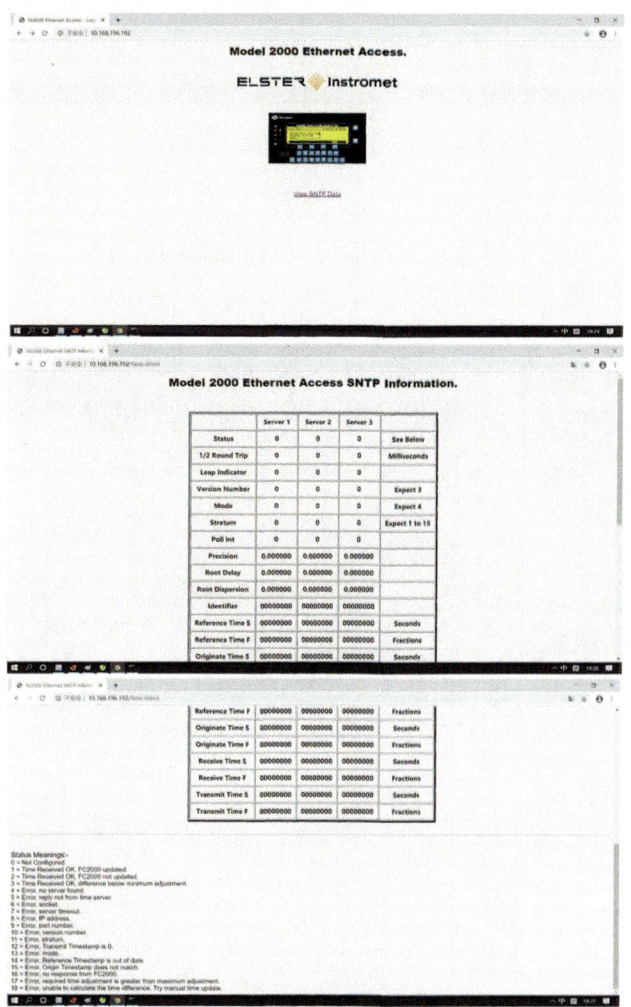

图 4.3.17　远程维护功能现场实现

（5）网络隔离功能。

在 DAPStudio 中，数据从装置的 B 板输入之后，装置 A 板的数据并没有变化（图 4.3.18）。

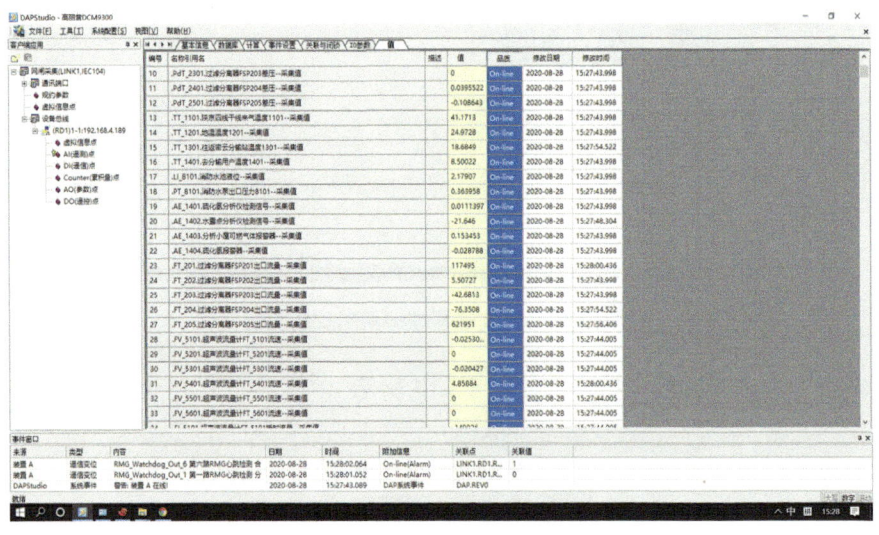

图 4.3.18　网络隔离功能现场实现

（6）HMI 数据监视。

使用装置的 HMI 功能，通过电脑页面可以看到高丽营站的工艺流程图，各个阀的开关状态及实时数据等（图 4.3.19）。

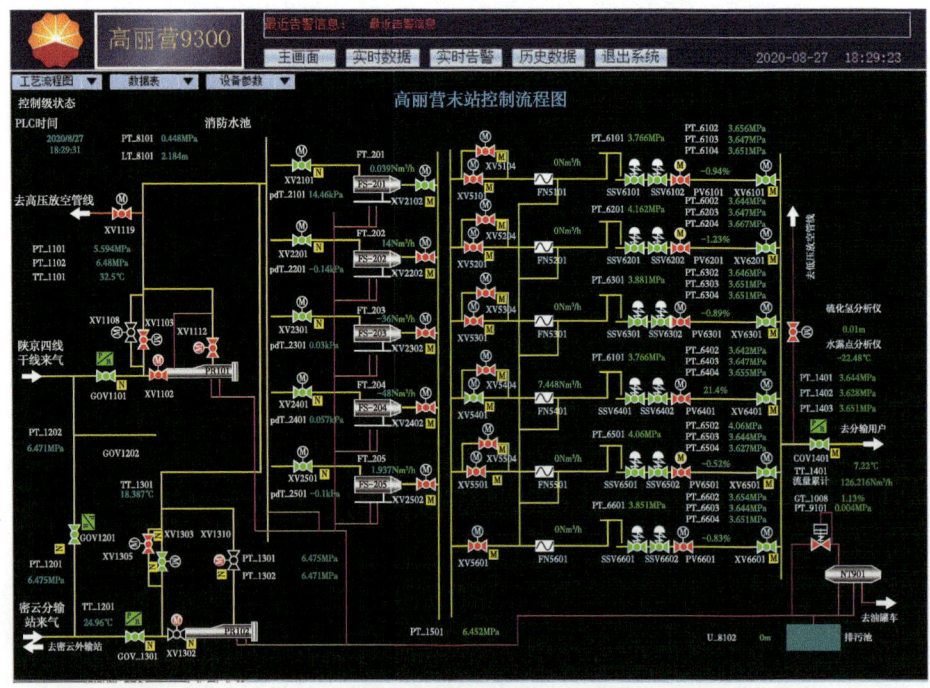

图 4.3.19　HMI 数据监视功能现场实现

4.3.5 应用效果

本设备已获得浦东平台软件公司出具的一般性软件测试报告与公安部计算机信息系统安全产品质量监督检验中心出具的检测报告,并获得了国家公安部颁发的计算机信息系统安全专用产品销售许可证。样机如图 4.3.20 所示。

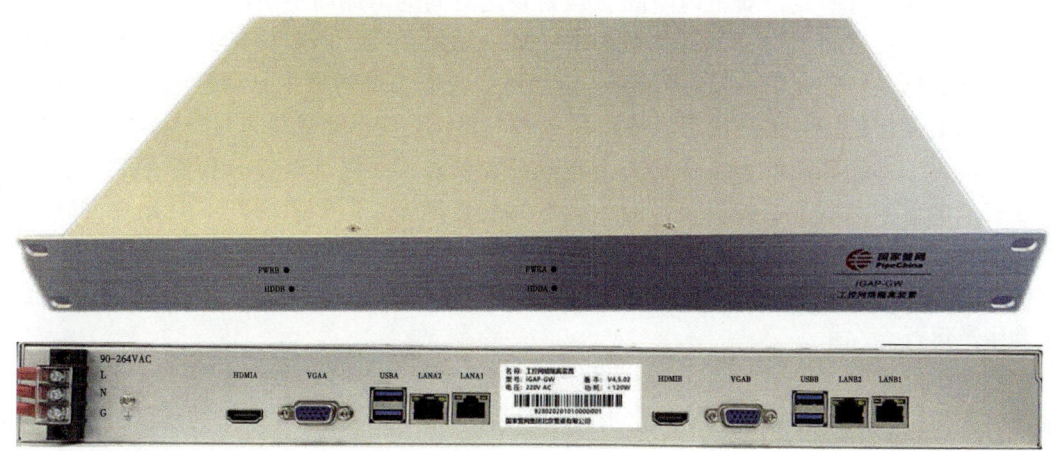

图 4.3.20　工控网络隔离装置样机成品

在技术研发上实现了预想的:单向数据隔离装置、数据采集器、远程维护终端三合一"All In One";在形象上实现了研发成果的软硬件集成,完成了能全面展现成果全部功能的工控网络隔离装置的原型样机。

该装置采用了先进的工业现场分布式架构,有效提升了同等投资规模下的数据管理和共享能力。采用创新的工业电信局技术,使得原来杂乱无序无确定性抓手的网络路由管理恢复到电讯链路交换的可控状态,使得原来因安全问题无法采用的管道自控设备跨网、跨域的远程诊断、远程维护技术得以安心使用,从而进一步提升了管网集团的数字化、智慧化水平和生产管理效率。

4.4 站场 PLC 控制系统性能评价技术研究与应用

4.4.1 技术背景

国家管网集团北京管道公司所辖油气管道支干线 17 条,其中国家骨干管道 8 条,包括陕京二线、陕京三线、陕京四线、永唐秦管线、唐山 LNG、高丽营—西沙屯支线、宝香西支线、密云香河支线(在建);其他支干线 9 条,包括陕京一线、大唐煤制气、港清三线、港清线、港清复线、永京支线、琉永支线、汪庄子支线和永清联络线。合计站场 82 座,阀室 220 座。公司所辖站场、阀室统一采用 SCADA 系统控制,SCADA 系统调控中心核心部分设在北京油气调控中心,由北京油气调控中心负责陕京管网的运行监视。现场站控系统/阀室 RTU 系统均采用 A/B 双网网络架构,站控 HMI 系统通过本地 A/B 网与PLC控制器通信，调控中心SCADA系统服务器通过场站出口路由器与现场PLC通信，目前陕京系统上传调控中心SCADA系统数据量合计约9万点。其中各基层站场以PLC为主体，整个北京管道公司共包括上百套PLC控制系统，构成北京管道的基本站控系统，PLC控制系统的安全平稳运行是保障整个管道公司生产过程长期安全可靠运行的基础。

北京管道历经20余年的建设和运营，现有站控PLC系统存在型号多样、设备老旧、更新升级不及时等不足，安全风险随着设备在用时间的增加而不断增大，站控PLC系统的故障事件也在逐年增加，现有北京管道的集中调控系统，仍然没有实现对PLC控制系统的故障诊断、性能评价以及在此基础上的PLC控制系统性能中长期预测，难以有效掌握站控PLC系统的实时运行状态。站控PLC控制系统是实施站场管道日常运营的"大脑"，日常站场自动控制系统的运维主要集中在阀门和仪表，而对于核心的PLC控制系统，则缺乏有效的维护和管理制度，更多的是有故障后再处理。而PLC系统一旦出现问题，则可能导致失去对整个站场的自动控制功能，并引发后续一系列工艺及操作的切换，极大影响生产的正常进行。仅在PLC系统出现故障后再采取措施进行处理，严重影响了管道的正常生产运行。

其次，北京管道公司在用的PLC系统跨度20余年，一些老旧的系统仍在运行。旧有系统在开发过程中，其基本的逻辑控制程序编制标准不统一，部分系统的程序正确性、健壮性、效率、完整性、可用性等方面仍然存在不足，是导致在用PLC控制系统出现故障的主要原因。在站场改扩建及新建站场控制逻辑设计过程中，在控制逻辑规范化的前提下，标准控制逻辑的安全性、准确性也成为工程设计人员以及软件编制人员关心的重点。

因此，基于北京管道公司所面临的"控制系统性能评价监测"与"标准控制逻辑规范功能安全性验证"两类重点问题，本技术从实际生产及逻辑标准制定需要出发，综合控制系统软件、硬件两部分内容展开研究工作，力求保障站控系统的安全、可靠、平稳运行。

4.4.2 技术简介

4.4.2.1 控制系统性能评价方法

性能评价的主体目标是以固定的频率更新计算PLC/RTU系统各项性能指标分数，并将性能指标分数存储到实时性能数据库中，通过一定的通信方式和可视化过程，最终呈现在油气调度中心或站控值班室实时监控显示屏幕上，以便工作人员第一时间发现故障问题和及时了解PLC/RTU系统运行状态。性能评价方法的实现主要包含两部分关键技术，分别为"数据信息获取"与"评价模型建立"。数据信息获取是通过一定方式读取控制器内部与系统性能相关的参数数据，并将数据信息储存在目标位置，供评价模型使用；性能评价模型建立主要利用处理后的数据参数，结合数学逻辑公式，分析计算并最终得到百分制的量化指标分数，后用指标分数乘以权重因子加和计算得到综合性能评价分数，分数越高表征PLC/RTU系统状态越好。

4.4.2.2 形式化建模与验证方法

复杂关键站控PLC控制逻辑是一类基于程序流程图的图形化表示形式，内含各类操作框图以及基于自然语言的文字描述，无法直接利用计算机辅助人工查验控制逻辑的安全性以及可靠性。形式化建模与验证技术的主体目标在于，能够将现有的程序流程图转化为一类可以为计算机或是可利用计算机软件工具进行性质验证的系统模型结构，能够精确地、无歧义地描述出控制逻辑所表述的静态性质、执行过程、转换逻辑，利用规约描述在特定条件下的系统状态和系统性质，如时序的逻辑公式形式描述等，使用模型检测工具或定理证明器对模型进行形式化验证，检测控制逻辑模型是否满足规约性质，如安全性、可达性、无死锁性等，辅助完成控制逻辑标准规范的制定工作。

4.4.3 主要创新点

（1）创新性地结合 PLC/RTU 等关键站控设备所提供的信息数据，构建了 PLC/RTU 控制系统性能综合评价模型和实时在线监控的量化评价方法。

（2）创新性地采用层次分析法（AHP）确定性能评价模型建立中指标权重因子的分配，使得权重分配更加客观，计算所得综合性能分数更加合理、可信。

（3）创新性地应用形式化验证方法中的模型检验原理，结合时间自动机有关理论和相应建模、验证工具 UPPAAL 实现了典型控制逻辑的建模与自动化验证。

4.4.4 技术方法及现场验证

4.4.4.1 控制系统性能评价方法实现路径

性能评价的具体内容包含 PLC/RTU 通信模块、CPU 模块、电池模块和其他相关模块。目的是以固定的频率（如 5s）更新并显示 PLC/RTU 整体运行状态，进而存储到历史性能数据库中。状态的可视化考虑使用百分制，给出的分数越高表示状态越好。具体地，计划通过三步实现上述功能。

4.4.4.1.1 第一步：用于性能评价的数据信息获取

（1）对于 AB-PLC，实现方式是在控制程序中添加相应的程序网络段，可通过调用诸如 Contrologix5000 系列 PLC 的 GSV 指令块获取控制系统数据信息，并将数据信息储存在目标位置。

（2）对于施耐德 Quantum 系列 PLC，实现方式是在控制程序中添加相应的程序网络段，可通过调用施耐德编程软件 Concept 中的 Free-running timer、PLCSTAT、DIOSTAT 以及 RIOSTAT 等 EFB 功能块获取控制系统数据信息，并将数据信息储存在目标位置。

（3）对于施耐德 M580 系列 PLC，实现方式是查看施耐德编程软件 Unity Pro xl 13 中系统位及系统字，通过直接获得的系统位及系统字数据有布尔型、WORD 型等，需要依据返回值意义进行数据处理，将数据进行建模，并将数据信息储存在目标位置。

（4）对于 TBOX_MS 系列 RTU，实现方式是系统根据不同模块中相应对象的数据名称检索获取数据信息。

（5）对于 BB-Control Wave Micro 系列 RTU，实现方式是通过 Control Wave Designer 组态软件中的 System Variable Wizard 进行相关变量的创建（若系统中暂时不存在），将与性能相关的变量数据储存在固定的地址。

4.4.4.1.2 第二步：数据信息处理

由于不同控制系统获得的数据类型不同，为使返回值能够转化成 0 至 100 之间的分数形式，采用线性描述、分段函数描述、二值函数描述等几种描述方式。同时，结合各厂家 PLC 说明书中返回值描述的信息进行数据处理，最终形成二级指标分数。例如，采集的某些故障数据的直接类型是 DINT（长整型），应用到性能评价算法则需要按位操作，通过比对故障代码说明书，得到可供阅读的不同位对应的故障信息并存储到日志，且将此位转化为算法所需数据类型。

4.4.4.1.3 第三步：建立综合性能评价百分制模型

实时性能的评价，给出当前 PLC/RTU 实时运行状态评价（百分制）。具体来说，采集的数据为二级指标，通过返回值的数据处理成为众多 0~100 的二级指标分数，不同的二级指标有对应着不同的一级指标，如参考时间、通信质量、模块状态、内存占用百分比、I/O 通道状态、工作负荷以及冗余状态等。

层次分析法（AHP）能够根据问题的性质和要达到的总目标，将问题分解为不同的组成因素，并按照因素间的相互关联影响以及隶属关系将因素按不同层次聚集组合，形成一个多层次的分析结构模型，从而最终使问题归结为最低层（供决策的方案、措施等）相对于最高层（总目标）的相对重要权值的确定或相对优劣次序的排定。

利用层次分析法去确定一级、二级指标之间的权重因子，二级指标分数与权重因子相乘加和获得一级指标分数，一级指标分数与权重因子相乘加和获得实时性能评价分数（百分制）。

故障扣分部分，当系统发生故障时，控制系统的性能将大幅度下降，相应计算所得的评价分数也将大幅度下降，所以加入故障扣分部分。扣分的大小由故障对控制系统性能的影响来确定，最多扣 100 分，最少扣零分。将这两部分的分数相加，得到综合性能分数。为保证此分数保持在 0~100 之间，当扣分的数值大于得分，最终的分数取零。

4.4.4.2 PLC/RTU 性能监测平台搭建

（1）将站场内有关 PLC\RTU 运行性能相关数据实时传输至数据中心，用于评价模型的计算输入（图 4.4.1）。

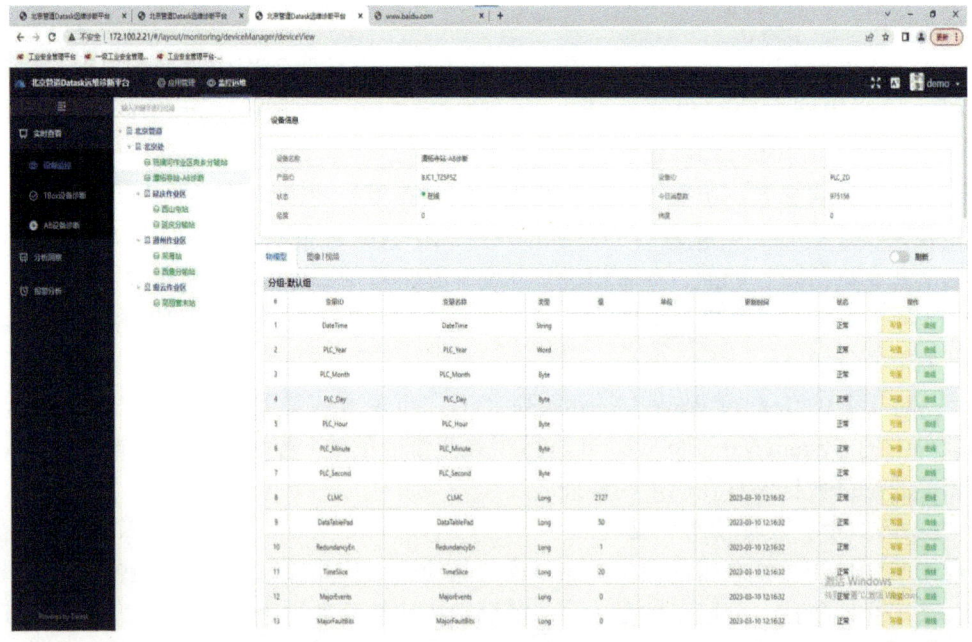

图 4.4.1　数据实时传输界面

（2）通过编写计算程序将性能评价模型在性能监测平台进行实现（图4.4.2）。

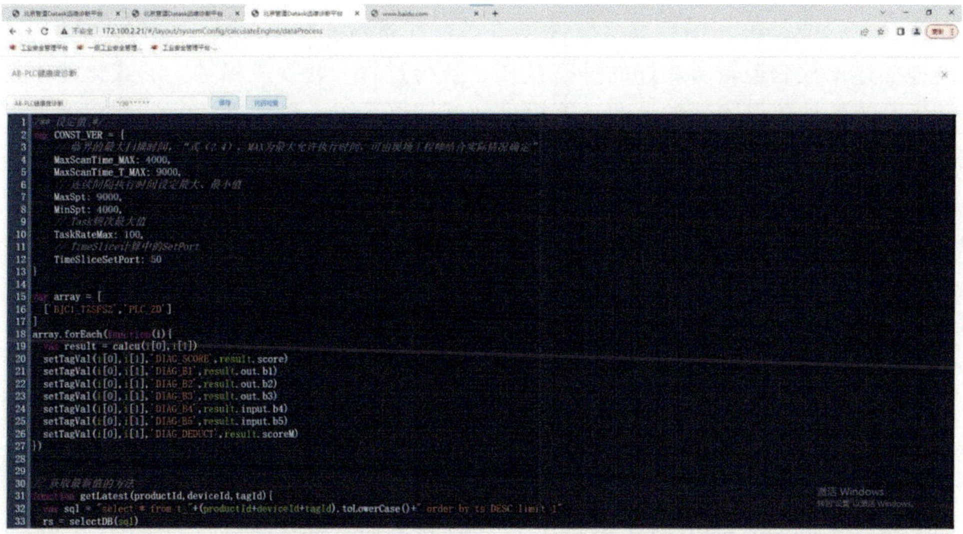

图4.4.2　性能评价模型利用计算程序实现

（3）将与性能相关的实时数据输入模型进行计算，得出PLC\RTU实时性能分数。在监控平面上展示时间信息、PLC\RTU硬件信息、整体运行分数、控制器工况分数、冗余状况分数、通信质量分数、I\O状况分数、电池状况分数、故障信息分数等，同时将一些重要指标，如CPU占用率、空闲内存等实时变化数据图展示在监控平台（图4.4.3）。

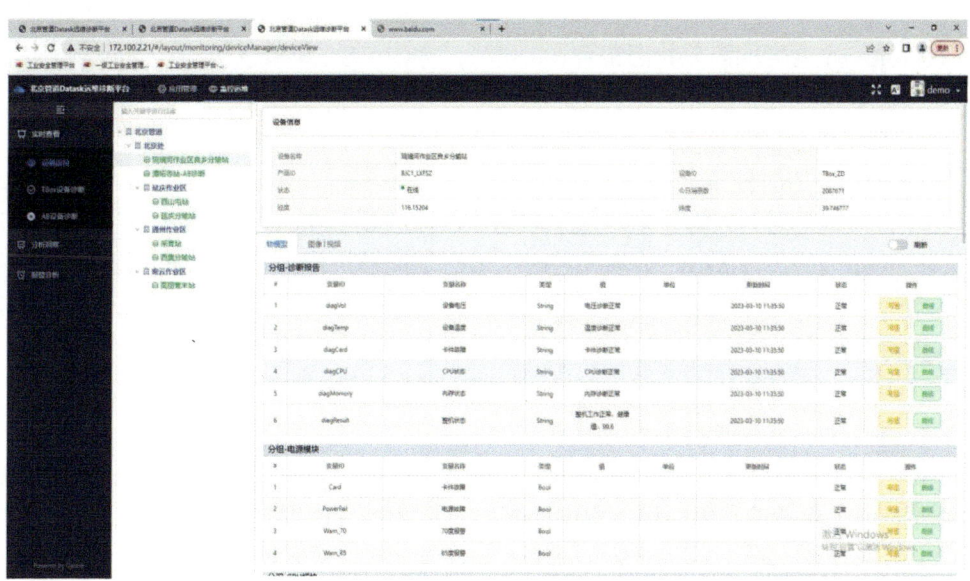

图4.4.3　PLC\RTU实时性能监控界面

4.4.4.3　形式化建模实现路径与验证方法设计

复杂关键站控PLC控制逻辑是一类基于程序流程图的图形化表示形式，内含各类操作框图以及基于自然语言的文字描述，无法直接利用计算机辅助人工查验控制逻辑的安全性以及可靠性。因此，形式化建模的应用价值便体现在能够将现有的程序流程图转化为一类可以为计算机或是可利用计算机软件工具进行性质验证的系统模型结构，能够精确地、无歧义地描述出控制逻辑所表述的静态性质、执行过程、转换逻辑等。形式化建模是一种对于并发系统的抽象描述，常见的计算模型包括迁移系统、自动机、Petri 网以及基于进程代数的 CSP、CCS 等。

具体地通过三步实现上述功能。

4.4.4.3.1　第一步：控制逻辑形式化建模

通过对控制逻辑流程图的形式化模型描述，便可得到能够直接或间接利用计算机软件工具进行形式化验证的系统模型 M，系统模型 M 在一定程度上具备复杂控制逻辑所包含的一切属性特征，能够有效反映控制逻辑的行为特性等。

自动机是有限自动机（FSM）的数学模型。FSM 是给定符号输入，依据（可表达为一个表格的）转移函数"跳转"过一系列状态的一种机器。在常见的 FSM 的"Mealy"变体中，这个转移函数告诉自动机给定当前状态和当前字符的时候下一个状态是什么。

时间自动机理论最早由 Alur 和 Dill 于 1994 年提出，是在原有自动机理论的基础上加时钟变量构成的。时钟变量的加入使得系统模型具备表达时间的能力，这有效解决了实时系统的时间表述问题。在复杂的实时系统中，一般先用时间自动机对各个子系统进行建模，然后再通过时间自动机积对子时间自动机进行整合。

一个时间自动机是一个带有时间约束或语义的转换系统，可定义为六元组

$$A = \langle S, S_0, \Sigma, X, I, E \rangle$$

其中：

（1）S 是一个有穷的离散状态集合；

（2）$S_0 \subseteq S$ 表示非空初始状态集合；

（3）Σ 是一个有限符号集合；

（4）X 表示有穷时钟集合；

（5）I 是一个映射，它为 S 中的每个状态 s（$s \in S$）赋予 $\Phi(X)$ 中的一个时钟约束 δ，（$\Phi(x)$ 即时钟约束集）。当状态时钟不满足时，就必须能够执行离开该状态；

（6）$E \subseteq S \times \Sigma \times \Phi(x) \times 2x \times S$ 为时间自动状态迁移集合。$e = \langle s, a, \delta, \lambda, s' \rangle$ 表示输入符号 a 且满足约束 δ 时，从位置 s 到 s' 的一个转移，其中 $e \in E$，s，$s' \in S$，$a \in E$，δ 是定义在 $\Phi(x)$ 上的一个时钟约束，$\lambda \subseteq X$ 表示在该状态转移时被重置的时钟集合。

4.4.4.3.2　第二步：控制逻辑形式化验证

形式化验证方案以形式化模型为基础，包括定理证明与模型检验两类关键技术。形式化验证的实现主要考虑利用两种技术中的某一种或相结合的形式，将复杂控制逻辑流程图系统模型转换为各类验证工具所支持的输入语言或文件格式开展验证工作。

定理证明技术先对系统模型及其性质进行抽取，表示成基于某种逻辑的命题、谓词、定理，在验证者或是相应验证辅助工具的引导下，不断地对公理、以证明的定理施加推理规则，产生新的定理，直到推导出表达系统性质的公式，从而证明设计的系统满足该性质。主要的定理证明工具有：STeP（Stanford）、TLV、AL2（UT Aus tin/CLI）、Coq、HOL

（Cambridge）、Isabelle（Cambridge）、Larch、Nuprl、PVS（SRI）等。

模型检验的基本原理是用状态迁移系统（M）表示待检测系统的逻辑行为，用时态逻辑公式（ϕ）描述系统所期望的性质。这样该问题就转化为 S 满足公式 ϕ。从直观上说，M 为待检测系统的抽象模型，常用的描述方法如状态迁移系统、有穷状态自动机、Petri 网和进程代数等，而属性公式 ϕ 则常用时态逻辑描述，如线性时态逻辑 LTL、分支时序逻辑 CTL 以及各类拓展的时序逻辑变形描述。主要的模型检验工具有 SPIN、NuSMV、UPPAAL、PAT 等。

4.4.4.3.3　第三步：选用支持时间自动机的 UPPAAL 模型检验工具

模型检验过程分为以下三个步骤：

（1）建模：将待检测模型设计转化得到模型检测工具的输入模型，利用状态剪枝和抽象技术等手段对模型进行简化，去除冗余状态和不相关部分，以节约验证的时间和空间。

（2）规约提取：利用规约描述在特定条件下的系统状态和系统性质，通常用时序的逻辑公式形式描述。

（3）验证：使用模型检测工具对模型进行形式化验证，检测模型是否满足规约性质。当出现错误时，将输出不满足规约性质的反例路径。

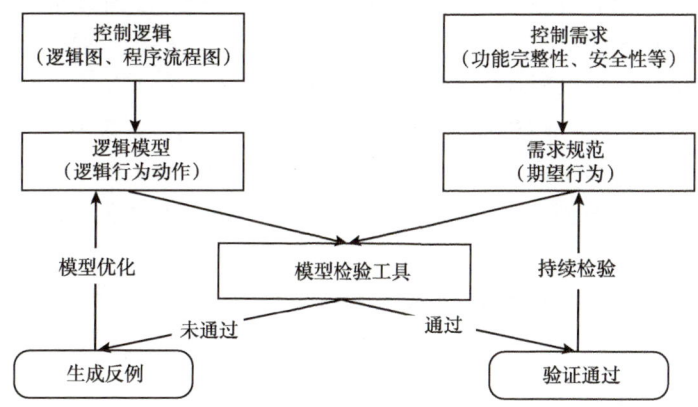

图 4.4.4　模型检验原理图

模型检验方法是通过搜索系统模型的有穷状态空间检验预期功能属性的自动化技术，基本思想是将抽象化的系统模型，即待检测系统的逻辑行为，以及需求规范描述的期望行为，通过模型检验工具执行算法来验证。模型检验对系统模型的状态空间是完全搜索的，如果验证错误，模型检验器将提供一个反例说明在什么情况下会导致错误，反例则能够作为系统改进设计的辅助手册。

UPPAAL 是目前最为流行的实时系统验证工具，它是由乌普萨拉大学和奥尔堡大学联合开发的，它已成功应用于诸多实时案例的验证中。UPPAAL 的验证对象是被建模为时间自动机网络的系统，但是 UPPAAL 时间自动机在传统时间自动机的基础上进行了进一步的扩展，主要包括整数变量、结构数据类型、用户自定义函数和通道同步等新特性。

UPPAAL 采用图形化的界面，可以适用于 Windows、Linux、SunOS、MACOS 等多种系统。其体系结构如图 4.4.5 所示。

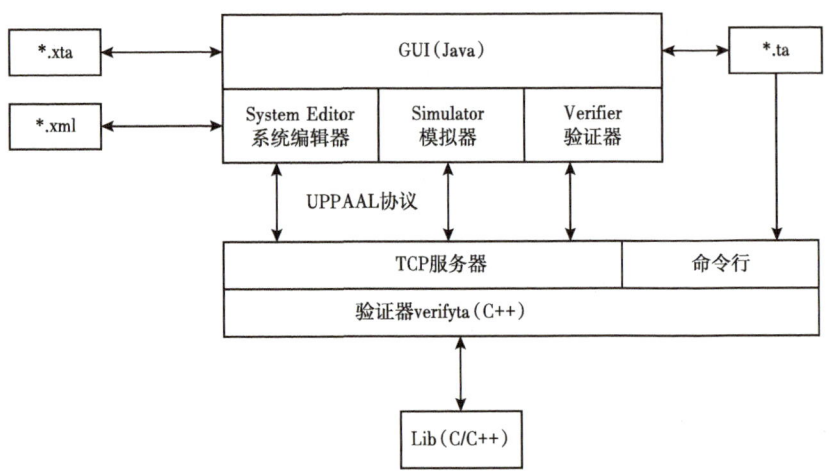

图 4.4.5　UPPAAL 内部结构图

UPPAAL 工具主要由系统编辑器（System Editor）、模拟器（Simulator）和验证器（Verifier）组成。系统编辑器主要用来创建和编辑需要分析的实时系统，它们被表述为一系列过程模板，一些全局声明，过程分配和一个系统定义。模拟器是一个确认工具，它在系统早期的设计阶段就可以对所有可能的执行序列进行检查，以此在验证前发现一些错误。验证器通过快速搜索系统的状态空间来检查简单不变式、系统的安全性、可达性以及受限活性等。另外，过程模板带有参数，给模板传递不同的参数可得到不同的过程，因此，通过设计模板可以描述控制结构相同的多个过程。同时它还为系统要求的规范提供了一个需求规范编辑器。

UPPAAL 中使用的是时间自动机模型，并且对时间自动机进行了一些扩展。

可以声明一般值变量，全局时钟和用于同步的通道。它在位置和通道上都对时间自动机进行了改进：

（1）位置。

时间自动机中的位置节点表示时间过程的控制位置，且每一个位置都伴随有时钟约束。UPPAAL 中对时间自动机的位置有所改进，除了已有的起始位置和普通位置外，又增加了紧迫位置（urgent location）和约束位置（committed location）。在紧迫位置没有时间延迟，使用它可以减少模型中时钟的个数，减少分析的复杂度。如果一个位置是紧迫位置，在时间自动机网络中用来标一记。当系统处于约束位置时，时间过程的执行不能被打断，而且执行过程也不消耗时间。约束位置在时间自动机网络中用标记。约束位置的使用可以显著减少状态空间，但是要慎重使用它，因为它可能会导致死锁。

（2）通道。

通道主要用于保证两个或多个进程模板的同步通信和相互操作。这可以通过在不同进程模板的转移边上标注互补的同步标记得以实现。例如，给定一个通道 n，那么 n! 和 n? 就是互补的同步标记，分别表示在通道上发送和接收同步信号。通道可以被声明为紧迫通道（urgent channel）和广播通道（broadcast channel）。UPPAAL 中增加了紧迫通道，它与普通通道的区别在于转换发生时它没有时间的延迟。广播通道允许一对多的同步操作。如果带有同步标志 n! 的转移边在通道上发出一条广播消息，那么任何带有同步标记 n? 的使能转移边将和发送进程保持同步。

UPPAAL 中所使用的系统描述语言是一种类似于 C/C++/Java 的语言。它用于描述时间自动机网络，其中，扩展有 CSS 样式同步、广播同步、过程模板、有限整数、常量、数组等对象。下面重点介绍 UPPAAL 中存在的几种约束形式和规范验证语言 BNF。

①数值约束。

UPPAAL 用户可以定义一般值变量和全局变量等，变量的使用就会产生数值约束，较之 Alur 时间自动机，UPPAAL 中存在三种形式的约束，即

g：：=g_clock|g_data|g, g

其中：

g_clock：：=x<n | x<=n | x==n | x>=n | x>n

g _data：：=ex <= ex | ex <ex | ex == ex | ex!= ex | ex>= ex| ex >ex

ex：：= n |v（ex）|-ex | ex + ex | ex-ex | ex*ex| ex/ex|（g _ data? ex, ex）

②验证语法。

使用 UPPAAL 对实时系统进行验证时，首先用时序逻辑公式给出待验证的形式化需求规范，然后再在时间自动机网络所建立的系统状态空间模型中搜索满足需求规范的状态，根据搜索结果判断系统是否满足待验证的性质。UPPAAL 使用的时序逻辑公式是时间分支时序逻辑（TCTL）的子集，我们称它为 UPPAAL 需求规范语言，其 BNF 语法如下：

Prop：：=A[ ]exp |E< >exp | E[ ]exp |A< >exp | exp→ϕ

其中 exp 和 ϕ 为描述待验证系统性质的逻辑表达式字符 A 和 E 用来量化路径，路径是系统的一个状态迁移序：A 表示给定的性质对于所有路径均满足，表示至少有一条路径满足给定的性质；[ ] 和 <> 用来量化路径上的状态，[ ] 表示路径上的所有状态均满足给定的性质，<> 表示路径上至少有一个状态满足给定的性质。具体的逻辑语言含义如下：

a. A[ ]exp 为可满足的，当且仅当对于所有路径，逻辑表达式 exp 在任一路径。状态序列中的所有状态下均是满足的，等价于 not E<> not exp；

b. E<>exp 为可满足的，当且仅当存在一条路径，逻辑表达式 exp 在该路径的状态序列中的某一个状态下是满足的；

c. E[ ]exp 为可满足的，当且仅当系统中存在一条路径，逻辑表达式 exp 在该路径状态序列中的所有状态下均是满足的；

d. A<>exp 为可满足的，当且仅当对于所有路径，逻辑表达式 exp 在任一路径的状态序列中的某个状态下是满足的，等价于 not E[ ] not exp；

e. exp→ϕ 为可满足的，当且仅当对于所有路径，逻辑表达式 exp 在任一路径的某一状态为真，则逻辑表达式 ϕ 必然为真，等价于 A[ ]（exp imply A<>ϕ）

4.4.5 应用效果

（1）应用 PLC/RTU 控制系统的量化评价方法，构建了油气管道领域常见的站场控制设备 AB-Contrologix 系列 PLC、施耐德 Quantum 系列 PLC、M580 系列 PLC、Tbox 系列 RTU、BB 系列 RTU 的量化评价模型，用于定量监测、分析控制系统的实时运行性能，有

效提高了控制系统运行情况的实时监测水平，有助于站场建设的无人/少人化发展。

（2）根据各品牌控制系统量评价模型的有关说明，编译完成不同控制系统的计算运行程序，并结合 UI 技术设计实现实时性能监测显示界面，最终完成包括 PLC 控制系统、RTU 控制系统在内的 7 座站场的实时监测显示，进一步提高了油气管道全线监测管理系统的智能化、集成化水平。

目前已经建立了四类控制系统性能评价模型。性能评价平台已部署 AB-PLC、TBOX-RTU 站场性能评价（图 4.4.6 和图 4.4.7）。可对潭柘寺站、琉璃河作业区良乡分输站、西山屯站、延庆分输站、采育站、西集分输站、高丽营末站 PLC/RTU 系统运行状态进行实时监测。

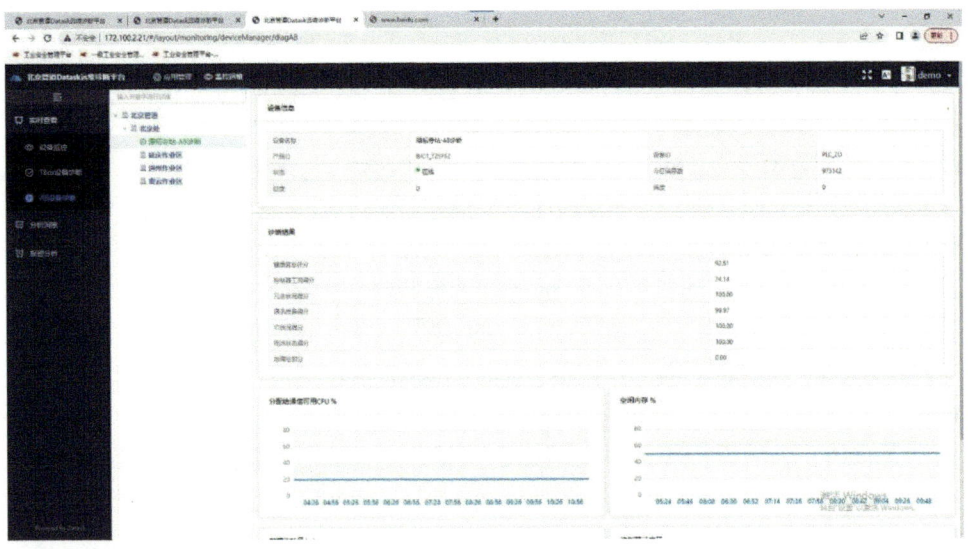

图 4.4.6　AB-PLC 性能展示界面

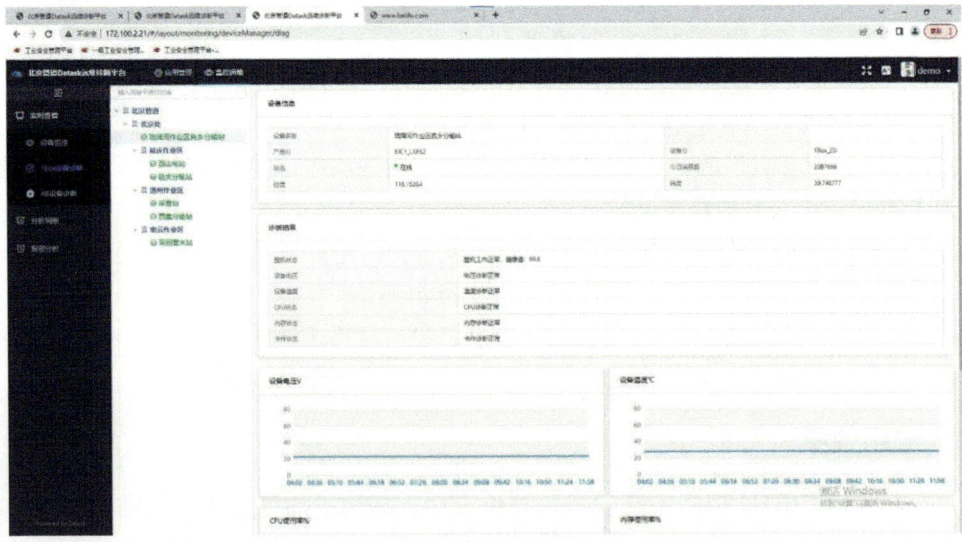

图 4.4.7　TBOX-RTU 性能展示界面

（3）采用形式化验证方法作为控制逻辑辅助验证手段，完成了包括正常停输、电动开关阀、全站启动、自动分输、风机控制、过滤回路、计量回路、调压回路、过滤计量回路、计量调压回路、过滤计量调压回路等 11 个典型控制逻辑在内的建模、验证工作，有效提高了站场控制逻辑设计规范的正确性与可靠性，有益于新建场站建设以及改扩建场站建设工作的开展。

（4）形式化验证的应用与传统的模拟验证与仿真分析方法相比，在控制系统软件设计的早期提前发现控制逻辑及所存在的问题，在 11 个典型逻辑建模的基础上，对不同逻辑的功能逻辑性质进行了验证，并结合验证结果和相应反例对目标逻辑做出及时修正，形式化方法为管道站控系统控制逻辑可靠性验证提供了一个全新的技术路径，有助于站控逻辑规范化标准的建立。

以天然气站场电动放空阀通用控制逻辑为例，研究人员将逻辑图中的各类功能组件以及阀门动作流程独立建模，用于刻画完整的控制逻辑操作过程，综合验证结果发现，阀门的"开""关"切换逻辑存在设计缺陷。最后，通过反例分析给出合理的优化方案，优化后的验证结果表明，优化方案能够满足控制系统功能完整性与安全性需求（图 4.4.8~图 4.4.11）。

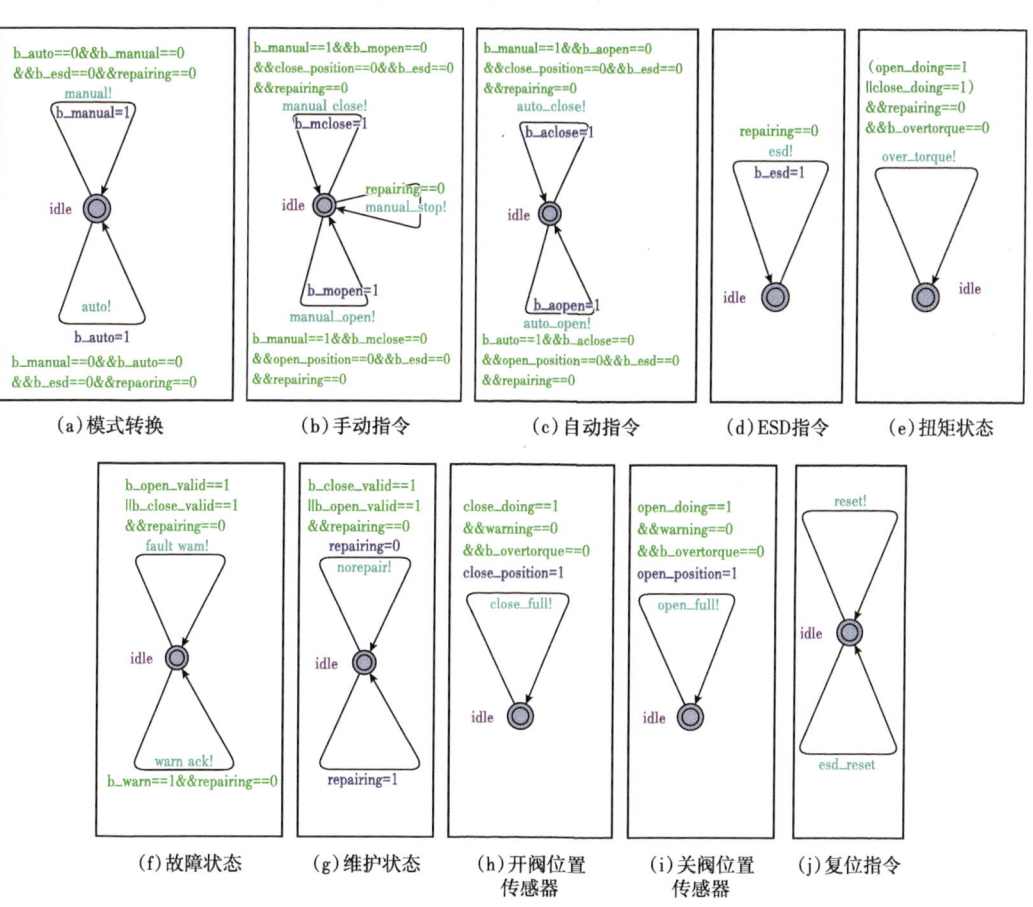

图 4.4.8　指令、状态、开/关阀位置模型

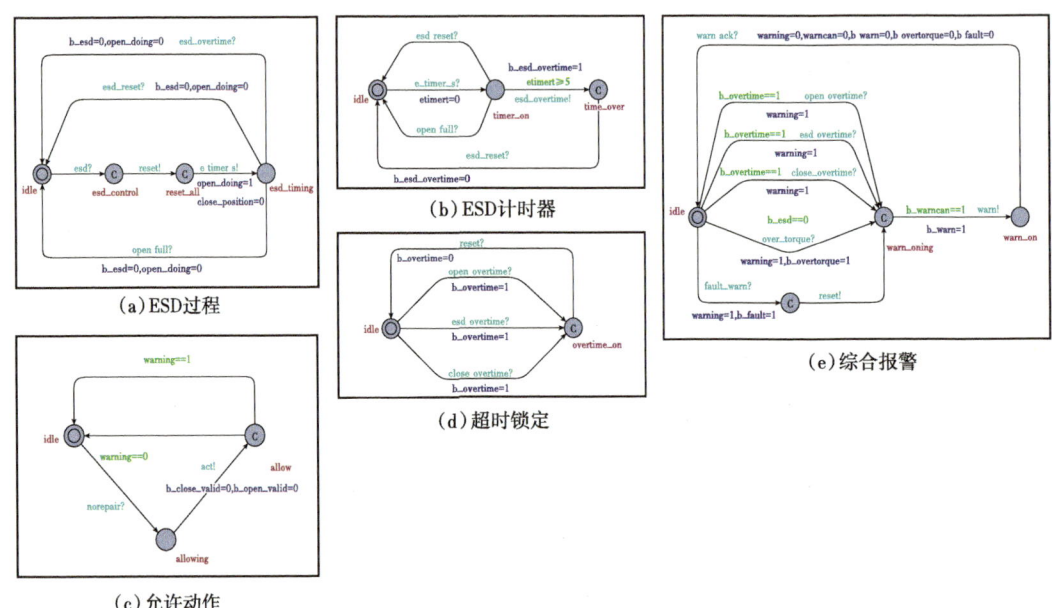

图 4.4.9　ESD 过程、超时锁定、允许动作、综合报警模型

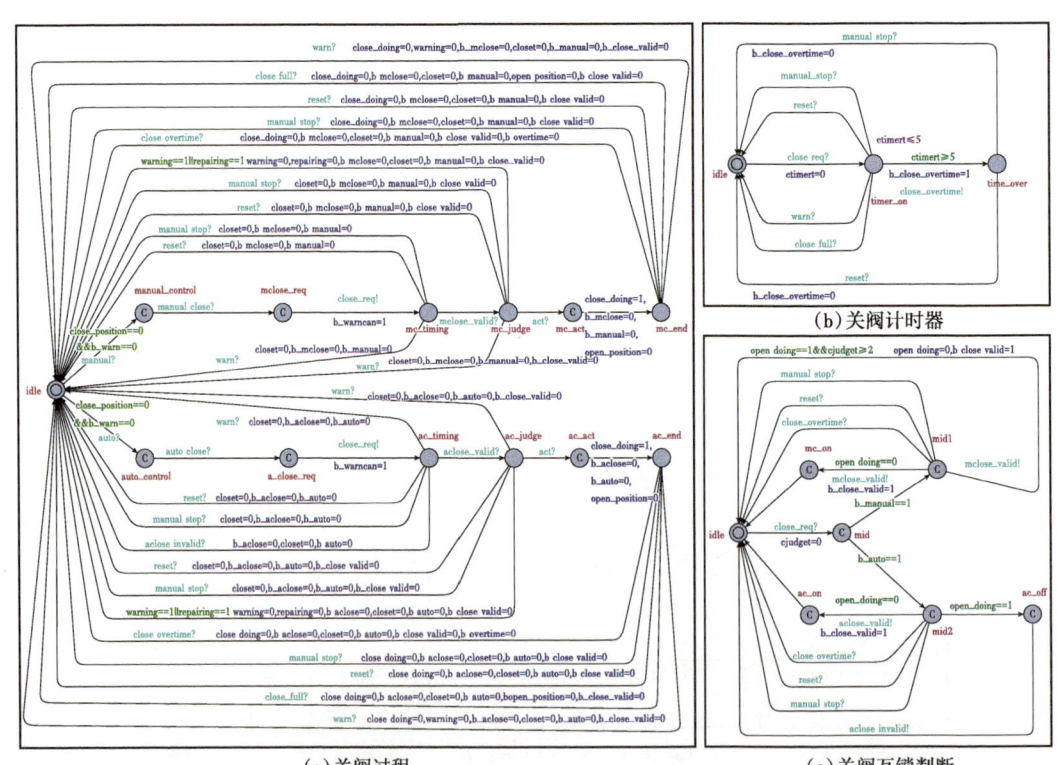

图 4.4.10　关阀过程模型

自动化技术

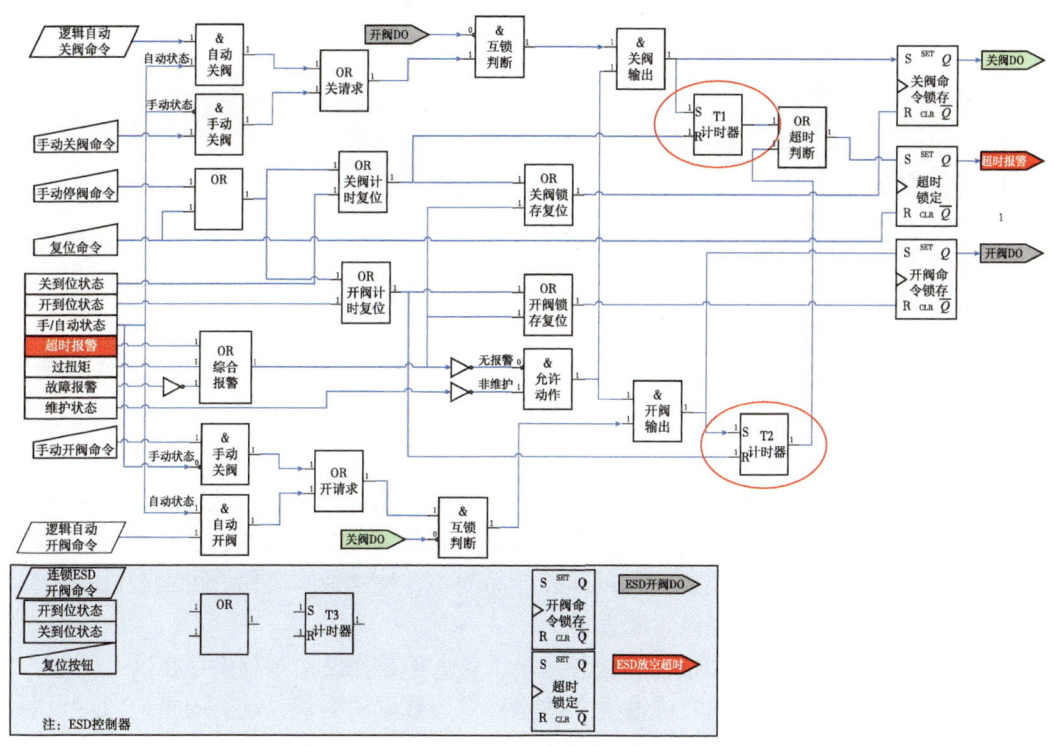

图 4.4.11 控制逻辑优化方案

该技术从软件、硬件两个角度出发，运用构建数理模型的方式针对在用得多型号、多品牌 PLC/RTU 控制系统创新性形成了站控 PLC/RTU 系统的量化评价方法，并最终搭建了性能实时监测平台用于实时显示站控系统运行状态；同时，应用形式化验证的方法针对站控系统典型控制逻辑搭建了形式化的逻辑需求模型，并利用验证工具实现了控制逻辑的功能属性验证，针对部分逻辑给出了相应的改进建议。

目前，7个天然气管道站场已完成了 PLC 性能评价及监测工作，取得了较好的预期成效。未来还将部署更多的管道站场性能监测，不断完善性能评价模型，使得控制系统运行状态展现更全面准确；不断完善性能评价平台，将多个站场控制系统性能状态集中监测在同一界面，使性能评价监测更简洁明了，减轻监测人员工作量；将多个站场控制系统运行状态及时返回给工作人员，使站场反应更加准确迅速，为站场生产安全更添一层保障。随着信息技术的不断发展，工业生产过程趋于信息化管理方式，PLC 性能评价可为未来"无人化、少人化"站场管理提供思路和技术支持，为天然气管道站场信息化管理发展做出贡献。

该技术采用形式化验证方法作为控制逻辑辅助验证手段，在 11 个典型逻辑建模的基础上，对不同逻辑的功能逻辑性质进行了验证，并结合验证结果和相应反例对目标逻辑做出及时修正，取得了较好的预期成效。形式化方法的应用不仅能够基于形式化模型查验控制逻辑的属性，进一步仍可实现基于形式化模型的控制过程功能性测试用例的生成以及基于形式化模型的控制程序代码的生成，有助于站控逻辑规范化标准的建立，有效提高站场控制逻辑设计规范的正确性与可靠性，有益于新建场站建设以及改扩建场站建设工作的开展,将为管道站控软件程序的规范设计、功能测试、程序实现等的标准化做出更大贡献。

4.5 便携式应急通信系统

4.5.1 技术背景

由于卫星通信具有不受时间、地点、环境等多种因素的限制、开通时间短、传输距离远、通信容量较大、网络部署快、组网方式灵活等诸多优点,因此卫星通信已成为应急通信的重要通信手段,在应急通信中具有至关重要的作用。

国内应急救援领域自20世纪90年代起便使用卫星通信系统,历经二十多年的发展,多次升级完善,已具备实时数据采集和传输、语音、视频的能力,成为数据稳定传输和应急通信保障中不可或缺的技术手段。

国际上,卫星通信业起步早、发展快,技术比较成熟。我国卫星通信起步较晚,与国外先进水平相比还有比较大的差距。国内暂时还没有与国际主流技术水平相当的宽带卫星网络综合应用系统,市场上主要还是以国外产品为主,使用成本高昂、可定制性差,在产业化进程和信息安全方面存在巨大隐患。

应急抢险目前配备有卫星电话和应急卫星设备。但是在使用过程中存在以下问题:

(1)应急抢险过程中有同时传输生产数据和视频数据的需求,现有卫星应急站设备组网单一,只能接入生产数据卫星网与主站连接通信,传输数据类型、通信路径、带宽、连接方式均受到限制。

(2)卫星电话和卫星应急站均没有定位功能,不利于实时确定应急抢险人员位置。

(3)卫星应急站需组装,且需要一定专业基础;另外设备体积和重量偏大,不够便携。

本项目研究目的是设计一套新的便携式应急通信系统,能够实现卫星调制解调器双模一体化,实现同时接入不同卫星系统,同时传输不同类型数据,同时向不同地点传输数据的功能,支持星状网、网状网、点对点、点对多点通信,支持设备定位,提高便携性。系统主要功能部分选择国产设备。

随着国内卫星技术的发展,国产卫星通信系统技术已日趋成熟。结合国家国产化战略,避免长期被"卡脖子",本次开展设计一套新的便携式应急通信系统,包括卫星系统搭建、性能指标测试、与其他系统进行协议对接、实现卫星调制解调器双模一体化等工作的研究,具有十分重要的意义。

4.5.2 技术简介

便携式应急通信系统,实现卫星调制解调器双网双待一体化,同时接入不同卫星系统,同时传输不同类型数据,同时向不同地点传输数据的功能,且支持双网双业务,支持点对点、网状网和星状网等多种组网方式,实现位置参考数据的GPS/北斗的定位应用。

根据卫星主站情况、使用地区转发器覆盖情况、带宽等多项因素进行链路计算,进行应急通信系统的天线口径和射频设备技术指标确定,选择体积小、重量轻、自动对星、免组装的卫星天线和符合指标的射频系统。

结合应用确定双网调制解调模块参数，研发双模一体化设备，并设计实现同时接入不同卫星系统，同时传输不同类型数据，同时向不同地点传输数据的功能。研发的设备应满足低功耗性能要求。结合 GPS 和北斗的双导航定位，在结构上进行 GPS+ 北斗模块内置设计。测试包括传输链路测试和应用测试两部分内容。数据链路测试是在不同场景下，测试两个卫星链路开启后同时传输的链路情况。应用测试是测试生产数据和视频信号同时传输情况。

4.5.3 主要创新点

4.5.3.1 双模卫星通信技术

4.5.3.1.1 抗干扰技术

系统同时接入 iDirect 卫星系统和国产化卫星系统，两套调制解调器使用一套天线和射频系统，但不造成频率和功率的互相干扰。

4.5.3.1.2 功率平衡技术

设计使用场景为同一转发器，不同频点及带宽条件下，使用一台卫星便携站，同时进行业务小数据与应急大数据的回传应用。通过功率平衡自适应技术，根据两台调制解调器的不同业务速率，自动调整发射功率，保证两路同时通信畅通。

4.5.3.1.3 组网技术

可根据需求将便携应急通信系统、卫星车、VSAT 主站和远端站之间建立点对点或点对多点的星状网或网状网网络进行卫星传输。将前端生产数据、音视频画面及定位信息回传，确保在最短的时间内迅速完成救援工作。

4.5.3.2 定位技术

结合 GPS 和北斗的双导航定位，在结构上进行定位模块内置设计。GPS+ 北斗系统实现位置参考定位；实现了一个可以提供精准定位功能的应急通信系统。考虑应急抢险的实际情况，定位信息的回传信道选择北斗的信道。

4.5.3.3 天线和射频技术

通过射频一体化设计技术，在结构上将以往的双工器、功放、LNB 等分立器件进行一体化集成，大大缩小体积和重量。

4.5.4 技术方法及现场验证

4.5.4.1 技术方法

4.5.4.1.1 主要研究内容

（1）设备选型。

①国产卫星调制解调设备。

测试并找到满足使用参数要求的国产化的卫星调制解调设备，适用于高速率、大容量的卫星通信场景，支持多种组网方式。

②卫星天线和射频系统。

根据卫星主站情况、使用地区转发器覆盖情况、带宽等多项因素进行链路计算，进行应急通信系统的天线口径和射频设备选型。选择体积小、重量轻、自动对星、免组装的卫星天线。

③研发卫星双模一体化设备。

采集生产数据卫星网系统设备参数，结合国产调制解调设备参数，研发双模一体化设备，并设计实现同时接入不同卫星系统，只要两套卫星系统租用同一转发器，就可以实现同时接入双网，双网同时在线同时传输。双网同时传输不同类型数据，同时向不同地点传输数据的功能。研发的设备应满足低功耗性能要求。

④精准定位。

结合 GPS 和北斗的双导航定位，在结构上进行 GPS+ 北斗模块内置设计。

⑤现场测试。

测试包括传输链路测试和应用测试两部分内容。数据链路测试是在不同场景下，测试两个卫星链路开启后同时传输的链路情况。应用测试是测试生产数据和视频信号同时传输情况。

4.5.4.1.2　技术研究路线

技术路线图如图 4.5.1 所示。

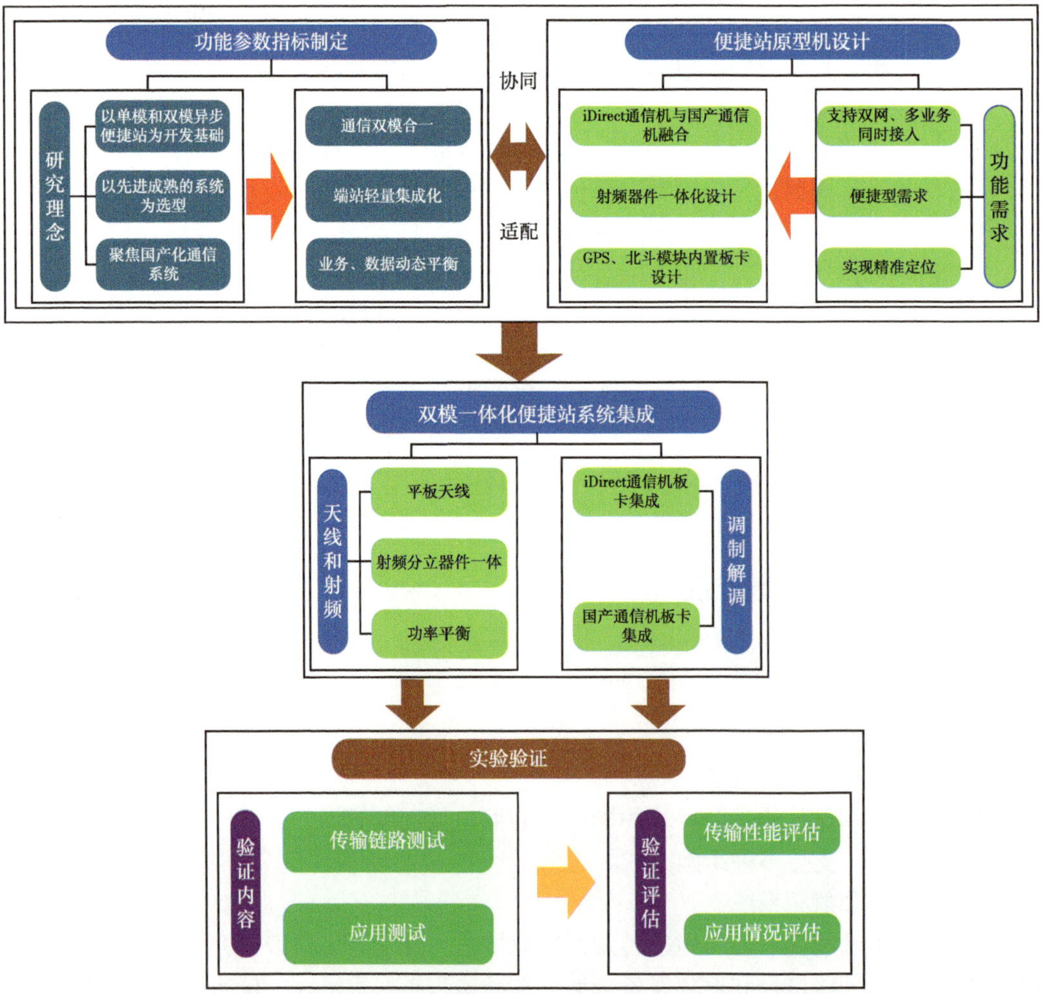

图 4.5.1　技术路线图

4.5.4.1.3 实施难点

双模卫星通信及北斗定位便携站,集成卫星调制解调板,同时通过北斗定位,可获取设备的位置信息,实现快速对星操作。本设备支持生产数据卫星系统和国产卫星系统同时通信模式,便携式卫星应急通信系统的组成框图,如图 4.5.2 所示,包含了主要的功能模块单元:

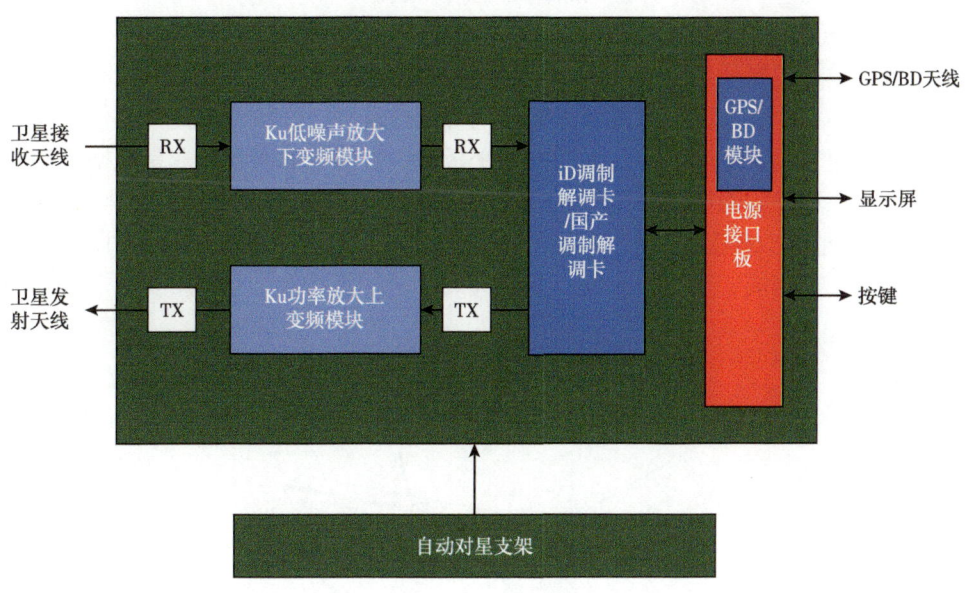

图 4.5.2　便携式应急通信系统组成框图

便携式应急通信系统集成了两块卫星调制解调板,两块调制解调板接入不同的卫星系统,支持双模通信。其中调制解调器发射的中频信号送到 Ku 功率放大变频模块,同时从 Ku 低噪声放大下变频模块接收的中频信号分别送到调制解调器进行信号的解调。Ku 低噪声放大下变频模块主要是用于通过卫星接收天线接收到的 Ku 频段(12.25~12.75GHZ)卫星信号进行低噪声放大、再下变频到调制解调器接收的中频信号(950~1450MHZ)。Ku 功率放大上变频模块主要用于将调制解调器发射的中频信号(950~1450MHZ)上变频到 Ku 频段(14~14.5GHZ)、再经过功率放大,送到发射天线发射出去。通过整个接收、发射信号的处理,实现整个卫星链路的通信。电源接口模块为整个设备系统供电,同时承载北斗 GPS 二合一定位模块、显示、按键等功能。

(1)抗干扰技术。

系统同时集成了两个卫星系统,两套调制解调器使用一套天线和射频系统,设备内部连接时,采用物理连接的方式接入调制解调器,在各器件连接时需做好信号屏蔽,部分线缆采用屏蔽线。

针对电场屏蔽中的静电屏蔽和低频交变电场屏蔽,屏蔽体采用良导体材料,靠近受保护的元器件,同时做接地工艺处理,并在接缝处做屏蔽工艺处理,保证电磁泄漏干扰降到最低,在装配面加导电衬垫,增加屏蔽效果;

针对电磁干扰的屏蔽,电缆组件及射频连接器等接插件采取屏蔽措施,采用屏蔽布包裹或者良导体屏蔽贴纸，保证双模式工作时不造成频率和功率的互相干扰。

（2）功率平衡技术。

设计使用场景为同一转发器，不同频点及带宽条件下，使用一台卫星便携站，同时进行业务小数据与应急大数据的回传应用。通过设备内部安装的合路器和分路器的自动分配功率功能，根据两台调制解调器的不同业务速率，自动调整各个系统的发射功率，同时卫星主站也会控制功率和带宽，保证两路同时通信畅通。

（3）天线、射频一体化设计。

相比传统单模卫星通信，实现了两套不同系统同时工作的功能，并且没有增加便携站设备的重量、体积，以及设备的复杂程度。同时通过北斗、GPS双模定位可快速获取位置信息，实现快速对星。整个设备的天线采用平板设计，展开和收纳也非常便捷，相对于传统抛物面天线在展开收纳过程繁琐，而且平板设备携带也非常方便。

图4.5.3为整个双模卫星定位便携站设备图，分为整机设备和设备的支撑支架，整机设备实现卫星双模集成、变频、放大、收发天线、定位等功能。支架主要用于设备的支撑和对星操作。

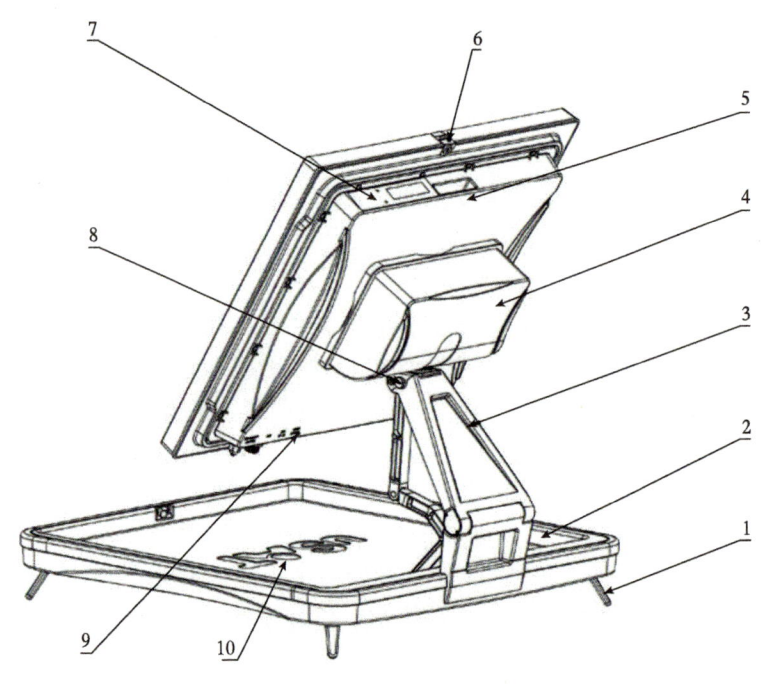

图4.5.3　便携式应急通信系统整机设备图

1—支撑脚；2—护罩；3—支撑机构；4—电机后罩；5—拉手；6—天线锁；7—OLED显示屏；8—自锁按钮；9—POWER ON/OFF按钮；10—指南针

其中北斗GPS定位模块（集成在电源接口板上）实现本地经纬度信息的获取，然后通过设备内部的微控制器计算便携站设备和目标卫星的相对位置，并通过显示屏显示本地设备的天线面需要对星的极化方式、俯仰角度、方位角度等参数，同时设备自动伺服系统实现对3个角度的调整，将整个设备的天线面对准目标卫星，便可实现卫星通信接入功能。

4.5.4.2 性能检测

样机通过中国信通院泰尔实验室检测（图 4.5.4~图 4.5.6）。

一体化双模卫星便携站
检测结果

报告编号：B22X42110　　　　　　　　　　　　　　　　第 5 页 共 8 页

序号	检测项目	单位	标准要求	检测结果		检测结论
					S1	
一、性能要求					（共9项）	
1	中频频率	MHz	不小于950~2150的范围	低频点	950	合格
				中频点	1550	
				高频点	2150	
2	射频输出频率	GHz	14~14.5	低频点	14.0	合格
				中频点	14.25	
				高频点	14.5	
3	射频输入频率	GHz	12.25~12.75	低频点	12.25	合格
				中频点	12.5	
				高频点	12.75	
4	数据速率	MB/s	最高速率≥4	4.659		合格
5	设备尺寸	m	外形最长边≤0.7	0.645		合格
6	设备重量	kg	≤20	19.2		合格
7	设备供电	—	内置电池，外设电源接口，单电池供电≥2h	符合要求		合格
8	设备开机	—	自动对星，开机准备≤5min	3′44″		合格
9	设备工作温度	—	−20~50℃范围内，可以正常开机启动	−20℃	符合要求	合格
				50℃	符合要求	
二、防护要求					（共1项）	
10	防护等级	—	按GB/T 4208—2017中IP6X等级第一种类型要求进行防尘试验，试验后壳内无明显的灰尘沉积。	符合要求		合格
			按GB/T 4208—2017中IPX6等级要求进行防水试验，试验后不影响设备的正常操作或破坏安全性。	符合要求		
备注：（1）第4项，使用调制解调器直连测试。 （2）第6项，测试结果为无内置电池的整机重量。 （3）第5-8项未经过CNAS认可。						

图 4.5.4　检测结果

一体化双模卫星便携站
检测用仪表设备

报告编号：B22X42110　　　　　　　　　　　　　　　　第 6 页 共 8 页

序号	仪表名称	型号	生产厂家	出厂编号	校准有效期
1	信号发生器	SMW200A	R&S	105787	2023年04月13日
2	频谱分析仪	FSQ26	R&S	200354	2023年04月13日
3	吞吐量测试软件	IxChariot	IXIA	IxChariot-1786	2025年01月15日
4	电子秒表	PC100B	天福	8452365	2023年05月07日
5	电子台秤	TCS-150	酷贝	127226	2025年05月25日
6	钢直尺	GWR10051	—		2025年08月12日
7	高低温箱	ETHV-720-70-6H	巨孚苏轼	MES0805-001	2023年03月31日
8	耐尘试验机	GSDT-7200-F	巨孚仪器	MAP804-001	2023年07月30日
9	玻璃转子流量计	(100~1000) L/h	浙江余姚	—	2023年10月10日
10	试验指	BND-A/B/C/D	博纳德	BND20140728-01\BND20140526-(02\03)\BND20140725-04	2024年02月18日

图 4.5.5　检测用仪表设备

一体化双模卫星便携站
检测条件/环境及其他

报告编号：B22X42110　　　　　　　　　　　　　　　　第 7 页 共 8 页

在测试过程中，常温测试条件应在下列限值范围内：

环境温度	15~35℃
相对湿度	25%~75%
大气压力	86~106kPa

图 4.5.6　检测条件/环境及其他内容

4.5.4.3　现场测试

4.5.4.3.1　链路测试

测试地点：楼顶测试区，无遮挡。

天气：晴。

使用卫星：亚洲七号（105.5°E）。

卫星参数：信标（12749.3H）。

使用调制解调器：凯瑞德（SM-8002TF）、iDirect 5300。

产品测试环境如图 4.5.7 所示。

测试过程：

主站发射功率：12dB（主站日常发射功率 9dB）；

iDirect 信息速率上下行各 1.5MB/s，凯瑞德信息速率上下行各 500kB/s；

5300 接收 E_b/N_0=6.7dB；

凯瑞德猫接收 E_b/N_0=6.5dB；

双网锁定，传输正常，无丢包（图 4.5.8）。

图 4.5.7　产品测试环境

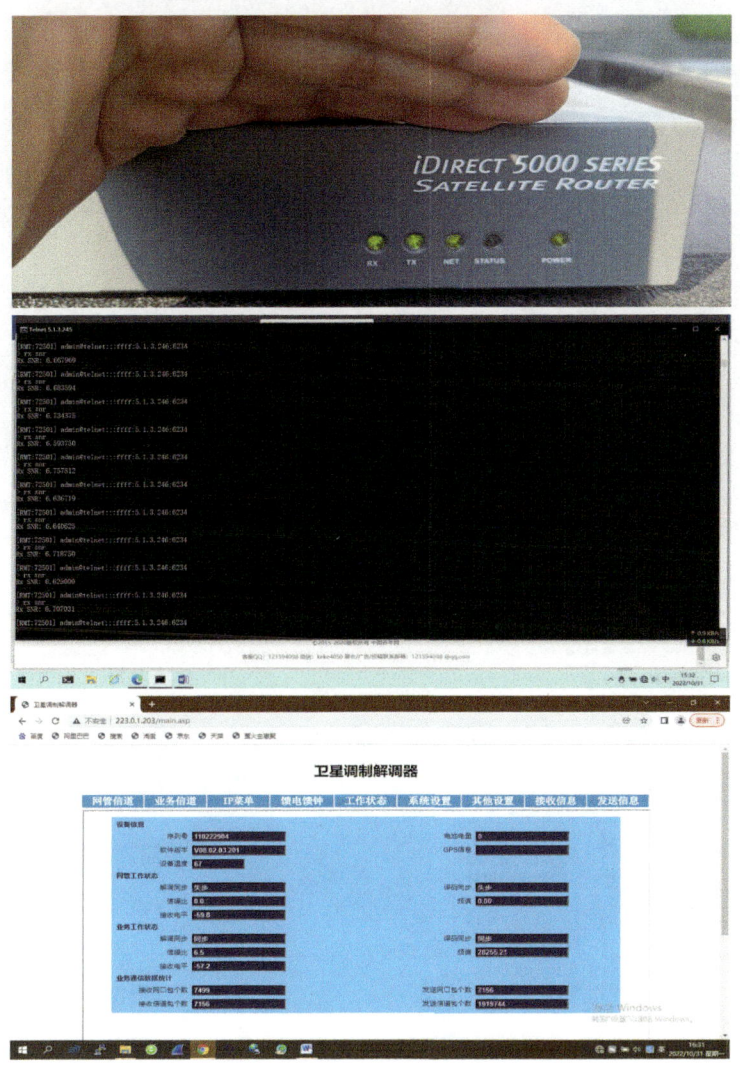

图 4.5.8　主站发射功率为 12dB 时的软件界面

主站发射功率：11dB；

iDirect 信息速率上下行各 1.5MB/s，凯瑞德信息速率上下行各 500kB/s；

5300 接收 E_b/N_0=5.4dB；

凯瑞德猫接收 E_b/N_0=6.2dB；

双网锁定，传输正常，无丢包（图 4.5.9）。

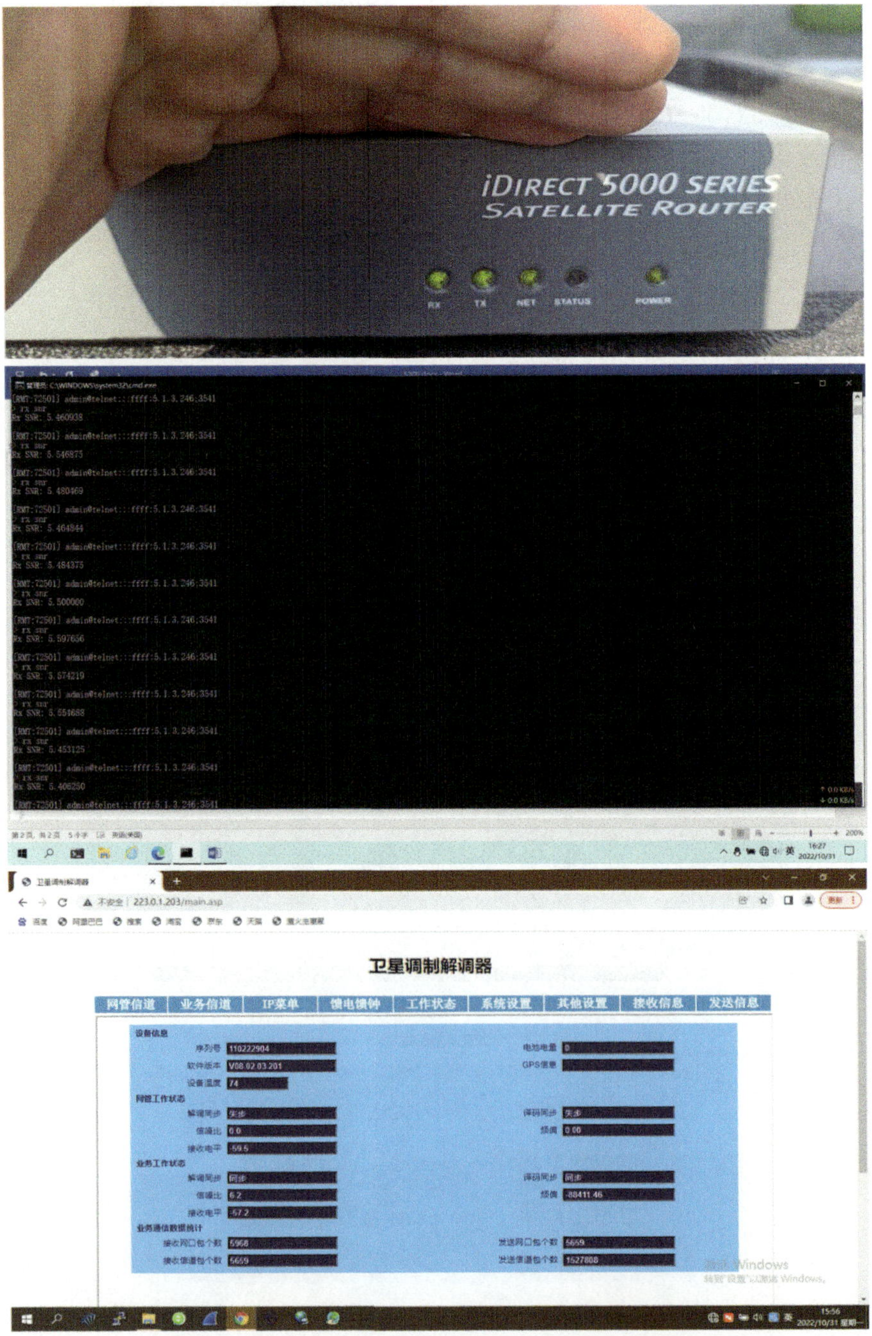

图 4.5.9　主站发射功率为 11dB 时的软件界面

4.5.4.3.2 山地测试

测试地点：永唐秦 15# 阀室。

天气：晴。

使用卫星：亚洲七号（105.5°E）。

卫星参数：信标（12749.3H）。

使用调制解调器：凯瑞德（SM-8002TF）、iDirect 5300。

产品测试环境如图 4.5.10 所示。

图 4.5.10　产品测试环境

测试过程：

主站发射功率：-5dB；

iDirect 信息速率上下行各 1.5MB/s，凯瑞德信息速率上下行各 1MB/s；

5300 接收 E_b/N_0=6.3dB；

凯瑞德猫接收 E_b/N_0=6.1dB；

双网锁定，传输正常，视频通话流畅，无丢包，北斗定位锁定正常（图 4.5.11）。

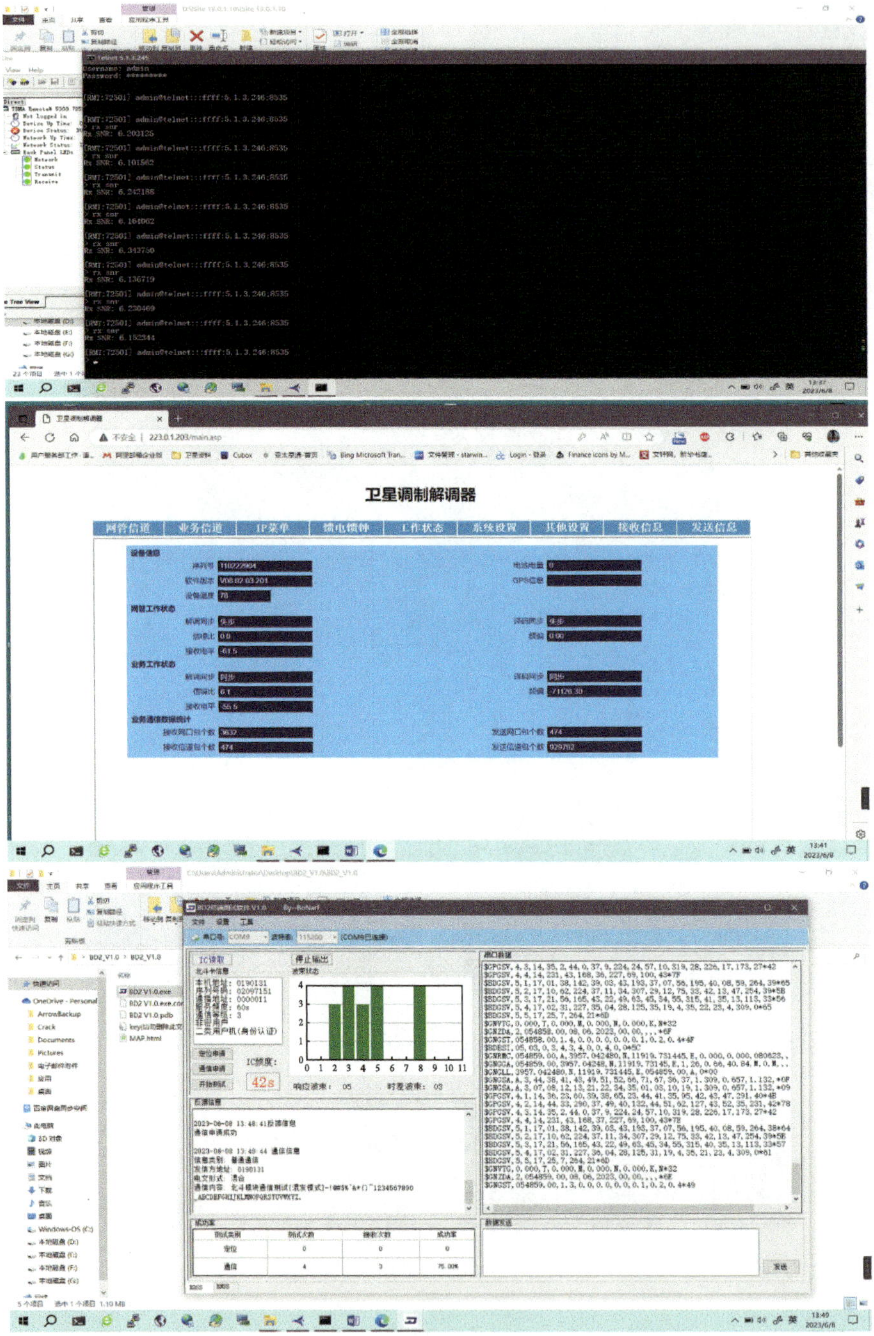

图 4.5.11　主站发射功率为 −5dB 时的软件界面

4.5.4.3.3　水域测试

测试地点：唐山 LNG 1# 阀室。

天气：晴。

使用卫星：亚洲七号（105.5°E）。

卫星参数：信标（12749.3H）。
使用调制解调器：凯瑞德（SM-8002TF）、iDirect 5300。
产品测试环境如图 4.5.12 所示。

图 4.5.12　产品测试环境

测试过程：
主站发射功率：-5dB；
iDirect 信息速率上下行各 1.5MB/s，凯瑞德信息速率上下行各 1000kB/s；
5300 接收 E_b/N_0=6.4 dB；
凯瑞德猫接收 E_b/N_0=6.5dB；
双网锁定，传输正常视频通话流畅，无丢包，北斗定位锁定正常（图 4.5.13）。

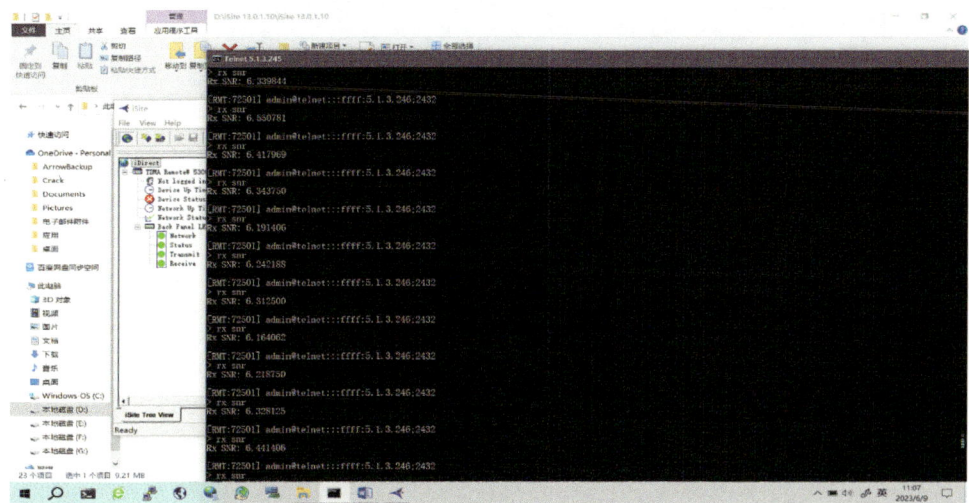

图 4.5.13　主站发射功率为 -5dB 时的软件界面

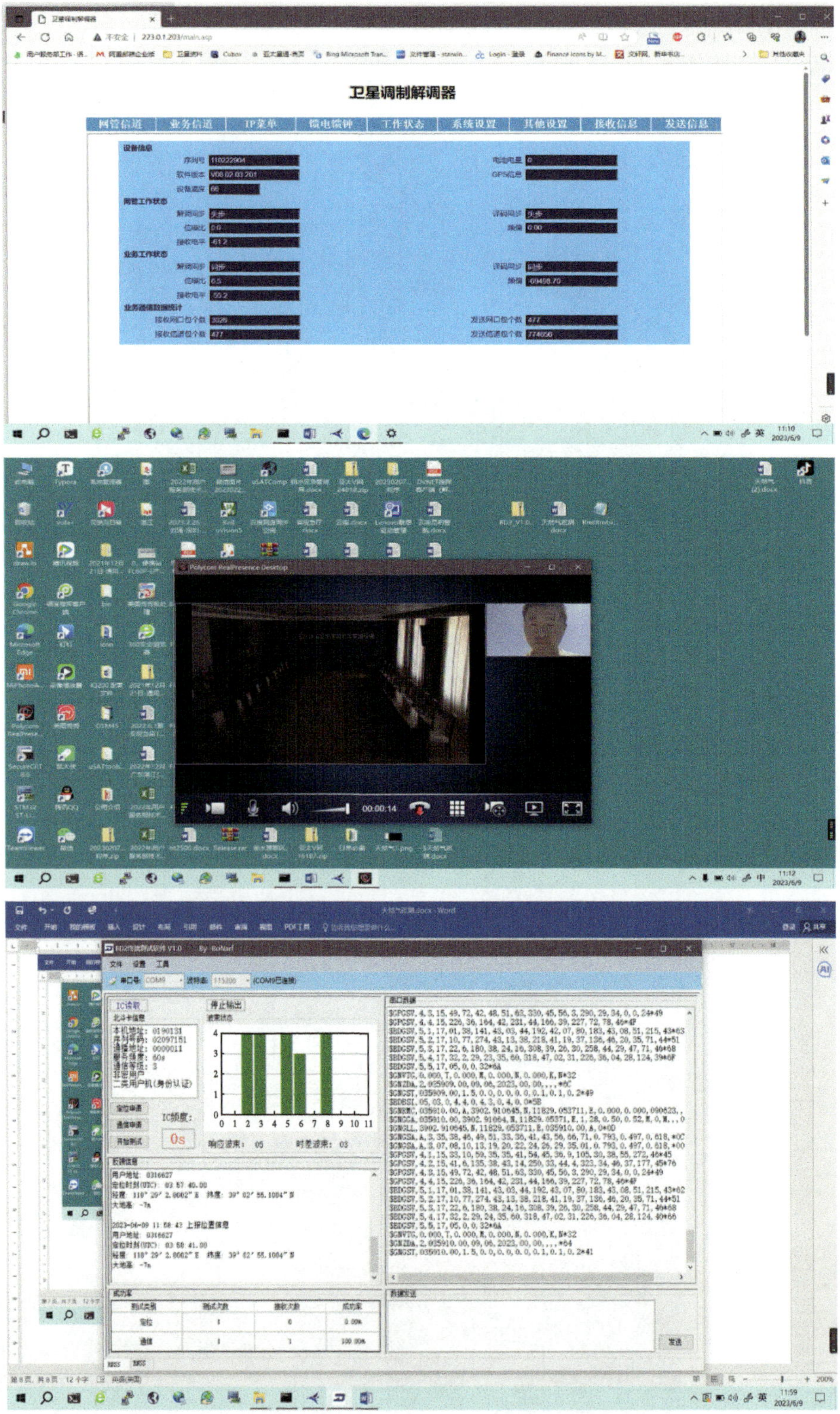

图 4.5.13　主站发射功率为 -5dB 时的软件界面（续）

4.5.4.3.4 平原测试

测试地点：唐山站。

天气：晴使用卫星：亚洲七号（105.5°E）。

卫星参数：信标（12749.3H）。

使用调制解调器：凯瑞德（SM-8002TF）、iDirect 5300。

产品测试环境如图4.5.14所示。

图 4.5.14　产品测试环境

测试过程：

主站发射功率：-5dB；

iDirect信息速率上下行各1.5MB/s，凯瑞德信息速率上下行各1000kB/s；

5300接收 E_b/N_0=5.9dB；

凯瑞德猫接收 E_b/N_0=5.8dB；

双网锁定，传输正常视频通话流畅，无丢包，北斗定位锁定正常（图4.5.15）。

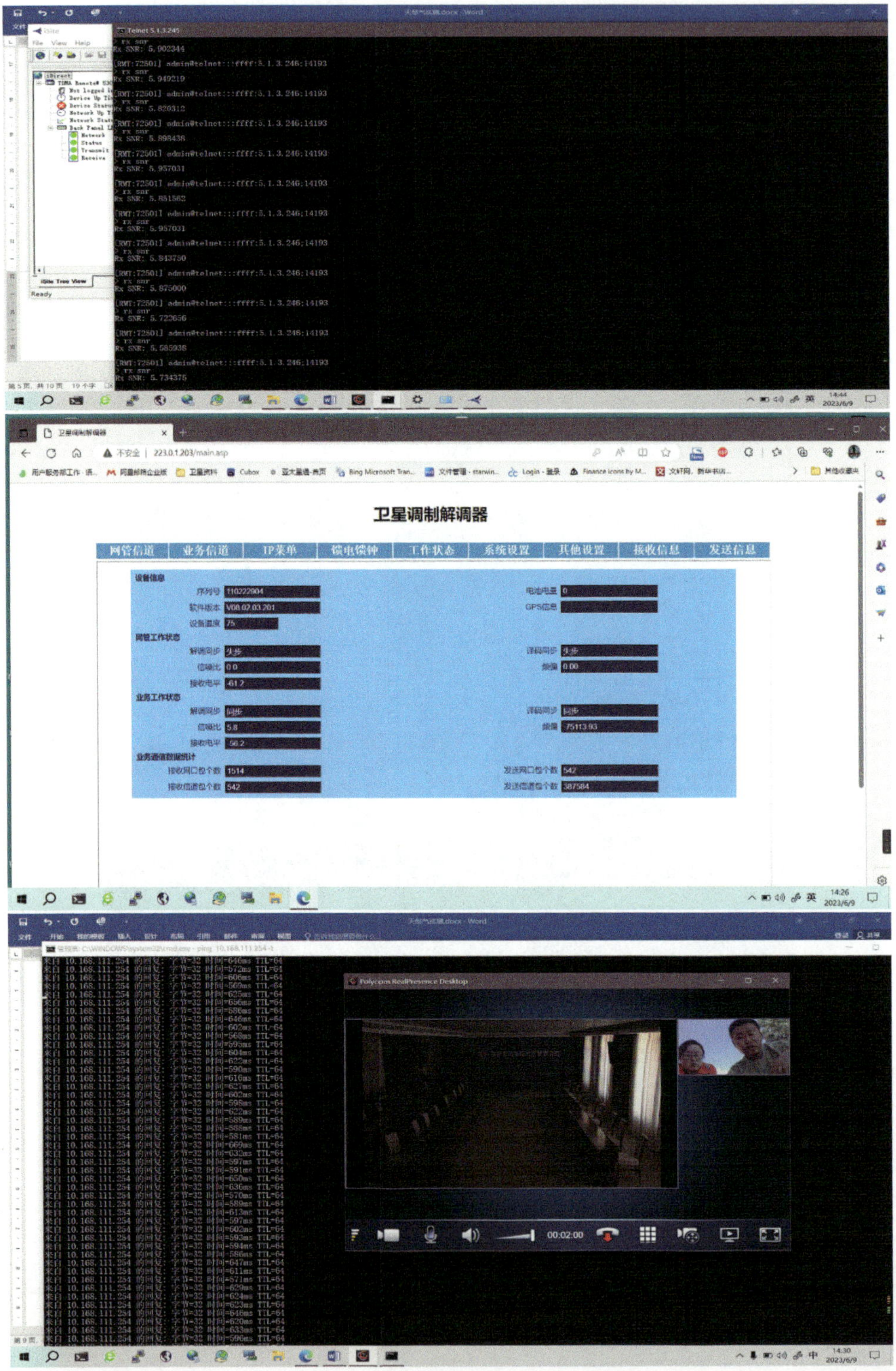

图 4.5.15　主站发射功率为 -5dB 时的软件界面

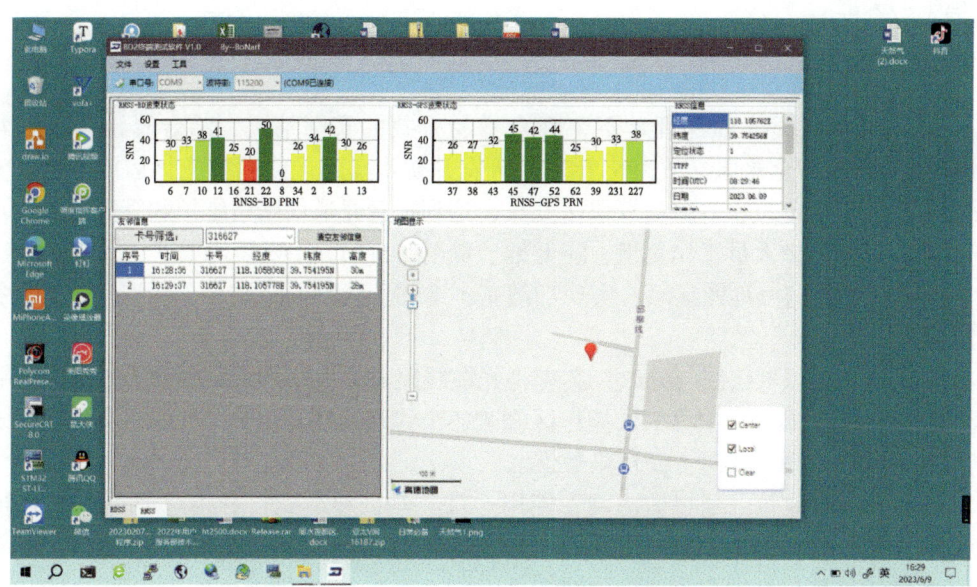

图 4.5.15　主站发射功率为 −5dB 时的软件界面（续）

4.5.5　应用效果

该应急双网双待卫星通信技术对公司应急抢险救援中的通信的痛点问题提供了解决方案，并设计了一套新的便携式应急通信系统，能够实现卫星调制解调器双模一体化，实现同时接入不同卫星系统，同时传输不同类型数据，同时向不同地点传输数据的功能。

本系统可实现现场的生产数据和视频数据的快速接入，实现抢险人员定位，实现单兵背负和一键开机对星。可提高应急响应能力，有效解决事故现场信息采集和传输的"最后一公里"通信瓶颈问题，在应急抢险中具有很强的实用性和推广价值。

4.6　光缆网智能运维平台

4.6.1　技术背景

随着社会需求的增加，光缆网络规模持续扩大，截至 2021 年 6 月末，全国光缆线路总长度达到 $5352×10^4$ km，其中长途光缆线路长度为 $114.8×10^4$ km。随之而来的是光缆线路维护工作难度的日益加大。

管道光缆的建设依托于输油气管道的建设，大多采用同沟敷设的方式，由于基建施工和自然条件等外力作用，以及光纤的老化等内在原因，相对于光通信设备的高可靠性，光缆的中断，是造成管道光通信系统故障的主要因素。

输油气管道多处于偏远地区，地质情况复杂，光缆维护难度较大。中继段长、施工不规范、基础数据不准确等问题，造成了发生中断后，断点寻找一直是故障处理中最困难也是最耗时的一环。因此，如何快速准确的定位光缆中断的地理位置是光缆运维甚至光通信网络运维的关键。

4.6.2 技术简介

该技术针对管道光缆深埋地下、断点不易查找的实际情况，结合算法模型、华为 NCE 监测系统，结合永唐秦线路化管理，研发并初步搭建光缆网智能化运维平台，实现光纤断点快速精准定位、告警信息快速发布，达到提升光通信网络维护和管理效率，压缩故障历时，减轻维护人员工作负担，降低维护费用的目的。主要模块如下：

（1）光纤运行监测地图显示：实现加载基本地图、线路图、站点、标识桩、告警提示等功能。

（2）线路、标识桩绘制与修改：实现将光缆线路具体走向及线路上站点位置、标识桩位置绘制地图上；实现在主界面的操作区修改各个线路的站点位置与标识桩经纬度及光缆长度信息，并在地图上实时更新渲染数据。

（3）断纤位置定位：通过监测网管使用 OTDR 功能检测到自身相对于断点的距离后，将距离数据返回给数据库，服务端结合断点的距离数据，通过计算公式得出断点的标识桩地理信息并以线路标红的方式渲染到地图上。

（4）自动推送：发生断纤告警时，自动生成告警位置信息结合短信系统，依据故障级别机制发送至各业务流程中相关角色。

4.6.3 主要创新点

断纤位置定位技术是基于 OTDR 是快速定位光纤断点距离信息，它采用背向散射技术能够较准确地测试光纤长度和衰耗值。由于光纤长度与实际光缆地理位置存在误差，需要得到具体的光纤长度、断纤位置及经纬度坐标信息等，经过复杂的运算处理可得到断纤的实际地理位置信息。该技术的创新点体现如下：

（1）依据在线地图资源与 OTDR 断纤长度距离、经纬度等信息，实现断纤位置精准定位，并通过地图展示实际的地理位置信息；

（2）建立自动触发断纤告警下发通道，实时将发生的断纤位置信息发送至相关维抢修人员及领导。

4.6.4 技术方法及现场验证

4.6.4.1 技术方法

本次以一条天然气管道为研究对象，对光纤光缆发生断纤时，尝试通过算法及移动互联网技术手段，快速识别光缆断裂实际地理位置，通过系统应用功能快速反馈。本次研究对象的光缆与管道本体同沟敷设，在接续处设有光缆标识桩。

4.6.4.1.1 基本思路

首先完成收集管道光缆的相对长度、标识桩、标识桩距离、盘留位置及盘留长度等资源信息的工作，以作为后续计算的数据基础。

发生断缆后，对光纤线路断纤位置进行实时运算实现光缆线路故障位置精准定位，确定故障点，具体操作过程为：

首先，需要采用粗略定位方式，将断点定位在某两个标识桩之间：

根据 OTDR 测试曲线，找到每个光缆连接站点的位置，以及该接头点到 A、B 端站的光纤长度，将纤长数据保存在光纤资源数据库中；

发生光纤断纤后，首先到自动启动 OTDR 测试断点位置，获得断纤点距某一端的光纤长度；

利用光缆接头到 A、B 端站的实际距离表，根据断点长度，实现粗定位，定位断点在某两个站点之间。随后，采用精细定位方式，将断点精确定位在某两个标石桩之间：

用断点长度减去近端光缆接头点到机房的距离，得到断点距近端光缆接头点的距离；

然后利用标识桩 GPS 坐标点，累计地面长度，最终计算出断点在某两个标识桩之间，实现精确定位。

4.6.4.1.2 具体算法实现方式

（1）需要补充完整光纤线路的数据，即线路名称、站点（阀室）、桩的名称走向及经纬度信息和桩到桩的光纤距离信息表 4.6.1。

表 4.6.1 距离信息

序号	所属线路	标桩号	经纬度	标定值（m）
1	A 站—B 站	XXX1	110.528919 32.302574	325
2	A 站—B 站	XXX2	110.530860 32.306282	200

（2）需要 OTDR 设备确定断纤位置的里程及方向信息，如 A 站发送 B 站方向，500m 处断纤。

（3）根据断纤的站点方向和里程信息计算断点位于哪两个桩之间，并计算出具体的经纬度。

$$\sum_{i=1}^{n} d_i \leqslant D \leqslant \sum_{i=1}^{n+1} d_i$$

其中，d_i 为桩与桩之间的光纤距离；D 为 OTDR 设备返回的断纤距离数据，经过计算即可得出断点所属的起始桩和结束桩，通过查询基础数据，可以得到两个桩的经纬度：(A_x, A_y) 和 (B_x, B_y)（A 表示起始桩，B 表示结束桩，x 表示经度，y 表示维度）。(W_x, W_y) 表示断点位置的经纬度。

$$\frac{A_y - B_y}{A_x - B_x} = \frac{W_y - A_y}{W_x - A_x}$$

$D - \sum_{i=1}^{n} d_i$ 得到断点距离开始桩的距离为 D_n。

$$D_n = \sqrt{(W_x - A_x)^2 + (W_y - A_y)^2}$$

由上面两个公式计算可以得出断点所在的经纬度。

（4）抢修人员到现场后，会上报一个真实的故障经纬度（C_x，C_y），根据真实经纬度和预测的经纬度计算两点之间的距离差值 Z，判断实际断点位置在计算得出位置的上游还是下游，从而判断实际桩之间的标定值大于实际值还是小于实际值，进而减小或增加系统中的距离。

（5）假设误差在阀室和桩之间是均匀的，则有，每米的误差距离用 x 表示，其中加减号由第四步判断得知。

$$x=Z/D\pm Z$$

由此计算得出 x，然后更新系统桩距表。确保下一次计算实际距离更为精确，如图 4.6.1 所示。

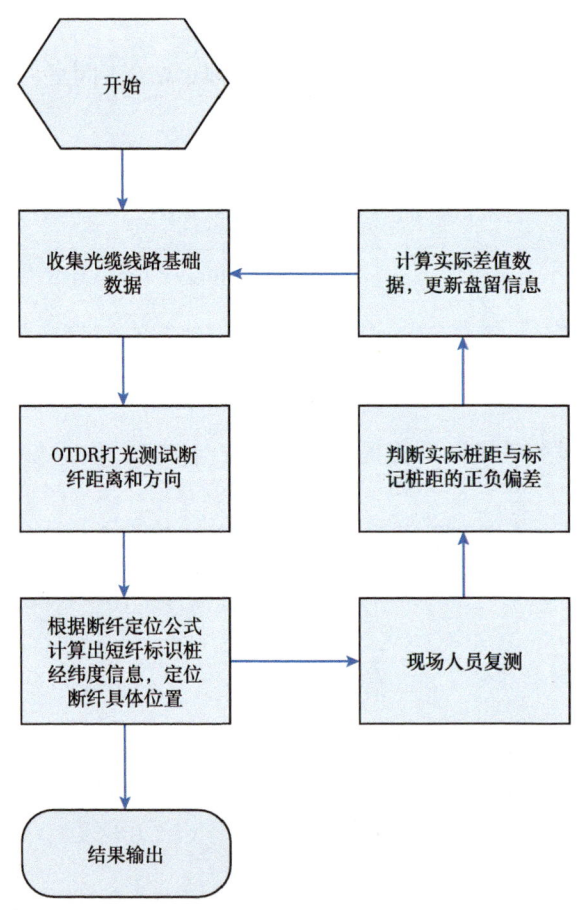

图 4.6.1　计算实际距离的步骤

4.6.4.2　现场验证

为了保障系统功能稳定性及故障断纤位置的计算的准确性，选择永唐秦线路中继段现场作业，来验证运维平台断纤告警上报信息准确。

4.6.4.2.1　永唐秦线：宝坻 –6 号阀室

现场断纤位置距离为宝坻站断纤点 20km 处，平台上报断纤位置信息 6 号阀室至 2 号阀室 22.8km 断纤，标识桩为 YQ0399 至 YQ0402 处（图 4.6.2）。

图 4.6.2　运维平台上报第一次告警信息

本次验证平台上报断纤位置信息与现场误差 2km，存在标识桩数据未参与计算，导致误差较大，因此调整具有自动打光判断断纤距离功能的站点下所属标识桩数据。

4.6.4.2.2　永唐秦线：迁安到唐山中继段和迁安到 10 号阀室中继段

现场断纤位置距离为 YQ742-100m。预计断点到迁安站 24.019km，实测断纤距离 10 号阀室 19.0025km，如图 4.6.3 所示。

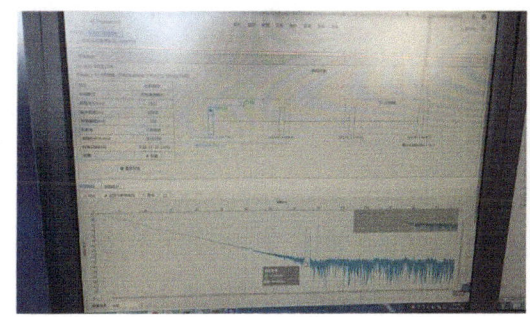 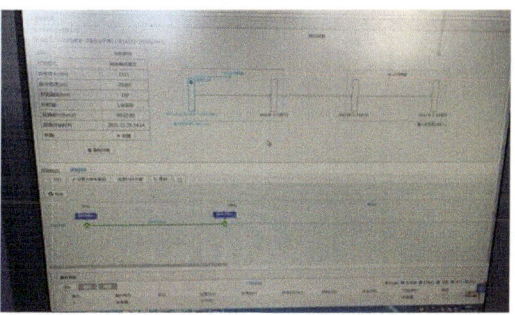

图 4.6.3　实际测试断纤距离

平台上报断纤 75-10 号阀室 发 76-13 号阀室 19002.5m，位置：11# 阀室东 400m，位于 YQ0741 桩与 YQ0743 桩之间，距离 YQ0743 桩 172.50m 处断纤，如图 4.6.4 所示。

本轮验证站点断纤距离上报准确，并控制误差在 300m 内。

本次根据现场光纤割接工作，对第一轮的测试工作进行复盘，并及时进行算法优化和功能提升。再进行第二轮验证时，保障误差存在合理范围值内。该技术是基于故障数据量增加不断进行算法优化，不断提升断纤位置准确率计算。

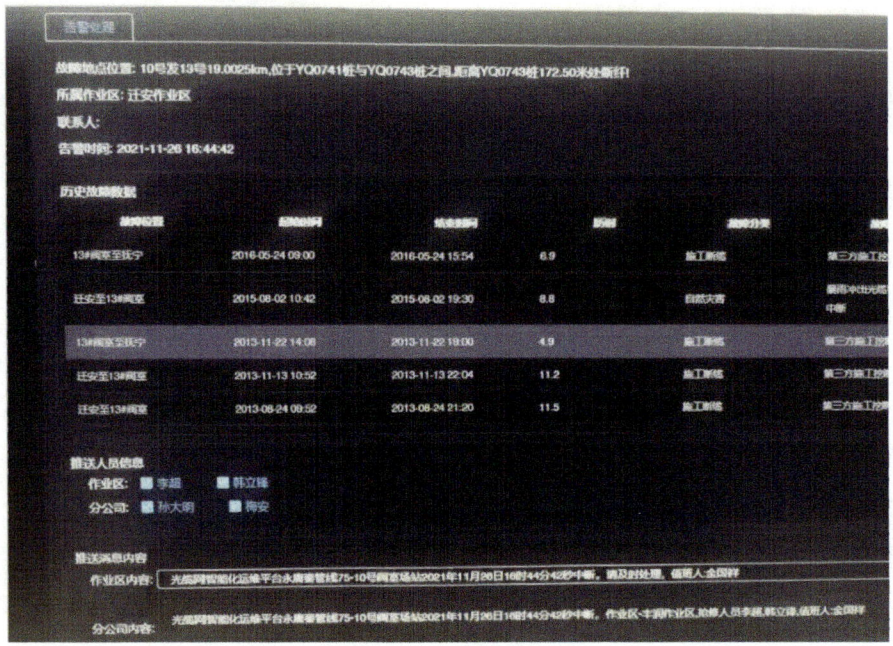

图 4.6.4 运维平台上报第二次告警信息

4.6.5 应用效果

该技术主要通过算法与地图结合上报断纤位置提示以及实际现场管道切割工作行了检测与验证，本次结果很好地表征了结果，断纤距离正确的上报及地理位置信息定位，实现了断纤的告警、通知、抢修等状态可视。

本技术也大大缩短析缆抢险时间，预计单次断统抢险时间可缩短 1h，后期如需扩大监管范围，仅需在光端机增加对应探则板卡并对基础数据进行整理录入，建设成本低工作量小、建设时间短。系统可广泛应用于光缆网运维和抢险中，提高光缆的运维效率，降低运维成本，具有很高的推广价值。

4.7 智能站场综合安防平台研究

4.7.1 技术背景

随着油气管道无人化、少人化站场建设和运营力度加大，油气站场安防管理的问题逐渐凸显：目前站场一般建设多套安防及监测系统，各自独立运行，功能实现各自分工，没有统一平台，无法实现统一监测；另外，各系统没有统一的数据库，无法在内部实现信息共享及系统数据的统一管理与维护；第三，系统联动多局限于硬件联动，实施与维护的复杂度较高。现有安防系统的网络结构和运营方式已不能满足生产和管理要求。

近年来，管道智慧站场数字化、网络化、智慧化技术快速发展，物联网、大数据、边缘计算技术使多维数据采集、分析监测预警、共享应用等功能得以实现。基于神经网络的深度学习计算方法，使图像识别能力得以显著提升。三维空间与视频融合技术使"全站一张图"得以完整呈现。技术的发展为站场数字化和安全需求提供了更为高效均衡的工具支撑。

4.7.2 技术简介

智能场站综合安防平台利用物联网、大数据、人工智能、边缘计算、虚拟现实等前沿技术，从管道行业风险控制和安全管理的实际需求出发，基于三维空间与视频融合技术，将不同专业、不同地点、不同行为、不同组织、不同事件的安防预警管理集成于一个平台，打通数据孤岛，实现"全站一张图"综合管理应用。深化融合站场现有安防子系统以及信息系统数据集成，具备快速站场环境感知、实时监测、监测预警、联动处置、智能远程巡检、统计评估这六种新型能力，实现油气管道站场安全管理、应急管理等多个场景应用。

通过智能站场综合安防平台技术汇聚了各子系统信息，以地理信息系统和视讯业务为融合基座，管控站场事务，开放共享创新协作机制；无缝集成工业电视监控、周界入侵报警、出入口控制系统、防爆扩音系统、云台扫描激光气体泄露监测系统、人员定位系统、室内火灾报警系统以及对接远维火气报警数据，实现各子系统数据统一接入、统一展示、统一管理、统一配置、统一运维，实现数据整合和多维度分析。把站场安防由依靠"人的主观管理"升级为"技术的智能管理"。为持续提升管道行业保障能源安全、高质量发展、科技创新、降低成本、减员增效等方面能效特性。促进集团的数字化转型升级、高质量发展，全面提升企业的可持续发展能力。

4.7.3 主要创新点

4.7.3.1 三维建模数字孪生

利用站场无人机航拍倾斜摄影航拍数字化三维建模交付成果、通过物联网技术、人工智能、视频融合等技术，利用时间、空间与信息融合建模集成实现整个场站的全景监控、实时感知、自动预警、一体化管理，更加直观、易操作，为应急辅助决策提供依据（图 4.7.1）。

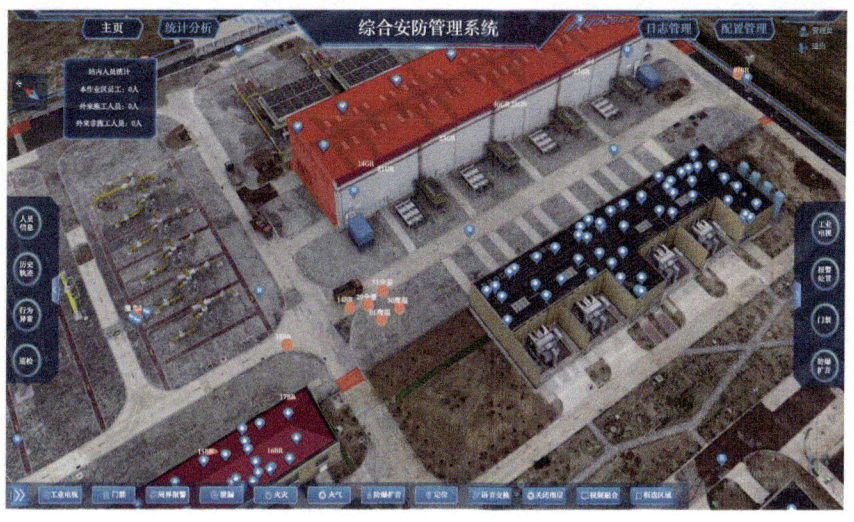

图 4.7.1　三维建模图像

4.7.3.2 视频融合技术

结合三维建模技术、机器视觉、人工智能、视频编解码、视频拼接，视频贴合等相关领域的算法技术，配合视频调整、正畸，实现视频在虚实场景中融合、监控可视化、周界报警联动、漫游可视巡查等功能，并应支持显示工业物联数据感知、告警和定位数据，为其业务应用场景提供支撑。支持将视频监控系统与三维模型融合，视频与三维地理信息场景配准，实现"全站一张图"可视化管理。

4.7.3.3 物联网数据采集边缘计算

建设统一数字化平台底座，实现基础数据、静态信息数据、动态信息数据、工业电视监控、周界报警、门禁管控、人员管理、人员定位、火灾消防、火气告警、激光云台气体泄漏监测各类数据集成构建统一的数据仓库，为后续数据应用提供支撑，同时通过综合安防平台整合站内各系统开发新应用，形成统一站场门户。

4.7.3.4 智能远程巡检

以三维地图模型为载体，支持采用固定视频计划任务远程巡检，发现故障上报并记录及查询功能。支持人员持定位卡现场巡检等多种方式。支持巡检统计分析考核管理。

4.7.4 技术方法

4.7.4.1 技术路线

智能站场综合安防平台接入工业电视、出入口管理、周界入侵防范、防爆扩音、人员管理、火灾报警、压缩机房火气报警、站场泄漏激光云台、防爆扩音、人员定位、访客等十多个子系统。将系统数据进行整合，同时通过视频融合技术打造全站一张图，实现统一平台管理。在此基础上，依次搭建涉及汇聚数据使用的时序数据采集与汇聚总线子系统，用于承载各类信息和事件的时空间数据与视频融合子系统，承载站场巡检、运维、检修、演练等工作事务的场景化站场事务管理子系统，最终形成用于人机交互的智能站场综合安防系统（图 4.7.2）。

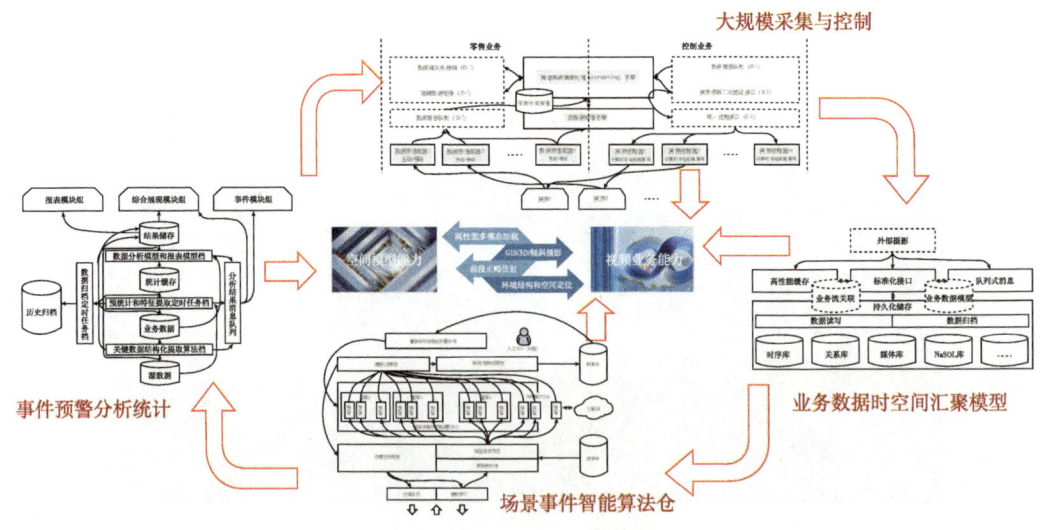

图 4.7.2 技术路线图

4.7.4.2 网络架构

智能站场综合安防平台网络分为指挥调度中心、管理处/作业区、站场端三级管理架构（图 4.7.3）。

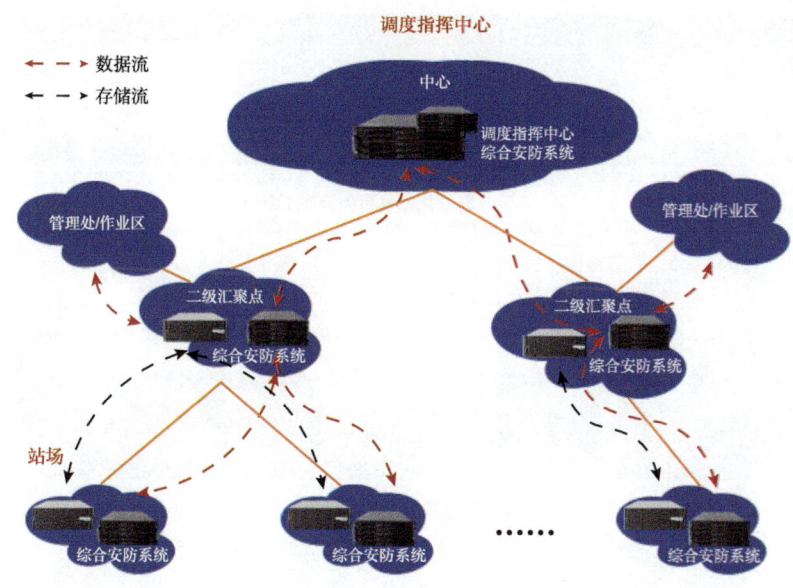

图 4.7.3　网络架构图

其中，第一层级为指挥调度中心，主要承担统计应用的职责：负责进行管理功能、权限分配、调度指挥；多级资源协同查看，一体化指挥应用。

第二层级为管理处/作业区，主要承担二级转发存储、视频智能分析的职责：负责实现二级存储、辖区管理和查看；辖区统计分析和报警联动；实现视频智能分析功能。

第三层级为站场端，负责系统接入的职责：负责多维数据采集，环境安全类系统整合接入；视频融合和三模建模、一张图快速管理；

重要事件级联上报（图 4.7.4）。

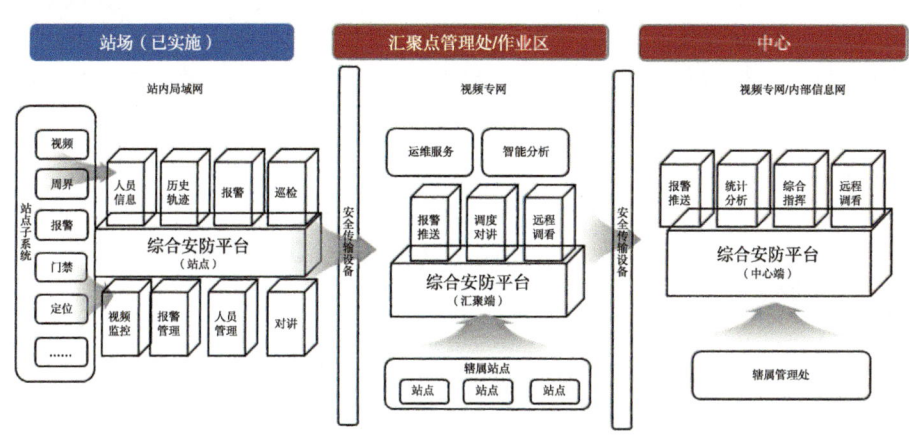

图 4.7.4　多级联网架构图

4.7.4.3 技术架构

智能站场综合安防平台整体包括五层架构：设备层、数据采集层、计算层、数据挖掘共享层、应用层（图4.7.5）。

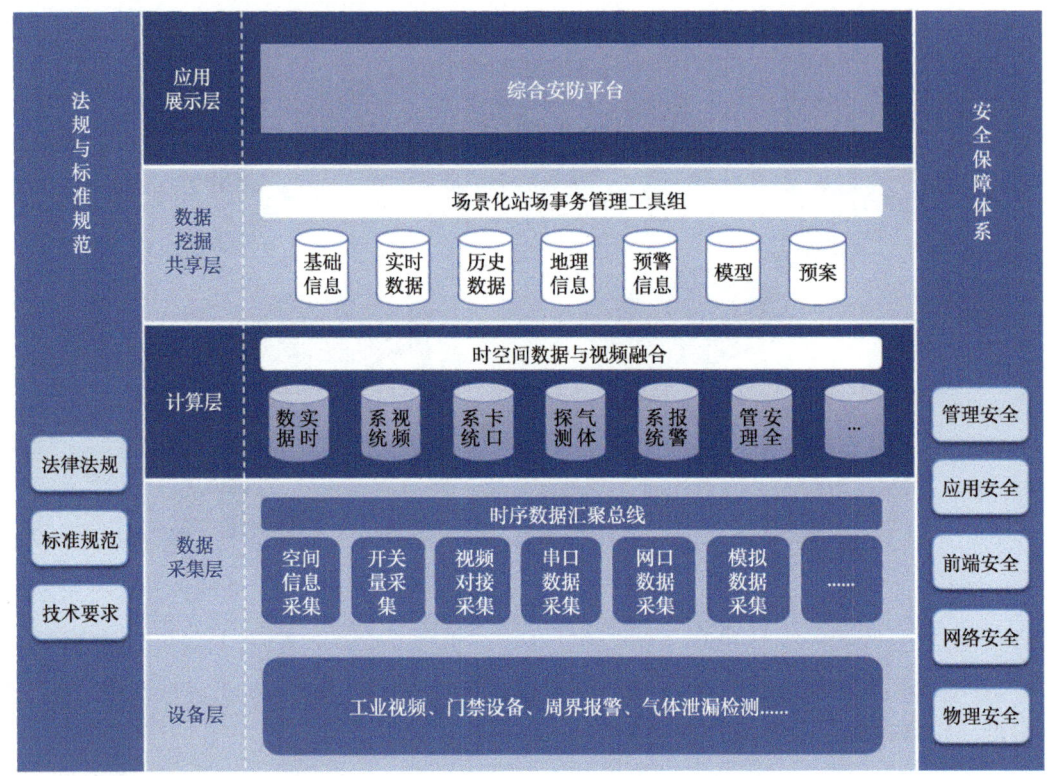

图4.7.5 平台技术架构

设备层：包括工业视频、门禁系统、周界入侵报警、火气报警、火灾报警、泄漏报警、防爆扩音以及访客系统、人员定位系统等。

数据采集层：包括空间信息采集、开关量信息采集、视频采集、串口数据采集、网口数据采集、模拟数据采集等。

数据挖掘共享层：包括基础数据、实时数据、历史数据、地理信息、预警信息、模型、预案等。

4.7.4.4 子系统组成

平台将工业电视、出入口管理、周界入侵防范、防爆扩音、人员管理、火灾报警、压缩机房火气报警、站场泄漏激光云台、防爆扩音、人员定位、访客等十多个子系统进行整合，打造全站一张图，再实现多站区域画汇聚。

在此基础上，依次搭建涉及汇聚数据使用的时序数据采集与汇聚总线子系统，用于承载各类信息和事件的时空数据与视频融合子系统，承载站场巡检、运维、检修、演练等工作事务的场景化站场事务管理子系统，最终形成用于人机交互的智慧站场综合安防系统（图4.7.6）。

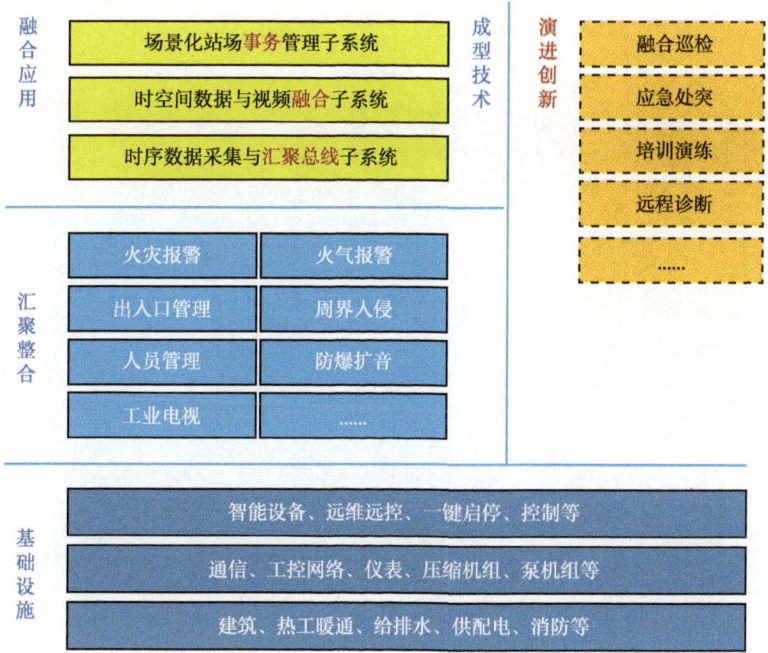

图 4.7.6　子系统组成

4.7.5　现场验证

4.7.5.1　平台展示

智能站场综合安防平台成功试点托克托等站场。融合站场现有安防子系统以及信息系统数据集成，具备快速站场环境感知、实时监测、超前预警、联动处置、智能远程巡检、统计评估这六种新型能力（图 4.7.7~图 4.7.9）。

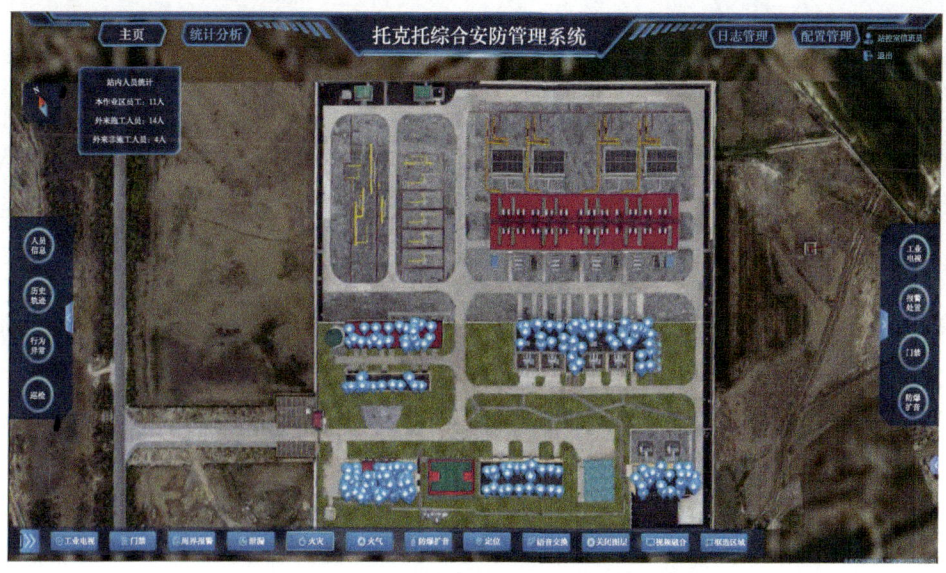

图 4.7.7　托克托站场综合安防管理系统

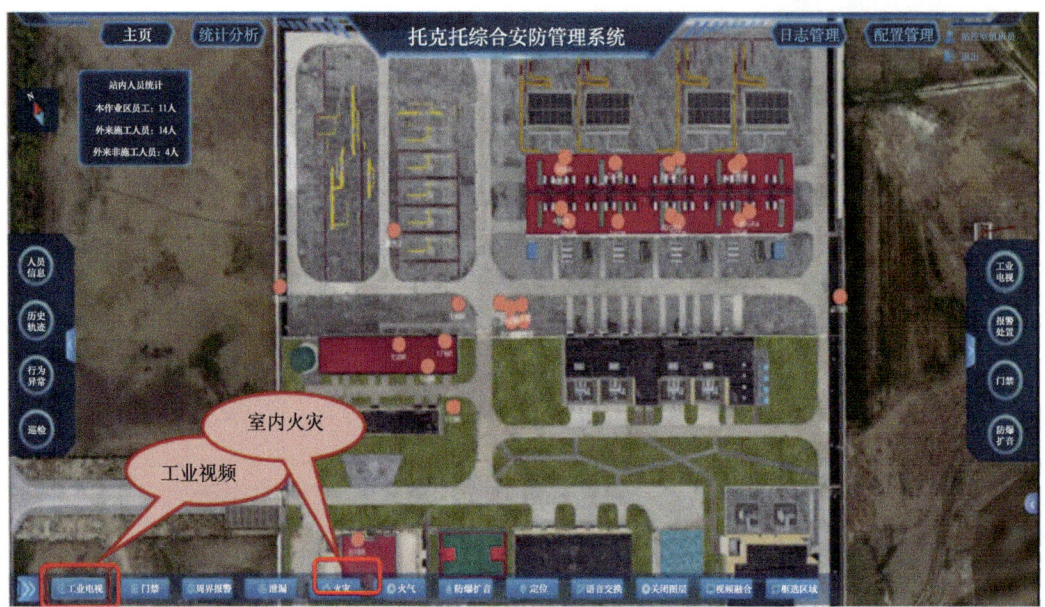

图 4.7.8　平台环境感知功能展示

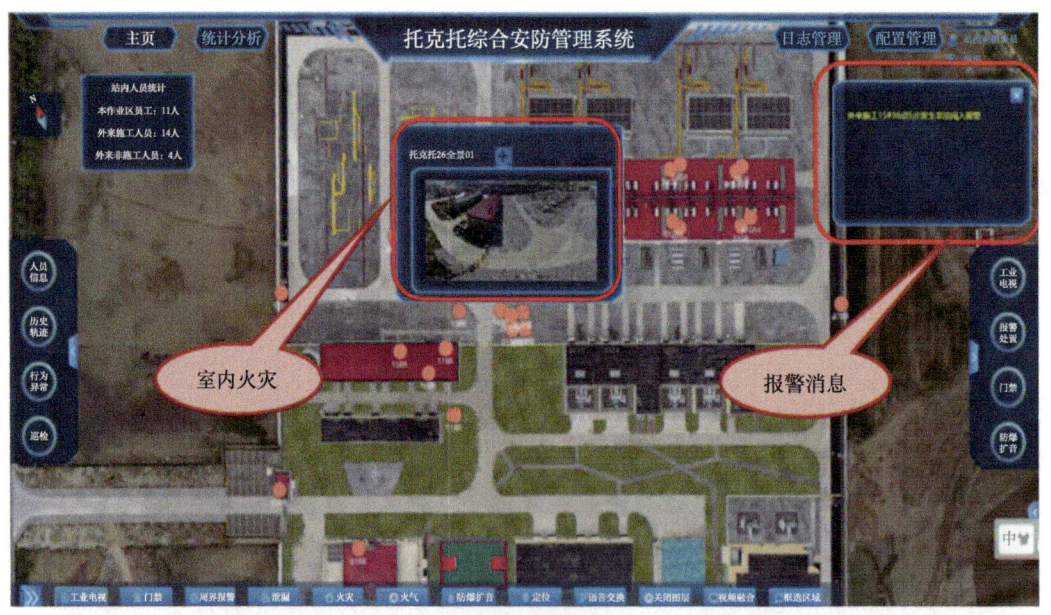

图 4.7.9　平台报警联动功能展示

4.7.5.2　工程实现

智能站场综合安防平台新增管理服务器、流媒体服务器、采集服务器，接入各子系统。平台提供统一的数据共享 web-API 接口以及包括 SDK 接口、GB/T28181 接口以及提供 HLS/FLV/RTSP 视频流转码服务接口（图 4.7.10）。

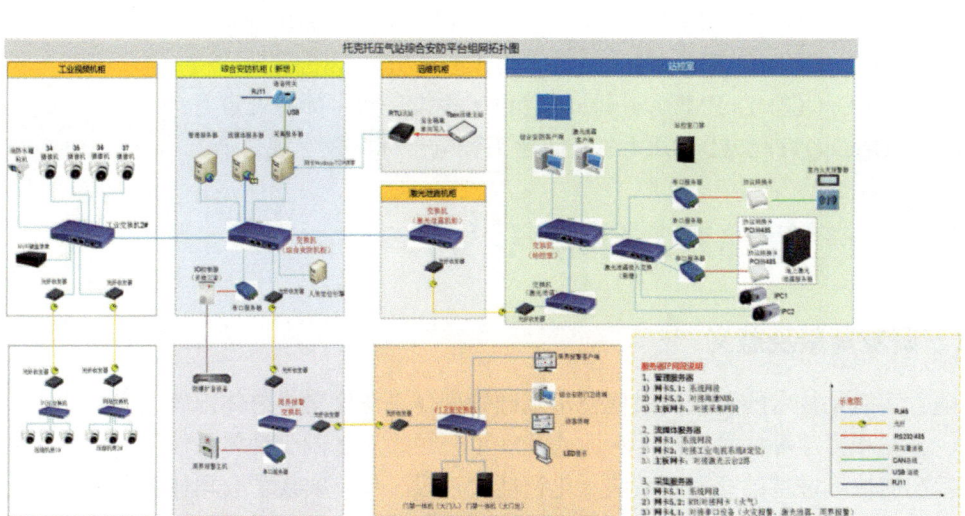

图 4.7.10　托克托站场组网架构示意图

4.7.6　前景展望

智慧站场综合安防平台演进创新应集成多种技术、包括人工智能技术、机器视觉技术、传感器技术、大数据技术等对站场设施自动化、智能化管理；实现实时监测、自动化识别、智能判断、远程控制和数据分析等功能。从而实现"站场无人值守、作业区有人值守汇管、地区及总部公司监管"的全方位运营。

可利用物联网边缘计算技术、实现多级管理协同、数据共享、及时发现问题，通过数据和业务机制的经验积累，完成建模，提升预判预警能力，提供贴合实践的辅助工具，提高整体运营管理水平和安全水平。

因此，智慧站场综合安防平台从基础设计上即开放协作，便于多种业务融合；支持业务功能的拓展与迭代，打磨提升落地的业务支撑能力；并力求形成技术创新成果。

4.7.7　遵循相关标准规范

参照下列标准和规范（不限于）的最新版本（包括修改部分）的要求，进行系统设计和集成。平台遵循的标准规范主要包括但不仅限于以下所列范围：

（1）GB 50395《视频安防监控系统工程设计规范》；

（2）GB 50396《出入口控制系统工程设计规范》；

（3）GB 55029《安全防范工程通用规范》；

（4）GB/T 28181《公共安全视频监控联网系统信息传输、交换、控制技术要求》；

（5）GB/T 23031.1《工业互联网平台应用实施指南第 1 部分：总则》；

（6）GB/T 25724《安全防范监控数字视音频编解码技术要求》；

（7）SY/T 7628《油气田及管道工程计算机控制系统设计规范》；

（8）SY/T 7631《油气输送管道计算机控制系统报警管理技术规范》；

（9）GA 1166-2014《石油天然气管道系统治安风险等级和安全防范要求》；

（10）DEC-OGP-D-CM-003《油气管道工程数字标签通用规定》；
（11）DEC-OGP-D-PM-001《油气管道工程采办数据规定》；
（12）DEC-OGP-D-PM-004《油气管道工程设备数字标签规定》；
（13）DEC-OTP-S-IT-001《油气储运工程电子标签技术规格书》。

4.8 基础管理体系文件信息平台

4.8.1 研发背景及意义

随着智能化技术的发展，根据公司基础管理体系深度融合总体部署，主要应用自动化识别、分类和管理等技术，有针对性地开展了公司现有基础管理体系信息平台升级完善工作。旨在加快推进基础管理体系信息化智能化建设工作，实现了公司体系文件电子化、手机移动办公和系统化管理，确保体系文件的唯一、有效及合规性。

4.8.2 技术简介

基础管理体系文件信息平台使用 HT 框架，本框架针对 UI 前端使用目前最新技术进行重新架构，使 UI 部分在开发、界面效果、性能、移动端的支持各部分均有较大提升。

系统在技术架构上采用可插拔组件式设计进行分层，各个层次负责自己相关的技术设计，通过统一的标准进行相互间的配合调用，达到高内聚、低耦合、易于扩展与易于维护等特点。

采用插件式架构设计的优点主要体现在以下几个方面：

4.8.2.1 降低系统各模块之间的互依赖性

在进行插件式开发中，任何一个系统功能模块、通用用户界面以及最小的图标等都可以用插件的方式进行开发，从而提高了通用功能模块的重用性；各个功能进行独立开发，相互之间不存在互相依赖性，使各个独立的功能都可以单独运行，也可以通过插件框架进行托管运行，从而提高了整个系统的灵活性；修改功能模块也不会影响到其他插件模块的正常运行，降低了系统的维护难度，提高了系统的可扩展性。

4.8.2.2 系统模块独立开发、部署、维护

每个功能模块都可以按照插件服务接口所定义的服务接口以及相关的元数据的形式作为一个插件进行独立开发，开发完成编译后可独立运行，也可通过插件框架进行托管运行。理论上插件组件是不应该可以单独运行的，按照插件式架构原理来说，必须是通过插件管家托管才能运行。实际的开发中或许会因为各种的业务需求不同而不同，具体应该如何对插件开发进行约束，还得结合实际项目需求而定。

4.8.2.3 根据需求动态的组装、分离系统

每个功能模块都可以作为一个插件进行开发，通过统一的配置文件维护插件包的部署信息，插件到框架的组合等，插件框架能够灵活的管理各个插件实例以及插件之间的通信机制，也支持插件的卸载。

基于 JAVA EE 技术体系的 HT 平台的架构图如图 4.8.1 所示。

自动化技术

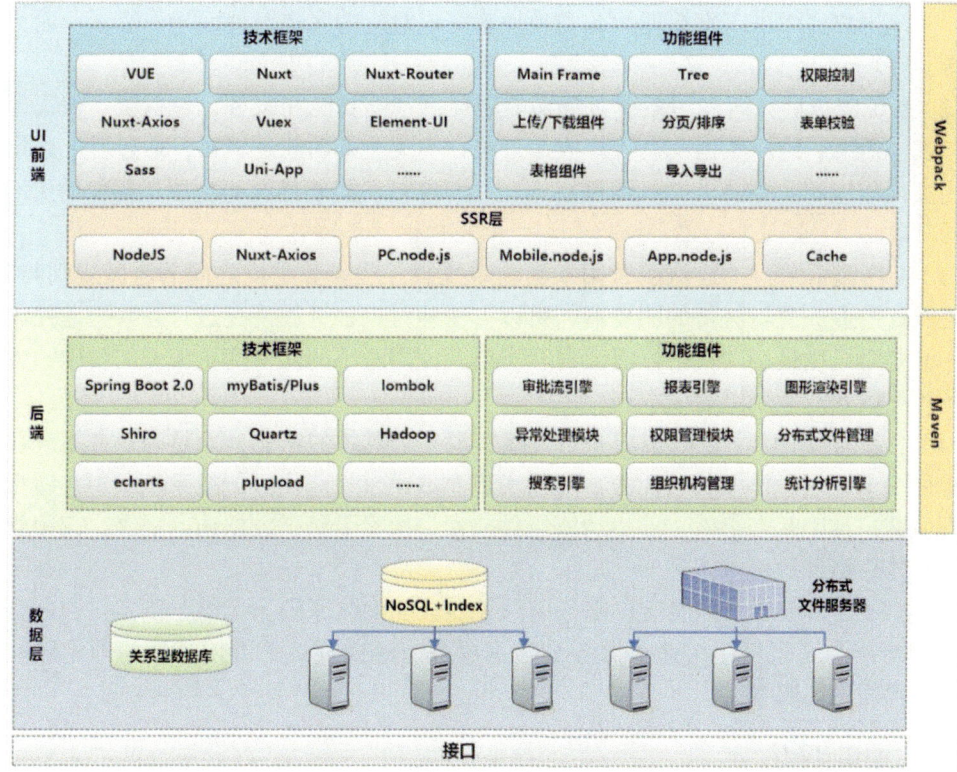

图 4.8.1　技术架构

系统框架采用模块化设计,包括界面表现层模块、系统服务层模块、平台框架层模块、工作流引擎模块以及扩展接口服务层模块五大部分(图 4.8.2)。

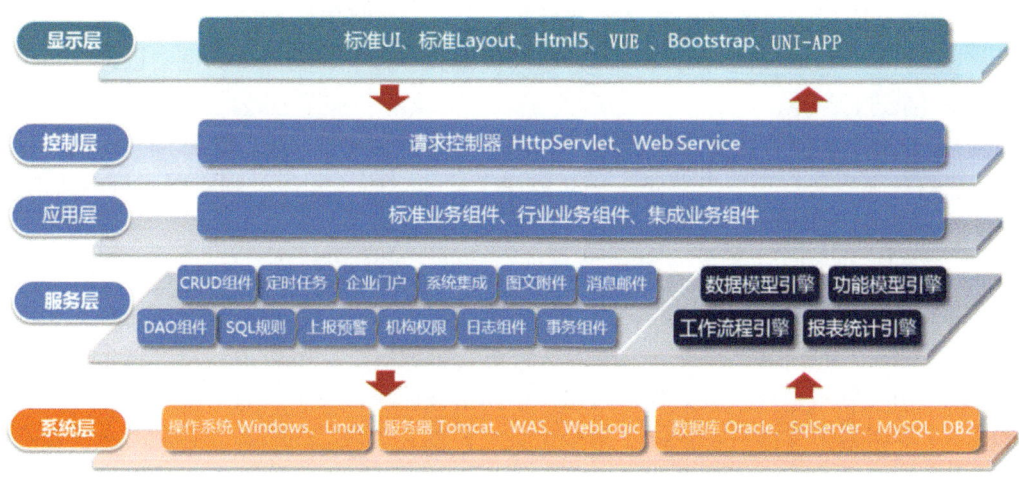

图 4.8.2　框架化模块设计图

（1）界面表现层：向应用系统用户界面层提供统一的界面组件，如 Office 导入导出模块等。系统用户界面可以直接调用此类模块来完成对应的客户对界面操作需求，而不用自己重新实现。

（2）系统服务层：向应用系统业务功能层提供基础功能和服务，包括统一认证、统一授权、统一消息、统一数据安全等。应用系统在实现业务功能逻辑时，通过对上述模块进行调用实现相应的业务需求并且通过数据交互对象自动映射界面表现层所需要的 JSON 格式数据对象。

（3）工作流引擎：工作流引擎用来驱动系统服务层业务逻辑之间的流转规则与关系，是系统服务层业务逻辑流转的驱动器，可以方便地对流程进展情况进行管理与监控，并且可以在必要时候用最小的代价恢复流程状态以及使用最小的代价变更流程的步骤，大大降低系统扩展以及业务变更的成本。

（4）平台框架层：平台框架层并不直接实现某个具体的功能，而是为业务系统功能的实现提供一个平台，使相关的业务功能的实现简单化、规范化。包括系统日志与缓存、业务规则引擎、加密解密组件、通用功能组件、索引检索引擎、数据访问引擎、权限管理服务、异常处理组件等。

（5）扩展接口服务：扩展接口服务内部主要以插件化原则为标准，制定接口规则，集成业务逻辑层与平台层相关业务服务与数据服务，通过统一的调用方式与严密的安全标准，对外提供系统服务。

4.8.3 主要创新点

利用较前言的数字化技术，全生命周期管理体系文件，加强部门协同，管控执行，高效、合规地应对变更，基础管理体系文件信息平台主要创新点如下：

（1）系统架构为分布式架构，能够对文件进行分布式存储，提高安全性。

（2）在线编辑：系统集成在线编辑器，可实现在线编辑编辑，提高效率。

（3）高效全文搜索：通过功能自动进行文字提取，可将单层 PDF、图片中的文字信息识别加入索引中，从而实现对文件内容进行高效搜索，除了对文件进行搜索以外，系统支持对文件目录进行搜索。

（4）信息安全存储：从登录层面用户登录系统开始就进行记录，包括用户的每一步操作；系统超时未提交自动退出登录，用户如需下载相对应的文件，则需要进行申请审批，在有效期内进行下载查看，下载的文件也增加水印防伪标识，提高安全性。系统部署在内网环境，只有公司内网 IP 段下才可以登录访问系统，系统数据及文件进行了不定时备份，防止因突发情况需要进行数据恢复。

（5）多种模式的权限控制机制，可对文件进行细粒度的权限管控并对文件全生命周期保护，包括历史版本记录，历史版本回退，操作审核记录，版本前后对比等。

（6）支持在线阅读预览：系统支持全格式文件的在线预览/编辑，通过高级操作在线预览，在线提出意见建议，保障文件的安全性，防止文件外泄。

（7）支持文件版本控制：对同一文件不同版本变更，系统自动进行文件版本管理，能够随时查看历史版本并与现有版本进行对比查看且能够自动归档。

（8）支持文件锁定：根据文件的特殊性或特殊情况无需其他人员查阅的文件可进行锁

自动化技术

定，任何人则无法查阅。

（9）支持移动端学习查阅：能够使用移动端快速便捷地进行文件的学习查阅。

4.8.4 技术方法及现场验证

4.8.4.1 技术方法

通过业务系统进行文件管理发布并学习，为公司智能化管理提供更加便捷的方式，在线编辑、审核、发布以及监督学习，在学习后进行考核，为领导的监督以及员工的学习更加便捷，使得员工能节省出时间将专业的工作做得更好更细，系统也可对学习情况进行自动汇总统计，也方便文件的存储和查阅。

4.8.4.2 现场验证

（1）通过基础管理体系文件系统对企业文件管理创立了一套完整又严谨的ISO文控管理体系，节省大量文件管理的人工成本，提高企业内部协同工作。

（2）通过基础管理体系文件系统对文件制定统一的标准体系，规范整个文件管理，其中包含对各业务系统的文件规范管理，搭建较为完整的文件资源信息平台并达到共享服务；支持文档管理，并且在整个过程中做到信息化处理，其中包括：信息采集、文件移交接收、归整存档、发布、查阅和编制等等，将业务管理模式转换的同时提供了服务化管理模式，并且以服务化模式为业务管理基础，而业务流和数据流都是在以服务为模型的系统平台之上建立的。

4.8.5 应用效果

运用基础管理体系文件信息平台智能高效管理公司体系文件，实现对文档全生命周期的自动化管理和控制。通过应用人工智能、自然语言处理等技术，支持多模式体系文件管理、智能化文件搜索等功能，降低了公司文档管理成本，提升了工作效率和数据安全性。按照国家管网体系流程架构变革工作，平台开展了流程架构调整，为公司体系标准数字化转型提供了有效支撑。

4.9 业务数据跨系统自动填报技术

4.9.1 技术背景

随着信息系统应用的不断深入，一方面，其所承载的业务内涵、系统规模、数量、复杂性在不断攀升；另一方面，也积累沉淀了大量的核心业务数据。但由于缺乏各系统间横向的数据共享、数据分析，系统间数据交换和传递需要大量的人工参与，客观上存在着各信息系统的信息孤岛。体现到具体工作中时则为数据的重复性录入、无准确的决策报表等。为了改善数据孤岛现象、提升数据利用率，针对生产运行数据重复填报部分进行智能化分析和处理研究，选择适当的工具，解决数据的重复填报，解放基层劳动力，提高工作效率。

4.9.2 技术简介

通过研发生产系统数据智能分析与处理工具，使其可以完美地取代人力的投入，高效完成重复性高但却有逻辑性的工作。生产系统数据智能分析与处理工具，使用自动化软件的技术来模拟流程的步骤，而不会影响现有的 IT 基础设施，以加快后台任务，它能模拟员工输入资料、将游标定格在应用程序的某些段落中，剪下并贴上、将数据从某个位置移动到另一个位置、进行查询和计算，点击按钮等等。将这些重复且枯燥的工作程序自动化，处理重复性高但有逻辑性的任务。从而解决企业生产系统数据智能化分析及数据处理工作。

4.9.3 主要创新点

本项目运用生产系统数据智能分析与处理工具及设计器，可以快速、高效地自动执行日常任务。处理工具及设计器可以轻松集成到更广泛的自动化计划（如流程和决策自动化、数据捕获计划）中，从而扩展数据智能分析与处理项目的价值。

4.9.4 技术方法及现场验证

4.9.4.1 技术方法

流程开发及配置：开发人员制定详细的指令并将他们发布到机器上，具体包括应用配置、数据输入、验证客户端文件、创建测试数据、数据加载以及生成报告（图 4.9.1）。

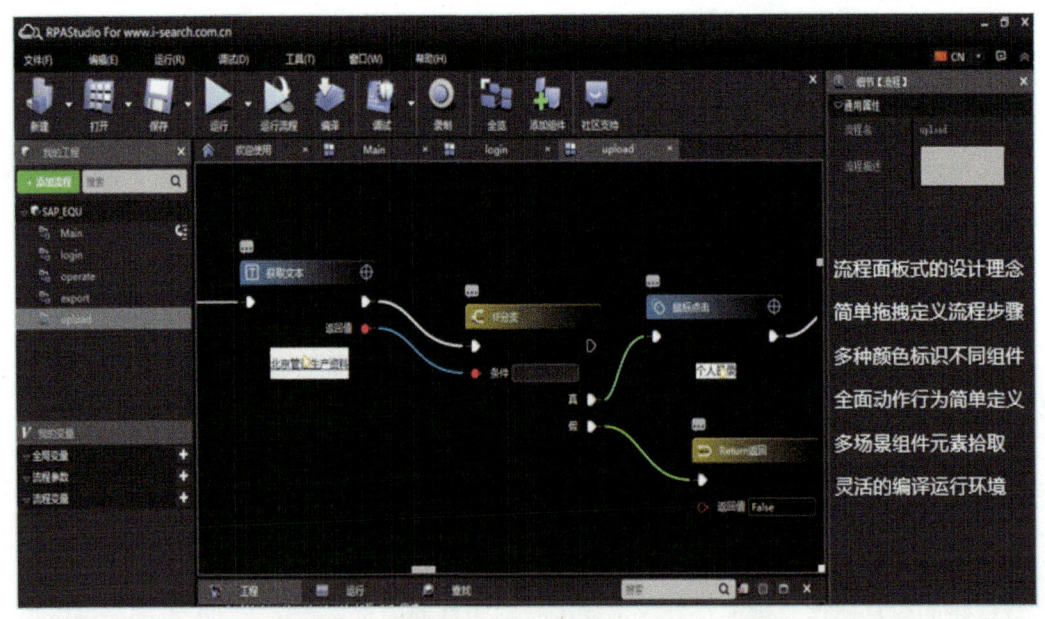

图 4.9.1　开发配置

任务分配：业务用户能够通过控制中心给机器人分配任务并监视它们的活动，将流程操作实现为独立的自动化任务，交由软件机器人执行（图 4.9.2）。

自动化技术

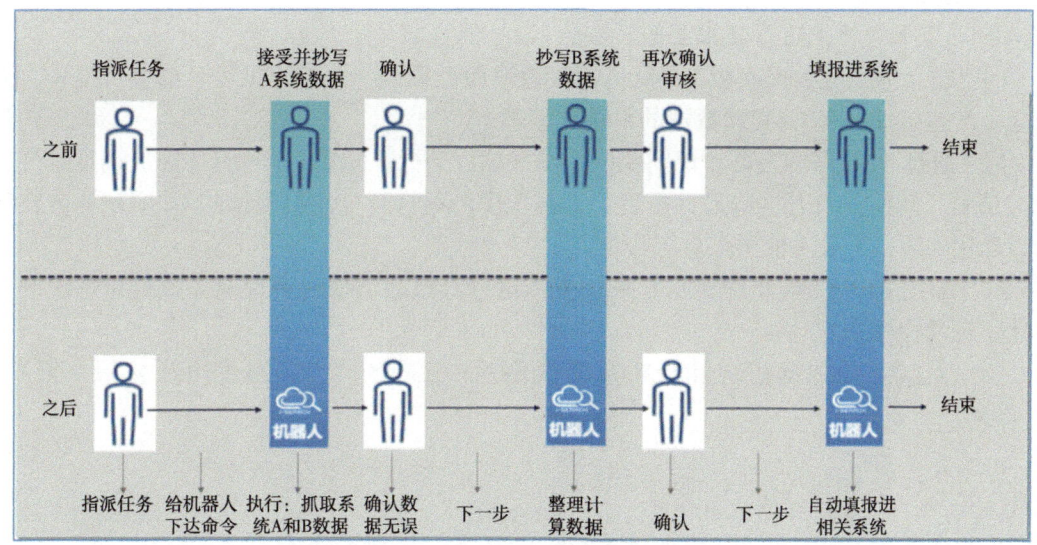

图 4.9.2 任务流程

系统环境部署：机器人位于虚拟化或物理环境中，不需要与系统开放任何接口，仅需通过用户界面与各种各样的应用系统（包括 ERP、SAP、CRM、OA 等）交互，完全模拟人类操作，自动执行日常的劳动密集且重复的任务（图 4.9.3）。

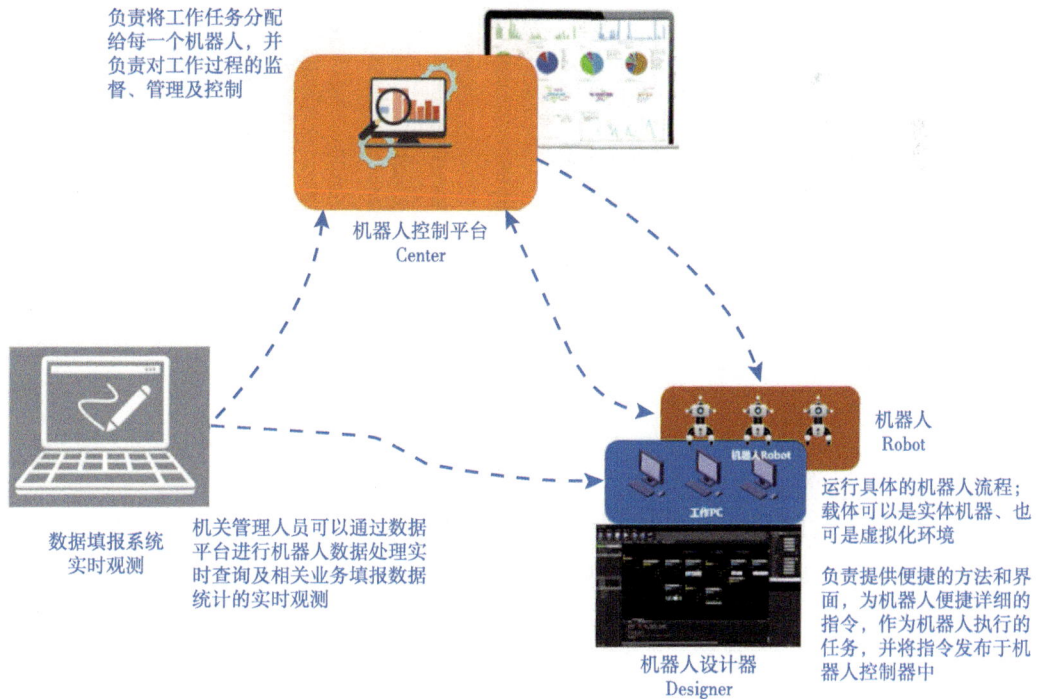

图 4.9.3 业务流程

291

4.9.4.2 现场验证

4.9.4.2.1 天然气生产运行日报业务

（1）建立标准的数据模板（调度运行参数巡检记录表、监控记录表、电量日报表、天然气生产运行日报表），实现数据的系统化管理。

（2）通过 RPA 机器人自动识别获取数据并填报到标准的数据模板中（完成调度运行巡检记录表、监控记录表、电量日报表、天然气生产运行日报的自动填报），实现业务数据的自动化处理，有效降低了人员工作量。

（3）通过 RPA 机器人完成 PPS 系统生产运行日报的填报，实现业务数据跨系统的智能化、自动化填充。

（4）完成业务数据的统计分析及图文展示（工艺区压力、温度可视化图文展示，图 4.9.4）。

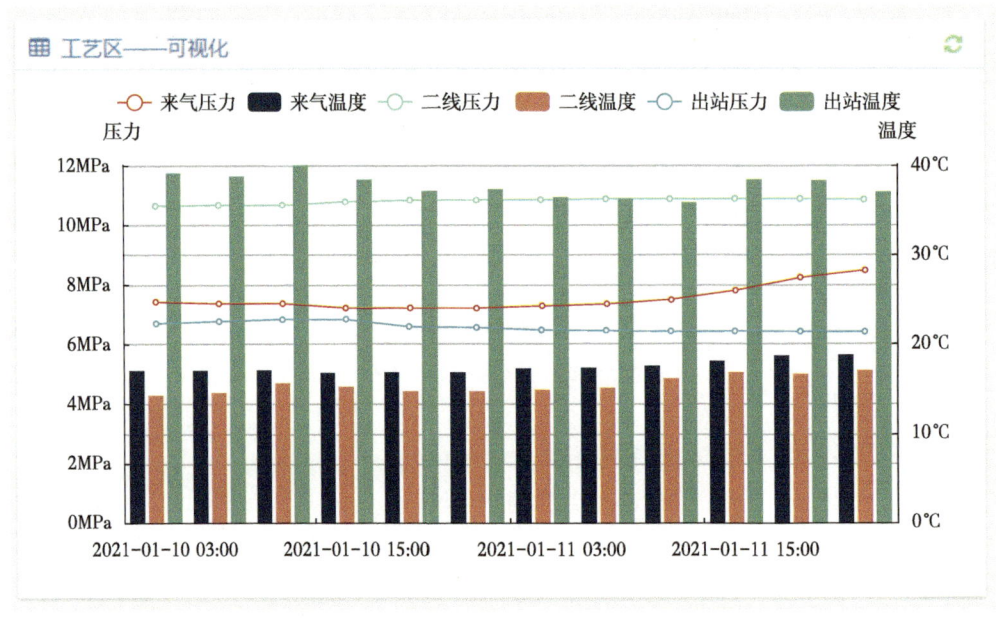

图 4.9.4　数据可视化

4.9.4.2.2 阴极保护业务

（1）建立了标准的数据模板（恒电位移巡检记录表、区域阴保巡检记录表、线路阴保巡检记录表），实现数据的系统化管理。

（2）通过 RPA 机器人自动识别获取数据并填报到数据模板中（完成恒电位移、区域阴保、线路阴保数据的自动填报），实现业务数据的自动化处理，有效降低人员工作量。

（3）通过 RPA 机器人自动完成阴极保护管理系统数据到管道完整性系统数据的填报，实现业务数据的跨系统填报。

（4）完成业务数据的统计分析并进行图文展示（恒电位仪电位、电流、电压可视化图文展示，图 4.9.5）。

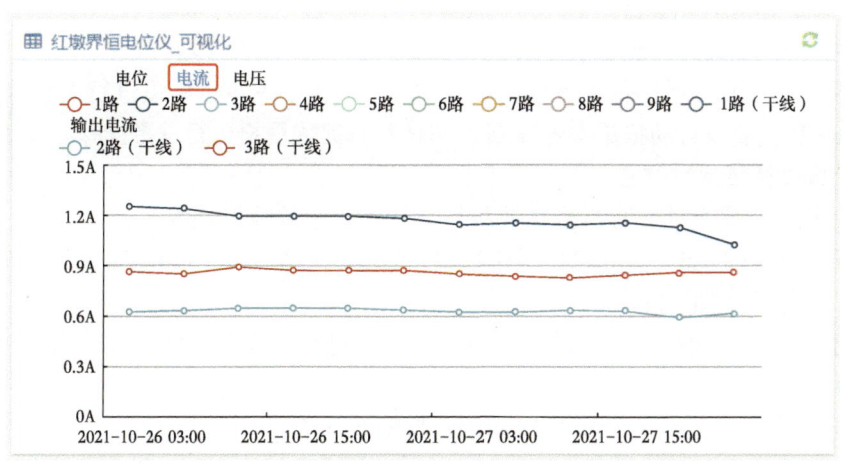

图 4.9.5　数据可视化（线状图）

4.9.4.2.3　设备台账业务

（1）建立电气设备台账统计报表，通过 RPA 机器人定时自动从 ERP 系统导出电气设备台账；

（2）实现电气设备台账数据的跨系统上传，如 RPA 机器人自动将 ERP 系统中电气设备台账数据上传至公司企业网盘；

（3）针对设备台账数据进行汇总统计并进行图文展示（各作业区电气设备台账可视化图文展示，图 4.9.6）。

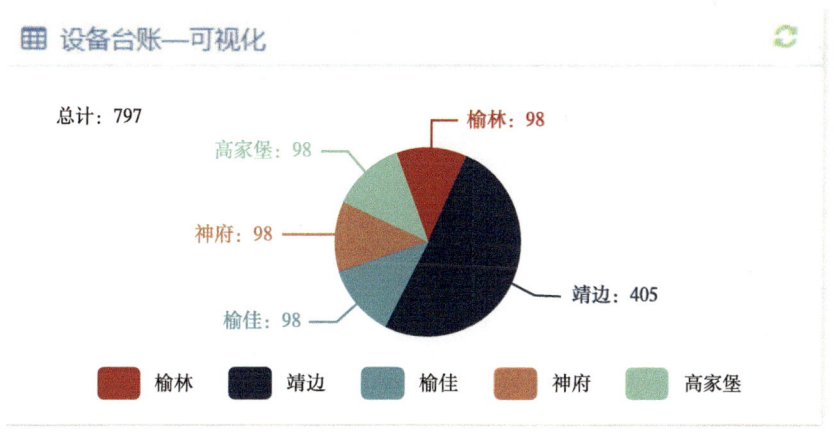

图 4.9.6　数据可视化（饼状图）

4.9.4.2.4　特种设备台账业务

（1）建立特种设备台账模板，通过系统可以自动获取附件中信息并将数据记录在数据填报系统中；

（2）实现特种设备检定数据的跨系统上传，如 RPA 机器人自动将特种设备检定数据填报至 HSE 系统并将扫描件上传至企业网盘；

4.9.4.2.5 维护保养计划业务

（1）通过 RPA 机器人自动定时从 ERP 系统导出维护保养计划台账；

（2）系统自动针对维护保养计划台账数据按照月度、季度、年度进行汇总统计分析；

（3）RAP 机器人自动根据保养计划到期日实时提醒用户进行业务操作。

4.9.4.2.6 压缩机组故障信息

（1）数据填报平台建立标准数据模板记录压缩机组故障信息数据；

（2）通过 RPA 机器人自动将模板中数据分发至事故事件和行为观察管理系统和压缩机远程诊断与评估管理平台；

（3）系统实时汇总压缩机组故障信息，为用户进行故障信息的统计分析提供支持，并进行图文展示；

（4）根据模板中数据在 ERP 中自动创建故障通知单。

4.9.4.2.7 通用电气设备故障信息

（1）建立标准数据模板记录通用电气设备故障信息；

（2）机器人自动将故障信息填报至事故事件和行为观察管理系统；

（3）系统实时汇总电气设备故障信息，为用户进行故障信息的统计分析提供支持，并进行图文展示；

（4）根据模板中数据在 ERP 中自动创建故障通知单。

4.9.5 应用效果

通过业务数据跨系统自动填报研究工作，为数据处理提供一种智能化、自动化的处理技术，解决了业务流程中高度重复的手工操作，使得员工能节省出时间将专业的工作做得更好更细，而无需浪费在重复性工作或系统数据填报工作上，同时提高数据处理速度和准确率。业务系统数据自动化处理，实现了全过程智能化，减少人为操作影响，效率提升 80%（图 4.9.7）。

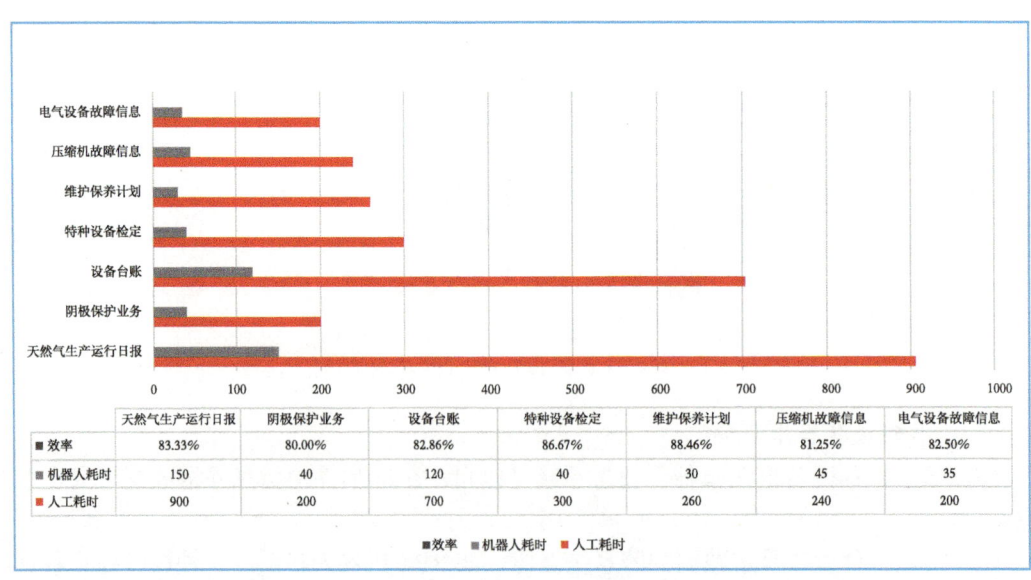

图 4.9.7　人工与机器人效率对比

5 维抢修技术

5.1 长输管道动火作业焊接平压器

5.1.1 技术背景

长输管线动火连头作业时,在役管线需经放空、置换。置换后管线中的低温氮气经过环境温度和太阳暴晒不断升温、膨胀,使管线内气体压力升高,打底焊接时封口处(五至十厘米)会有气体流出,流出的气体会扰乱氩弧焊打底时氩气对熔池的保护,不仅影响焊接时间还会产生焊接气孔严重影响焊接质量。

长久以来,在动火作业过程中出现这种情况,一般采用开启放空阀和自然冷却(等待管线内压力与外界压力平衡)的方法,但这两种方法均不能有效解决且等待时间可长达几个小时,动火作业时间有限,需要争分夺秒,因此需要研制一个能有效解决气体流出时的平压器。

5.1.2 技术简介

图5.1.1为平压器视图。在操作箱体1的下端面开设成与管线外壁面相匹配的弧形型面2,从而可以将打底焊接平压器的箱体安装于焊缝最后的打底封口处,弧形型面2上布设有密封垫8,通过密封垫使箱体压紧在管线上,从而实现打底焊接平压器箱体1的密封,建立管内腔通过焊道封口处与操作箱体1的连通,从而随着气流流进操作箱体1,逐渐达成气压平衡,从而抑制封口焊缝内的气体流动,此时可以顺利焊接。

为了保证焊接操作人员不会影响所述操作箱体的密封性能,所述操作箱体1还开设有第一操作孔2、第二操作孔5以及密封容置孔4。第一操作孔3和所述第二操作孔5分别连接有密封手套;从而能够从箱外侧将密封手套伸入箱内,执行焊接操作;并保证过程中箱内外隔离。密封容置孔4内设置有焊接设备密封件,箱外侧设置有焊枪密封管,用于将焊枪手把或者附属线缆等密封。为了便于操作,第一操作孔3的箱外侧和第二操作孔5的箱外侧分别设置有过渡管;密封手套的尾部通过环箍固定在所述过渡管上,从而能够稳定固定的同时,可顺利且高密封条件下实现焊接操作。

为了便于压紧在管线上,在操作箱体上设置有绑扎带。为了便于拆卸和焊接时机把握,操作箱体上还设置有气压表 6 和泄压阀 7。

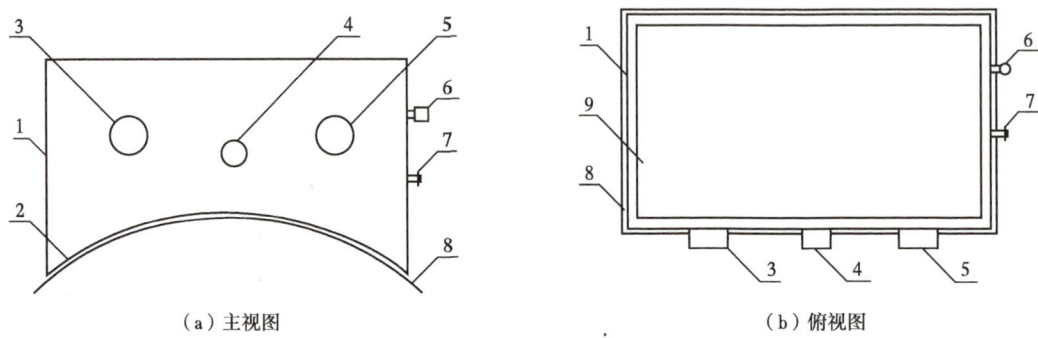

图 5.1.1 平压器视图

1—操作箱体;2—与管线外壁面相匹配的弧形型面;3—第一操作孔;4—密封容置孔;5—第二操作孔;
6—气压表;7—泄压阀;8—硅胶垫;9—透视区。

5.1.3 主要创新点

平压器依据气体力学原理,通过在封口处加装一密闭箱体,使箱体与管线外壁严密贴合,形成焊缝的管内和箱内连通,管线内气体流入箱体内形成气压平衡的状态(由于箱体空间小,几秒钟即可达到平衡),抑制焊缝内气体流动,同时在箱体上留有焊接操作窗口,便于焊接。

5.1.4 技术方法及现场验证

2021 年 10 月 9 日,维抢修分公司在陕京一线黄河水穿越段隐患治理动火作业期间,由于气流影响无法进行焊接封口,在等待了近 3h 后,仍不能进行焊接。焊接平压器获准第一次在现场投入使用,使用后在 5s 内压力达到平衡,焊接非常顺利,且焊口检测合格,现场应用效果超过试验效果。自本次动火作业后,10 月 11 日在山西罗庄换管作业、10 月 25 日在陕西锦界动火作业期间又累计使用 4 次,有效地节约了维抢修作业时间且效果良好,焊接合格率 100%(图 5.1.2)。

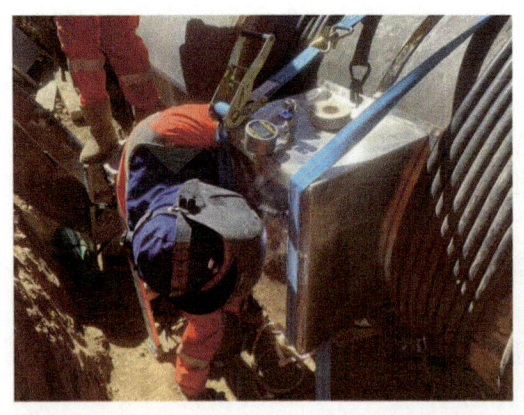
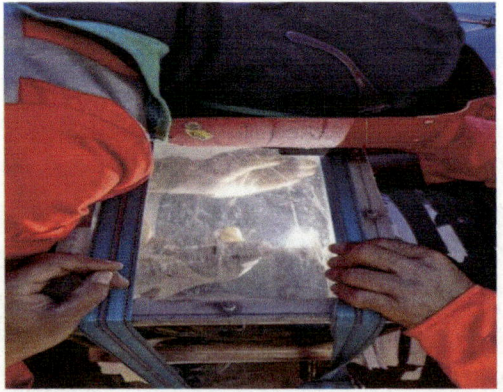

图 5.1.2 焊接现场

5.1.5 应用效果

经过设计、制作、试验、改造,所研制的管线连头打底焊接平压器,气压平衡的建立速度很快,整体焊接操作时间很短,相对于现有技术中放任自然冷却(最长可达 5h)的解决方案,有效解决了打底焊接封口时的气流影响,打底焊接平压器能够极大地提升焊接效率,缩短了焊接时间,同时也确保了焊接质量。

经多方调研,目前国内外对于管线动火连头打底焊接时的气流影响,均无有效遏制方法,我们研制的打底焊接平压器填补了此项空白。

通过实践证明,使用管线连头打底焊接平压器为长输管道停输断供的损失节约了时间成本,保障维抢修任务按时保质完成,其带来的经济效益已无法用数字表述,为维抢修提质增效做出贡献。

5.2 短管坡口器

5.2.1 技术背景

维抢修分公司每年的练兵量大,电焊工在练习焊接时,管段制作费时费力,利用手工火焰切割,打磨组对时往往要耗费大量人力物力,特别是大口径、大壁厚,打磨一组管件往往耗费几个小时的时间,砂轮片要用几十片,还保证不了质量,利用分公司的电动火焰切割机制作短管时,受到管段长度的限制,对于小于 1m 的管段,加工非常困难,且管段不能重复利用,浪费管材。

5.2.2 技术简介

此火焰切割机包括,主体部分,旋转平台,割枪支架,管段长度调节装置,坡口角度调节装置,本切割机可以利用重力作用,将要切割的管段固定在旋转平台之上,通过旋转平台的旋转实现管段的转动,利用割枪支架上的长度调节装置,可任意调节管段的长度,破口角度可通过角度调节装置实现调节。本短节坡口器可完成直径 50mm~1219mm 任意壁厚的管段的切割作业。

5.2.3 主要创新点

解决了手工火焰切割时,短管坡口面易出现锯齿状痕迹和短管管口断面不平整的现象以及电动火焰切割机不能制作较短短管,和短管不能重复利用等情况,发明了短节坡口器,本机具有操作简单,加工质量高,对练兵后的管段还可以多次再加工利用。

5.2.4 应用效果

此短节坡口器在朔州基地投入使用以后,因其实用性强,操作简单,效果好。得到了大家的一致好评,随后在其他维抢修队推广应用。在使用过程中节约了大量的管材、砂轮片以及其他材料。降低了短节制作过程的劳动强度,本短节坡口器可在焊接练兵中,焊工练习焊接操作时推广使用。

5.3 法兰错口调正器

5.3.1 技术背景

目前,各输气站场每年更换阀门、拆装流量计、阻火器等冷工作业较多。针对常规的更换方法存在的效率低、安全性差、分离后法兰片错位、劳动强度大等问题,研制使用了一种便携式法兰错位调整器。主要介绍了把常规更换方法改变成法兰调整器进行更换操作的方法,通过在施工现场的反复使用验证,可有效解决常规方法在冷工作业中存在的弊端,提升作业质量和效率,保障施工作业安全。

随着管道里程规模的不断扩大,以及场站数量逐渐增多,管线法兰连接作为非常普遍的一种形式,得到广泛应用。随着管道运行时间增加,管道连接各种密封件老化严重,因此经常需要更换密封垫片或者加设临时隔离盲板。针对这种情况专门研制了一种便携式法兰错位调整装置,采用这种装置进行更换密封垫片,安全系数高,操作简便,节省人力物力,明显缩短操作时间,提高工作效率,能创造较高经济效益。

在各输油气站场日常维检修更换阀门、拆装流量计、阻火器等冷工作业中,新建设站场易发生法兰"跑""冒""滴""漏"等问题,为了保证生产的顺利进行,防止环境污染和安全事故的发生,必须及时对密封垫片、阀门进行更换。常规的更换方法是利用撬杠撬开或用千斤顶顶开法兰片,把旧垫片取出,清理好法兰密封面,再把新垫片或阀门、隔离盲板装入法兰中,然后松开撬杠或千斤顶合上法兰片装好螺栓,如图 5.3.1 所示为用撬杠进行法兰拆除作业。但是操作中存在以下问题:

(1)由于顶开的管线产生应力、变形、挤压、膨胀等,使得法兰两端管线发生径向偏移无法对中,造成法兰螺丝孔不能回位;

图 5.3.1 传统作业装置

（2）在高空及狭小空间进行法兰分离时，无法使用较长的发力工具，如果使用扁头撬杠、千斤顶等，效率低，受力不平稳，且存在一定的操作风险；

（3）使用撬杠、千斤顶需要两个以上操作人员配合才能完成，费时费力、效率低。

5.3.2 技术简介

针对上述存在的问题专门研制了一种便携式法兰调整装置（图5.3.2），采用这种装置进行更换阀门、流量计、密封垫片，安全系数高、操作简便，节省人力物力，明显缩短操作时间，提高工作效率，能创造较高经济效益。起初在进行法兰拆卸时，由于管线有不同的应力经常出现两法兰上下左右错位情况。以往都是使用撬棍、枕木、千斤顶进行人为的撬、顶、别等方法进行找正安装。这样不仅费工费力，而且存在安全隐患，无法达到好的效果。经过不断研究、探索最终自行设计、制造一种专门针对安装法兰错位设备。相比采用撬棍、千斤顶支撑进行调整更为安全、轻便、快捷、省力。在施工中不仅能够减少施工时间更能提高工作效率。并能保障法兰在调整后进行水平安装。提高了设备使用的安全系数，又操作便捷应，在各场站阀室非常实用。

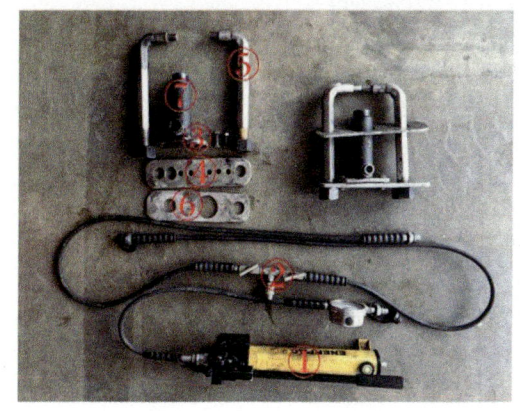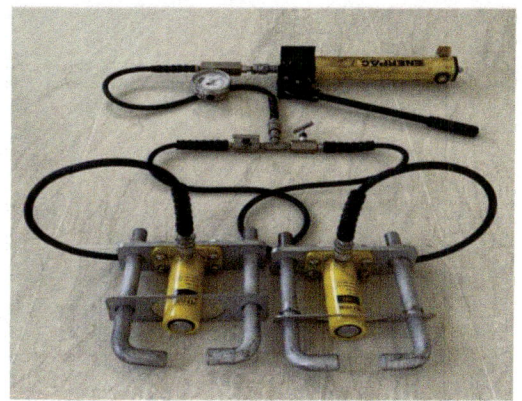

图 5.3.2　便携式法兰调整器组成部件

其中各个部件名称和作用为：(1) 液压缸（压力表、分配器、千斤顶2个10tf）；(2) 液压管（2m）；(3) 采用弹簧钢板经过机加工，作为液压千斤顶的底座；(4) 底座部分采用弹簧钢板进行机加工打孔与液压千斤顶底座使用螺丝进行连接，可进行法兰孔距大小的调整；(5) 由于法兰的孔径不同，采用异型钢机加工出两套六棱型法兰孔抓手；(6) 中部也采用弹簧钢板进行机加工打孔，用来固定六棱型抓手防止错位；(7) 采用两套10tf的液压千斤顶，实现了同步进行上下左右的错位、偏差矫正。法兰错位调整器的液压部分可与法兰劈开器、螺母劈开器共同使用。该设备适用范围为：原有法兰直径（100~600mm），现加工三套（分为大中小规格）100~900mm（也用于各种规格型号的法兰）。

通过液压缸可为两个千斤顶提供液压，液压缸通过两路液压管线进行连接，各路管线均有开关阀门。液压千斤顶和法兰孔抓手通过特殊加工后的钢板进行连接，液压千斤顶通过机加工打孔的钢板进行规定，两块钢板均有加工孔，可进行法兰孔距的调整，以便于适用不同的作业场景。

5.3.3 主要创新点

该装置利用法兰两端端面这一结构特点，可实现两法兰很好地对中找正，控制法兰错位，能够保证原法兰的同心度。便携式法兰调整器研制中关键问题在于，需要克服关键技术难关才可以保证法兰分离器在实际应用中发挥更多的效用。同时，也可以与法兰劈开器共同使用。分离后法兰片错位现象控制因管线应力、变形、挤压、膨胀等，法兰分开后管线发生径向偏移无法对中，造成两法兰螺孔不能回位。该装置根据施工现场法兰外径相适应设计加工六棱形状固定爪，能够很好保证原法兰的同心度（图 5.3.3）。

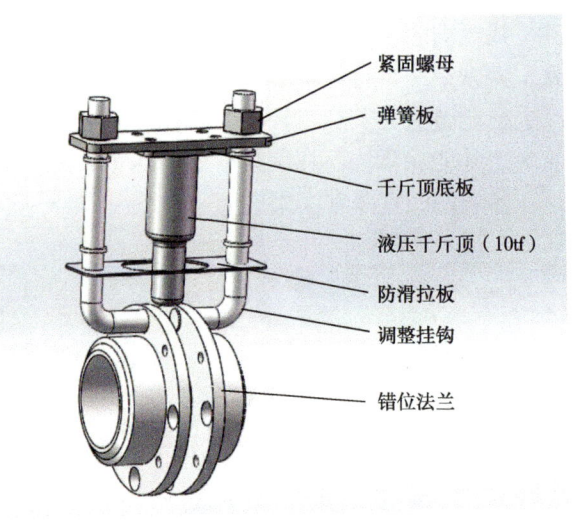

图 5.3.3　便携式法兰调整器使用示意图

同时，由于法兰片的直径不同、工作压力不同、法兰片螺栓孔距不同，在不同规格的法兰上使用导致法兰分离器的使用有一定局限性。该装置设计加工两种连接固定装置，实现与不同规格的法兰相适应使用。前期采用圆钢与工字钢结合制作了一个框架，采用千斤顶进行按压调整，由于圆钢与工字钢钢号低，材质达不到要求，仍然达不到调整需求。经过长时间不断探索、研究、改进，自行设计、制作出一种专门针对安装法兰错位设备。

采用弹簧钢板经过机加工，作为液压千斤顶的底座。由于法兰的孔径不同，采用异型钢机加工出两套六棱型法兰孔抓手。中部也采用弹簧钢板进行机加工打孔，用来固定六棱型抓手。并配备液压缸、液压管（压力表、分配器、千斤顶 2 个 10tf）广泛应用于输气站场、阀室，使用效果完全能够满足法兰错位的调整。

5.3.4 技术方法及现场验证

为验证此装置的实际效果，在进行某站场流量计拆装作业时，使用该装置进行了管线连接位置的调整。通过两人配合使用，能够快速方便地将错位量进行调整，同样数量的流量计拆装作业，相比以往方法效率要提高 1 倍，同时大大降低了作业人员的劳动强度，得到了作业人员的一致好评。

通过使用便携式法兰调整器相比以往采用撬棍、千斤顶支撑进行调整更为安全、轻便、快捷、省力,提高了设备使用的安全系数,如图 5.3.4 所示为使用研制的便携式法兰调整器进行的法兰拆装作业。在施工中不仅能够减少施工时间更能提高工作效率,并能保障法兰在调整后进行水平安装。

图 5.3.4　便携式法兰调整器现场应用

5.3.5　应用效果

便携式法兰错位调整器的研制成功取代了常规作业方法,解决了以往使用撬杠和千斤顶存在的诸多问题。此装置操作简单灵活、占用空间小,质量可靠,在保证工作效率的同时,大大增加了安全可靠性。同时,该装置结构简单,易于组装,可快速上手。该法兰错位调整器解决了法兰片分离后错位、难回位问题。且可以在不同规格的法兰上使用,降低了劳动强度、省时省力、提高效率,体积小巧,重量轻,便于携带存放,值得推广应用。

5.4　管道补伤片链式液压紧固器

5.4.1　技术背景

近年来,陕京一线管道由于运行年久连续多次出现因管壁局部腐蚀或外界因素所导致管线泄漏事件。以往在处置运行年久管道泄漏事件中,多采取管道上下游阀门截断,置换管内可燃气体浓度,使其达到动火焊接标准后采用更换泄漏点管段方式进行动火作业。此方法既费时、费力又浪费资源。

目前国内无针对管道点腐蚀泄露应急处置类专用工具,为了快速有效完成管道局部腐蚀或第三方破坏而造成泄漏应急处置过程，解决管道应急处置类工具空白，结合陕京管道近些年几次点腐蚀泄漏抢修现场实际情况，2016 年，维抢修分公司经过为期半年时间的研发、实验，研制了管道点腐蚀泄露应急焊接链式液压紧固器。

5.4.2 技术简介

该紧固器的基本结构为液压装置部分、紧固链条、压板、导气装置部分、防爆工具套装、密封装置、焊接补强板、便携套装工具箱等几个主要部分组成，当管道发生点腐蚀泄露时，可以使用该紧固器进行抢险作业，在焊接补强板下安装聚四氟乙烯密封圈，通过链式液压紧固器压紧焊接补强板使其达到密封效果，将可燃气体通过补强板中心的引气管导至安全区域放空，焊接点经可燃气体检测合格即可实施补强板焊接，完成后拆卸引气管，用丝堵拧住引气孔，再将丝堵焊接封死，既完成整个操作（图 5.4.1）。

图 5.4.1　管道补伤片链式液压紧固器组成

5.4.3 主要创新点

该新型管道点腐蚀泄露应急焊接链式液压紧固器的研制，实现了管道腐蚀泄漏后只需降至微正压无需置换的目的，降压后两至三名作业人员即可实施此类抢修作业。其液压装置结构均采用快速接头灵活组装，操作简单、实用。当天然气管道发生点腐蚀泄漏或第三方破坏时，可使用该新型设备完成应急抢修处置任务，既节约了成本又节省了时间，同时也达到事件快速应急处置的效果。

5.4.4 技术方法及现场验证

适用范围包含了陕京管道 $\phi610$-$\phi1219$mm 所有管径，均可根据链节自行调节使用，为天然气管道遇到点腐蚀泄露快速抢险作业提供了保障。经济效益方面，管道点腐蚀泄漏应急焊接紧固器的研制，实现了腐蚀泄漏只需降至微正压无需置换的目的，当天然气管道发生点腐蚀泄漏事件时,管道无须置换,起到节约置换成本的经济效益。社会效益方面,管道发生点腐蚀泄漏,使用该设备时,节省管道置换时间约4~8h,为下游用户正常用气争取了时间,达到了一定的社会效益(图5.4.2)。

图 5.4.2　管道补伤片链式液压紧固器使用示意图

5.5　大直径弯管液压调整测量平台

5.5.1　技术背景

随着管道发展的新形式和未来发展趋势,维抢修业务量不断加大,针对在大直径管道动火连头施工现场,作业前期对大直径、大倍数弯管,三通以及管段进行测量、下料、打磨时,因受场地面积和平整度的限制,必须借助吊装设备吊起,在其底部加垫土堆,再用枕木支护,且须用千斤顶进行调平作业。准备工作耗费大量人力物力,作业时间长,支护调平的质量影响测量的精准度,多数情况下测量误差直接影响到组对质量。而且由于场地平整度和坚实度差,在起降千斤顶调平时,人置于管底下方或近管侧面操作,会出现侧倒、侧滑等现象,使得作业安全存在很大隐患。另外,为了提高管工的专项技能,日常练兵也逐步在向大管径、实战性靠拢。为了解决在施工作业和日常练兵中长时间占用吊装设备,缩短调平时间,提高测量精确度和效率,消除安全隐患等诸多问题,研制了能快速调平、可小幅微调,精准测量弯管、管件和管段,且不受场地平整度限制,由便携的可调整的液压管支架和万向角度测量平台组成的组合工装器具。

5.5.2　技术简介

液压测量平台主要包括:4套可调节管道支座、2套液压一拖二起升系统、可任意角度调节的测量平台三部分组成。

可调节管道支座包括：方管支撑和700mm×200mm×120mm钢板底座等上下两部分组成。方管支撑管道，滑动挡块能根据管径大小任意调整位置，防止管道滚动。底座钢板中心是千斤顶固定点，两边各有一组高度200mm、ϕ60mm的圆管作为调整高度的轨道套管，增加了起升时的稳定性（图5.4.3）。

测量平台平面自带万向角度尺，固定平台的三脚支架能上下调节、360°转动。此平台可以精确对直径300~1219mm等大倍数任意角度弯管的结构长度、曲率半径等数据进行精准测量（图5.4.4）。

图 5.4.3　可调节管道支座

图 5.4.4　万向角度尺

液压系统是由一个主液压缸和带有4个单独控制起升液压阀的液压管路，及四个单体载重10tf、举升高度200mm的液压千斤顶组成（图5.4.5）。

图 5.4.5　液压系统

5.5.3　主要创新点

针对模拟换管动火作业练兵科目，可通过液压底座的升降功能，改变两管之间管中心线偏差，解决以前频繁更换胎具的麻烦，有效地利用了更多时间进行测量、下料练兵。起重设备将弯管吊放在液压管托上后，无需再次吊装调整。由 2~3 名管工即可完成对弯管或管段的调平、找正，以及测量各项数据的操作。利用可调节高度的三角支架上的万向角度尺固定平台，测量施工现场动火点的弯点角度和结构尺寸等数据，达到快速、便捷、精准。

5.5.4　技术方法及现场验证

通过不断地摸索，并结合现场施工，完善了该液压测量平台的功能，同时验证了平台使用的便利性和重要性。操作平台制作完成后，首先在朔州基地针对大管径、直管段连头下料练兵过程中进行了使用检验。然后在某地动火连头作业中，对直径 $\phi 1219mm$ 大倍数任意角弯管进行了实战运用。在施工现场地势高低不平的情况下，也安全、精准地完成了测量任务。为准确下料提供了基础保证。达到了预期研发的目的（图 5.4.6）。

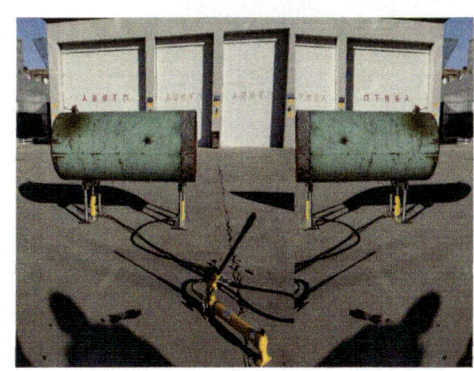

图 5.4.6　操作现场

5.5.5 应用效果

液压测量平台应用范围包括管、焊培训机构实操培训的支托架；施工现场管道、管件测量、下料；亦可用作厂矿企业的一般设备的支撑调整，应用广泛，前景可观。

5.6 强磁地线接触器及钢丝绳紧固装置

5.6.1 技术背景

为提高维抢修作业标准化程度，对动火现场焊接地线夹进行革新。由于原地线夹，是直接搭接（放）在母材上，容易产生电弧导致母材损伤，且存在接触不严密，易发生滑落伤人的风险。现革新地线夹，加装强磁装置，直接吸附在管材上，触点搭到焊道内，起到提高作业标准，保证作业质量的效果。

该地线磁力接触器，涉及焊接设备安全技术领域，解决了相关技术中地线安装存在接触不良和影响作业标准及质量的技术问题。尤其在地线磁力接触器及地线安装系统实际操作工作中，具有广泛的应用价值。

5.6.2 技术简介

改进后的焊接地线磁力接触器主要由图 5.6.1 所示部件构成；焊接地线磁力接触器组成及各结构名称见表 5.6.1。

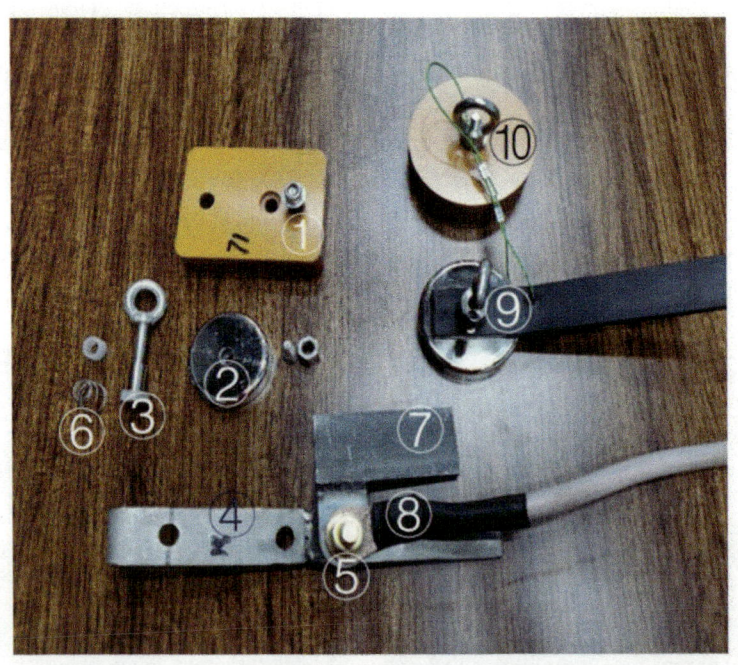

图 5.6.1　焊接地线磁力接触器组成结构

表 5.6.1 装置组成结构名称

序号	名称	序号	名称
①	电木绝缘板	⑥	塔形弹簧
②	耐高温的强磁块	⑦	试焊板
③	吊环螺栓	⑧	穿过防脱落强磁块
④	不锈钢接触电极板	⑨	防脱落强磁块
⑤	M12 铜制螺栓	⑩	防脱落强磁块保护盒

5.6.3 主要创新点

电焊地线磁力接触器通过磁力吸附在金属工件上，磁吸牢靠，不锈钢接触电极板通过调整调节螺丝能够将其一端抵压于金属工件，另一端通过接线鼻与导线相连接，从而构成金属工件—接触电极板—接线鼻—地线的依次连接，形成焊接接地线，不锈钢接触电极板通过调节螺丝安装于绝缘板，进而通过安装用强磁块磁吸于金属工件，磁吸牢固，从而解决管道焊接作业中地线接触点虚接导致的电弧损伤母材问题；不锈钢接触电极板通过电木绝缘板与安装用强磁块分隔开，有利于作业安全和延长使用寿命。

同时，地线磁力接触器在管道焊接作业使用中，能很好地传导电流，保证焊接过程电流稳定，且无电弧损伤缺陷。使用简便，体积紧凑，适用于 DN100mm 以上的管道焊接。强磁块可耐 150℃ 以下的高温，并且不易退磁。且单个强磁块的磁力不对焊接过程产生影响。

总的来说，电焊地线磁力接触器主要有以下几个特点：

（1）以强磁高性能吸附力替代原有地线夹搭放方式，地线磁力接触器可在焊口任意位置进行吸附，方便快捷，可提高作业效率。

（2）配套弹簧+钢丝绳绑扎紧固装置，起到双保险的作用，有效避免其脱落造成的器材损坏及人员伤害。

（3）接线鼻的应用和连接方式有效解决了管道焊接作业中地线接触点虚接所致的母材损伤的问题。

5.6.4 技术方法及现场验证

电焊地线磁力接触器的正确使用才能发挥其作用。首先，利用嵌入电木绝缘板固定的强磁块的吸附作用，将焊接地线磁力接触器固定在管道表面。

其次，通过顺时针旋转吊环螺栓，将连通焊接电缆的不锈钢接触极板前部抵压在经打磨后的管道母材上，使之紧密连接，以便形成焊接回路，完成焊接过程。焊接电缆（地线）和可双面使用的试焊板（其作用是在野外作业现场时便于进行试焊作业，以调节焊接电流和电弧电压大小等）连接在接触器的不锈钢极板中后部。

然后，利用另一块强磁块吸附在管道本体上，将焊接电缆（地线）穿过防脱落强磁块上的吊环，以避免接触器意外脱落导致人员意外伤害。取下地线磁力接触器时，建议先下压不锈钢极板后部，使其前端翘起，减小吸附力后，向一侧搬动取下接触器，避免因吸附力过大，损坏接触器电木绝缘板。

最后，为了防止强磁块吸附其他设备，磁化仪表等设备，务必在使用完接触器后，及时将整套装置收纳到收纳箱内，妥善放置。

5.6.5 应用效果

焊接地线磁力接触器的技术革新，从工作实际需求入手，通过电改变原有地线夹等接触的附着固定方式，使其在不改变功能的基础上，有效实现以下三方面功效：

（1）通过强磁材料对金属基材的吸附力，有效改善安置不牢固等问题，并可在任意点位吸附，方便快捷，对提高抢修效率大有裨益。

（2）在安全作业方面，强磁材料及配套弹簧+钢丝绳绑扎紧固装置，起到双保险的作用，有效避免消磁脱落造成的器材及人员伤害。

（3）有效改善管道焊接作业中地线接触点虚接导致的母材损伤问题，且接触电极片通过电木绝缘板与强磁块分隔开，避免强磁块意外通电受热消磁，有利于作业安全和提高其使用寿命。

综上所述，改进后的焊接地线磁力接触器广泛适用于长输管道及站场管线的焊接作业、钢结构焊接等作业场景，且经过不断在室内试验和现场应用均具有非常理想的效果（图 5.6.2）。

图 5.6.2　焊接现场

5.7　半自动火焰切割机斜口切割微调装置

5.7.1　技术背景

火焰切割机具有切割速度快、工作量小、切割坡口效果好等优势，在管道动火作业中得到普遍应用。在管道改造、扩建以及应急抢修过程中，为避免管道强力组对，必要时会采取斜口下料方式。由于火焰切割机的调节轴常常出现卡顿等问题，导致现场作业质量不高、效率较低。通过对火焰切割机调节装置进行研制改造，提升可操作性和切割质量。目前普遍应用的火焰切割机的调节装置是利用一个手动齿轮带动伸缩杆上的齿条左右移动，在伸缩杆的一端固定火焰切割机的割枪实现切割斜口的目的。在切割直口时，只需要把切割机轨道调直调正固定好，割枪调整到切割位置，角度调整好，将固定螺丝拧紧就可以了。但是在切割斜口时则差异较大，需要随时转动手轮带动齿条，使割枪沿着事先画好的切割线匀速运动，如果固定螺丝固定过紧，伸缩杆就调节不动，固定过松，伸缩杆在调节时就会来回晃动，割嘴也跟着晃动，从而切割出来的管口就会出现豁口、切割不透、参差不齐等现象，给后续的打磨、组对、焊接造成影响，轻者拖延动火时间，增加施工人员劳动强度，重者造成焊接质量问题。

5.7.2 技术简介

火焰切割微调装置主要是由底座，螺旋丝杠，滚珠滑块，手轮等组成的。主要工作原理是，在丝杠的一端装有一个手轮，在转动手轮时。手轮带动丝杠转动时，滚珠滑块就会沿丝杠的方向来回运动。滚珠滑块上装有火焰割嘴，从而实现调节割嘴沿着切割线平稳运动的作用。因为滚珠滑块与螺旋丝杠的连接既紧密又顺滑，所以再转动手轮带动滑块运动时，非常稳定，可操作性极强，从而能切割出优质的斜口（图5.7.1）。

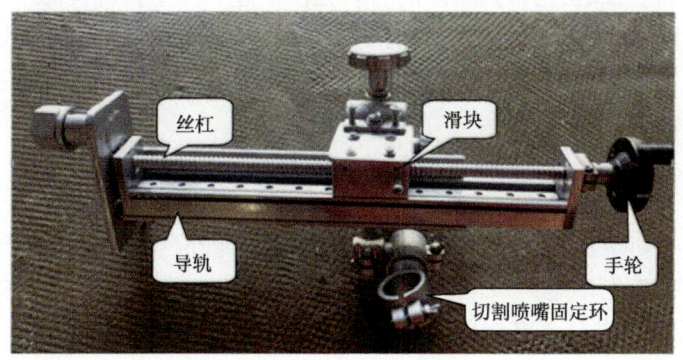

图 5.7.1　火焰切割微调装置

5.7.3 主要创新点

在作业过程中使切割的管口平整顺滑，从而降低了打磨修整的工作强度，打磨一道原有的火焰切割机切割的直径1016mm的管道斜口，需要60~90min，而现在打磨一道用改良的火焰切割机切割的直径1016mm的管道斜口，才用15~20min，从而节约了抢险或动火作业的宝贵时间。并因为有了高质量的管口，使组对的间隙大小一致，满足焊接要求，所以也能为焊接质量提供有力保障（图5.7.2）。

图 5.7.2　切割现场

5.7.4 技术方法及现场验证

某 φ1219 mm 管道环焊缝缺陷治理施工中，需要割除上游管线与弯管连接的缺陷焊口，作业难点是更换弯管加短节。作业过程中需要将新旧弯管角度存在的 4° 偏差合理分配到将要组对的三道焊口上，才能满足技术规程要求。经过前期测量和计算，将在役管线上游管口做成 2° 斜口，根据管道中心线走向把新弯管旋转叠加一定角度与之组对、焊接，将弯管固定；接下来重新测量新弯管管口与在役管线下游管口的距离，得出管段短节尺寸，将剩余 2° 分配在该短节两端管口上，进行斜口下料，完成组对。先将管口四等分，在四等分线上画出相应的点，利用画线圈画出斜口线。安装改造后的火焰切割机，点火调整火焰，手动转动调节手轮，带动割枪沿着斜口线进行切割，每旋转 1/4 手轮可微调 1.0mm，23min 顺利完成切割，切割后的管口光滑平整，用平口圈检测平直度小于 1.5mm，经 20min 平口、磨口后小于 1.0mm，符合组对要求，实现了精准调节目的。切割后的管口打磨比以往一道管口至少 50~60min 节约近 40min，组对后的焊缝间隙均在 6mm 以内，为后续焊接质量提供了有力保障。

5.7.5 应用效果

改造后的火焰切割机微调装置改善了以往火焰切割机在切割斜口时的卡顿现象，切割角度调节顺畅，能够精准地调节割嘴沿着切割线进行切割下料，切割后的管口平整光滑，角度一致，且能进行内口减壁切割。显著节约了管口管壁打磨时间，降低了作业劳动强度，保障了焊接质量。

火焰切割机斜口下料微调装置，2018 年 4 月在维抢修分公司正式投入使用。通过日常练兵和动火作业的实战应用，进一步验证了该设备装置的实用性，可靠性和稳定性。目前该装置已在维抢修分公司各维抢修队全面推广使用，在实战抢险、大型连头动火作业中，发挥出巨大作用（图 5.7.3）。

图 5.7.3　火焰切割机微调装置操作现场

5.8 管线连头划线器

5.8.1 技术背景

在石油化工工程建设中，离不开下料组对，更离不开管口打磨，管口角度的一致性是衡量关口质量的重要依据。打磨出一道角度一致的管口，现有的技术一般是靠多年的丰富经验。或者用角度尺进行分段测量。但是经验不丰富的施工人员打磨出来的管口，不是角度大就是角度小，导致整圈破口角度不一致，给焊接造成困难，使焊接质量不能得到有效保障。为了使一般人员也能像经验丰富的师傅一样，轻轻松松的打磨出质量高角度一致的管口，经过细心研究，制作了一种坡口打磨划线器，此划线器在管口上画出一条细线，只要沿着细线打磨，就能使管口打磨的角度一致，使焊口质量得到保障，而且即省时又省力。

5.8.2 技术简介

此划线器它的主要结构包括主体、连接轴、划针、第一固定螺栓、螺母和第二固定螺栓、螺母。主体为一段方管，在主体的一端打一个孔，穿入一段直径 12mm 的连接轴，并用可以调节的紧固螺栓进行紧固，在连接轴的一端也钻一个小孔，穿入一根 6mm 的划针，也用可以调节的紧固螺栓紧固。工作原理就是先调节划针，使划针到主体方管平面的垂直距离为划线所需尺寸，调节连接轴使划针顺向倾斜，主体方管的平面紧贴管口端面，使划针沿着管壁做圆周运动，从而画出一条平行于管口端面的细线，细线与端面的垂直距离就是需要打磨的坡口角度 $\angle a$ 对应的对边 a 的长度。$\angle a = \tan(a/b)$ 使用角向磨光机沿着细线打磨就能打磨出等于角度 $\angle a$ 一致的管口坡口。

5.8.3 主要创新点

在管线连头施工作业中，使用该工具在两侧管口划线切割，利用垂径定理、圆锥体结构特性和矩形数学特性，平分单面管口斜口，减小错边，形成正口直管段。与两侧蹄形口对接，此工具的应用简化了测量工序，节省了作业人员繁琐的计算时间和测量时间。实现实际下料节省时间 50 分钟，同时降低了测量和计算误差，使实际间隙偏差降低到 ±2mm 内，错边偏差降低到 ±1mm 内，实现了减少划线作业时长和提高划线作业精确度的技术效果。

5.8.4 技术方法及现场验证

此坡口划线器在 2018 年投入使用后，通过日常练兵和动火作业的实战应用，进一步验证了该坡口划线器的实用性、可靠性和稳定性。目前该划线器已在维抢修分公司各维抢修队全面推广使用，在实战抢险、大型连头动火作业中，发挥出巨大作用。

5.8.5 应用效果

在作业过程中，使用坡口打磨划线器配合打磨坡口，在一定程度上降低了打磨修整的工作强度，以前打磨一道 ϕ1016mm 的管口需要 70~90min。而现在打磨一道用划线器划过的管口才用 50~60min，从而节约了抢险或动火作业的宝贵时间。并因为有了高质量的管口，使组对的间隙大小一致，满足焊接要求，所以也能为焊接质量提供有力保障。该划线器可在各管道工程、石油化工安装工程行业推广使用。

5.9 动火作业全自动焊接技术应用

5.9.1 技术背景

随着我国长输管道建设的发展，全自动焊接施工所占的比例越来越大，特别是自中俄东线开工建设以来，除连头、返修之外，全面采用了全自动焊技术。为了保证管道运营期间的安全，大口径长输管道全自动焊质量控制显得尤为重要，全自动焊应用前景广泛，质量稳定，受人为因素影响较手工焊、半自动焊小，并且具有焊接速度快、成型美观、焊接质量高等优点，而且可大大降低焊接操作人员劳动强度，在油气长输管道焊接中应用越来越广泛。

目前，管道维抢修焊接作业仍以手工焊接为主，在自动化和智能化方面与长输管道建设仍有一定差距。随着对维抢修作业实效和质量的要求进一步提高，急需提升管道维抢修作业自动化水平。然而，由于维抢修作业所面临的现场环境相对更加复杂，时限要求更加紧迫，因此维抢修作业全自动焊接技术应用并不十分广泛，积累的经验相对较少，需要在实际作业中不断总结分析。

5.9.2 技术简介

焊接机器人在焊接过程中，只要给出焊接参数和运动轨迹，机器人就会精确重复此动作，焊接参数如焊接电流、电压、焊接速度及焊接焊丝长度等对焊接结果起决定作用。采用机器人焊接时对于每条焊缝的焊接参数都是恒定的，焊缝质量受人的因素影响较小，降低了对工人操作技术的要求，因此焊接质量是稳定的，从而保证了我们产品的质量。而人工焊接时，焊接速度、焊丝伸长等都是变化的，因此很难做到质量的均一性。

5.9.3 主要创新点

焊接机器人在焊接过程中，只要给出焊接参数，和运动轨迹，机器人就会精确重复此动作，焊接参数如焊接电流、电压、焊接速度及焊接焊丝长度等对焊接结果起决定作用。采用机器人焊接时对于每条焊缝的焊接参数都是恒定的，焊缝质量受人的因素影响较小，降低了对工人操作技术的要求，因此焊接质量是稳定的，从而保证了我们产品的质量。而人工焊接时，焊接速度、焊丝伸长等都是变化的，因此很难做到质量的均一性。

5.9.4 技术方法及现场验证

待人员和机具设备具备实际动火作业条件后，根据管道缺陷修复工作需要，进行管道维抢修全自动焊接作业，本文以某 X70、ϕ1016mm 管线修复作业为例介绍全自动焊在维抢修业务中的应用情况。由于在环焊缝开挖复拍过程中此焊缝存在缺陷，根据适用性评价建议一年内采用 B 型套筒修复，因此此次维抢修作业是在原管线环焊缝处加装 B 型套筒，动火作业示意图如图 5.9.1 所示。本次作业动火点管道管顶埋深 2.1m，光缆埋深 2m，材质 X70、管径 1016mm，壁厚 17.5mm。

图 5.9.1　加装 B 型套筒动火作业示意图

作业前，根据现场情况和作业要求精心编制作业方案，梳理各作业步骤内容，组织全体作业人员进行方案学习，明确作业过程中需要注意的事项，将作业风险控制在可接受范围内。待现场具备进场条件后，有序将作业需要的机具设备按要求合理摆放，并检查确认设备状态。按照焊接工艺规定，焊工逐一核对全自动焊参数，严格执行 B 型套筒的安装、组对、全自动焊机的安装、调试、纵焊缝焊接、环向角焊缝焊接、无损检测、防腐等操作流程，特别是严格管控流量、流速、压力、温度、湿度和风速等要素，严格监督加装纵焊缝垫板、引弧板、打底、盖面等关键工序，确保每一个工序都符合焊接工艺要求（表 5.9.1）。

表 5.9.1　焊接工艺参数

焊道	焊接方法	填充材料		极性	焊接方向	电流（A）	电压（V）	送丝速度（mm/min）	焊接速度（mm/min）	气体流量（L/min）
		类型	规格							
根焊/填充1/回火焊道	SMAW	E5515-N1P	3.2mm	DCEP	横向	95~140	19~26	/	80~140	/
其余填充	FCAW-G	T555Mn1.5N1PM211H5	1.2mm	DCEP	横向	190~240	20~25	6300~6700	210~280	25~35
盖面	FCAW-G	T555Mn1.5N1PM211H5	1.2mm	DCEP	横向	180~235	20~25	6300~6700	240~310	25~35

在全体作业人员精心准备和通力配合下，此次作业经过昼夜 21.5h 鏖战顺利完成，并检测一次合格。若采用常规手工焊接，需要 28~30h，采用全自动焊接工艺将缩短 6h 左右。按正常运行流量减半计算，采用全自动焊在线修复技术，单次自动焊加装 B 型套筒作业将创造数 200 余万元效益（图 5.9.2）。

图 5.9.2　作业现场

5.9.5 应用效果

随着现代科学技术的不断进步，自动焊接技术逐渐成为大口径、高钢级管道焊接所必须采用的一项先进的焊接方法，该技术在长输管道中的成功应用对快速提升管道施工的整体技术水平具有深远意义。全自动焊接技术在长输管道维抢修作业中的应用属于起步阶段，可吸收借鉴的经验较少。因此，全自动焊接在实际应用过程中，要严格把控各环节质量控制和做好风险消减，保证焊工持证上岗，并严格按照焊接工艺评定要求设定焊接参数，通过分析在日常练兵和实际作业中的应用情况，不断提升操作人员技能水平，使得全自动焊在维抢修业务中得到普遍应用，提高维抢修作业质量和效率。

5.10 管道维抢修动火作业办公软件开发应用

5.10.1 技术背景

目前，维抢修作业的上报、审批以及流程记录等均在线下完成，存在着现场记录不便、各级人员间纸质表单审批不便以及审批时间较长等问题，影响维抢修作业效率。维抢修作业的审批表单、作业记录以及归档材料等各类数据均是纸质版资料，存储不便，并且后期维抢修资料查阅时易出现数据繁多、难以寻找的问题，不利于后期管理。同时，维抢修涉及作业基本情况、作业流程、抢修人员等各类信息，对这些数据进行更好的储存和科学管理也是急需解决的工作。

5.10.2 技术简介

根据实际作业需求，梳理维抢修作业流程，明确软件实现功能梳理现有维抢修作业的类型及其全过程，包括作业前审批、作业中记录、作业后归档所涉及的全部流程，明确借助技术手段要实现的功能。根据相关人员的职责和分工创建数据库，实现用户权限分级管理，为不同的用户分配不同的权限，确保数据安全，为下一步功能拓展做准备。

管道维抢修动火作业办公软件手机移动端应用程序开发手机移动端应用程序，实现作业过程中各级抢修人员的任务派发、表单填写、快速审批、现场记录等功能。管道维抢修动火作业办公软件电脑终端应用程序开发 PC 端应用程序，实现作业数据存储及管理、后期数据查阅统计、人员权限管理等功能。

5.10.3 主要创新点

通过对维抢修动火作业涉及的现场作业和练兵作业全流程内容进行业务流程梳理，建立了高效化智能化的管理系统，实现维抢修施工作业过程和练兵作业过程的信息化管理，提高维抢修作业效率和管理水平，保障维抢修作业质量和安全。

目前国内尚无应用于管道维抢修的同类管理平台，在填补该方面的空白上具有较为重要的实践意义，带来了良好的经济效益与市场竞争力（图 5.10.1）。

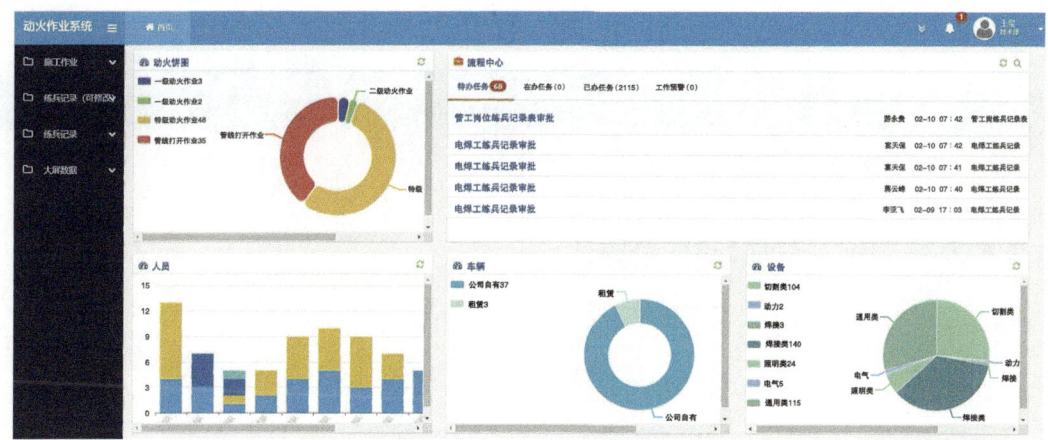

图 5.10.1　管理平台界面

5.10.4　应用效果

该软件系统在各维抢修队练兵作业及现场施工作业时可广泛应用，提高信息记录效率，减小纸质记录数量。实现维抢修作业过程的信息进行储存与管理，方便数据的查阅与调取，实现施工作业的高效管理。该系统的投入使用，会极大地提高维抢修的信息化管理能力，会将维抢修施工作业所涉及的大量信息统一管理，避免了作业数据丢失，并在数据的管理与更新过程中逐步提高作业效率，应用前景可观。

附录 软件中部分典型缺陷评价算法流程图

管道本体——均匀腐蚀缺陷评价算法

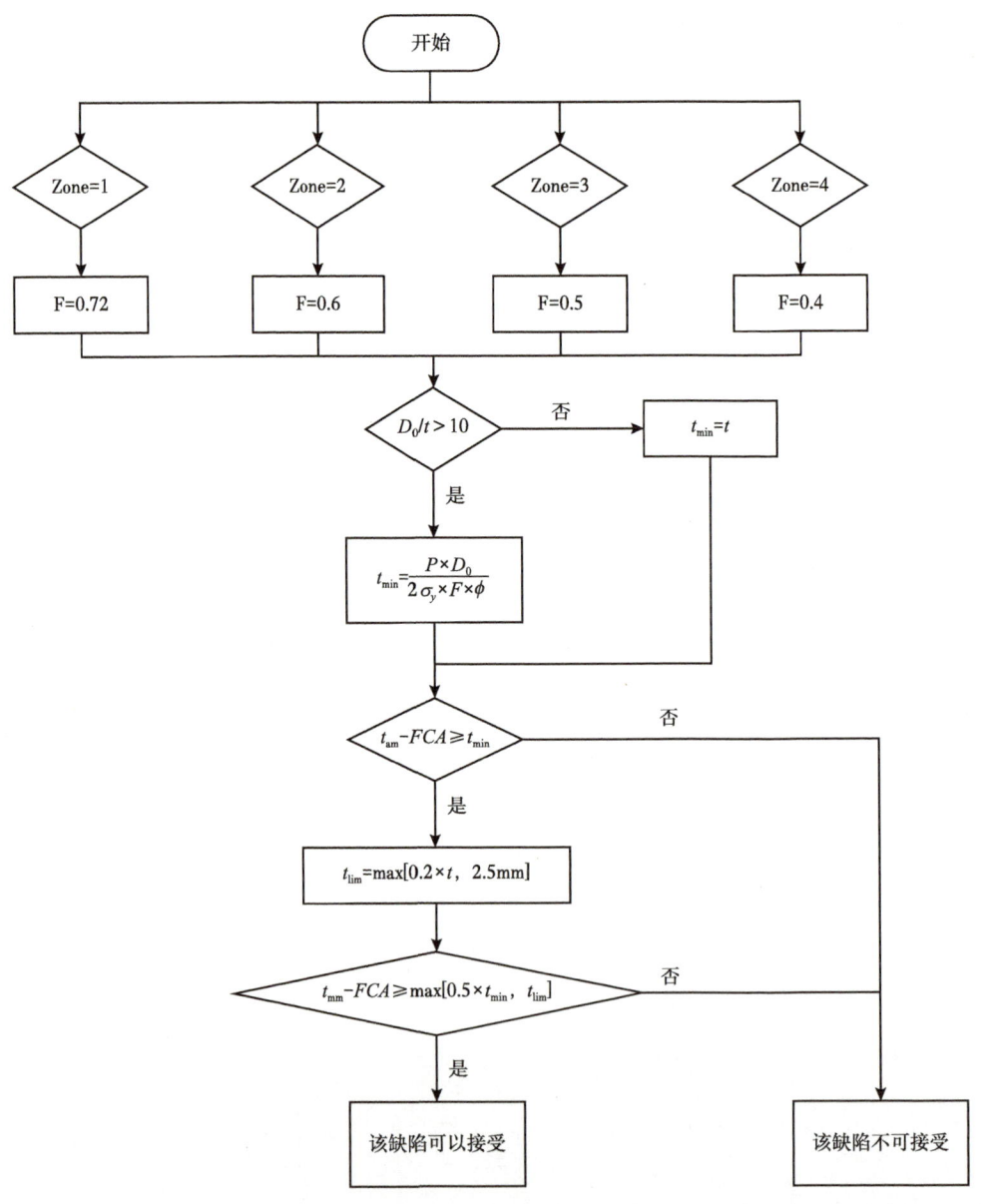

附图 1 管道本体均匀腐蚀缺陷评价算法流程

管道本体——局部金属损失评价算法

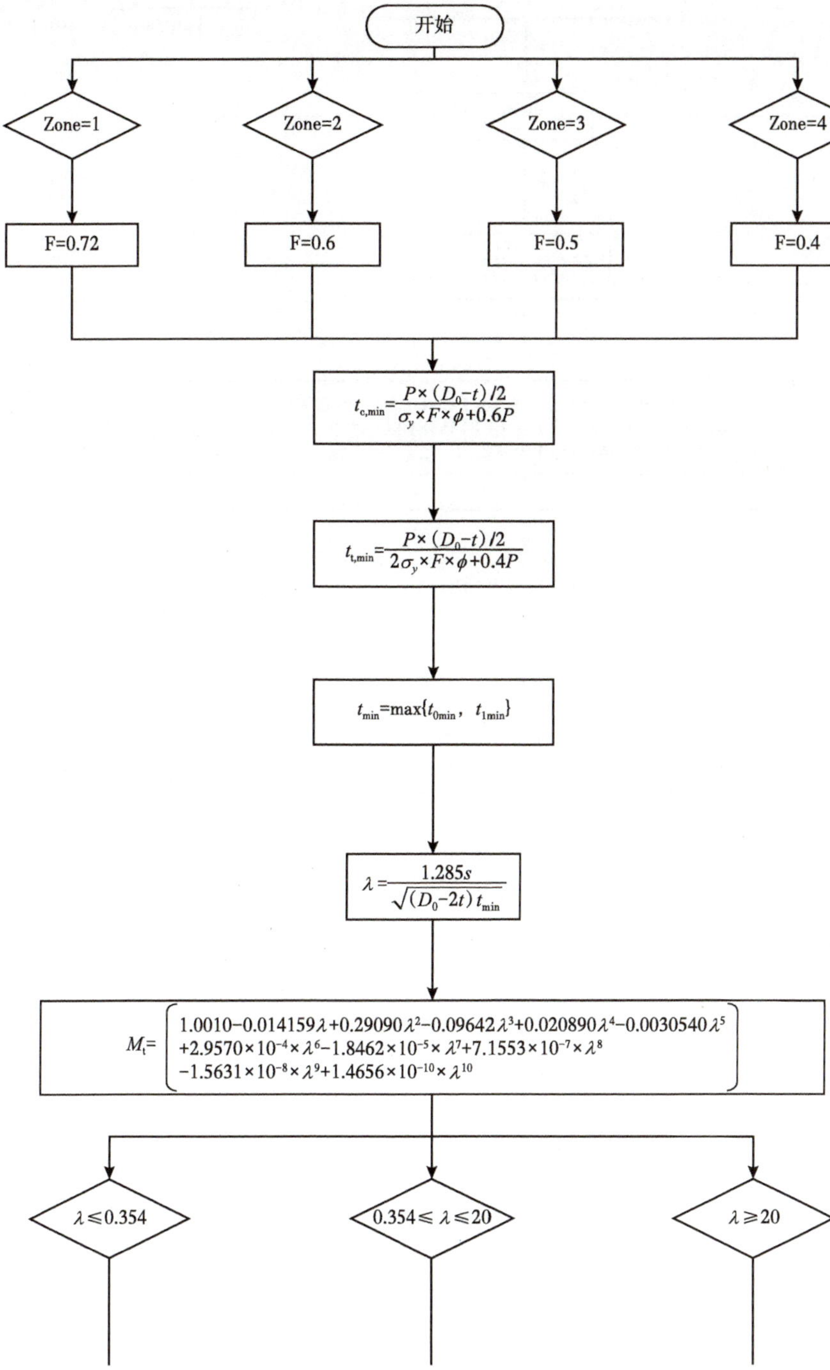
开始
Zone=1
Zone=2
Zone=3
Zone=4
F=0.72
F=0.6
F=0.5
F=0.4
$t_{c,min}=\frac{P\times(D_0-t)/2}{\sigma_y\times F\times\phi+0.6P}$
$t_{t,min}=\frac{P\times(D_0-t)/2}{2\sigma_y\times F\times\phi+0.4P}$
$t_{min}=\max\{t_{0min}, t_{1min}\}$
$\lambda=\frac{1.285s}{\sqrt{(D_0-2t)t_{min}}}$
$M_t=\{1.0010-0.014159\lambda+0.29090\lambda^2-0.09642\lambda^3+0.020890\lambda^4-0.0030540\lambda^5+2.9570\times10^{-4}\times\lambda^6-1.8462\times10^{-5}\times\lambda^7+7.1553\times10^{-7}\times\lambda^8-1.5631\times10^{-8}\times\lambda^9+1.4656\times10^{-10}\times\lambda^{10}\}$
$\lambda\leqslant0.354$
$0.354\leqslant\lambda\leqslant20$
$\lambda\geqslant20$

附图 2　管道本体局部金属损失评价算法流程

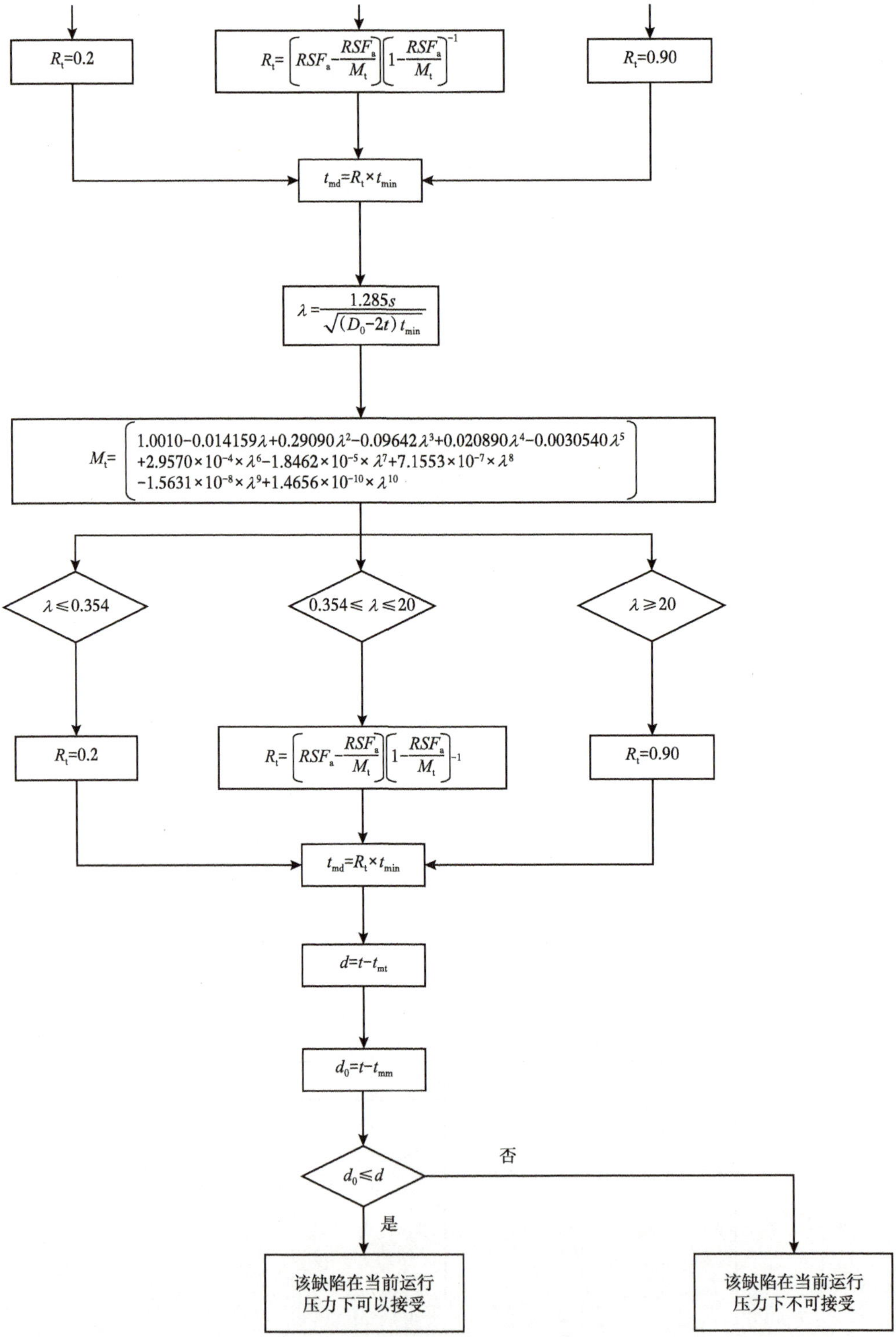

附图2　管道本体局部金属损失评价算法流程（续图）

管道本体—弥散损伤缺陷评价算法

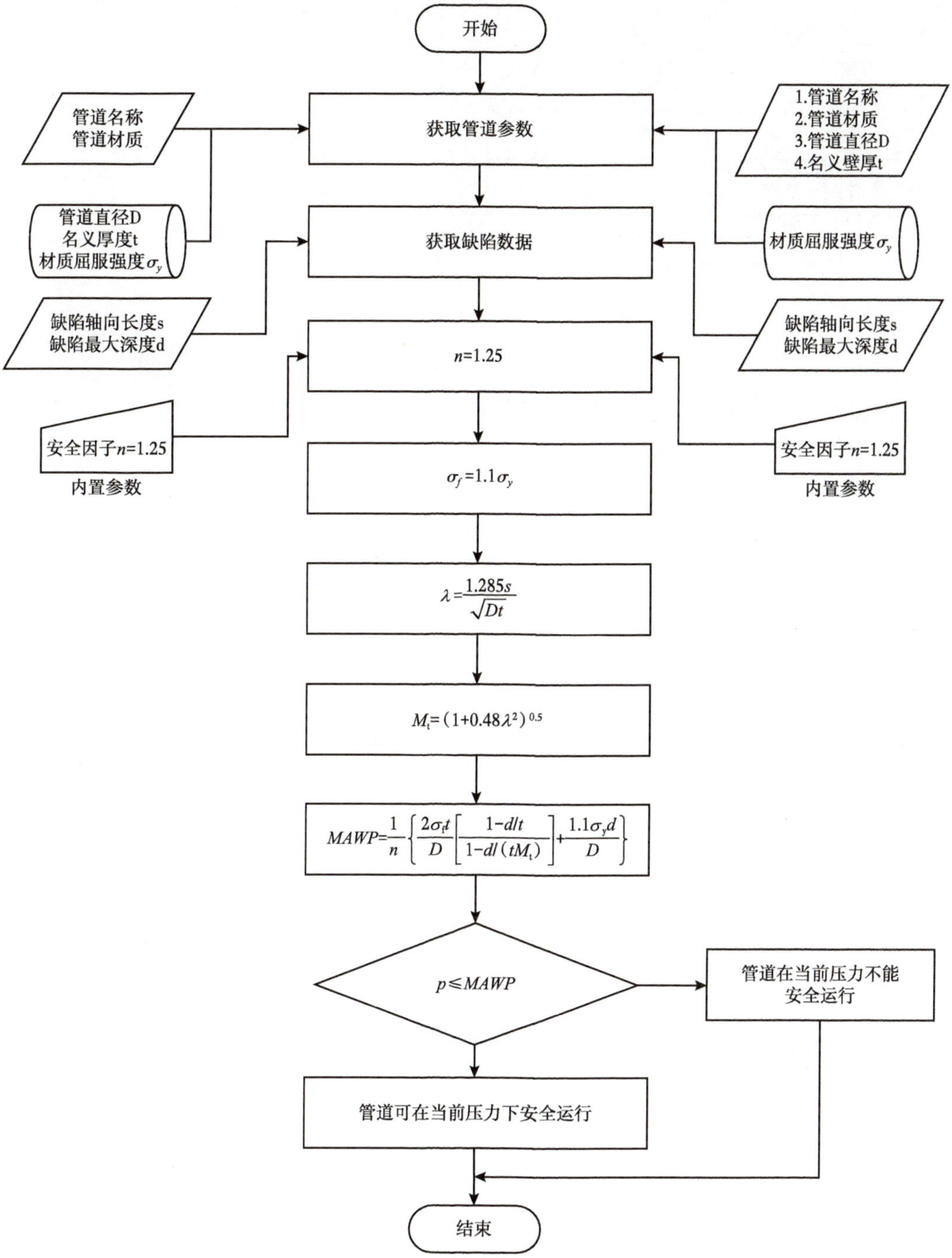

附图 3　管道本体弥散损伤缺陷评价算法流程

管道本体——凹陷缺陷评价算法

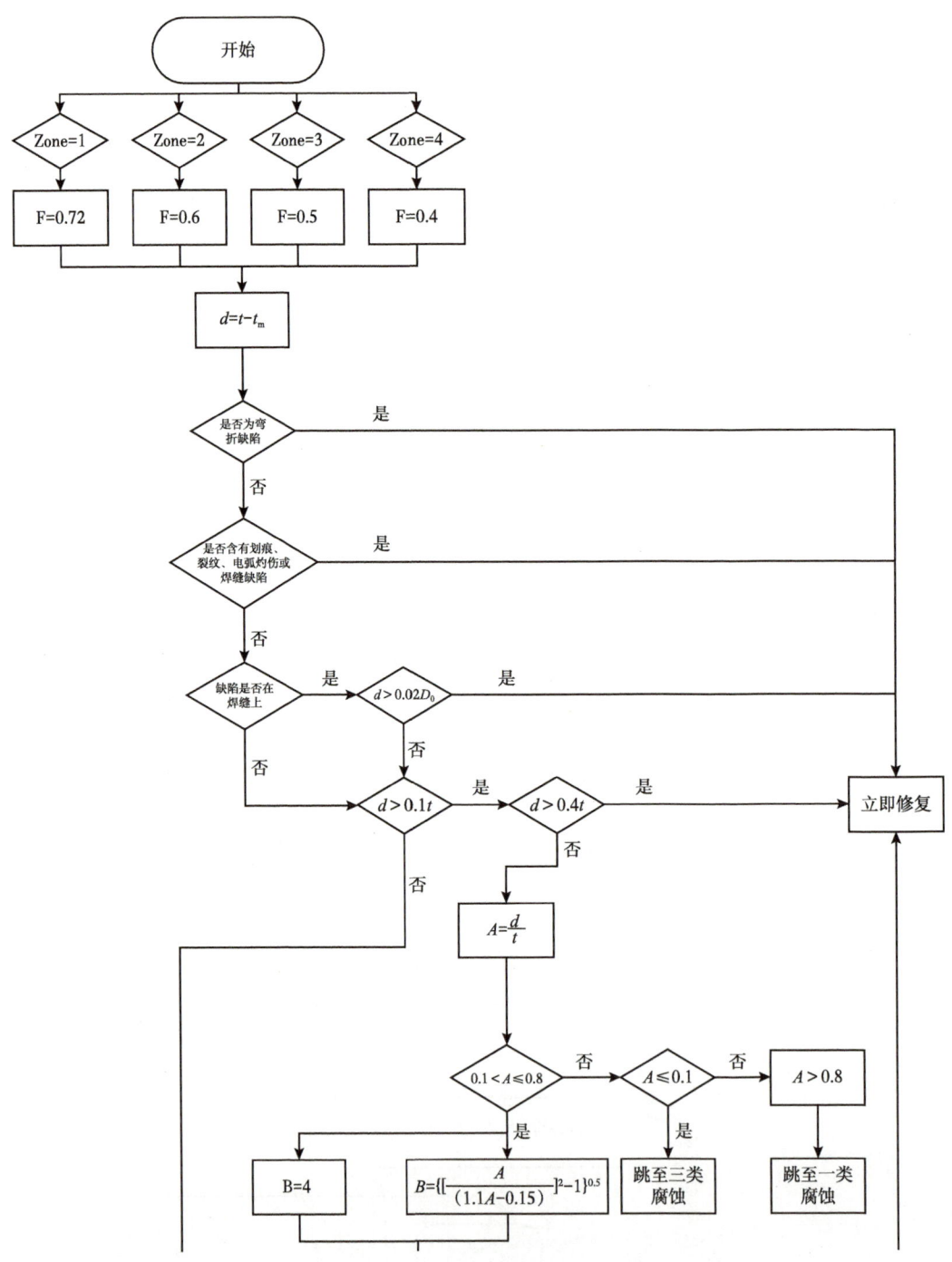

附图 4　管道本体凹陷缺陷评价算法流程

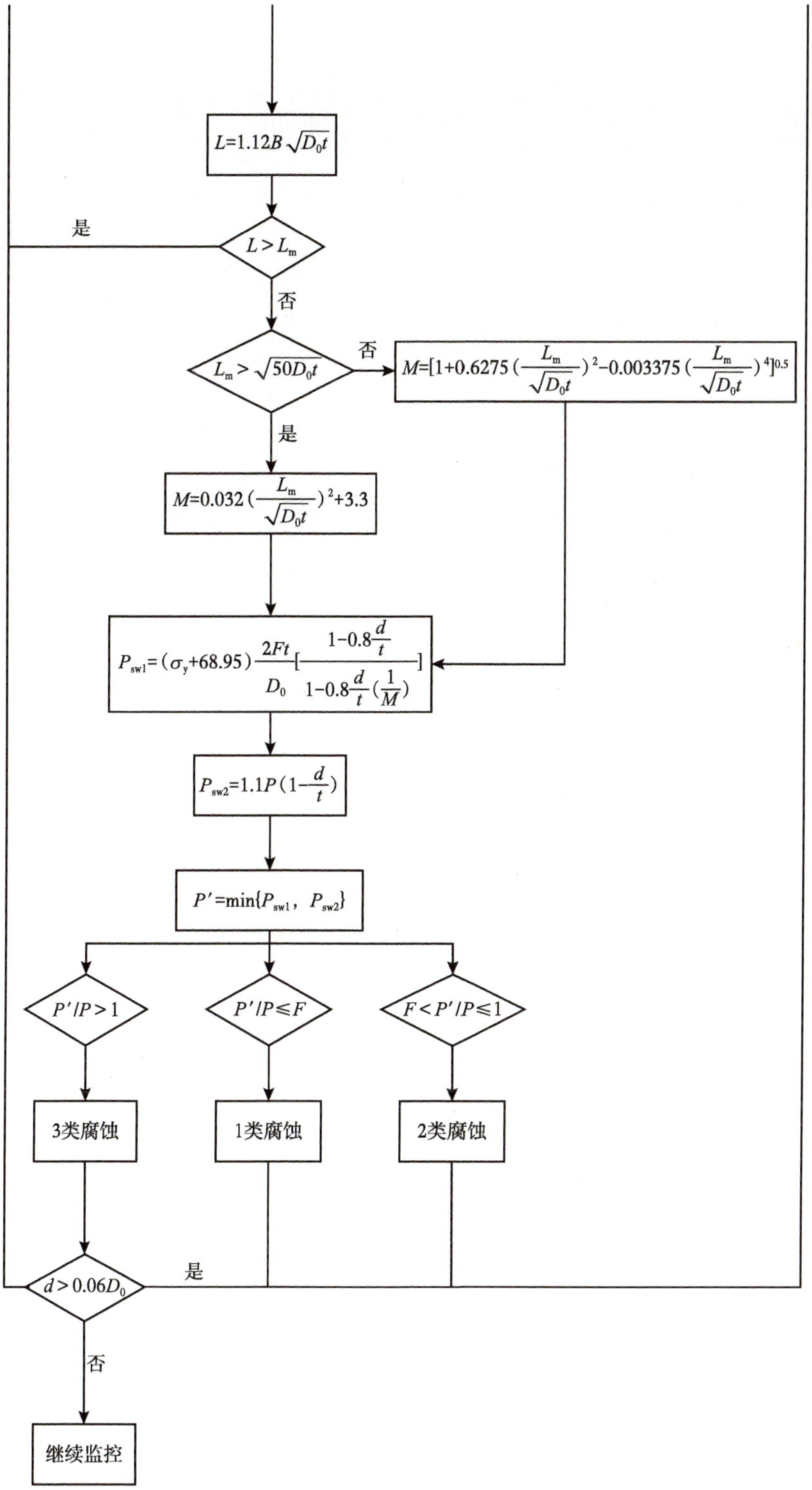

附录 软件中部分典型缺陷评价算法流程图

附图4 管道本体凹陷缺陷评价算法流程(续图)